Die Kulturpflanze

Mitteilungen aus dem Zentralinstitut

für Genetik und Kulturpflanzenforschung

Gatersleben

der Akademie der Wissenschaften der DDR

Band XXV

Herausgegeben von

H. Böhme, W. R. Müller-Stoll,

K. Müntz, R. Rieger, A. Rieth,

H. Sagromsky, H. Stubbe

Schriftleitung: A. Rieth

Mit 69 Abbildungen, 25 Tafeln, 23 Tabellen und 1 Porträt

AKADEMIE-VERLAG · BERLIN

1977

Erschienen im Akademie-Verlag, 108 Berlin, Leipziger Straße 3–4

Lizenznummer: 202 · 100/517/77
P 97/77
Gesamtherstellung: IV/2/14 VEB Druckerei »Gottfried Wilhelm Leibniz«,
445 Gräfenhainichen/DDR · 5009
Umschlaggestaltung: Annemarie Wagner
Bestellnummer: 762 309 6 (2052/25) · LSV 1355
Printed in GDR
DDR 65,– M

Inhalt

I. Originalarbeiten

Content

I. Original Papers

Содержание

I. Оригинальные статьи

Einen herzlichen Geburtstagsgruß dem Begründer und ehemaligen Direktor unseres Instituts, Akademiemitglied HANS STUBBE

Die Mitarbeiter des Zentralinstituts

I. Originalarbeiten

Kulturpflanze XXV · 1977 · S. 13–23

Fragen der Eignung des Pollens der Kulturgerste (*Hordeum vulgare* L. s. l.) für die Windbestäubung[1]

KARL HAMMER

(Eingegangen am 5. Januar 1977)

Einleitung

Merkmale der Anemophilie, d. h. der Anpassung an die Bestäubung durch den Wind, sind auch bei der autogamen Kulturgerste vorhanden. Diese Anemophiliemerkmale bilden, wie auch bei anderen Pflanzenarten, einen Komplex, nach FAEGRI und VAN DER PIJL (1971) als Syndrom bezeichnet; dieser Komplex kann nach diesen Autoren folgendermaßen charakterisiert werden:

1. Die Blüten sind zeitlich vor den Blättern ausgebildet, oder sie befinden sich außerhalb der Blattmasse. – Bei der Gerste ist das durch die endständige Stellung der Ähre gegeben. Die Ähren befinden sich zum Zeitpunkt der Blüte meist über den Blättern.
2. Das Perianth ist unbedeutend, klein oder fehlt ganz.
3. Die Antheren und Stigmata sind exponiert. – Diese Organe sind bei der Gerste durch die Entwicklung zur Autogamie reduziert.
4. Besondere Pollenauffangeinrichtungen sind oft vorhanden. – Die gefiederten Stigmata bilden eine relativ große Pollenauffangfläche.
5. Die Ovarien sind in ihrer Anzahl oft reduziert. – Durch die Verringerung der Anzahl der Blütchen auf eines je Ährchen ist die Gerste in diesem Anemophiliemerkmal besonders fortgeschritten.
6. Eigenschaften zum Anlocken von bestäubenden Tieren, wie Duftstoffe und Nektar, fehlen. – Bei der Gerste konnten nach unseren Ergebnissen, ähnlich wie beim Mais (Goss 1968), Sippen mit duftendem Pollen beobachtet werden. Dieses Merkmal deutet noch auf die Abstammung von Entomophilen hin.
7. Die Pollenkörner sind klein und glatt und werden in großer Menge produziert.

Beim Vergleich mit dem hier aufgezeigten Merkmalskomplex kann der anemophile Charakter der Gerste deutlich demonstriert werden, es läßt sich aber auch zeigen, daß einzelne blütenbiologische Merkmale im Verlaufe der Evolution bzw. Domestikation beim Übergang von der Allogamie zur Autogamie reduziert worden sind (HAMMER 1976 a). Ihre Rückbildung ist bei den verschiedenen Gerstenformen

1 Herrn Prof. Dr. Drs. h. c. HANS STUBBE zum 75. Geburtstag gewidmet.

in unterschiedlichem Maße vonstatten gegangen, und dadurch sind die blütenbiologischen Merkmale, wie z. B. Antherengröße, Stigmatagröße und Chasmogamie, ähnlich anderen morphologischen und physiologischen Eigenschaften dieser alten, formenreichen Kulturpflanze, außerordentlich unterschiedlich ausgeprägt (Hammer 1975, 1976b). Offenbar spielen die Polleneigenschaften im Komplex der Anemophiliemerkmale eine entscheidende Rolle. Das Ziel der vorliegenden Arbeit soll es sein, die gegenwärtige Ausprägung der Pollenmerkmale der Kulturgerste hinsichtlich der Anemophilie zu untersuchen.

Material und Methoden

Die Untersuchungen wurden im wesentlichen an 155 Gersten, 56 Winter- und 99 Sommergersten, vorgenommen, die eine deutliche Neigung zum offenen Blühen zeigten (Hammer 1975). Dieses Sortiment wurde um 16 Hochzuchtsorten erweitert, die keine ausgeprägte Neigung zur Chasmogamie hatten, weil nach unseren Auswahlprinzipien nur sehr wenige neue Sorten mit erfaßt worden waren.

Für Pollenfluguntersuchungen im Freiland standen die Sorten 'Certina', 'Plena' und 'Astacus' zur Verfügung, zur Feststellung der Sinkgeschwindigkeit 'Astacus' und 'Tschermaks Vierzeilige Glatt'.

Die Untersuchungen über die Größe der Pollenkörner wurden an frisch aus den Antheren ausgestäubten Pollen durchgeführt, die in Vaseline eingebettet wurden. Die Form des Pollens blieb dabei gut erhalten, nur manchmal waren seine Wände etwas eingesunken. Der Durchmesser wurde unter dem Mikroskop mit einem Netzmikrometer gemessen. Bei ellipsoidischem Pollen wurde dabei immer der größte Durchmesser bestimmt.

In drei aufeinander folgenden Jahren wurden in größeren Feldbeständen (Tab. 2) von Sommergerstensorten Stangen aufgestellt, an denen nach den vier Himmelsrichtungen in den Höhen 0,25, 0,50, 0,75, 1,00, 1,50, 2,00 und 2,50 m mit Vaseline bestrichene Objektträger befestigt waren, die täglich ausgewechselt wurden. Um die Haltestangen herum waren die Ähren auf 0,50 m $\times$ 0,50 m entfernt worden. Die Auszählung der Pollen erfolgte unter dem Mikroskop. Die Ergebnisse wurden auf 10 mm^2 umgerechnet, um vergleichbare Werte mit dem schon recht intensiv untersuchten Weizen zu haben, bei dem die durchschnittliche Pollenauffangfläche der Stigmata mit dieser Größe angegeben wird (Bitzer und Patterson 1967, Joppa et al. 1968).

Ergebnisse und Diskussion

Pohl (1937b) prüfte die Masse von Pollenkörnern verschiedener Anemophiler. Er fand, daß sie bei frischem Pollen beinahe doppelt oder bis zu eineinhalb mal größer war als bei trockenem. Obwohl der Pollen beim Trocknen an Masse verliert, behält er doch seine Form und Größe im wesentlichen bei. Nach Wagenitz (1955) haben Pollen von Pflanzen, die nährstoff- und wasserarm angezogen wurden, eine geringere Trockenmasse, aber nur eine wenig veränderte Größe. Deshalb wurde für unsere Untersuchungen die Größe des Pollens als Prüfmerkmal ausgewählt.

In der Literatur sind verschiedentlich Pollendurchmesser von Gramineen mitgeteilt worden (Tab. 1). Dabei fällt die Gerste durch ihren verhältnismäßig kleinen Pollen, im Unterschied zu anderen (sogar den allogamen) Getreiden, auf. Der Pollen ist kugelig oder ellipsoidisch bis ellipsoidisch-eiförmig und hat einen seitlichen Porus (SCHIEMANN 1948). Es gibt Hinweise dafür, daß im Laufe der Domestikation ein Ansteigen der Pollengröße zu verzeichnen ist, wie archäologische Funde von Maispollen zeigen (KURTZ et al. 1960). Möglicherweise läßt sich ein Ansteigen der Pollengröße bei der Gerste u. a. auf die zunehmende Autogamie zurückführen. BEUG (1963) gibt größere Pollen für zweizeilige als für mehrzeilige Gersten an. Die Untersuchungen von ERDTMAN (1944) und BHATNAGAR et al. (1970) sowie eigene Beobachtungen an einem größeren Sortiment konnten diese Angaben nicht bestätigen. In der Tabelle 1 fallen besonders die sehr großen Pollen des schon lange domestizierten Maises auf. Die hohen Werte für den Weizen resultieren offenbar zum großen Teil aus der Polyploidie (vgl. auch die Angaben von LANGE (1969) zur Gerste), denn das Pollenvolumen erhöht sich mit steigender Genomzahl (CETL 1960). GRIFFEE (1927) untersuchte Gersten und fand bei diploider, zweizeiliger Kulturgerste durchschnittlich 43,4 µm Pollendurchmesser, bei tetraploidem *Hordeum jubatum* L. 41,42 µm und bei hexaploidem *H. nodosum* L.

Tabelle 1

Angaben aus der Literatur zur Größe der Pollen bei Gerste und einigen anderen Getreiden

Art	Pollendurchmesser (µm)	Autoren
Hordeum distichon	43,4	GRIFFEE (1927)
Hordeum vulgare	43,5 – 45	ERDTMAN (1944)
Hordeum vulgare	35,2 – 53,7	BEUG (1963)
Hordeum distichon	37,8 – 58,4	BEUG (1963)
Hordeum vulgare		LANGE (1969)
diploid	43,7–48,5	
tetraploid	55,1–64,8	
Hordeum bulbosum		LANGE (1969)
diploid	48,5–50,5	
tetraploid	51,9–59,5	
Triticum aestivum	(42,6 – 61,0) 51,6	HYDE und ADAMS (1958)
Avena sativa	56 – 59	WODEHOUSE (1935)
Secale cereale	31,9 – 65,0	BEUG (1963)
Zea mays	90 – 100	WODEHOUSE (1935)

50,66 µm. Die etwas geringere Größe des Pollens des tetraploiden *H. jubatum* gegenüber der diploiden zweizeiligen Kulturgerste kann z. T. aus der Wirkung der Domestikation auf die Kulturgerste resultieren.

Durch JONES und NEWELL (1948) und KURTZ et al. (1960) wurde ein stärkerer Einfluß der Umweltbedingungen auf die Pollengröße festgestellt. Umweltbedingte Unterschiede konnten auch in eigenen Untersuchungen gefunden werden. Im Jahre 1972 ist eine Tendenz zu kleineren Pollenkörnern zu erkennen, die sich aus der Gesamtheit der untersuchten Pollen ableiten läßt; damit stieg auch die Flugfähigkeit des Pollens (vgl. Tab. 3). Unterschiede zwischen Sommer- und Wintergersten wurden im Durchschnitt nicht beobachtet (Abb. 1).

Die geringe Größe des Gerstenpollens spricht für eine gute Flugfähigkeit. Dieser Befund wird durch einen dreijährigen Versuch bestätigt (1970–1972), bei

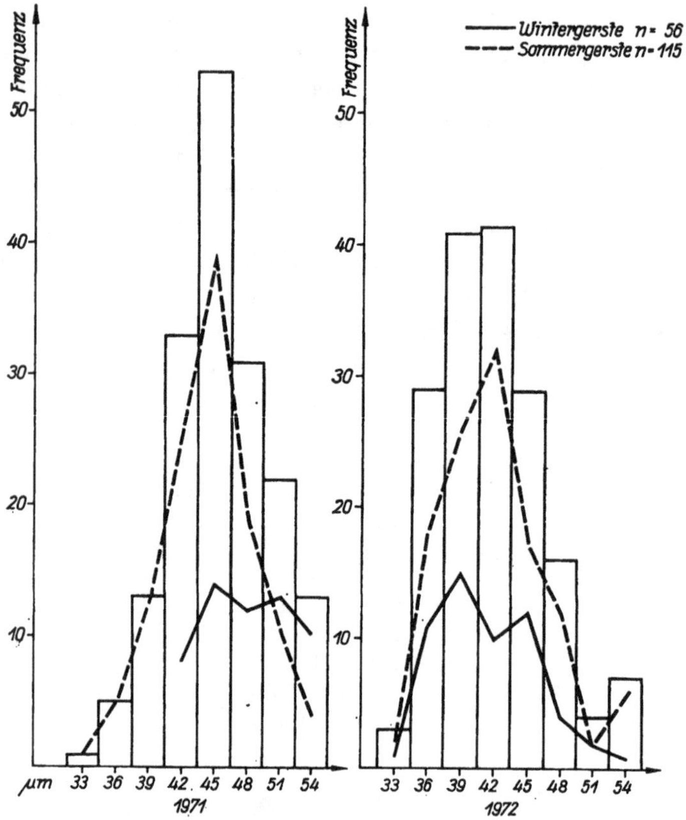

Abb. 1 Häufigkeitsverteilung der Pollendurchmesser bei Winter- und Sommergersten

dem die Pollenmenge in und über einem Gerstenbestand gemessen wurde. In allen drei Jahren zeigten die Meßstellen bei 0,25 m die geringsten Werte für den Pollenanflug. Bis 1,50 m Höhe stiegen die Werte noch deutlich an, und erst in einer Höhe von 2,50 m war wieder ein merklicher Rückgang im Pollenanflug zu beobachten (Tab. 2). Diese Ergebnisse stimmen mit den Untersuchungen REMPES (1938) an Roggen und Waldbäumen sehr gut überein, der feststellte, daß der bodennahe Luftraum (0 bis 50 cm) eine Luftschicht darstellt, in der überwiegend absinkende Bewegung vorherrscht. Der Anflug in diesen Höhen muß also geringer sein als in höheren Luftschichten. Die vorherrschenden Windrichtungen werden aus der Tabelle 2 deutlich.

Die Ergebnisse des Jahres 1970 sollen auch als Beispiel für den zeitlichen Ablauf

Tabelle 2

Verteilung des von Feldbeständen erzeugten „freien Pollens" der Sommergerstensorten 'Certina' (1970 – 1,2 ha), 'Plena' (1971 – 13 ha) und 'Astacus' (1972 – 0,4 ha) nach Flughöhen und Himmelsrichtungen

Meßhöhe	Pollenanflug							
	1970		1971		1972		$\bar{X}$ 1970–1972	
(m)	je 10 mm²	%	je 10 mm²	%	je 10 mm²	%	je 10 mm²	%
0,25	3,9	4,5	31,8	5,0	40,7	8,6	25,5	6,3
0,50	9,1	10,0	90,6	14,1	61,7	12,2	53,8	13,1
0,75	14,3	15,6	107,8	16,7	55,9	11,0	59,2	14,4
1,00	19,7	19,1	121,8	18,9	78,4	15,0	71,6	17,4
1,50	16,5	17,7	119,5	18,5	89,1	17,5	75,0	18,2
2,00	16,4	17,6	104,6	16,2	92,1	18,1	71,0	17,3
2,50	15,3	15,5	67,5	10,6	86,6	17,1	56,7	13,3
$\bar{X}$	13,6		91,9		72,1		59,1	

Himmelsrichtung								
	1970		1971		1972		$\bar{X}$ 1970–1972	
	je 10 mm²	%	je 10 mm²	%	je 10 mm²	%	je 10 mm²	%
N	9,6	18,0	111,7	30,4	71,5	24,7	64,3	27,2
O	16,5	30,8	73,5	19,9	62,6	21,4	50,7	21,5
S	16,0	29,9	63,1	17,1	77,9	27,0	52,3	22,1
W	11,4	21,3	119,4	32,6	76,5	26,9	70,2	29,2
$\bar{X}$	13,6		91,9		72,1		59,1	

des Pollenanflugs dienen und sind in Abbildung 2 graphisch dargestellt. Das Blühen unterliegt einer endogenen Rhythmik, wird aber klimatisch beeinflußt. LIEM und GROOT (1973) stellten bei *Holcus lanatus* L. und *Festuca rubra* L. fest, daß der eigentliche physiologische Vorgang dabei nur die Streckung der Filamente ist, während die Dehiszenz der Antheren von der Feuchtigkeit abhängt. Die Pollenmenge in der Luft wird damit stark von der relativen Luftfeuchte beeinflußt, aber auch von der Luftbewegung, die neben dem Transport der Pollen gleichzeitig die Austrocknung der Antheren bewirkt. Die Verbreitung des Pollens durch den Wind verläuft deshalb nicht synchron mit der Anthese. – Sogar im Spätsommer wurden noch relativ viele Gerstenpollen, durch die Bewegung von Stroh und Spreu bei der Ernte, auf Pollenfallen gefangen (VUORELA 1973). – Die für eine autogame Art teilweise recht hohen Pollenmengen (vgl. Tab. 2) sind aus diesen Gründen erklärbar.

Nach FEDOROVA (1956) befindet sich in einem blühenden Weizenfeld der größte Teil des Pollens im Bereich der Ährenhöhe, während die Pollenmenge in 1 bis 1,5 m Höhe schon stark abnimmt. Wie sich schon bei der Pollengröße andeutete, ist die Flugfähigkeit des Weizenpollens damit der des Pollens der Gerste unterlegen. Auch für den Roggenpollen müßte das zutreffen (vgl. Tab. 1). Andererseits wurden für

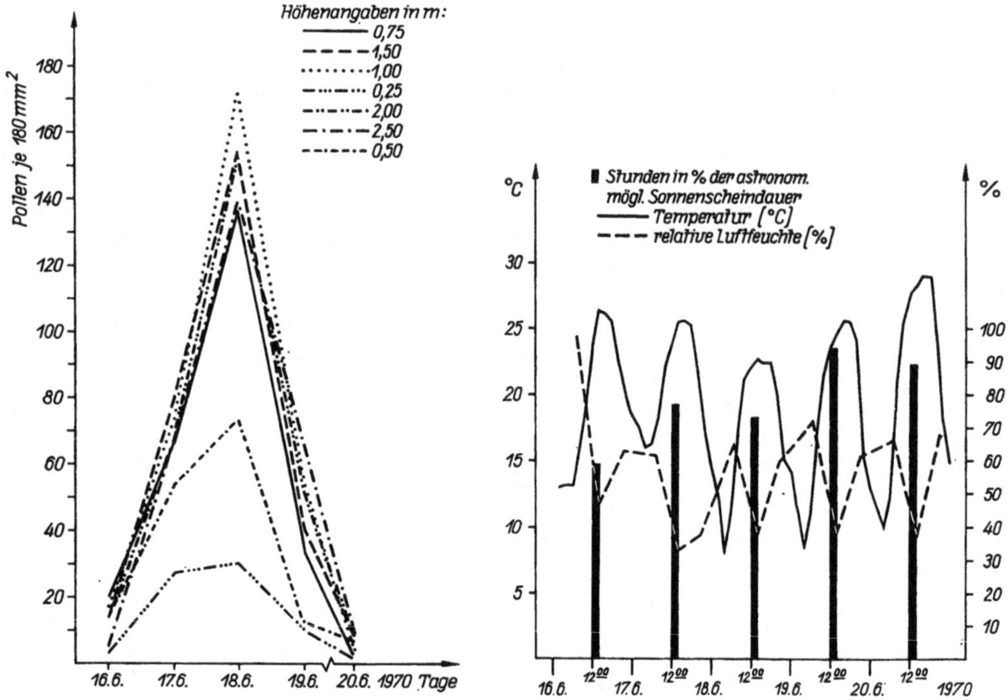

Abb. 2 Pollenanflug in verschiedenen Höhen über einem Gerstenbestand und Witterungsverlauf während der Blühperiode im Jahre 1970

ihn noch Fremdbefruchtungen über große Entfernungen beobachtet (600 m, 3% Fremdbefruchtung – ROEMER 1932; 400 m, 19% Fremdbefruchtung – HERIBERT-NILSSON 1917), während bei der Gerste nur von einem Fremdbefruchtungsansatz über eine Entfernung von etwa 45 m berichtet wurde (ENGLEDOW 1924).

Tabelle 3

Fallzeit und Sinkgeschwindigkeit des Pollens von *Hordeum vulgare*

Versuchsobjekt	Versuchsdatum	Fallhöhe (cm)	Fallzeit (sec m^{-1})	Sinkgeschwindigkeit (cm sec^{-1})
Astacus'	3. 12. 71	33	18,75	5,33
Tschermaks Vierzeilige Glatt'	25. 5. 72	140	16,14	6,18
'Tschermaks Vierzeilige Glatt'	1. 6. 72	140	16,86	5,93
'Tschermaks Vierzeilige Glatt'	6. 6. 72	140	19,30	5,18
$\bar{X}$ aus 171 Sortimentssippen	1971	–	19,25	5,19[1]
$\bar{X}$ aus 171 Sortimentssippen	1972	–	22,77	4,39[1]

[1] nach KNOLL (1932) aus dem durchschnittlichen Pollendurchmesser errechnet

Fallzeit und Sinkgeschwindigkeit des Gerstenpollens wurden deshalb besonders untersucht. In der Literatur gibt es verschiedentlich Mitteilungen über diese Polleneigenschaften bei Gramineen (Tab. 4), für die Gerste sind keine Werte bekannt geworden. Besonders fällt die geringe Sinkgeschwindigkeit der Pollen Allogamer auf (*Secale cereale*, L., *Dactylis glomerata* L.). Die Angaben zur Sinkgeschwindigkeit von Weizenpollen bei LELLEY (1966) dürften weit über den tatsächlichen Werten liegen (vgl. Ergebnisse bei D'SOUZA, 1970). Vor allem beim Mais zeigt sich, im Vergleich zu den übrigen Gramineen, das Zunehmen der Sinkgeschwindigkeit mit ansteigender Pollengröße.

In eigenen Versuchen wurde für die im Winter im Gewächshaus angebaute Sommergerstensorte 'Astacus' eine Fallzeit des Pollens von 18,75 sec m^{-1} bzw. eine Sinkgeschwindigkeit von 5,33 cm sec^{-1} festgestellt. Im Freilandanbau des Jahres 1972 wurden bei der Wintergerste 'Tschermaks Vierzeilige Glatt' ähnliche Werte gefunden (Tab. 3). Mit fortschreitender Anthese verringerte sich die Sinkgeschwindigkeit. Die bessere Flugfähigkeit ist durch den leichteren Pollen zu erklären. Mit leichterem Pollen kann aber andererseits möglicherweise eine geringere Befruchtungsfähigkeit des Pollens einhergehen.

Die für den Gerstenpollen ermittelte Sinkgeschwindigkeit, die erstaunlicherweise geringer ist als die des Roggenpollens, zeigt nur eine geringe Reduktion dieses Merkmals beim Übergang von der Allogamie zur Autogamie. Nach Angaben von D'SOUZA (1970) ergeben sich für Roggenpollen bei normaler Luftdichte (0,0013 g cm^{-3}), mittlerer Windgeschwindigkeit (3 m sec^{-1}) und einem Austauschkoeffizienten von 10 g cm^{-1} sec^{-1} eine wahrscheinliche Flugweite von 128,3 m, Flughöhe von 1,36 m und Flugdauer von 42,7 sec; für Gerstenpollen mit einer Sinkgeschwindigkeit von 5,3 cm sec^{-1} (vgl. Tab. 3) wurden von uns die entsprechenden Werte mit 749 m, 6,25 m und 250 sec errechnet. Demgegenüber wurden Fremdbefruchtungen bei Gerste, wie oben erwähnt, nur über ca. 45 m nachgewiesen. ENGLEDOW (1924) fand diesen Wert bei *Hordeum spontaneum* L., das auch hinsichtlich anderer Anemophiliemerkmale über den Kulturgersten steht (HAMMER 1976a).

Aus diesen sich scheinbar widersprechenden Angaben kann man schließen, daß die Dauer der Funktionsfähigkeit des Pollens bei der Gerste für eine hohe Fremdbefruchtungsrate unzureichend sein dürfte. Diese Annahme läßt sich anhand zahlreicher Ergebnisse aus der Literatur belegen, die die Empfindlichkeit des Gerstenpollens gegenüber Hitze und Trockenheit, aber auch gegen zu große Feuchtigkeit, Kälte oder Sonneneinstrahlung aufzeigen. Der Pollen wird durch bestimmte Umweltbedingungen schon bei seiner Bildung oder innerhalb der noch nicht dehiszierten Antheren geschädigt. So konnte festgestellt werden, daß in Dürrezeiten der Anteil des nicht befruchtungsfähigen Pollens bei der Sommergerste proportional zur Stärke der Dürre ansteigt. Aus anderen Versuchen lassen sich Rückschlüsse auf die geringe Lebensfähigkeit des Pollens ziehen. Folglich verringerte sich nach OMAROV (1969) der Ansatz bei kastrierter Wintergerste von 72% bei 0,5 m auf 58% bei 1 bis 1,5 m und 54% bei 1,5 bis 3 m Entfernung kastrierter

Tabelle 4

Angaben aus der Literatur über Fallzeit und Sinkgeschwindigkeit von Gramineenpollen

Art	Fallzeit (sec m^{-1})	Sinkgeschwindigkeit (cm sec^{-1})	Autoren
Zea mays	(3,33 – 4,54)[1]	22,0 – 30,0	Bodmer (1922)
Secale cereale	(11,36 – 16,66)[1]	6,0 – 8,8	Bodmer (1922)
Secale cereale 'Petkuser Roggen'	7,82	12,97	d'Souza (1970)
Triticum aestivum	(1,66 – 1,82)[1]	55 – 60	Lelley (1966)
Triticum aestivum 'Koga'	5,27	18,97	d'Souza (1970)
Triticum aestivum	(11,66)[1]	(8,57)[1]	Fabergé (1957)
Dactylis glomerata	(32,25)[1]	3,1	Knoll (1932)

[1] berechnet nach Werten der angegebenen Autoren

Pflanzen von den Bestäubern. Die Dauer der Funktionsfähigkeit des Pollens bestimmt auch hier, neben dem Verdünnungseffekt, die Ansatzerfolge.

Über Unterschiede der Dauer der Funktionsfähigkeit des Pollens verschiedener Gerstensippen unter Feldbedingungen ist in der Literatur noch nichts bekannt geworden. Leonova (1972) konnte aber beim Mais große sorten- und linienbedingte Unterschiede in der Dauer der Funktionsfähigkeit des Pollens feststellen (3 bis 12 Stunden). Es ist anzunehmen, daß auch bei der Gerste eine große Schwankungsbreite dieses Merkmals auftritt – Unterschiede zwischen Sommer- und Wintersippen sind offenbar vorhanden (Stankova 1965), und Pollen von *Hordeum spontaneum* blieb über relativ lange Zeit keimfähig (Engledow 1924). Trotz der zu erwartenden Variationsbreite dieses Pollenmerkmals, wird aber bei ihm das Schwinden der Anpassung an die Anemophilie besonders deutlich.

Nach den anfangs diskutierten, offensichtlich konservativen Merkmalen des Pollens scheint die Gerste zwar noch gut an die Anemophilie angepaßt, aber ihr Pollen ist so empfindlich gegen Austrocknung und auch gegen Nässe, daß er in der Luft keine längeren Strecken ohne Schaden überwinden kann. Der Anteil des Pollens an der Verringerung der Anemophiliemerkmale ist damit beträchtlich und hat eine entscheidende Bedeutung für die geringe Neigung der Kulturgerste zur Allogamie. Selbst bei günstigen Voraussetzungen für die Allogamie unter Ausschaltung der Konkurrenz des eigenen Pollens (z. B. durch Kastration oder ms-Gene) wird die Fremdbefruchtungsrate, wie sich durch viele Beispiele aus der Literatur demonstrieren läßt, selten so hoch sein, daß ein Ansatz von annähernd 100% erreicht wird.

Zusammenfassung

Bei der Kulturgerste ist es durch den Übergang von der Allogamie zur Autogamie im Verlaufe der Evolution bzw. Domestikation zu einer Reduktion von Anemophiliemerkmalen gekommen. Im Vergleich mit anderen Gramineen können für den Pollen noch eine günstige Größe und gute Flugfähigkeit gefunden werden. Seine Empfindlichkeit gegen die verschiedenen Umweltbedingungen ist aber so groß, daß er in der Luft keine längeren Strecken ohne den Verlust seiner Keimfähigkeit überwinden kann. Die geringe Dauer der Lebensfähigkeit des Pollens trägt in erheblichem Maße zur Verminderung der Möglichkeiten für Fremdbefruchtung bei der autogamen Gerste bei.

Summary

Problems of the Suitability of Barley (*Hordeum vulgare* L. s. l.) Pollen for Anemophily

In barley a reduction of characters of anemophily can be observed because of the transition from allogamy to autogamy in the course of evolution and domestication respectively. In relation to other Gramineae advantageous size (table 1, fig. 1) and ability of long-distance dissemination (tables 2, 3 and 4) of pollen can be found. But the sensitivity of the pollen to various environmental conditions is so strong that a dispersal through the air over long distances is impossible for the pollen grains without loosing their viability. The short duration of pollen-viability is responsible for the reduction of possibilities for cross pollination in autogamous barley to a considerable rate.

Краткое содержание

Вопросы пригодности пыльцы культурного ячменя (*Hordeum vulgare* L. s. l.) для ветроопыления

У культурного ячменя, благодаря переходу от аллогамии к автогамии, в течение эволюции и одомашнивания произошла редукция признаков анемофилии. В сравнении с другими злаками можно наблюдать относительно благоприятную величину пыльцевых зерен и их хорошую способность к полету. Но чувствительность пыльцы к различным условиям среды настолько велика, что она не может преодолеть длительное пребывание в воздухе без потери способности к прорастанию. Малая продолжительность жизнеспособности пыльцы существенно ограничивает возможности чужеопыления у автогамного ячменя.

Literatur

BEUG, H.-J., 1961: Leitfaden der Pollenbestimmung. – Stuttgart.

BHATNAGAR, V. K., R. C. SHARMA, K. B. TREHAN, and R. P. CHANDOLA, 1970: Pollengrains of barley (*Hordeum vulgare* L.) hybrids. – Indian J. agric. Sci. *40*, 685–690.

BITZER, M. J., and F. L. PATTERSON, 1967: Pollen dispersal and cross pollination of soft red winter wheat (*Triticum aestivum* L.). – Crop Sci. *7*, 482–484.

BODMER, H., 1922: Über den Windpollen. – Natur und Technik, Bd. *3*. Zitiert nach POHL (1937b).

CETL, I., 1960: The size of pollen grain of the genus *Triticum* L. – Biol. Plant. (Praha) *2*, 287–291.

D'SOUZA, L., 1970: Untersuchungen über die Eignung des Weizens als Pollenspender bei der Fremdbefruchtung, verglichen mit Roggen, *Triticale* und *Secalotricum*. – Zeitschr. Pflanzenzüchtg. *63*, 246–269.

ENGLEDOW, F. L., 1924: Inheritance in barley. III. The awn and lateral floret. – J. Genetics *14*, 49–87.

ERDTMAN, P., 1944: Sädeslagens pollenmorfologi. – Svensk. bot. Tidskr. *38*, 79–80.

FABERGÉ, A. C., 1957: A method for treating wheat pollen with ultraviolet radiation for genetic experiments. – Genetics *42*, 618–622.

FAEGRI, K., and L. VAN DER PIJL, 1971: The Principles of Pollination Ecology. – 2nd revised edition, 291 pp. – Oxford.

FEDOROVA, R. A., 1956: Die Verbreitung von Getreidepollen in der Luft (russ.). – Dokl. Akad. Nauk SSSR *107*, 897–898.

GOSS, J. A., 1968: Development, physiology and biochemistry of corn and wheat pollen. – Botan. Rev. *34*, 333–354.

GRIFFEE, F., 1927: Chromosome number in species of *Hordeum*. – Minnesota studies in plant science *1*, 319–331.

HAMMER, K., 1975: Die Variabilität einiger Komponenten der Allogamieneigung bei der Kulturgerste (*Hordeum vulgare* L. s. l.). – Kulturpflanze *23*, 167–180.

HAMMER, K., 1976a: Zur Allogamieneigung der Kulturgerste (*Hordeum vulgare* L.). – Tag.-Ber., Akad. Landwirtsch.-Wiss. DDR *143*, 221–226.

– 1976b: Vorschlag für einen Index der Allogamieneigung bei der Kulturgerste (*Hordeum vulgare* L. s. l.). – Kulturpflanze *24*, 213–220.

HERIBERT-NILSSON, N., 1917: Versuche über den Vizinismus des Roggens mit einem pflanzlichen Indikator. – Zeitschr. Pflanzenzüchtg. *5*, 89–114.

HYDE, H. A., and K. F. ADAMS, 1958: An Atlas of Airborne Pollen Graines, 112 pp. – London.

JONES, M. D., and L. C. NEWELL, 1948: Size, variability, and identification of grass pollen. – J. Amer. Soc. Agron. *40*, 136–143.

JOPPA, L. R., F. H. MCNEAL and M. A. BERG, 1968: Pollen production and pollen shedding of hard red spring (*Triticum aestivum* L. em. Thell.) and durum (*T. durum* Desf.) wheats. – Crop Sci. *8*, 487–490.

KNOLL, F., 1932: Über die Fernverbreitung des Blütenstaubes. – Forsch. Fortschr. *8*, 301–302.

KURTZ, E. B., H. TUCKER and J. L. LIVERMAN, 1960: Some problems concerning fossil and modern corn pollen. – Bull. Torr. Bot. Club *87*, 85–95.

LANGE, 1969: Cytogenetisch en embryologisch Onderzoek aan Kruisingen tussen *Hordeum vulgare* en *H. bulbosum*. – Centrum voor Landbouwpublikaties en Landbouwdocumentatie, 162 pp. – Wageningen.

LELLEY, J., 1966: Befruchtungsbiologische Beobachtungen im Zusammenhang mit der Saatguterzeugung von Hybridweizen. – Züchter *36*, 314–317.

LEONOVA, N. S., 1972: Die Abhängigkeit der Lebensfähigkeit der Pollen und Narben von Zeitpunkt und Anzahl der Bestäubungen (russ.). – Kukuruza *8*, 30–31.

LIEM, A. S. N., and J. GROOT, 1973: Anthesis and pollen dispersal of *Holcus lanatus* L. and *Festuca rubra* L. in relation to climate factors. – Rev. Palaeobot. Palynol. *15*, 3–16.

OMAROV, D. S., 1969: Das Problem der Ausnutzung der Heterosis bei Gerste und Weizen (russ.). – Trudy dagestan. s.-ch. i. *20* (1), 25–32.

POHL, 1937a: Die Pollenerzeugung der Windblütler. Eine vergleichende Untersuchung mit Ausblicken auf den Bestäubungshaushalt tierblütiger Gewächse und die pollenanalytische Waldgeschichtsforschung. – Beih. Bot. Centralbl. *56*, 365–470.

– 1937b: Die Pollengewichte einiger windblütiger Pflanzen und ihre ökologische Bedeutung. (Beiträge zur Morphologie und Biologie des Pollens VII.). – Beih. Bot. Centralbl. *57*, 112–172.

REMPE, H., 1938: Untersuchungen über die Verbreitung des Pollenstaubes durch die Luftströmungen. – Planta *27*, 93–147.

ROEMER, Th., 1932: Über die Reichweite des Pollens beim Roggen. – Zeitschr. Pflanzenzüchtg. *17*, 14–35.

SCHIEMANN, E., 1948: III. *Hordeum* L. – Gerste. – In: Weizen, Roggen, Gerste – Systematik, Geschichte und Verwendung, 71–94. – Jena.

STANKOVA, J., 1965: Biologie kvetení jarního ječmene. – Genetika a Šlechteni *1* (38), 1–10.

VUORELA, I., 1973: Relative pollen rain around cultivated fields. – Acta Bot. Fenn. *102*, 1–27.

WAGENITZ, G., 1955: Über die Änderung der Pollengröße von Getreiden durch verschiedene Ernährungsbedingungen. – Ber. Dtsch. Bot. Ges. *68*, 297–302.

WODEHOUSE, R. P., 1935: Pollen Grains, 574 pp. – New York and London.

Kulturpflanze XXV · 1977 · S. 25–31

Über einen positiven Hybrideffekt in der Korrelation zwischen Rohproteingehalt und Kornertrag je Pflanze beim Mais[1]

Igor Grebenščikov

(Eingegangen am 10. Januar 1977)

Einleitung

Im Rahmen eines größeren Versuches zur Klärung der Beziehungen zwischen dem Heterosiseffekt in F_1 und F_2 wurden neben den Korrelationen zwischen den einzelnen Generationen auch die Korrelationen zwischen einzelnen Merkmalen innerhalb der Generationen näher untersucht. Die Vorversuche (1965/66) zeigten, daß man sich – bei einer größeren Anzahl von Kreuzungen – mit den zweijährigen Mittelwerten begnügen kann, obwohl diese kurze Versuchszeit als minimal mögliche anzusehen ist. Um offensichtlichen „Zufälligkeiten" vorzubeugen, wurde ein zweiter, ebenfalls zweijähriger Versuch mit anderem Material angelegt und ausgewertet. In der vorliegenden Arbeit soll nur über den praktisch bedeutenden, allen Getreidezüchtern gut bekannten und lästigen, negativen Zusammenhang zwischen Rohproteingehalt und Kornertrag berichtet werden. Daneben wurde auch eine ähnliche Korrelation zwischen Rohproteingehalt und Hundertkorngewicht untersucht.

Material und Methode

Die Versuchsanlage war folgende. In den Jahren 1971 und 1972 standen auf dem Felde 83 F_2-, ebensoviele entsprechende F_1-Generationen sowie ihre 89 Eltern (P). Diese Eltern – von welchen die meisten mehr als einmal als Mutter oder als Vater, aber immer in anderen Kombinationen, verwendet worden waren – sind randomisiert gekreuzte Maisherkünfte des Gaterslebener Sortimentes. Ihr durchschnittlicher Inzuchtgrad betrug 4 Jahre. Für die Gewinnung der F_1-Generation waren jeweils 3 Kreuzungskolben, deren Körner vermischt wurden, verwendet worden, für die F_2 eine Mischung der Körner von etwa 6 Kolben aus Geschwisterbestäubungen innerhalb einer F_1-Parzelle.

In den Jahren 1974 und 1975 wurden unter denselben Anbaubedingungen 73 F_2-, ebensoviele F_1-Nachkommenschaften sowie ihre 25 Eltern untersucht, welche dieses Mal selektierte Bernburger Maisinzuchtlinien waren, deren Inzuchtgrad im Durchschnitt 14 Jahre betrug.

1 Herrn Prof. Dr. Drs. h. c. Hans Stubbe zum 75. Geburtstag gewidmet.

Alle Versuchsparzellen (P, F_1, F_2) hatten in beiden Versuchsgruppen 28 Pflanzen (1 Pflanze je Pflanzstelle in einem Abstand von 60×30 cm). Die phänotypischen Korrelationen (vgl. GREBENŠČIKOV 1976, S. 183) wurden für jede Generation und jedes Jahr für sich geschätzt, wobei nicht die Einzelpflanzen-, sondern die Parzellenwerte zugrunde gelegt wurden. Erst dann hat man für die jeweils zweijährigen Versuche, mit Sortimentsherkünften (1971/72) und mit Inzuchtlinien (1974/75), die mittleren Korrelationskoeffizienten ($\bar{r}$) durch z-Transformation ermittelt. Für diese wurden dann die 95%-Vertrauensbereiche errechnet (SACHS 1973).

Es handelt sich hier also nicht um die Korrelationen innerhalb von kleinen Populationen, sondern um solche, die geeignet sind, eine größere infraspezifische Gruppe zu charakterisieren und allgemeinere Gesetzmäßigkeiten aufzudecken. Als Eltern der Gaterslebener Kreuzungen dienten hauptsächlich Hartmaisformen, aber auch einige *aorista*-, Zahn- und Zuckermaisformen. In den Bernburger Kreuzungen waren Hartmaisformen mit kleiner Beimischung von Zahnmais enthalten.

Die drei Merkmale, deren Korrelationen wir hier besprechen, sind:

KrG (Korngewicht): Kornertrag, als Gewicht der lufttrockenen reifen Körner von 10 Pflanzen, in kg.

HKG (Hundertkorngewicht): Durchschnitt aus drei Proben von je 100 Körnern, in g; kann als Korngröße betrachtet werden.

RP (Rohprotein): Rohproteingehalt in %, als Durchschnitt von drei Kjeldahlanalysen je 1 g lufttrockener Körner.

Die absoluten Merkmalswerte für die einzelnen Generationen und Kreuzungsgruppen mit ihren Variabilitätskoeffizienten sind in folgender Tabelle angegeben (Tab. 1), wobei $\bar{x}$ den zweijährigen Mittelwert und $s\%$ den entsprechenden Variabilitätskoeffizienten bedeuten.

Tabelle 1

Mittelwerte und Variabilität der untersuchten Merkmale

	Sortimentsherkünfte (1971/72)		Inzuchtlinien (1974/75)	
	$\bar{x}$	$s\%$	$\bar{x}$	$s\%$
	Kornertrag (KrG) in kg			
P	0,59	38	0,72	28
F_1	1,09	18	1,38	16
F_2	0,80	19	1,02	14
	Korngröße (HKG) in g			
P	21,8	31	25,9	16
F_1	27,6	19	32,5	10
F_2	24,2	22	29,3	11
	Rohproteingehalt (RP) in %			
P	10,6	10	11,1	10
F_1	9,8	9	10,2	10
F_2	10,3	9	10,3	10

Ergebnisse

Zur Charakteristik der Dynamik der Merkmale sei gesagt, daß Kornertrag und Korngröße ihre höchsten Werte immer in der F_1-Generation erreichen, wonach sie in der F_2 abfallen, aber in der Regel noch bedeutend höher als die Elternwerte (P) bleiben. Diese Elternwerte wurden so kalkuliert, daß jeder Elter (abgesehen, ob Mutter oder Vater) einmal gerechnet wird. So wurden z. B. im Versuch 1971/72 89 Gaterslebener Sortimentsherkünfte als Eltern von 83 Kreuzungen berücksichtigt, und nicht 83 Elternmittelwerte von den Einzelkreuzungen ($\bar{P}$), die wir für andere Kalkulationen, darunter Schätzung des Heterosisindex (HET), verwenden. Für den Rohproteingehalt ist die Generationsdynamik eine andere: den höchsten Gehalt zeigen die Elternwerte, die F_1-Bastarde haben einen bedeutend niedrigeren Gehalt, welcher in der F_2 wieder schwach ansteigt.

Die Variabilität der Merkmale Kornertrag und Korngröße ist am stärksten zwischen den Eltern (besonders zwischen den Sortimentsherkünften 1971/72); zwischen den heterotischen F_1-Generationen wird sie stark vermindert und steigt zwischen den F_2-Generationen wieder an. Die Variabilität des Rohproteingehaltes bleibt praktisch in allen drei Generationen unverändert (die $s\,\%$ sind in der Tabelle auf ganze Prozente abgerundet; eine größere Genauigkeit entspricht nicht den Versuchsbedingungen).

Der Heterosiseffekt (für alle Merkmale), gemessen mit unserem Heterosisindex (GREBENŠČIKOV 1972a)

$$\text{HET} = 100 - (\bar{P}/F_1)100$$

zeigte sich trotz des starken Unterschieds im Inzuchtgrad der Eltern (4 Jahre bei Sortimentsherkünften und 14 Jahre bei Inzuchtlinien) als fast gleich für beide Kreuzungsgruppen: zwischen den entsprechenden Merkmalen wurden signifikante Unterschiede nicht gefunden. Dagegen ist HET deutlich nach einzelnen Merkmalen differenziert, so daß man von einer ziemlich konstanten Reihenfolge der Merkmale bezüglich ihrer „Ansprechbarkeit" für Heterosis reden kann. Die höchste Heterosis wurde für den Kornertrag beobachtet (HET um 42%), für Korngröße eine wesentlich schwächere (um 17%), während der Rohproteingehalt überhaupt nicht zu Heterosis neigt und in beiden Kreuzungsgruppen einen gleichen negativen HET-Wert von −8% zeigte.

Der Abfallindex (GREBENŠČIKOV l. c.)

$$\text{ABF} = (F_2/F_1)100$$

welcher anzeigt, wieviel Prozent der absolute F_2-Wert von dem absoluten F_1-Wert ausmacht, bewegte sich erwartungsgemäß in umgekehrter Richtung: der Rohproteingehalt zeigte überhaupt keinen Abfalleffekt (ca. 104%), dann kam die Korngröße mit einem Abfall von 89% und dann der Kornertrag (je Pflanze!) mit 74%, d. h. die F_2-Generationen brachten etwa 3/4 des Kornertrages der heterotischen F_1-Generationen.

Nun gehen wir zu den Korrelationen der eben beschriebenen Merkmale über. Zuerst sei bemerkt, daß in unseren Versuchen die Korrelation zwischen Kornertrag und Korngröße unvergleichbar höher ist als jene, die in dem bekannten Werke von JUGENHEIMER (1959) angegeben wird. Während sie dort als Durchschnitt von 145 amerikanischen Inzuchtlinien mit einem $r = 0{,}03$ geschätzt und als nicht signifikant bezeichnet wurde, beträgt sie für unsere P-Generationen 0,50** bis 0,60**. Die schwächste Korrelation zeigen bei uns die F_1-Generationen sowohl von den Sortimentsherkünften wie auch von den Inzuchtlinien (etwa 0,30*). Die F_2-Generationen liegen in der Mitte mit einem $\bar{r}$ von 0,34** (Nachkommen der Inzuchtlinien) bis 0,42** (Nachkommen der Sortimentsherkünfte). Diese Diskrepanz ist wahrscheinlich dadurch zu erklären, daß unser Kornertrag je Pflanze, und nicht je Parzelle, wie bei JUGENHEIMER, kalkuliert wird. In allen Varianten unserer Versuche ist also die Korrelation zwischen Kornertrag und Korngröße positiv und signifikant, aber nicht stark; sie ändert ihr Vorzeichen nicht, weder von Generation zu Generation noch von einer Kreuzungsgruppe zur andern und bleibt signifikant.

Die Situation mit den zwei anderen Korrelationen ist viel differenzierter. Die beiden sind graphisch in Abb. 1 und 2 dargestellt. Die Skala gibt die Werte von Korrelationskoeffizienten an, jede Säule entspricht dem zweijährigen Korrelationswert einer Generation für den Versuch mit Sortimentsherkünften (1971/72) und mit Inzuchtlinien (1974/75). Für jeden $\bar{r}$-Wert sind die 95%-Vertrauensbereiche angegeben. Wenn eine Vertrauensbereichsspanne die Nullinie schneidet, bedeutet es, daß der entsprechende Korrelationskoeffizient nicht signifikant von Null verschieden ist, d. h., daß kein Zusammenhang zwischen den Merkmalen anzunehmen ist.

Die Korrelation zwischen Rohproteingehalt und Kornertrag (Abb. 1) ist bei den Eltern 1971/72 (Sortimentsherkünfte) signifikant negativ, obwohl nicht stark ($\bar{r} = -0{,}30$**). Bei der F_1-Generation ist sie bereits als nicht existent anzunehmen (−0,10 n. s.) und bleibt als solche auch in der F_2. Bei der Elterngeneration der Inzuchtlinien (1974/75) ist diese unerwünschte Korrelation wesentlich stärker negativ (fast −0,50**), verschwindet aber bei der F_1-Generation ebenfalls und zeigt in der F_2 sogar eine positive Tendenz, bleibt aber nicht signifikant. Es ist interessant zu bemerken, daß diese Korrelation bei unseren ingezüchteten Eltern sehr gut übereinstimmt mit der von JUGENHEIMER angegebenen für Rohproteingehalt und Kornertrag je Parzelle ($r = -0{,}52$**). Diese Übereinstimmung könnte dafür sprechen, daß für einige Kalkulationen bei Mais die Angaben für Kornertrag je Pflanze und Kornertrag je Fläche doch als stellvertretend benutzt werden könnten.

Fast ähnlich ist die Generationsdynamik für die Korrelation zwischen Rohproteingehalt und Korngröße (Abb. 2). Obwohl dieser negative Zusammenhang züchterisch nicht so „gefährlich" ist wie jener zwischen RP und KrG, ist er doch als unerwünscht zu betrachten, da in unseren Versuchen Kornertrag deutlich positiv mit Korngröße korreliert. Die Korrelation in Abb. 2 ist ebenfalls stärker negativ bei den Inzuchtlinien (1974/75) als bei den Sortimentsherkünften (1971/72) und verschiebt sich ebenso in positiver Richtung sowohl bei den F_1- wie auch (weniger deutlich) bei den F_2-Generationen. Die Amplitude zwischen den schwäch-

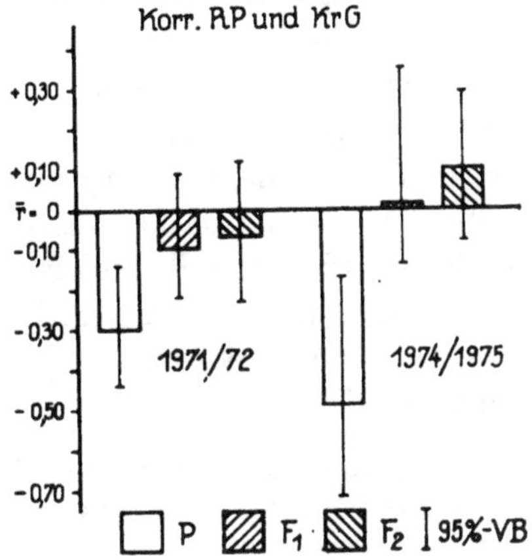

Abb. 1 Korrelationskoeffizienten (zweijähriger Durchschnitt) zwischen Rohproteingehalt (RP) und Kornertrag je Pflanze (KrG) bei Kreuzungen zwischen Sortimentsherkünften (1971/72) und zwischen Inzuchtlinien (1974/75)

sten und stärksten Korrelationen ist, wie bei RP und KrG, in dem Versuch mit Inzuchtlinien größer, was nicht leicht zu deuten ist, da die Variabilität der einzelnen Merkmale im allgemeinen im Versuch mit Sortimentsherkünften stärker ist (vgl. Tab. 1).

Wir haben also zwei Fälle vor uns, in welchen der Hybrideffekt die Zusammenhänge zwischen bestimmten Merkmalen in eine züchterisch günstigere

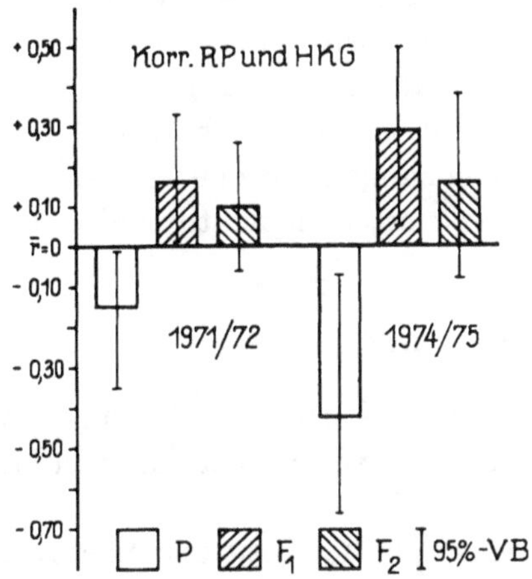

Abb. 2 Korrelationskoeffizienten (zweijähriger Durchschnitt) zwischen Rohproteingehalt (RP) und Korngröße (HKG) bei Kreuzungen zwischen Sortimentsherkünften (1971/72) und zwischen Inzuchtlinien (1974/75)

Richtung verschiebt. Konkrete Angaben über ähnliche Fälle sind uns aus der Literatur nicht bekannt. Wir schlagen vor, diese Erscheinung als Korrelationsheterosis zu bezeichnen. In der züchterischen Praxis wird der Begriff Heterosis meist sowieso nur im „pragmatischen“ Sinne verwendet und unterscheidet sich in der Regel von der echten, evolutionistisch bedeutenden Euheterosis (sensu Dobshansky, in Gowen 1952). Als Bezeichnung für einen „positiven“ Hybrideffekt wäre unser Ausdruck, Korrelationsheterosis, somit am Platze, ohne das genetische Wesen der echten Heterosis zu berühren.

Im vergangenen Jahre ist in der UdSSR ein interessantes Buch erschienen, das den Titel „Mehrfachheterosis" („Mnogokratnyj geterozis") trägt. Der Autor, PALILOV (1976), aus dem Minsker Institut für Genetik und Zytologie, bezeichnet damit eine Heterosis, welche sich ohne neue züchterische Eingriffe in mehr als einer Generation manifestiert (hierher gehören auch die Fälle von sich im Laufe von einigen Generationen selbst erhaltenden „synthetics" u. ä.). Da in unserem Falle die Korrelationsheterosis auch in F_2 nicht erloschen ist, kann sie mit Recht auch zu der Mehrfachheterosis gerechnet werden. Solche Fälle sind wahrscheinlich nicht selten, nur daß Korrelationsheterosis – und auch Mehrfachheterosis, wie das Buch von PALILOV zeigt – bis jetzt nicht speziell beachtet und als solche untersucht worden sind.

Für die Rohproteinanalysen sei dem Eiweißlabor von Dr. F. SCHOLZ, für die Verrechnung der Korrelationen der Forschungsgruppe von Dr. A. MEISTER gedankt. Für die Betreuung der Feldversuche ist der Verf., wie immer, Frl. B. KOHL zu Dank verpflichtet.

Zusammenfassung

Es wird ein Fall von Hybrideffekt beim Mais beschrieben, in dem eine negative, züchterisch unerwünschte Korrelation bei den Elternformen – zwischen Rohproteingehalt und Kornertrag je Pflanze – sich in der F_1 in positive Richtung verschiebt und in dieser Generation sowie in der F_2 nicht signifikant von Null verschieden wird oder sogar eine positive Tendenz zeigt. Dasselbe gilt für die negative Korrelation zwischen Rohproteingehalt und Korngröße. Diese heterotische „Verbesserung" der Korrelation wurde in zweijährigen Versuchen sowohl bei Kreuzungen zwischen schwach ingezüchteten Sortimentsherkünften wie auch bei selektierten Inzuchtlinien beobachtet.

Summary

A Positive Effect in Hybrids as to the Correlation Between Crude Protein Content and Grain Yield per Plant in Maize

A case of heterosis in maize is described, which indicates that a negative, undesirable correlation in the parent forms – between crude protein content and grain yield per plant – is shifted in positive direction in hybrids. In F_1 generation as well as in F_2, this correlation becomes not significantly different from zero or even shows a tendency to the positive. The same is true of the negative correlation between crude protein content and grain size. This heterotic „improvement" of the correlations was observed in experiments of two years, with maize collections of low inbreeding degree as well as with selected inbred lines.

Краткое содержание

О положительном влиянии гибридизации на корреляцию между содержанием сырого протеина и урожаем зерна (с растения) у кукурузы

Описывается случай положительного влияния гибридизации, в котором нежелательная отрицательная корреляция у родительских форм – между содержанием сырого протеина и урожаем зерна (с растения) – сдвигается у простых гибридов первого поколения в положительном направлении и, как в первом так и во втором поколении, не отличается достоверно от нуля или даже проявляет положительную тенденцию. Это гетерозисное „улучшение“ корреляции наблюдалось в двухлетних опытах, как на скрещиваниях коллекционных номеров кукурузы со слабой степенью инбридинга так и на скрещиваниях отселектированных инбредных линий.

Literatur

Gowen, J., (edit.), 1952: Heterosis. Ames/Jowa.

Grebenščikov, I., 1972a: Über einige Fragen der Heterosis und des Leistungsabfalls bei den Ertragsmerkmalen von Mais. – Kulturpflanze *19*, 151–162.

– 1976: Notulae cucurbitologicae IX. Zur Frage des Verhaltens von phänotypischen Korrelationen in einzelnen Kreuzungsgenerationen und des Zusammenhanges zwischen Heritabilität der Merkmale und ihrer Variabilität innerhalb dieser Generationen. – Kulturpflanze *24*, 179–190.

Jugenheimer, R., 1959: La sélection des mais hybrides et la production des semences. Rom (Französische FAO-Ausgabe).

Palilov, A., 1976: Mnogokratnyj geterozis. Minsk.

Sachs, L., 1972: Statistische Auswertungsmethoden. 3. Aufl. Berlin-Heidelberg-New York.

Kulturpflanze XXV · 1977 · S. 33–44

Bericht über eine Reise nach der VR Polen 1976 zur Sammlung autochthoner Sippen von Kulturpflanzen[1]

Peter Hanelt und Karl Hammer

(Eingegangen am 12. Januar 1977)

Die Sammlung und Erhaltung indigener Landsorten gehört wegen ihres in den meisten Gebieten der Erde außerordentlich rasch zurückgehenden Anbaues zu den vordringlichen Aufgaben von Kulturpflanzenweltsortimenten. Wie die Erfahrungen der letzten Jahre in manchen Teilen der ČSSR (Kühn, Hammer und Hanelt 1976) sowie bei der Ermittlung alter Gemüseformen innerhalb der DDR zeigten (Hammer, Hanelt und Tittel 1977), kann unter bestimmten Voraussetzungen selbst im mittleren Europa noch die Suche nach derartigen Kulturpflanzensippen erfolgreich sein.

Bereits in dem ersten Bericht über die Sammelreise nach Mähren und der Slowakei (Hanelt und Hammer 1975) war auf die Notwendigkeit der Ausdehnung einer entsprechenden Erfassung von Landsorten auf die benachbarten Gebirgsgebiete der VR Polen hingewiesen worden. Von hier liegen auch einige Angaben in der Literatur (Sawicki 1958, 1960) über den Anbau von Getreide-Landsorten aus den Jahren nach dem zweiten Weltkrieg vor.

Es wurde deshalb durch die Akademie der Wissenschaften der DDR, die Polnische Akademie der Wissenschaften (PAN) und das Instytut Hodowli i Aklimatyzacji Roślin (IHAR), insbesondere durch dessen Zaklad Centralnej Kolekcja Roślin (Leiter: Doc. Dr. W. Kulpa) in Radzików eine Sammelreise nach Südpolen organisiert, um einen eventuell noch praktizierten Anbau autochthoner Landsorten zu erkunden, sein Ausmaß und den Grad der Gefährdung abzuschätzen und Saatgutmaterial der gewünschten Kulturpflanzenformen zu sammeln. Diese gemeinsam mit polnischen Kollegen des IHAR durchgeführte Unternehmung fand vom 9. 8. 76 bis zum 27. 8. 76 statt.

Die Finanzierung erfolgte im Rahmen bestehender Abkommen sowohl durch die PAN wie die AdW der DDR. Die Organisation der Reise im Sammelgebiet lag im wesentlichen in den Händen der polnischen Kollegen, insbesondere bei Mag. Ing. Górski. Zur Reise ins Sammelgebiet, für die Fahrten innerhalb der bereisten Gegenden und für den Transport des

1 Herrn Prof. Dr. Drs. h. c. Hans Stubbe zum 75. Geburtstag gewidmet.

Materials diente den Teilnehmern der DDR ein institutseigener Wagen (GAS), während die polnischen Mitarbeiter ein eigenes Fahrzeug benutzten.
Teilnehmer der Reise waren:

Doc. Dr. W. KULPA, IHAR Radzików (vom 17.–20. 8.)
Mag. Ing. M. GÓRSKI, IHAR Radzików
Mag. A. JASTRZĘBSKI, IHAR Radzików (vom 11.–17. 8.)
Mag. H. UTRATA, IHAR Radzików (ab 17. 8.)
Ing. W. DOBOSZYŃSKI, IHAR Radzików (ab 17. 8.)
Dr. P. HANELT, Gatersleben
Dr. K. HAMMER, Gatersleben und wiederum als bewährter Fahrer
F. WERNER, Gatersleben.

Die Route der Sammelreise verlief durch verschiedene Gebirgsgebiete und deren Vorländer im Süden der VR Polen, wo noch am ehesten mit der Existenz indigener Kulturpflanzensorten gerechnet werden konnte. Insbesondere wurden das Pieninen-Gebirge, Teile der Beskiden und die Bieszczaden bereist. Die einzelnen Sammelexkursionen erfolgten von zwei Stützpunkten aus, einmal von Niedzica in den Pieninen, wo die Teilnehmer der DDR am Abend des 10. 8. 76 eintrafen, und zum anderen von Uherce bei Lesko am Nordrand der Bieszczaden, von wo die Rückreise über Radzików – Warszawa am 25. 8. 76 begann.

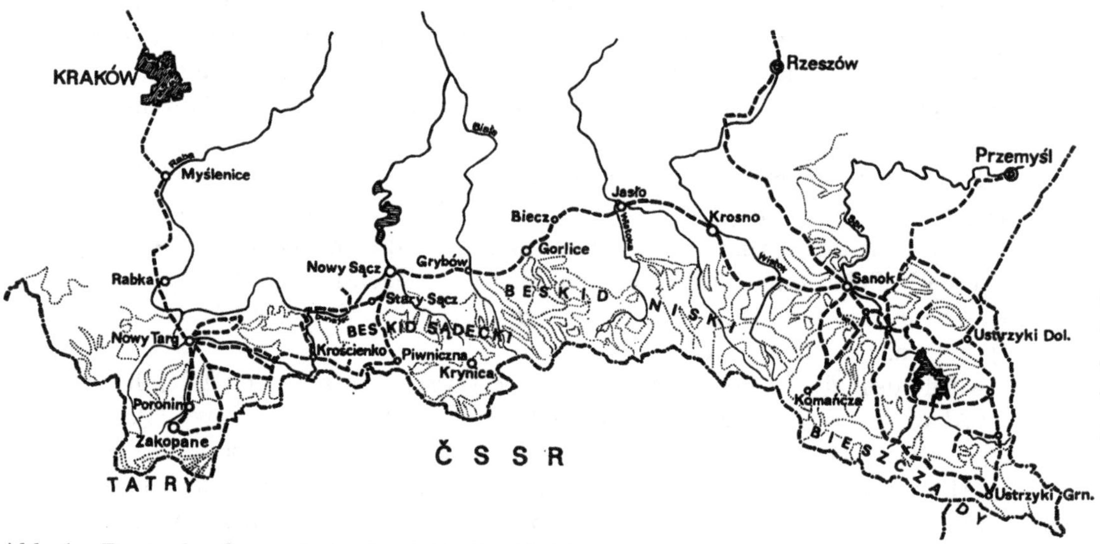

Abb. 1 Route der Sammelreise (gestrichelte Linie)

Die genaue Reiseroute und der Verlauf der Reise ist in der folgenden Zusammenstellung enthalten (vgl. auch Abb. 1).

Chronologischer Ablauf der Reise zur Sammlung und zum Studium von Landsorten in verschiedenen Gebieten im Süden der VR Polen (9. 8.–27. 8. 1976):

9.–10. 8. Gatersleben – Dresden – Görlitz – Wrocław – Opole – Bytom – Chorzów – Kraków – Nowy Targ – Niedzica; Übernachtung in Görlitz, Treffen mit den polnischen Kollegen des IHAR in Niedzica

11.–15. 8. Stützpunkt in Niedzica in den Pieninen (Pieniny)

11. 8. Sammeln im Ort und in der Umgebung sowie zwischen Niedzica und Kacwin, Exkursion in das Tal des Dunajec von Czorsztyn bis Maniowy, Rückfahrt über Dębno – Frydman – Falsztyn

12. 8. Fahrt nach Nowy Targ über Łapsze Niżnie – Trybsz – Gronków, Besuch des Bauernmarktes in Nowy Targ, Exkursion von hier aus auf den Turbacz (1310 m) im Gorce-Gebirge, Rückfahrt über Czorsztyn

13. 8. Exkursion nach Czorsztyn – Kluszkowce – Hałuszowa – Grywald und zurück; Fahrt nach Jaworki über Krościenko – Szczawnica und Sammeln in Jaworki in den Małe Pieniny

14. 8. Fahrt nach Jaworki, Fußmarsch durch das Reservat Biała Woda (ehemaliges Siedlungsgebiet der Lemken) in die Beskid Sądecki nach Obidza – Sucha Dolina – Kosarzyska, von hier aus Rückfahrt über Piwniczna – Rytro – Stary Sącz – Krościenko – Czorsztyn

15. 8. Sammeln in der Umgebung von Niedzica, Exkursion nach Bukowina T. über Trybsz – Groń – Czarna Góra; Rückfahrt über Zakopane – Poronin – Nowy Targ – Czorsztyn; Sammeln in der Podhale-Region bei Bukowina T.

16. 8. Fahrt über Krościenko – Stary Sącz – Nowy Sącz – Grybów – Gorlice – Jasło – Krosno nach Sanok; Sammeln am Rand der Kotlina Sądecka (Saczer Becken) westlich von Stary Sącz zwischen Olszanka und Czarny Potok

17.–24. 8. Stützpunkt in Uherce bei Lesko am Nordrand der Bieszczaden (Bieszczady)

17. 8. Fahrt von Sanok nach Lesko, Quartiersuche, Fahrt nach Solina am Staudamm des San und zurück, Exkursion in den Raum von Zagórz Sanok, Eintreffen weiterer polnischer Kollegen unter Leitung von Doc. Dr. W. Kulpa und Rückreise von Mag. A. Jastrzębski

18. 8. Lesko – Sanok – Bukowsko – Komańcza –, zurück nach Szczawne – Niebieszczany und zurück über Lesko; Sammeln vor allem im Grenzgebiet der Beskid Niski und der Bieszczady bei Bukowsko und Niebieszczany

19. 8. Solina – Wołkowyja – Polana – Czarna – Ustrzyki Dolne – Olszanica – Wańkowa – Ropienka – und zurück nach Uherce über Olszanica, Sammeln in den zentralen und östlichen Teilen der nördlichen Bieszczady

20. 8. Sanok (Besuch des Ethnographischen Freiland-Museums) – Tyrawa Wołoska, zurück nach Lesko, Weiterfahrt nach Tarnawa Dolna über Zagórz, Rückfahrt über Lesko; Sammeln vor allem im nordwestlichen Randgebiet der Bieszczady bei Tyrawa Woł. und Tarnawa D.; Abreise von Doc. Dr. Kulpa

21. 8. Solina – Wołkowyja – Czarna – Lutowiska – Smolnik – Chmiel – Zatwarnica – Suche Rzeki (Zentrum der Bieszczady) und zurück nach Smolnik, Weiterfahrt auf dem Bieszczaden-Ring über Ustrzyki Górne – Wetlina – Cisna – Baligród – Lesko; Exkursionen vor allem im östlichen Teil der Bieszczady (Lutowiska – Zatwarnica)

22. 8. Lesko – Baligród – Wetlina – Brzegi G., Fußmarsch über die Połonina Carynska (1297 m) nach Ustrzyki Górne, Rückfahrt über Cisna – Baligród – Lesko

23. 8. Ustrzyki Dolne – Krościenko – Liskowate – Kuźmina – Bircza – Krasiczyn – Przemyśl und zurück nach Kuźmina – Tyrawa Woł. – Załuż – Lesko, Sammeln vor allem zwischen Ustrzyki Dolne und Kuźmina

24. 8. Lesko – Hoczew – Baligród und zurück über Lesko; Sammeln südlich Lesko in den Tälern der westlichen Bieszczady; Präparieren und Verpacken des Sammelmaterials

25. 8. Abfahrt über Lesko – Sanok – Rzeszów – Sandomierz – Radom – Warszawa nach Radzików; Teilung des Herbarmaterials, Besprechungen mit Doc. Dr. Kulpa

26.–27. 8. Abschließende Besprechungen im IHAR in Radzików, Einholen der phytosanitären Zertifikate zur Ausfuhr des Pflanzenmaterials in Warszawa, Rückfahrt nach Gatersleben über Poznań – Frankfurt a. O. – Magdeburg, Übernachtung westlich Poznań.

Ergebnisse

Den Erwartungen entsprechend konnte in einer beachtlichen Anzahl von Orten – gefördert durch die kleinbäuerliche Eigentumsstruktur der dortigen Landwirtschaft und die besonderen ökologischen Bedingungen – noch der Anbau autochthoner Formen von Kulturpflanzen, besonders von Getreiden, nachgewiesen werden (Abb. 2). Dessen Umfang ist aber in den letzten Jahren durch den von staatlicher Seite intensiv geförderten Ersatz der alten Sorten durch moderne Zuchtsorten und einen damit verbundenen und weit verbreiteten Saatgutumtausch stark geschrumpft. Zweifelsohne ist ein beachtlicher Teil heimischen Landsortenmaterials bereits durch die Kriegs- und Nachkriegseinwirkungen, u. a. in Verbindung mit Umsiedlungen bestimmter Bevölkerungsgruppen und Neubesiedlungen mancher Gebiete, verloren gegangen (Abb. 3). In vielen Dörfern bzw. bei vielen Bauern waren offensichtlich nur noch neuere Sorten, bei Weizen vielfach sowjetischer Herkunft, im Anbau; Reste der alten Lokalformen konnten oft

Abb. 2 Charakteristische Landschaft vom Nordhang der Pieninen; die kleinbäuerliche Agrarstruktur bestimmt das Bild der Dorfgemarkungen in den Gebirgen

Abb. 3 Aufgelassene Felder im ehemaligen Siedlungsgebiet der Lemken, einer ukrainischen Bevölkerungsgruppe, in den Kleinen Pieninen

Abb. 4 Seltene Beimischung von Ähren alter Landsorten (begrannte Typen) in einem Bestand einer modernen polnischen Winterweizen-Sorte (bei Tyrawa Wołoska)

lediglich als ± häufige, vielfach aber nur als seltene Beimengungen innerhalb der Felder oder des Ernteguts dieser modernen Sorten beobachtet werden (Abb. 4).

Insgesamt wurden 146 Saatgutproben gesammelt, sie wurden entweder direkt den Feldbeständen entnommen oder aus den bäuerlichen Saatgutvorräten erhalten. In diesem Material dominiert das Getreide, für das der Zeitpunkt der Sammelreise sehr gut mit der Reife- und Erntezeit übereinstimmte; leider konnte wegen der späteren Reifetermine von Körnerleguminosen und Gemüsen nur relativ wenig Material erfaßt werden, da auch überlagertes Saatgut in den Bauernhöfen nicht verfügbar war.

Die Sammelproben verteilen sich wie folgt:

Triticum aestivum, Weizen	28 Proben	
Hordeum vulgare, Gerste	22 Proben	
Secale cereale, Roggen	18 Proben	
Avena spp., Hafer	15 Proben	
Getreide insgesamt		83 Proben
Vicia faba, Ackerbohnen	15 Proben	
Pisum sativum, Erbsen	7 Proben	
Phaseolus spp., Bohnen	3 Proben	
andere Hülsenfrüchtler	2 Proben	
Leguminosen insgesamt		27 Proben
Solanum tuberosum, Kartoffel	9 Proben	
Brassica spp., Kohle, Kohlrüben	4 Proben	
Allium spp., Zwiebel, Knoblauch	2 Proben	
sonstige Kulturpflanzen	5 Proben	
Unkräuter und Wildpflanzen	16 Proben	
Saatgutproben insgesamt	146 Proben	

Von fast allen Saatgutnummern wurde sofort an Ort und Stelle eine Doppelprobe gesammelt, so daß – bis auf wenige, durch die speziellen Interessen der polnischen bzw. der deutschen Kollegen bedingte Ausnahmen – die polnische wie die DDR-Seite im Besitz einer weitgehend identischen Saatgutkollektion ist.

An Herbarmaterial (fast ausschließlich Kulturpflanzen) wurden 37 Nummern in 90 Exsikkaten eingelegt, von denen 38 Bögen im IHAR verblieben; der Rest dient zur taxonomischen Bearbeitung und Vervollständigung der Archive im Gaterslebener Zentralinstitut.

Wie eine inzwischen abgeschlossene erste Sichtung des Sammelmaterials ergab, stellt ein beachtlicher Teil der Saatgutnummern Mischproben morphologisch oft sehr unterschiedlicher Varianten der betreffenden Art dar, so daß sich die Zahl der insgesamt gesammelten Sippen noch deutlich erhöhen wird. So erwies sich z. B. das Saatgut einer in Olszana westlich Stary Sącz erhaltenen Lokalsorte der Ackerbohne (*Vicia faba*) als eine Mischung von 8 nach der Größe, Form und Farbe der Samen und der Nabelfarbe unterschiedenen Typen, die alle drei Varietäten der Art (var. *minor*, var. *equina* und var. *faba*, mit Übergangsformen) repräsentierten (Abb. 6). – In demselben Gebiet wurde in Czarny Potok bei dem Bauer J. Nowak, der wie manche seiner Kollegen in dieser Gegend ausschließlich den Anbau der traditionellen Landsorten pflegte, eine außerordentlich variable Weizen-Landsorte beobachtet, die sich aus Formen der Varietäten var. *ferrugineum*, var. *lutescens*, var. *erythrospermum* und der var. *milturum* zusammensetzte, (die Reihenfolge entspricht der abnehmenden Häufigkeit der Varietäten im Bestand); die Ähren jeder Varietät wiesen zudem relativ große Unterschiede in der Dichte auf, die einmal fast bis an den oberen bekannten Variationsbereich der lockerährigen

Abb. 5 Bei Niedzica in den Pieninen war eine langstrohige Lokalsorte vom Winterroggen im Anbau, der in erster Linie als Bindematerial Verwendung fand

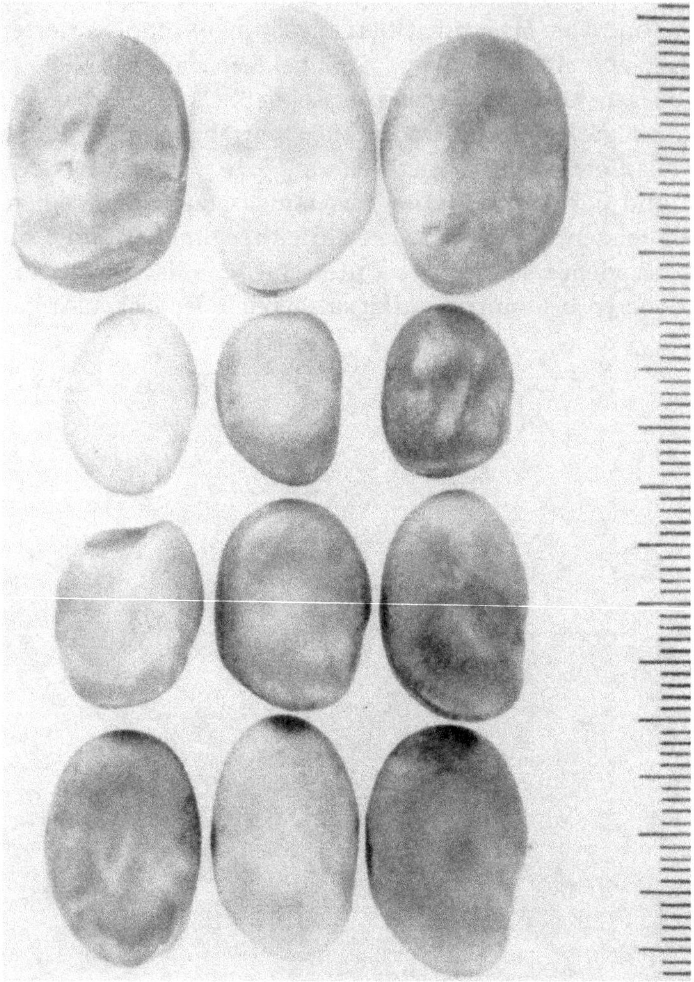

Abb. 6 Samen einer Ackerbohnen-Lokalsorte aus Olszana, obere Reihe var. *faba*, zweite Reihe von oben var. *minor*, untere Reihen var. *equina* und Übergänge zu var. *minor*; die Samenlänge schwankt innerhalb dieser Probe von 12 bis 24 mm!

Varietäten (sehr lange Ähren), zum anderen bis zu ausgesprochenen Dickkopftypen reichten.

Ohne der eigentlichen Bearbeitung des Materials vorgreifen zu wollen, sei schon jetzt betont, daß sich insbesondere die Weizenbestände des Sammelgebiets durch eine große Vielfalt auszeichneten, die alle Übergänge zeigten von den eben erwähnten polymorphen Landsortenpopulationen bis hin zu Feldern mit modernen Zuchtsorten, die nur noch einzelne Pflanzen früher angebauter Landsorten als Beimischung besaßen. Die Neigung der Bauern in diesen Gebieten, Gemische verschiedener Sorten zu kultivieren, um das Anbaurisiko zu verringern, hat offensichtlich in vielen Fällen dazu beigetragen, daß sich wenigstens Reste der ehemals verbreiteten Lokalformen erhalten haben.

Von kulturpflanzen-floristischen Besonderheiten seien noch die mehrfachen Funde von Nacktgersten im Bieszczaden-Raum erwähnt, während wie in der Slowakei in ökologisch ähnlichen Gebieten die Suche nach Johannisroggen (*Secale cereale* var. *multicaule*), dessen Kultur noch in der jüngeren Vergangenheit im gesamten Karpatenbogen verbreitet gewesen sein muß, wiederum vergeblich war.

Die Äcker mit Landsortenpopulationen von Getreide zeichneten sich fast stets durch einen Besatz charakteristischer Saatgut-Unkräuter aus, unter denen *Agrostemma githago*, *Lolium temulentum* und *Bromus secalinus* als Indikator-Sippen für Landsortenbestände gelten können. Auch hier wiesen wiederum manche Unkrautarten (z. B. *Papaver rhoeas*, Abb. 7) eine hochgradige Variabilität ihrer Popu-

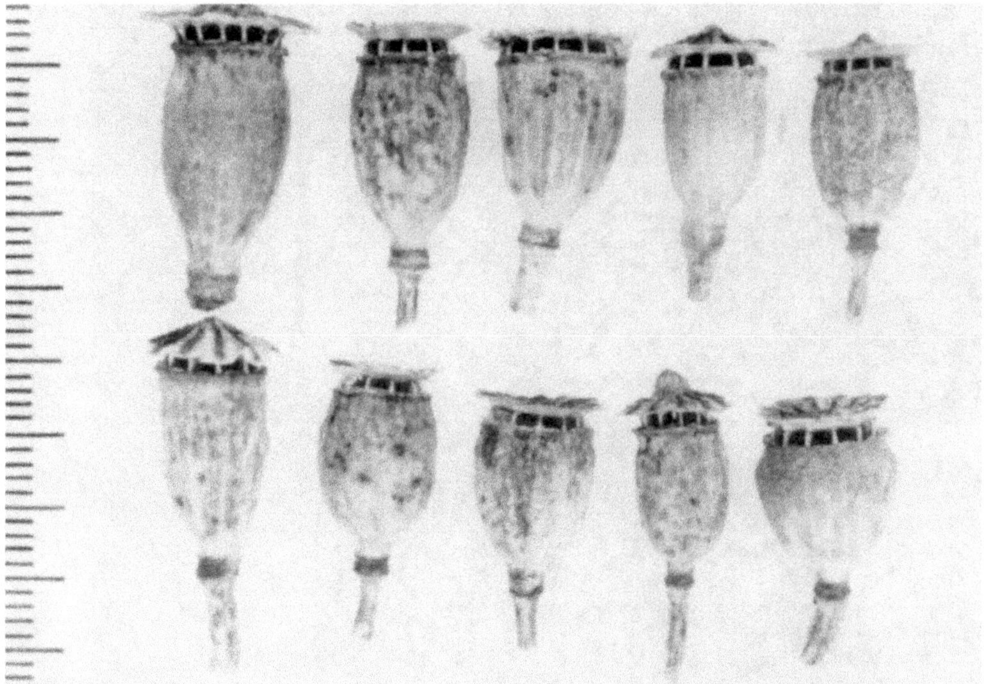

Abb. 7 Kapseln einer *Papaver rhoeas*-Population aus einem Winterweizenfeld bei Olszanka; nicht nur Form und Größe der Früchte, die Form der Narbenscheiben sondern auch die der Narbenstrahlen und ihre Anzahl sind äußerst variabel

lationen auf, wie sie aus den heimischen Vorkommen nicht bekannt ist (vgl. Kühn, Hammer und Hanelt 1976).

Unter den Leguminosen scheinen die Ackerbohnen (s. o.) des Sammelgebietes den größten Formenreichtum zu besitzen, ihr Anbau erfolgte vielfach nicht in geschlossenen Feldbeständen sondern in Form von Pflanzenreihen innerhalb von Kartoffeläckern, die – senkrecht zu den Pflanzreihen der Hauptfrucht stehend –

in weiten Abständen voneinander ausgelegt waren. (Eine ähnliche Form des Mischanbaues war im Gebirgsvorland für Rüben und Mohn sowie für Kartoffeln und Hanf zu beobachten, Abb. 8).

Viele Gartenpflanzen, unter denen sich auch alte Arzneipflanzen wie *Artemisia abrotanum*, *A. absinthium*, *Malva crispa*, *Mentha* spp. befanden, stellen zweifels-

Abb. 8 Mischanbau von Kartoffeln mit streifenförmigen Hanfreihen und einzelnen Bohnenpflanzen bei Niebieszczany im Vorland der Bieszczaden

ohne ebenfalls alte Lokalformen dar. Der häufige Samenbau, der in den Gärten z. B. bei *Brassica*-Arten, bei *Beta vulgaris*, *Daucus carota*, *Petroselinum crispum* beobachtet wurde, ist dafür ein sicheres Indiz (Abb. 9). Leider war für eine Sammlung dieses Materials in fast allen Fällen der Reisetermin zu ungünstig.

Die wissenschaftliche Bearbeitung des Materials erfolgt gemeinsam durch die Teilnehmer aus Radzików und Gatersleben. Die Vermehrung der Saatgutproben

Abb. 9 Samenbau von *Brassica oleracea* in einem Garten in Niedzica, im selben Grundstück wurden auch Samenträger von Möhren und Petersilie sowie eine Reihe alter Heilpflanzen (wie *Malva crispa*) beobachtet

wird erstmals im Anbaujahr 1977 in beiden Orten gleichzeitig vorgenommen. Eine Publikation der Ergebnisse wird dann in einem der nächsten Bände dieser Schriftenreihe erscheinen.

Aus den während der Reise gemeinsam gewonnenen Erfahrungen ergeben sich folgende Schlußfolgerungen: Eine Fortsetzung dieser ersten, mehr explorativen Erfassung von Landsortenmaterial in den bereisten und anderen Gebieten der VR Polen ist erfolgversprechend. Sie erscheint um so dringender notwendig, als auch hier mit einem sehr raschen Verschwinden dieser Formen und ihrem Ersatz durch neue Zuchtsorten zu rechnen ist. In manchen Gebieten ist vermutlich dieser Prozeß so weit fortgeschritten, daß der totale Verlust des alten Formenreichtums einkalkuliert werden muß. Besondere Aufmerksamkeit sollte bei den künftigen Aktionen neben den Getreiden auch auf die Körnerleguminosen, die Gemüsearten und vor allem auf die Kartoffeln gelegt werden, bei denen das Vorhandensein indigener Formen vielfach bestätigt werden konnte, von denen aber nur in seltenen Fällen eine Sammlung von spärlichem Knollenmaterial möglich war. Weitere Sammelreisen sollten sich tunlichst auf bestimmte geographische Gebiete oder auf bestimmte Kulturen konzentrieren, um die Sammeltätigkeit möglichst effektiv durchführen zu können.

Literatur

Hammer, K., P. Hanelt und C. Tittel, 1977: Sammlung autochthoner Kulturpflanzen auf dem Gebiet der DDR. – Kulturpflanze *25*, 89–99.

Hanelt, P., und K. Hammer, 1975: Bericht über eine Reise nach Ostmähren und der Slowakei 1974 zur Sammlung autochthoner Sippen von Kulturpflanzen. – Kulturpflanze *23*, 207–215.

Kühn, F., K. Hammer und P. Hanelt, 1976: Botanische Ergebnisse einer Reise in die ČSSR 1974 zur Sammlung autochthoner Landsorten von Kulturpflanzen. – Kulturpflanze *24*, 283–347.

Sawicki, J., 1958: Studia nad miejscowymi odmianami zbóż z rejonu Karpat. Cz. I. Jęczmień jary – *Hordeum vulgare* L. s. l. – Acta Agrobot. *8*, 67–150.

– 1960: Studia nad miejscowymi odmianami zbóż z rejonu Karpat. Cz. II. Pszenice jare z powiatu limanowskiego i nowotarskiego. – Acta Agrobot. *9*, 5–62.

Kulturpflanze XXV · 1977 · S. 45–70

Über morphologische Wurzelmerkmale bei *Triticum* L. und *Aegilops* L. (*Gramineae*)[1]

Reinhard Fritsch

(Eingegangen am 20. Januar 1977)

Einleitung

Der weitaus größte Teil der bisherigen Publikationen über die Wurzeln von Weizen beschäftigte sich mit morphologischen Untersuchungen, in denen vor allem über den Einfluß von Umweltbedingungen (Nährstoffversorgung, Klima, Bodenfeuchtigkeit) und über Sorteneigenschaften berichtet wurde. Taxonomische und phylogenetische Gesichtspunkte wurden dabei nur ganz vereinzelt berührt. Andere Arten als Weichweizen (*Triticum aestivum*) wurden bisher praktisch nicht untersucht.

Zur weiteren umfassenden Erforschung des an Differentialmerkmalen relativ armen Verwandtschaftskreises der Gattungen *Triticum* und *Aegilops* müssen jetzt auch verstärkt bisher wenig taxonomisch-phylogenetisch interpretierte Merkmale herangezogen werden. Unter diesem Aspekt sollen deshalb in der vorliegenden Arbeit die morphologischen Wurzelmerkmale betrachtet werden. Dabei wurde hauptsächlich die vorhandene Literatur ausgewertet. Da genaue Untersuchungen über die Morphologie des Wurzelsystems einen erheblichen Aufwand erfordern, beschränkten wir unsere eigenen Versuche auf die recht einfach durchzuführende Ermittlung der Embryonalwurzelzahlen. Daneben konnte bei einigen Merkmalen (z. B. Wurzelfarbe) auch für anatomische Untersuchungen angezogenes Material [43] überprüft werden.

Material und Methode

Anzahl, Artzugehörigkeit und Sortimentsnummern der verwendeten Sippen können den Tabellen entnommen werden. Das Saatgut wurde vom Kulturpflanzenweltsortiment unseres Institutes zur Verfügung gestellt und entstammte verschiedenen Erntejahren. Für die in den Tabellen 1 und 2 dokumentierten Versuche wurden jeweils ca. 100 nicht größensortierte Körner in ca. 15 cm hohen Keimrollen aus Filtrierpapier ausgelegt, mit Leitungswasser angefeuchtet und bei Temperaturen um 15–17°C im Licht aufgestellt. 10 Tage nach

1 Herrn Prof. Dr. Drs. h. c. Hans Stubbe zum 75. Geburtstag gewidmet.

der Aussaat wurden von je 50 Keimpflanzen die Embryonalwurzelzahlen bonitiert, wobei auch inzwischen abgestorbene Wurzeln mitgezählt wurden.

Zum Vergleich der verschiedenen Sommerweizensorten (Tabelle 3) wurden im Sommer 2 Sätze mit jeweils ca. 25 Korn in 18-cm-Tontöpfe in Landerde ca. 4 cm tief ausgesät und die Saatgefäße dann im offenen Frühbeetkasten frei aufgestellt. Nach 10 und 17 Tagen wurden dann die Embryonalwurzeln und die ersten sproßbürtigen Wurzeln ausgezählt.

Ergebnisse

1. Terminologische Probleme

Die morphologischen und anatomischen Unterschiede zwischen den Teilen des homorhizen Wurzelsystems einer Getreidepflanze haben ihren Ausdruck in verschiedenen Bezeichnungen gefunden. Leider existiert aber keine allgemein akzeptierte Terminologie. Es ist deshalb nötig, die in dieser Arbeit benutzten Benennungen festzulegen. Die Wahl der Termini erfolgte im Hinblick auf eine möglichst eindeutige Kennzeichnung und berücksichtigt dabei entsprechende Hinweise von TROLL [163].

1. Embryonalwurzeln (EW): alle Wurzeln, die bereits im Embryo angelegt sind.
2. sproßbürtige Wurzeln (sbW): alle Wurzeln, die nicht bereits im Embryo angelegt sind und direkt vom Sproß abgehen.

2a. Koleoptilwurzeln (KW): die ersten sproßbürtigen Wurzeln, die am Koleoptilnodium auswachsen.

2b. ältere sproßbürtige Wurzeln (äsbW): diese Wurzeln wachsen während der Bestockung an den unterirdischen Nodien aus, der Einfluß des Erstarkungswachstums des Sprosses ist noch gering.

2c. jüngere sproßbürtige Wurzeln (jsbW): diese Wurzeln wachsen meist nach der Bestockung aus, auch an oberirdischen Nodien; die Rinde enthält einen langen, starken Sklerenchymzylinder („Stützwurzeln“), der Einfluß des Erstarkungswachstums des Sprosses ist hoch.

3. Seitenwurzeln (SW): alle Wurzeln, die von einer anderen Wurzel abgehen. Eine SW 1. Ordnung geht von einer EW oder sbW ab, eine SW 2. Ordnung von einer SW 1. Ordnung usw.

Die Umgrenzung dieser Wurzeltypen erfolgte weitgehend nach praktischen Gesichtspunkten. Die EW und KW lassen sich aufgrund ihrer Morphologie und vor allem ihrer Lage am Sproß bei Pflanzen aller Lebensalter sicher abgrenzen. Die anderen sbW dagegen bilden ein mehr oder minder umfangreiches Büschel von dichtgedrängten Wurzeln, deren Ursprung am Sproß im einzelnen nur selten genau ermittelt werden kann (siehe Tafel 1).

In der Literatur wurden unter dem gleichen Namen öfter durchaus verschiedene Wurzeln verstanden. So finden wir den Ausdruck „Primärwurzel“ bei DITTMER [33] für alle EW und sbW, bei HECTOR [57], DANIELSON [28] u. a. für alle EW und bei ROVENSKÁ [135] u. a. nur für die unterste EW, die wiederum von DANIELSON [28] u. a. als „taproot" bezeichnet wird. Unter einer „Sekundärwurzel" versteht man wiederum entweder eine SW ganz allgemein [107], eine SW 1. Ordnung eine unverholzte sbW [36] bzw. ganz allgemein eine sbW ([57] u. a.). Auch der Ausdruck „Nebenwurzel" wird sowohl für eine sbW ganz allgemein [112] als auch für die EW mit Ausschluß der untersten [135] benutzt. Als „Samenwurzeln" werden einmal alle EW bezeichnet, ein andermal wird die unterste dabei ausgeklammert [28]. Synonym mit dem Ausdruck sbW sind weiterhin die Bezeichnungen Adventivwurzel (womit aber auch die SW gemeint sein können, z. B. [11]), Beiwurzel, Knotenwurzel (sehr oft in der russischsprachigen Literatur) und Kronenwurzel (vorwiegend in der älteren deutschen und amerikanischen Literatur) verwendet worden. In der neueren englischsprachigen Literatur steht dafür meist der Ausdruck „branch-root", doch können damit auch die SW gemeint sein. Die genaue Interpretation der Befunde mancher Autoren bereitet deshalb öfter Schwierigkeiten.

Unklar ist auch, wo im konkreten Fall die „Mesokotylwurzeln" einzuordnen sind. TROLL [162], [164], HOSHIKAWA [64] und im wesentlichen auch HARBERD [56] verstehen unter dem Mesokotyl bei Gräsern ein verlängertes Achsenglied unter der Koleoptile, das bei Roggen, Weizen und Gerste nicht ausgebildet wird. Folglich kann es bei diesen Getreidearten auch keine „Mesokotylwurzeln" geben. Andere Autoren vertreten abweichende Meinungen ([6], [18], [19], [99]). Infolge dieser verschiedenen Definitionen widersprechen sich oft die Angaben über Lage und Erscheinen der „Mesokotylwurzeln", und meist ist es erst nach sehr sorgfältiger Prüfung möglich, diese Befunde richtig einzuordnen.

Der Ausdruck „Wurzelsystem" wird in der vorliegenden Arbeit in der gleichen Bedeutung benutzt wie im „Lehrbuch der Botanik für Hochschulen" (30. Auflage, 1971) und nicht in der von TROLL [163] vorgeschlagenen begrifflichen Einengung.

Eine ausführliche morphologische Untersuchung der Wurzeln von Weizen, Roggen, Hafer und Gerste und der zugrunde liegenden anatomischen Verhältnisse legte KOKKONEN [88] vor. Er unterschied Wurzeln mit dickem Hals, Wurzeln mit dünnem Hals, gleichmäßig dicke Wurzeln und zum anderen steife, stabförmige Wurzeln, elastisch-drahtige Wurzeln, weiche Wurzeln mit steifem Hals und weiche Wurzeln. Unter Berücksichtigung von Ursprung, Zeitpunkt des Auftretens, anatomischem Bau und mutmaßlicher Aufgabe teilte er die Wurzeln in die Klassen Keimwurzeln, Nährwurzeln, Nährstützwurzeln und Stützwurzeln ein. Diese Wurzeltypen demonstrieren gut die vorliegende Vielfalt in den Erscheinungsformen der Wurzeln von Weizen und sind in dieser Hinsicht ein wertvoller Beitrag. Neue Erkenntnisse erbrachte KOKKONEN auch auf anatomischem Gebiet. Die Schwächen seiner Einteilung bestehen jedoch vor allem darin, daß die durch das Erstarkungswachstum des Sprosses geprägte kontinuierliche Entwicklungsreihe der Wurzeln im Verlauf der Ontogenese nicht als solche erkannt wurde. KOKKONEN bemerkte auch selbst, daß oft Übergänge zwischen seinen Wurzelklassen vorkommen. Weiterhin ist der in seinen Bezeichnungen ausgedrückte funktionelle

Wurzeldimorphismus (Nähr-/Stützwurzel) sicherlich nur künstlich und existiert nicht objektiv. Eine weitere Verwendung der von KOKKONEN benutzten Termini erscheint deshalb nicht sinnvoll.

2. Allgemeine Bemerkungen zur Wurzelmorphologie

Im Gegensatz zum sekundären Dickenwachstum der Dikotylen findet beim Erstarkungswachstum des Sprosses vieler Monokotylen bekanntlich keine kontinuierliche, sondern von Nodium zu Nodium eine stufenweise Veränderung von Querschnitt und Leitbündelzahl statt, wobei das maximale Dickenwachstum nicht an der Basis, sondern in einem ± mittleren Teil erreicht wird. Beim Mais läßt sich dieses Erstarkungswachstum des Sprosses und sein Einfluß auf die Wurzeln relativ einfach studieren. Zahlreiche Autoren haben mit diesem Objekt gearbeitet ([46], [58], [69], [87], [102], [105], [116], [130], [162], [164], [179]). Alle Angaben stimmen darin überein, daß die Wurzelzahl pro Knoten, der Wurzeldurchmesser und einige anatomische Merkmale dem Erstarkungswachstum direkt proportional sind. Sehr ähnliche Befunde erhielt man bei Reis ([45, [80], [81]), Hafer [123] und anderen Monokotylen. Auch bei *Triticum* und *Aegilops* wirkt sich das Erstarkungswachstum des Sprosses in gleicher Weise aus [43]. Nach mehreren Angaben ([69], [116], [179]) ist es von der Pflanzenart und Sorte abhängig, an welchem Nodium das Erstarkungswachstum sein Maximum erreicht.

Der Durchmesser der verschiedenen Wurzeln hängt zwar hauptsächlich vom Erstarkungswachstum des Sprosses ab, kann aber auch von der Temperatur ([22], [38], [95], [139]) und Feuchtigkeit [85] des Bodens beeinflußt werden oder ein sortentypisches Merkmal sein ([66], [67], [180]).

Die Wurzelfarbe ist vorwiegend abhängig von der ontogenetischen Entwicklungsphase. Je älter ein Wurzelabschnitt wird, um so dunkler wird seine Farbe; sie geht von anfangs weiß über gelb nach braun hin, wenn die Degeneration der Rinde einsetzt. Ein sehr dunkles Braun kennzeichnet abgestorbene Wurzeln. Daher sind die von JACKSON [70] beschriebenen „weißen Wurzeln" der Gerste keine ungewöhnliche Erscheinung. Jede schnell wachsende Wurzel ist in einem längeren distalen Bereich weiß und wächsern-durchscheinend. Bei der Angabe von Wurzelmassen wurden allgemein die Werte für die Wurzeln der drei Grundtypen nicht getrennt dargestellt. Dies ist gut verständlich, da das Wurzelsystem einer Pflanze optisch und im wesentlichen auch physiologisch eine Einheit darstellt. Da jedoch die EW-Zahl begrenzt ist, die sbW-Zahl aber unter günstigen Bedingungen sehr hoch sein kann, haben die EW auch unter Normalbedingungen nur einen kleinen Anteil am gesamten Wurzelsystem, der bei gut entwickelten und bestockten Pflanzen zwischen unter 1% und etwa 14% beträgt ([21], [48]).

Viele Werte über Wurzelmassen stammen aus Gefäßversuchen, die die Feldbedingungen oft nur unvollkommen simulieren. Seltener liegt die Auswertung von

Bohrkernen eines Feldversuches zugrunde. Deshalb sind viele Angaben darüber mit einer stärkeren Unsicherheit behaftet.

Am stärksten durchwurzelt ist normalerweise die oberste Bodenschicht von 5–30 cm Tiefe ([29], [38], [50], [79], [122], [180], [181]). Die Wurzelmasse ist ein sortentypisches Merkmal ([30], [65], [74], [79], [181]), wird aber sehr stark von den Umweltbedingungen beeinflußt. Das ergibt sich zwangsläufig aus der edaphischen Abhängigkeit von Länge, Anzahl und Verzweigung der Wurzeln.

Das Verhältnis Wurzelmasse zu Sproßmasse halten viele Autoren für wesentlich aussagekräftiger bezüglich der Leistungsfähigkeit der Wurzeln als die Angabe von Wurzellängen, weil es ausweist, welche Sproßmasse von welcher Wurzelmasse versorgt wird. Dieses Verhältnis zeigt während der ontogenetischen Entwicklung der Pflanze charakteristische Veränderungen. Im Keimpflanzenstadium überwiegt die Wurzelmasse (Wurzelmasse zu Sproßmasse ca. 1,3 : 1). Dann wächst die Sproßmasse viel stärker an als die Wurzelmasse, beim Bestocken auf ein Verhältnis von etwa 1 : 2, beim Schossen auf fast 1 : 4 und zur Reifezeit auf 1 : 7 ([7], [20], [79], [134], [147]) und darüber. Aber auch Temperatur und Wassergehalt des Bodens ([20], [22], [28], [165], [166], [172]), Nährstoffversorgung ([20], [146], [165], [181]), Lichtmenge ([22], [101], [165], [181]) und Pflanzenart beeinflussen das Verhältnis. Sortenunterschiede treten nicht wesentlich in Erscheinung ([79], [166]). Niedrige Temperaturen beeinträchtigen das Wurzelwachstum weniger als das Sproßwachstum.

3. Embryonalwurzeln

Bei allen bisher näher untersuchten Gramineen wird am Embryo – im Gegensatz zur weitverbreiteten Lehrmeinung – keine exogene Primärwurzel angelegt, sondern alle EW entwickeln sich endogen ([53], [118], [133]), Tillich (mündl. Mitteilung), der ein sehr umfangreiches Material untersuchte, bestätigt diese Ansicht nachdrücklich und vertritt die Auffassung, daß die Koleorhiza zwar nicht der Primärwurzel homolog ist, wie Guttenberg und Mitarbeiter meinen ([53], [118]), sondern den Wurzelhals der sich nicht entwickelnden Primärwurzel darstellt. Mit dieser Ansicht läßt sich auch die Beobachtung vereinbaren, daß während der Keimung an der Koleorhiza vieler Grasarten den Wurzelhaaren sehr ähnliche Gebilde auftreten ([5], [18], [115], [122], [132], [138], [145], [161]). Auch der weitgehend einheitliche anatomische Bau aller EW bei den Weizen- und *Aegilops*-Arten [43] spricht mehr für eine Gleichwertigkeit aller EW bei Gräsern als für die gegenteilige Meinung.

Die EW-Zahl ist von vielen Faktoren abhängig. Die Saatzeit [68], die Herkunft des Saatgutes [72] und ganz besonders Samengröße bzw. -gewicht ([13], [34], [42], [60], [76], [98], [106], [136], [160], [172], [183]) wirken sich darauf aus. Sehr oft wurde nachgewiesen, daß bei allen unseren Getreidearten die EW-Zahlen ein sortentypisches Merkmal sind ([17], [42], [55], [59], [65], [72], [84], [94], [98], [123],

[140], [142], [150], [153], [158], [160], [169], [184], [185]). Auch zwischen den Arten gibt es deutliche Unterschiede. Für *T. aestivum* wurden allgemein 3–5 EW/Pflanze angegeben ([17], [83], [84], [88], [91], [95], [98], [104], [119], [128], [142], [160], [161], [166], [169], [173], [182]), für *T. durum* meist ähnliche Zahlen ([83], [104], [166], [182]), während die sehr vereinzelten Angaben für andere tetraploide Kulturweizen meist bei 4–5 EW/Pfl. liegen. *T. spelta* und *T. monococcum* haben nach Literaturangaben etwa gleichviel EW wie *T. aestivum* ([83], [104], [182]), Gerste und Roggen haben allgemein etwas mehr ([1], [17], [33], [60], [71], [91], [119], [120], [138], [173], [175]) und Hafer etwas weniger EW/Pfl. als Weizen ([97], [175]). Der Vorteil einer größeren EW-Zahl besteht in den günstigeren Voraussetzungen für eine zügige Entwicklung der Jungpflanzen, die zu einem nachweisbar besseren Ertrag führt und auch andere agrotechnisch wichtige Merkmale positiv beeinflußt ([34], [55], [77], [98], [103], [110], [113], [119], [120], [131], [143], [144], [153], [154], [156], [168], 172], [183], [184]). Man kann deshalb annehmen, daß bei der Züchtungsarbeit indirekt die Sippen mit hoher EW-Zahl bevorzugt wurden.

Da von einigen Weizen- und von allen *Aegilops*-Arten in der Literatur noch keine EW-Zahlen vorliegen, wurden dementsprechende Ermittlungen in die Untersuchungen einbezogen, um die taxonomisch-evolutionistische Aussagekraft dieses Merkmals einschätzen zu können. Die Ergebnisse sind in den Tabellen 1 und 2 dargestellt. In einem anderen Versuch wurden zum Vergleich mehrere Sommerweizen (moderne dwarf-Sorten verschiedener Herkunft, je eine normal-hohe Hochzuchtsorte, eine alte Landsorte und eine Sorte von *T. sphaerococcum*) geprüft (Tab. 3).

Beide Versuche bestätigen aus der Literatur bekannte Zahlenangaben und den Befund, daß die EWzahl ein sortentypisches Merkmal ist. Wenn auch die Versuche nicht so umfassend angelegt wurden, daß von jeder Art der Variabilitätsbereich der EW-Zahl genau ermittelt werden konnte, so sind doch allgemeinere Aussagen möglich.

Tabelle 1

Embryonalwurzelzahlen der *Triticum*-Arten

Taxon	*boeoticum*				*urartu*	
Sippen-Nummer	TRI 1773	TRI 1774	TRI 3015	TRI 4305	TRI 6735	TRI 7357
Mittelwert $\bar{x}$	2,94	3,70	3,70	3,18	3,18	3,44
Standardabw. Stda.	0,31	1,02	1,06	0,48	0,60	0,86
Stichprobenumfang n	50	50	50	50	50	50

Taxon	*monococcum*				*dicoccoides*			
Sippe	TRI 1760	TRI 2009	TRI 2124	TRI 3409	TRI 676	TRI 3421	TRI 3425	TRI 2488
$\bar{x}$	4,44	4,56	4,78	4,82	3,46	4,00	3,56	4,78
Stda.	0,88	0,84	0,68	0,66	0,76	1,03	0,99	1,08
n	50	50	50	50	50	50	50	50

Tabelle 1 (Fortsetzung)

Taxon	*dicoccon*				*karamyschevii*			
Sippe	TRI	TRI	TRI	TRI	TRI	TRI	TRI	TRI
	900	903	1682	3424	5523	6736	7356	7486
$\bar{x}$	4,62	4,82	3,64	4,10	4,70	3,90	4,88	4,16
Stda.	0,97	0,56	0,85	0,93	0,76	1,27	0,63	1,16
n	50	50	50	50	50	50	50	44

Taxon	*durum*				*turgidum*			
Sippe	TRI	TRI	TRI	TRI	TRI	TRI	TRI	TRI
	737	3479	3621	3854	758	1253	2969	4522
$\bar{x}$	4,68	4,68	4,92	4,70	3,48	4,98	5,02	4,68
Stda.	0,68	0,74	0,97	0,93	0,88	0,69	0,69	0,77
n	50	50	50	50	50	50	50	50

Taxon	*polonicum*				*turanicum*			
Sippe	TRI	TRI	TRI	TRI	TRI	TRI	TRI	TRI
	3203	3248	3410	3428	680	3287	4326	5254
$\bar{x}$	4,96	4,40	4,78	4,52	3,78	3,69	3,70	4,26
Stda.	0,82	0,81	0,89	0,65	0,95	1,21	1,15	0,98
n	50	50	50	50	50	49	50	46

Taxon	*carthlicum*				*ispahanicum*			
Sippe	TRI	TRI	TRI	TRI	TRI	TRI	TRI	TRI
	2901	3422	3430	4110	6177	7117	7260	7261
$\bar{x}$	5,06	4,58	4,30	4,82	4,64	4,56	4,96	4,62
Stda.	0,51	0,49	0,87	0,52	0,75	0,73	0,45	1,28
n	50	50	50	50	50	50	50	50

Taxon	*araraticum*		*timopheevi*			*zhukovskyi*	
Sippe	TRI	TRI	TRI	TRI	TRI	TRI	TRI
	6912	7388	3433	4349	5352	5416	7262
$\bar{x}$	3,82	4,00	4,90	4,86	4,68	4,18	4,68
Stda.	0,94	0,99	1,94	0,67	0,74	1,17	1,02
n	50	50	50	50	50	50	50

Taxon	*spelta*				*macha*			
Sippe	TRI	TRI	TRI	TRI	TRI	TRI	TRI	TRI
	869	870	7034	7104	1868	4510	4511	4567
$\bar{x}$	4,42	4,98	4,22	3,34	4,58	3,50	3,50	3,96
Stda.	0,76	0,69	0,86	0,59	0,61	0,65	0,81	1,16
n	50	50	50	50	50	50	50	50

Taxon	*sphaerococcum*				*aestivum*			
Sippe	TRI	TRI	TRI	TRI	TRI	W	TRI	TRI
	2996	3008	3415	7131	853	1642	4427	4599
$\bar{x}$	2,98	3,40	3,14	3,04	3,86	4,98	3,58	4,36
Stda.	0,14	0,70	0,50	0,28	0,81	1,09	0,79	0,92
n	50	50	50	50	50	50	50	50

Taxon	*amplissif.*	*timonovum*	*fungicidum*	*sovieticum*
Sippe	TRI	TRI	TRI	TRI
	7293	7259	7265	7304
$\bar{x}$	3,90	3,62	3,74	4,16
Stda.	0,84	0,86	0,90	1,02
n	50	50	50	50

Tabelle 2

Embryonalwurzelzahlen der *Aegilops*-Arten

Taxon	*mutica*			*bicornis*		
Sippen-Nummer	AE 126	AE 127	AE 128	AEG 77	AE 105	AE 106
Mittelwert $\bar{x}$	1,00	1,00	1,06	2,56	2,34	1,58
Standardabw. Stda.	0	0	0,31	0,50	0,63	0,54
Stichprobenumfang n	50	50	50	50	50	50

Taxon	*speltoides*				*aucheri*			
Sippe	AEG 72	AE 136	AE 137	AE 138	AEG 2	AEG 22 B	AEG 34 B	AEG 64
$\bar{x}$	2,18	2,14	2,00	2,12	2,10	2,26	2,48	2,10
Stda.	0,63	0,67	0,50	0,52	0,54	0,49	0,58	0,42
n	50	50	50	50	50	50	50	50

Taxon	*longissima*				*sharonensis*			
Sippe	AE 121	AE 122	AE 123	AE 124	AEG 80	AE 133	AE 134	AE 135
$\bar{x}$	3,06	2,64	3,00	2,74	2,86	3,10	2,82	2,72
Stda.	0,65	0,69	0,50	0,83	0,90	0,68	0,72	0,64
n	50	50	50	50	50	50	50	50

Taxon	*tauschii*				*ventricosa*			
Sippe	AEG 25	AE 143	AE 144	AE 145	AEG 4	AEG 9	AEG 18	AEG 62
$\bar{x}$	2,84	2,82	2,82	2,90	2,94	2,98	3,10	2,96
Stda.	0,55	0,39	0,44	0,42	0,55	0,59	0,76	0,53
n	50	50	50	50	50	50	50	50

Taxon	*crassa*									
Sippe	AEG 1	AEG 11	AEG 12	AEG 67	AEG 68	AE 159	AE 160	AE 161	AE 162	AE 163
$\bar{x}$	2,80	2,86	2,82	2,86	2,98	2,68	2,66	2,58	2,70	2,76
Stda.	0,40	0,50	0,44	0,35	0,52	0,47	0,48	0,70	0,46	0,48
n	50	50	50	50	50	50	50	50	50	50

Taxon	*juvenalis*			*caudata*			
Sippe	AEG 55	AEG 78	AEG 82	AEG 75	AE 107	AE 108	AE 109
$\bar{x}$	2,70	2,78	2,79	2,10	2,50	2,30	2,44
Stda.	0,61	0,47	0,63	1,05	0,61	0,81	0,81
n	50	50	62	29	50	50	50

Taxon	*cylindrica*			*comosa*	*heldreichii*		*uniaristata*		
Sippe	AEG 40	AEG 42	AEG 73	AE 115	AE 116	AE 117	AEG 76	AE 156	AE 158
$\bar{x}$	2,80	2,82	3,10	2,38	2,72	2,44	2, 76	2,86	3,04
Stda.	0,45	0,52	0,76	0,53	0,64	0,61	0,52	0,41	0,61
n	50	50	50	50	50	50	50	50	50

Tabelle 2 (Fortsetzung)

Taxon	*variabilis*				*kotschyi*		
Sippe	AEG	AEG	AEG	AEG	AE	AE	AE
	36	47	56	79	118	119	120
$\bar{x}$	2,50	2,56	2,72	2,61	2,80	2,62	2,84
Stda.	0,79	0,71	0,88	1,13	0,45	0,57	0,47
n	18	50	50	38	50	50	50

Taxon	*triuncialis*		*columnaris*			*ovata*			
Sippe	AEG	AEG	AE	AE	AE	AEG	AEG	AEG	AEG
	32	71	111	113	114	3	8	58	70
$\bar{x}$	3,16	2,64	2,66	3,04	3,22	1,85	2,05	2,38	2,54
Stda.	0,65	0,85	0,59	0,70	0,55	1,27	1,00	0,86	0,65
n	50	50	50	50	50	20	22	50	50

Taxon	*umbellulata*				*triaristata*			
Sippe	AEG	AE	AE	AE	AEG	AE	AE	AE
	61	152	153	154	63	129	130	131
$\bar{x}$	2,62	2,80	2,48	2,62	1,18	2,48	2,62	3,00
Stda.	0,57	0,61	0,68	0,64	0,98	0,71	0,49	0,49
n	50	50	50	50	11	50	50	50

Bei den diploiden Weizen sind die EW-Zahlen der Wildarten mit ca. 3,5 EW/Pflanze etwa um den Wert 1 geringer gegenüber der Kulturart *T. monococcum*, die mit ca. 4,6 EW/Pflanze im Bereich der tetraploiden und hexaploiden Kulturformen liegt. Das bestätigt entsprechende Angaben aus der Literatur.

Bei den tetraploiden Weizen sind die Unterschiede zwischen den Wild- und Kulturarten nicht so deutlich. *T. araraticum* hat zwar weniger EW/Pflanze als *T. timopheevi*, aber ähnlich niedrige Werte wie bei *T. dicoccoides* kommen auch bei *T. dicoccon*, *T. turanicum* und *T. turgidum* vor. (Mehrere niedrige Werte, besonders bei *T. turanicum*, sind auf Fehler in der Stichprobe zurückzuführen, wie die hohen Standardabweichungen zeigen.) Die meisten Sippen der tetraploiden Weizen haben um 4,5 EW/Pflanze, nur wenige erreichen Werte von 5,0 EW/Pflanze.

Die EW-Zahlen der hexaploiden Weizen liegen meist unter denen der tetraploiden Sippen. Die in Tabelle 1 für *T. aestivum* aufgenommenen Werte sind nicht völlig repräsentativ, weil vor allem, wie bei *T. macha* und *T. spelta*, züchterisch wenig bearbeitete Sippen ausgewertet wurden. Die geprüften modernen Zuchtsorten (Tab. 3) haben deutlich höhere EW-Zahlen, teils bis über 5,5 EW/Pflanze. Die sehr geringen Werte von *T. sphaerococcum*, die noch unter denen der diploiden Wildarten liegen, müssen demgegenüber als artspezifisch betrachtet werden. Der Unterschied zwischen den Tabellen 1 und 3 bezüglich der Werte für die Sippe W 1642 ist auf Unterschiede in der Saatzeit und dem Erntejahr des Saatgutes der beiden Versuche zurückzuführen.

Die octoploiden Hybriden haben relativ geringe EW-Zahlen. Das steht im Einklang mit der zumindest augenblicklich niedrigen Leistungsfähigkeit dieser Sippen.

Die in Tabelle 3 dokumentierten Befunde verweisen einmal auf eine Unabhängigkeit von EW-Zahl und morphologischen Merkmalen des Sprosses, denn mehrere dwarf-Sorten haben ähnliche Werte wie die höheren Vergleichssorten. Zum anderen sind bei den Sippen W 2272 und W 2282 die Unterschiede zwischen den Auswertungsdaten hoch signifikant, d. h. bei diesen Sorten wachsen die EW über eine längere Zeitspanne verteilt aus als bei den übrigen. Damit wird deutlich, daß auch der Zeitpunkt des Auszählens die Angabe der EW-Zahl beeinflussen kann.

Von den *Aegilops*-Arten hat der Vertreter der Untergattung *Amblyopyrum*, *A. mutica*, als einzige Art nur ca. 1 EW/Pfl. und steht damit völlig isoliert. Bei den sämtlich diploiden Arten der Sektionen *Sitopsis* und *Comopyrum* ist eine deutliche Gliederung erkennbar: Die nahe verwandten Arten *A. speltoides* und *A. aucheri* haben im Durchschnitt aller Sippen etwa 2,2 EW/Pfl. Zwei Sippen von *A. bicornis* nehmen mit etwa 2,45 EW/Pfl. eine mittlere Stellung ein im Vergleich zu den sich sehr nahe stehenden Arten *A. longissima* und *A. sharonensis* mit fast 2,9 EW/Pfl. Eine dritte Sippe von *A. bicornis* (Nr. 106) hat mit nur 1,6 EW/Pfl. außergewöhnlich wenig EW. Die Werte des Artenpaares *A. comosa/A. heldreichii* entsprechen mit 2,55 EW/Pfl. etwa der soeben erwähnten Mittelstellung, während *A. uniaristata* mit ca. 2,9 EW/Pfl. im selben Bereich liegt wie die meisten tetraploiden und hexaploiden Arten der Sektionen *Aegilops* und *Vertebrata*. Die beiden letztgenannten Sektionen zeigen keine deutliche Gliederung nach den EW-Zahlen.

Die von den *Triticum*-Arten bekannte positive Korrelation von Korngewicht und EW-Zahl wird bei *Aegilops* oft durchbrochen. *A. bicornis* hat wesentlich leichtere Körner als *A. speltoides/A. aucheri*, aber mehr EW/Pfl., während *A. caudata* und *A. comosa/A. heldreichii* bei fast doppelt so schweren Körnern etwa gleiche EW-Zahlen haben wie *A. bicornis*. Den relativ einheitlichen EW-Zahlen innerhalb der Sektionen *Aegilops* und *Vertebrata* stehen beträchtliche Unterschiede der Einzelkornmassen gegenüber. (Die zugrunde liegenden durchschnittlichen Einzelkornmassen erhielten wir aus dem Kulturpflanzenweltsortiment unseres Institutes.) Sippenspezifische Werte der EW-Zahlen charakterisieren jedoch auch die *Aegilops*-Arten.

Bei den Gattungen *Triticum* und *Aegilops* (und auch bei Gerste und Roggen) sind die EW nach einem bestimmten Schema angeordnet (vgl. Taf. 1). An der untersten Stelle tritt – gewöhnlich vor den anderen – nur eine EW aus. Sie ist oft am kräftigsten entwickelt. Darüberstehend folgen in 3 Etagen jeweils Wurzelpaare, die allesamt mit der untersten Wurzel in ihrer Längsachse annähernd in einer Ebene liegen, jedoch nach verschiedenen Richtungen auswachsen: Die unterste direkt nach unten, das darüberliegende 1. Paar im spitzen Winkel dazu zur Seite, das 2. Paar in einem stumpferen und das 3. Paar in einem schon fast rechten Winkel zur Seite. Senkrecht zu dieser Ebene entspringen auf der Höhe jeden Wurzelpaares noch je eine Wurzel. Insgesamt sind folglich 10 EW pro Pflanze möglich.

Doch nur in sehr seltenen Fällen wird diese Zahl erreicht. Die unterste EW ist immer vorhanden und durchweg auch das benachbarte 1. Paar, das nur bei *A. mutica* und ausgesprochenen Kümmerkörnern der übrigen Arten fehlt. Bei 5 EW/Pfl.

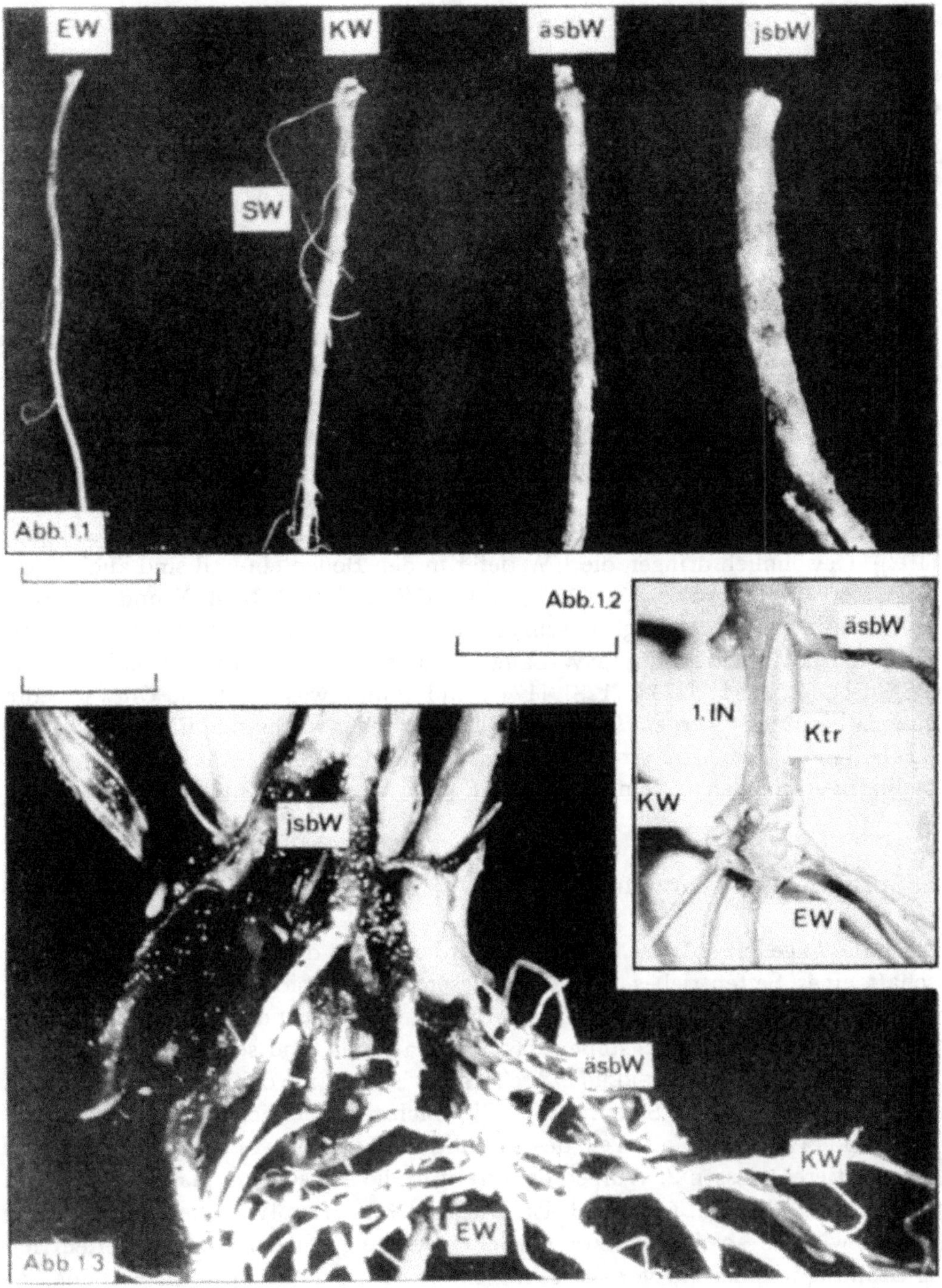

Tafel 1
Morphologie der Wurzeltypen und deren Lage im Wurzelsystem. Abb. 1.1 Wurzeltypen; Abb. 1.2 Bewurzelung einer Jungpflanze von *T. aestivum* 17 Tage nach der Aussaat; Abb. 1.3 Wurzelsystem einer Pflanze im Blühstadium (*T. polonicum*) mit geringer Bestockung und verlängerten Internodien. EW = Embryonalwurzeln, KW = Koleoptilwurzeln, Ktr = Koleoptiltrieb; äsbW = ältere sproßbürtige Wurzeln; jsbW = jüngere sproßbürtige Wurzeln; SW = Seitenwurzeln; IN = Internodium. Maßstriche = 0,5 cm

sind auch die EW des 2. Paares sichtbar; als nächstes folgt dann die senkrecht dazu entspringende EW der 2. Etage. Die Wurzeln des oberen 3. Paares sind in dieser Reihenfolge die nächsten, und als letzte folgen die mittleren, senkrecht dazu stehenden EW des 1. und 3. Paares. Diese Beobachtungen stimmen mit den entsprechenden Angaben anderer Autoren ([122], [135]) überein.

Die EW sind durchaus langlebig und wichtig und gehen nicht nach dem Erscheinen der sbW zugrunde ([7], [9], [48], [57], [60], [89], [92], [93], [102], [122] [123], [134], [135], [138], [144], [151], [155], [159], [174], [175], [176]) wie früher oft angenommen wurde ([33], [145], [162]). Unter bestimmten Bedingungen kann es jedoch zu einem Absterben von EW kommen. In verschiedenen Versuchen stellte man fest, daß auf die Leistung der EW 20–70% des Gesamtertrages zurückzuführen sind ([16], [17], [103], [144]). Bei einer Versorgung der Pflanzen allein durch die EW – wie es unter Trockenbedingungen allgemein der Fall ist ([65], [93], [99], [151], [166], [172]) – konnten bis 60% des Normalertrages erreicht werden [16]. Die Absorptionskapazität der EW ist allgemein höher als die der sbW ([21], [92], [102]). Gewöhnlich dringen die EW tiefer in den Boden ein und sind auch länger als die sbW ([48], [60], [73], [123], [166], [174], [186]). Da sbW und EW nach Pavlychenko [119] etwa gleichschnell wachsen, ist dies aus der längeren Lebensdauer der EW ableitbar. Die EW-Länge ist ein sortentypisches Merkmal ([3], [26], [38], [61], [82], [94], [117], [128], [174]) und kann etwas durch die Umweltbedingungen beeinflußt werden. *T. aestivum* hat schneller wachsende EW als *T. durum* ([121], [166]). Die Ausbreitung und Ausladung der EW scheint ebenfalls sortenbedingt verschieden zu sein ([61], [121]).

4. Sproßbürtige Wurzeln

Auch die Lage der sbW ist fixiert. Sie werden nur in der unmittelbaren Nachbarschaft eines Seitentriebes angelegt. Dieser braucht sich aber nicht unbedingt weiter zu entwickeln. Zwei Wurzeln entspringen rechts und links des Seitentriebes am Haupttrieb. Sie durchstoßen das Tragblatt und sind somit als Überknotenwurzeln im Sinne von Weber [178] charakterisiert. Eine dritte Wurzel entspringt direkt an der Basis des Seitentriebes. Sie wächst gewöhnlich als erste aus und ist nach Percival [122] als Teil des untersten Wurzelpaares vom Seitentrieb zu interpretieren, dessen 2. Wurzel, die direkt in die Achsel zum Haupttrieb hineinwachsen müßte, nicht entwickelt ist. Die sbW vom Haupttrieb liegen in derselben Ebene wie die sbW der Seitentriebe 2. Ordnung, diejenigen der Seitentriebe 1. Ordnung in einer zur vorigen senkrechten Ebene. Zusätzliche sbW können am Nodium des Haupttriebes an der dem Seitentrieb gegenüberliegenden Seite ausgebildet werden. Diese regelmäßige Anordnung der sbW hat in den Grundzügen bereits Percival (l. c.) beschrieben.

Der erste Seitentrieb wird in der Achsel der Koleoptile angelegt, wächst aber oft nicht weiter aus. Die dazugehörigen ersten 2–3 sbW sind die KW. Deshalb kann man ganz allgemein sagen, daß die ersten sbW mit einsetzender Bestockung erscheinen ([20], [55], [75]), das entspricht dem 2–3-Blatt-Stadium ([89], [155]). Die Angaben in der Literatur über den Zeitpunkt des Erscheinens der ersten sbW differieren beträchtlich, weil die KW nicht immer richtig als sbW erkannt worden sind. Dazu kommen noch die schwer zu interpretierenden Angaben über „Mesokotylwurzeln".

Der Termin des Auswachsens der ersten sbW ist eine Sorteneigenschaft, wie die Werte von Tabelle 4 zeigen. Das bestätigt entsprechende Angaben anderer Autoren [177]. Ein klarer Zusammenhang zwischen der Zahl der EW und dem Zeitpunkt des Erscheinens der ersten sbW besteht nach meinen Befunden nicht (Vergleich der Tab. 3 und 4).

Die Zahl der sbW pro Pflanze kann von sehr vielen Gegebenheiten abhängen. Wenn auch die Bodenfeuchtigkeit ([7], [41], [51], [89], [93], [95], [111], [172]) sicher den stärksten Einfluß darauf hat – bei trockenem Boden wachsen die An-

Tabelle 3

Vergleich der Embryonalwurzelzahlen verschiedener Sommerweizensorten (*T. aestivum* und *T. sphaerococcum*)

Sippe	kurzstrohige Sorten verschiedener Herkunft W 2035	W 2270	W 2272	W 2273	W 2277	W 2282	W 2287	W 2288	Hochz. W 1642	Lands. TRI 3403	spha TRI 2996
Auswertung 10 Tage nach der Aussaat											
$\bar{x}$	5,53	4,50	5,00	4,05	4,57	4,23	5,06	4,67	4,69	4,18	2,94
Stda.	0,62	1,02	0,60	0,84	0,76	0,93	0,77	0,71	0.79	0,87	0,24
n	17	14	13	22	14	13	16	9	16	11	17
Auswertung 17 Tage nach der Aussaat											
$\bar{x}$	5,59	4,39	6,00	4,00	4,60	5,39	4,85	4,89	4,94	4,07	2,93
Stda.	0,62	0,96	0,89	0,58	0,83	0,78	0,69	0,47	0,25	0,83	0,63
n	17	13	11	13	15	18	13	18	16	14	14

Tabelle 4

Anzahl der sproßbürtigen Wurzeln 17 Tage nach der Aussaat von verschiedenen Sommerweizensorten und *T. sphaerococcum*

Sippe	kurzstrohige Sorten verschiedener Herkunft W 2035	W 2270	W 2272	W 2273	W 2277	W 2282	W 2287	W 2288	Hochz. W 1642	Lands. TRI 3403	spha TRI 2996
$\bar{x}$	3,94	2,54	4,00	2,15	3,67	2,83	5,39	3,83	0,88	2,00	0,93
Stda.	0,97	1,13	1,00	0,69	1,23	1,04	1,12	1,20	1,03	1,57	0,73
n	17	13	11	13	15	18	13	18	16	14	14

$\bar{x}$ = arithmetisches Mittel, Stda. = Standardabweichung des Mittelwertes, n = Stichprobenumfang, Hochz. = moderne Hochzuchtsorte, Lands. = ältere Landsorte, spha = Zuchtsorte von *T. sphaerococcum*

lagen der sbW nicht weiter aus –, so wirken Pflanzendichte und Unkrautkonkurrenz ([1], [7], [88], [120], [128]), Bestockung ([15], [55], [88], [103], [124], [128]), Nährstoffversorgung ([89], [95]), verfügbare Lichtmenge [25] und sogar die Saattiefe [89] ebenfalls auf dieses Merkmal ein. Zusätzlich, und das bisher Erwähnte modifizierend, beeinflussen Sorteneigenschaften ([51], [117], [123], [128], [187]) die Zahl der sbW pro Pflanze, so daß die in der Literatur berichteten Artunterschiede ([65], [90], [91], [166]) vielleicht nur auf den Einfluß der oben genannten Faktoren zurückzuführen sind. Daneben tritt noch die unterschiedliche sbW-Zahl von Sommer- und Winterformen ([88], [95]).

Die meisten sbW werden bis zum Ährenschieben gebildet ([24], [89], [124], [145], [170]). Die Zahl der danach auswachsenden sbW ist bei frühreifenden Sorten höher [124]. Nach der Blütezeit wachsen offenbar kaum noch Anlagen der sbW aus. Das steht sicher im Zusammenhang mit den veränderten physiologischen Verhältnissen beim Eintritt in die Kornfüllungsphase. Zum anderen ist dann die Bestockung schon abgeschlossen, so daß keine neuen Wurzeln mehr angelegt werden. Die Entwicklungspotenz nicht auswachsender Wurzelanlagen geht schnell verloren, wenn ungünstige Bedingungen das sofortige Auswachsen verhinderten [91]. Ich habe auch nie beobachten können, daß zwischen älteren Wurzeln später noch weitere nachwuchsen.

Dichte und Temperatur ([4], [13], [20], [97]), Nährstoff- ([13], [63], [146]) und Wassergehalt des Bodens ([8], [52], [73], [78], [85], [86], [166]) und vor allem die verfügbare Wuchszeitdauer ([10], [48], [88], [171], [172]) beeinflussen auch sehr stark die Länge der sbW. Sehr deutlich werden hier außerdem Sortenunterschiede ([29], [78], [79], [100], [114], [123], [149], [181]), so daß ein sehr trockener Boden sowohl zu relativ kürzeren ([85], [86]) als auch zu relativ längeren Wurzeln ([8], [78]) führen kann. Dementsprechend ist auch die Tiefenlage des sproßbürtigen Wurzelsystems von vielen Faktoren abhängig.

Die Wurzellänge ist nicht mit anderen morphologischen Merkmalen der Pflanzen korreliert ([4], [62], [141], [157], [180], [181]), auch nicht mit dem Ertrag [157]. Der Spreizwinkel der sbW bzw. die Ausladung des sproßbürtigen Wurzelsystems, welche die Standfestigkeit beeinflussen, sind ebenfalls Sortenmerkmale, aber auch von der Umwelt abhängig ([122, [125], [126], [127], [152], [157]). Sogar eine magnetotropisch beeinflußte Wurzelausbreitung, bevorzugt in Nord-Süd-Richtung, ist bei einigen Sorten nachgewiesen worden [129].

5. Seitenwurzeln (SW)

Alle Wurzeltypen können SW tragen. Diese werden generell nur an im Boden befindlichen Wurzelabschnitten ausgebildet. (Bei Hydrokulturen liegen andere Verhältnisse vor.)

Anzahl, Länge und weitere Verzweigung der SW hängen sehr stark von der Nährstoffversorgung ([13], [20], [37], [40], [47], [49], [54], [147]), der Temperatur

([22], [27]) und der Feuchtigkeit des Bodens ab ([14], [27], [85], [130), [174]). Die Reaktion der SW auf die Umweltbedingungen ist sortentypisch ([54], [130], [140]).

Erst von einem bestimmten Alter des Wurzelgewebes ab wachsen SW aus. Der Abstand zwischen der Wurzelspitze und der untersten SW hängt deshalb von der Wachstumsdynamik der Wurzel ab.

Bei Getreide sind nur SW bis 3. Ordnung gefunden worden. Diese unterscheiden sich im Durchmesser [12] sowie der Länge und der Anzahl der Wurzelhaare pro mm Wurzellänge ([12], [33]).

Diskussion

Die Unterschiede in den hauptsächlich einer Untersuchung zugänglichen morphologischen Merkmalen wie Anzahl, Länge, Ausladung und Lebensdauer der Wurzeln aller Klassen und die Masse des Gesamtwurzelsystems sind, wie aus der Literatur hervorgeht, schon im infraspezifischen Bereich deutlich ausgeprägt. Sie demonstrieren bei *T. aestivum* eine außerordentliche Vielgestaltigkeit der Populationen und Sorten, die aufgrund der gleichen ökologischen Anpassung bei den anderen Arten ähnlich umfangreich sein könnte. Leider liegen aber selbst für *T. aestivum* noch nicht genügend Daten vor, um für diese Art die Grenzen der Variabilität zu erkennen. Es gibt somit zur Zeit noch kein sicheres Kriterium, ob beobachtete Merkmalsunterschiede in der Wurzelmorphologie als Differentialmerkmale von Taxa gelten können. Deshalb erscheint eine weiterreichende Interpretation der vorliegenden Angaben über den Bereich von Sorte und Population hinaus vorerst noch verfrüht.

Schwierigkeiten ergeben sich auch daraus, daß die Ausprägung der meisten morphologischen Wurzelmerkmale deutlich bis sehr stark von ökologischen Faktoren wie Wasser, Nährstoffe, Licht und Temperatur abhängt. Dabei ist es sicherlich nicht so, daß die Polymorphie auf der Populationsebene nur darauf zurückzuführen wäre. Es liegen genügend Befunde vor, bei denen mehrere Sorten gleichzeitig und unter identischen Bedingungen untersucht wurden und Unterschiede auftraten. Die Schwierigkeiten bestehen vor allem darin, daß die Ergebnisse verschiedener Versuche nicht direkt miteinander verglichen werden können. Will man in Zukunft bestimmte allgemeingültige Erkenntnisse über morphologische Wurzelmerkmale gewinnen, so wird man am besten auf die normierbaren Bedingungen in einem Phytotron zurückzugreifen haben. Dabei wird auch das Saatgut unter genormten Bedingungen zu gewinnen sein, weil über das Korngewicht die Embryonalwurzelzahl und damit die gesamte Jugendentwicklung einer Pflanze beeinflußt werden kann. Weiter müßte man für viele Fragestellungen auch sehr sorgfältig festlegen, wann und welche Wurzeln man untersucht, weil das Alter der Pflanze bzw. Wurzel und der Einfluß des Erstarkungswachstums nicht vernachlässigt werden dürfen. Gerade aus den Untersuchungen dieser Arbeit, aber auch aus den Bemerkungen vieler anderer Autoren geht hervor, daß die Merkmale von Pflanze zu Pflanze deutlich variieren können und für einen repräsentativen Mittelwert eine größere Stichprobe erforderlich ist. Bewertet man die bisher in der Literatur bekannten Daten mit den soeben genannten Maßstäben, so muß man feststellen, daß sehr selten diese Forderungen ausreichend erfüllt wurden. Das bedeutet, daß für taxonomische Fragestellungen viele der vorhandenen Befunde zur Wurzelmorphologie keine klare Aussage geben können. Die Unterschiede sind im allgemeinen so gering, daß sie durchaus auf den Einfluß unterschiedlicher ökologischer Bedingungen zurückgeführt werden können.

Die in der vorliegenden Arbeit ermittelten Embryonalwurzelzahlen sind zwar auch nicht unter im obigen Sinn völlig einwandfreien Bedingungen festgestellt worden, da das Saatgut verschiedenen Anbaujahren entstammte. Die Unterschiede sind aber so deutlich und der Stichprobenumfang so groß, daß der Einfluß des oben genannten Faktors auf das Ergebnis sicherlich vernachlässigt werden kann (durchschnittliche EW-Zahl pro Pflanze bei *A. mutica* 1, bei den anderen *Aegilops*-Arten 2,2–3,0; bei *T. sphaerococcum* 3,1, bei den anderen hexaploiden Weizenarten (ABD-Genom) 3,9–4,4). Damit wird die isolierte Stellung von *A. mutica* innerhalb der Gattung unterstrichen und ein neues, wenn auch nur schwaches Argument gegen die These vorgelegt, daß diese Sippe der Spender des B-Genoms der hexaploiden und tetraploiden Weizen gewesen sein könnte. Die niedrige EW-Zahl von *A. mutica* läßt sich nicht einmal in Form eines die EW-Zahl des Bastardes vermindernden Einflusses nachweisen, wie es sonst zu fordern wäre (*T. boeoticum* und *T. urartu* 3–3,7; *T. dicoccoides* und *T. dicoccon* 4,5–4,7 EW/Pfl.). Die im Vergleich zu den anderen verwandten Arten sehr niedrige EW-Zahl von *T. sphaerococcum* könnte eine Folge davon sein, daß im Zusammenhang mit der gedrungenen Kornform der Embryo so weit verkürzt ist, daß weniger EW-Anlagen ausgebildet werden; sie wäre damit ontogenetisch mit einem anderen Merkmal korreliert.

Interessant ist auch, daß bei den *Triticum*-Arten die Sippen mit einem hohen Korngewicht (TKM) auch eine hohe EW-Zahl haben, wenn auch *T. sphaerococcum* – zumindest in der Größenordnung – eine Ausnahme macht. Diese positive Korrelation fehlt bei den *Aegilops*-Arten. (Z. B. haben die Arten der Sektion *Aegilops* bei einer TKM von ca. 12–35 g die EW-Zahl im Bereich von 2,4–2,9.) Hier scheint ein beide Gattungen trennendes Merkmal vorzuliegen.

Zusammenfassung

Die in der Literatur angegebenen Unterschiede in morphologischen Wurzelmerkmalen von *Triticum*- und *Aegilops*-Sippen sind allgemein so gering, daß sie auf den Einfluß unterschiedlicher ökologischer Bedingungen zurückgeführt werden können. Für die Klärung taxonomisch-phylogenetischer Fragestellungen sind die vorhandenen Befunde deshalb derzeit nicht einsetzbar.

Bei 47 Arten der Gattungen *Triticum* und *Aegilops* wurde die Embryonalwurzelzahl bestimmt. Sie beträgt durchschnittlich 3–5 EW/Pfl. Sie ist ein art- und sortentypisches Merkmal, wird aber auch von vielen anderen Faktoren beeinflußt. Bei den untersuchten Arten kann sie zur näheren Charakterisierung der Arten *T. sphaerococcum* und *A. mutica* dienen, die sich darin von den jeweils verwandten Arten besonders deutlich unterscheiden. Das Gesamtwurzelsystem wurde bei den untersuchten Arten eingeteilt in: Embryonalwurzeln, die bereits im Embryo angelegt sind und während und kurz nach dem Keimvorgang auswachsen; sproßbürtige Wurzeln, die während der Bestockung an den Nodien des Sprosses angelegt werden, und Seitenwurzeln, die an anderen Wurzeln entspringen. Die Embryonalwurzeln sind morphologisch recht einheitlich, während die Morphologie der sproßbürtigen Wurzeln sehr vom Erstarkungswachstum des Sprosses beeinflußt wird. Sproßbürtige Wurzeln wachsen immer nur im Zusammenhang mit der Anlage von Seitentrieben aus. Außerhalb des Nodalbereichs entspringen am Sproß keine Wurzeln. Seitenwurzeln können an allen Wurzeln gebildet werden. Sie zeigen den prinzipiell gleichen anatomischen Aufbau wie die Wurzeln, von denen sie abgehen, sind aber stärker reduziert. Die Wurzelfarbe ist vom ontogenetischen Alter des betreffenden Wurzelteils abhängig. Sie verändert sich von anfangs wächsern weiß über gelb nach braun. Der Durchmesser der sproßbürtigen Wurzeln am extrem proximalen Wurzelteil hängt davon ab, welches Ausmaß das Erstarkungswachstum des Sprosses an jenem Nodium erreicht hat, an dem die Wurzel entspringt. In distaler Richtung wird der Durchmesser auf ein den Embryonalwurzeln ähnliches Maß reduziert.

Summary

On Morphological Characters of the Roots in *Triticum* L. and *Aegilops* L. (Gramineae)

The number of seminal roots of 47 species of *Triticum* s. str. and *Aegilops* has been determined. In this character there are differences between species and within species. Most of the species have on an average 3–5 seminal roots per plant, but *A. mutica* has only one. *T. sphaerococcum* is characterized by a lower number of seminal roots (3,1) as similarly to the other hexaploid wheat species (3,9–4,4).

The terminology of the different root types of a wheat plant is rather confused. This makes the interpretation of published data very difficult. Here the roots are classified into seminal roots, which are present at the embryo, nodal roots, which grow out from the stem, and branch roots, which grow out from other roots. The morphology of a nodal root is highly dependent from the ontogenetic stage of that nodium, from which it originates. The morphology of all roots is heavily influenced by the ecological conditions. That is the reason why it is generally impossible up to now to use morphological characters for taxonomical or phylogenetical purpose.

Краткое содержание

О морфологических признаках корней у *Triticum* L. и *Aegilops* L. (*Gramineae*)

Различия в морфологических признаках корней у форм *Triticum* и *Aegilops*, которые даются в литературе, в общем настолько незначительны, что могут быть отнесены на счет влияния различных экологических условий. Для выяснения таксономически-филогенетических вопросов, существующие данные в настоящее время не применимы.

У 47 видов *Triticum* и *Aegilops* определялось число эмбриональных корней; оно составляет в среденем от 3 до 5 на растение. Это число является видовым и сортовым признаком, но подвержено и влиянию многих других факторов. У исследованных видов оно может служить характеристикой для *T. sphaerococcum* и *A. mutica*, которы по этому признаку особенно четко отличаются от их ближайших сородичей. Вся корневая система (для исследованных видов) подразделяется на следующие части: эмбриональные корни, которые закладываются уже в зародыше; узловые корни, которые закладываются во время кущения на стеблевых узлах и боковые корни. Эмбриональные корни морфологически довольно единообразны, тогда как морфология узловых корней подвержена сильному влиянию утолщения стебля. Узловые корни растут всегда только в зависимости от закладки боковых побегов. На стебле корни образуются только на узлах. Боковые корни могут образовываться на всех корнях; в принципе они имеют такое же анатомическое строение, как и корни, от которых они ответвляются, но оно оказывается более редуцированным. Окраска корней зависит от онтогенетического возраста соответствующей части корня. Она изменяется от первоначально бело-восковой через желтую до коричневой. Размер поперечника узлового корня в самой своей проксимальной части зависит от того, какой степени достигло утолщение стебля в том узле, от которого корень отходит. В дистальном направлении поперечник редуцируется соответственно размерам эмбриональных корней.

Literatur

[1] Achmadeeva, A. K., 1973: Rol' pervičnych i vtoričnych kornej jačmenja v pogloščenii solej iz počvy.—Sel'skoch. Biologija *8* (6), 927–928.

[2] Aguado Marin y M. Martinez Vasquez, 1959: Estudio morfologico y anatomico de los centenos españolas. – Madrid.

[3] Akbar, M. and T. Yabuno, 1974: Breeding of saline-resistant varieties of Rice II. – Japan. J. Breeding *24* (4), 176–181.

[4] Anonym Letcombe Laboratory, U. K., Annual Report, 1970, Wantage, U. K., (n. Ref.).

[5] Arber, A., 1934: The Gramineae – Cambridge.

[6] Avery, G. S. jr., 1930: Comparative anatomy and morphology of embryos and seedlings of maize, oats and wheat. – Bot. Gaz. *89*, 1–39.

[7] BALAZS, F., 1954: Issledovanija po razvitiju kornej u zernovych kul'tur – Acta Agron. Acad. Sci. Hung. *4* (1–2), 68–103.

[8] – 1961: Az idöjárás hatása a búza gyökérfejlödésere. – Búzatermestési Kisérletek 1952–1959, 513–531. (n. Ref.).

[9] BALJURA, V. I., 1959: Kornevaja sistema kukuruzy. – Kukuruza (*4*), 30–34.

[10] BALYK, G. S., 1973: Formirovanie i rost kornej ozimoj pšenicy. – Sel'skoch. Biologija *8* (2), 234–238.

[11] BARANOVA, E. A., 1951: Zakonomernosti obrazovanija pridatočnych kornej u rastenij. – Trudy Glavn. bot. sada *2*, 168–193.

[12] BARLEY, K. P., 1970: The configuration of the root system in relation to nutrient uptake. – Adv. Agr. *22*, 159–201.

[13] BERGMANN, W., 1953: Experimentelle Untersuchungen über den Einfluß von Umweltfaktoren auf das Wurzelwachstum von Gramineen. – Dissertation, Friedrich-Schiller-Universität Jena.

[14] BHARGOVA, B. S., I. P. MAHAJAN and B. K. SONI, 1974: Root distribution pattern of Triticale varieties under irrigated and unirrigated conditions using ^{32}P plant injection technique. – Abstracts, Symposium on use of radiations and radioisotopes in studies of plant productivity, 111. (n. Ref.).

[15] BLACK, A. L., 1970: Adventitious roots, tillers and grain yields of spring wheat as influenced by N-P fertilization. – Agron. J. *62*, 32–36.

[16] BOATWRIGHT, G. O. and H. FERGUSON, 1967: Influence of primary and/or adventitious root systems on wheat production and nutrient uptake. – Agron. J. *59*, 299–302.

[17] BOGDANOV, P. N., 1947: Kornevaja sistema i urozaj jarovoj pšenicy. – Naucnyi otčet in-ta zernogo chozj. jugo-vostoka SSSR za 1943–1945 gg., 189–204.

[18] BOUHARMONT, J., 1966: Étude anatomique de l'embryon de riz et de sa germination. – Cellule *66*, 273–298.

[19] BOYD, L., 1935: Monocotylous seedlings. Morphological studies in the postseminal development of the embryo. – Trans. Bot. Soc. Edinburgh *31*, 5–224.

[20] BRENCHLEY, W. E. and V. G. JACKSON, 1921: Root development in barley and wheat under different conditions of growth. – Ann. Bot. *35*, 533–556.

[21] BROUWER, R., 1966: Root growth of grasses and cereals. – In: The growth of cereals and grasses, Ed. F. L. MILTHORPE, J. P. IRVINS, 153–166, London.

[22] – 1967: Beziehungen zwischen Sproß- und Wurzelwachstum. – Angew. Bot. *41*, 244–254.

[23] CANNON, W. A., 1949: A tentative classification of root systems. – Ecology *30* (4), 542–548.

[24] CHLYAH, H., 1968: Relation entre le nombre des talles et le nombre des racines adventives durant le cycle du développement d'un Blé dur sensible à la verse radiculaire et en rapport avec des traitments au auxine, gibbérelline, kinétine et retardants de croissance du type CCC. – C. R. Acad. Sci. Paris D *266*, 1662–1664.

[25] CHLYAH, H. et P. CHOUARD, 1968: Influence du niveau d'éclairement sur le développement corrélatif des racines adventives, du tallage et de l'induction florale chez le Blé dur (cultivar „Bidi 17"). – C. R. Acad. Sci. Paris D *266*, 1275–1278.

[26] CHOWDRHY, A. R. and R. E. ALLAN, 1966: Culm length and differential development of the coleoptile, root and subcrown internode of nearisogenic wheat lines. – Crop Sci. *6*, 49–51.

[27] CROSSET, R. N., D. J. CAMPBELL and H. E. STEWART, 1975: Compensatory growth in cereal root systems. – Plant & Soil *42*, 673–683.

[28] DANIELSON, R. E., 1967: Root system in relation to irrigation. In: Irrigation of agricultural lands. – Agronomy *11*, 390–424.

[29] DANIL'ČUK, P. V., 1972: Osobennosti rosta i razvitija nadzemnoj časti i kornej u

sortov pšenicy i jačmenja, različajuščichsja po produktivnosti. – Nauc.-techn. bjull. vses. selekc.-gen. in-ta, Odessa, *20*, 79–84. (n. Ref.).

[30] Danil'čuk, P. V. i G. K. Jacenko, 1971: Osobennosti razvitija kornevoj sistemy u nekotorych meksikanskich karlikovych jarovych pšenic. – Nauc.-techn. bjull. vses. selekc.-gen. in-ta (*14*), 11–14. (n. Ref.).

[31] Danil'čuk, P. V., G. K. Jacenko i V. N. Spatakovskaja, 1972: Razvitie nadzemnoj massy i kornej i ich fiziologičeskaja aktivnost' u rastenij različnych ekotipov ozimoj pšenicy. – Dokl. vses. ord. Lenina akad. s-ch. nauk imeni Lenina (*8*), 10–12.

[32] Dereva, N. F., D. R. Marshall and L. N. Balaam, 1969: Genetic variability in root development in relation to drought tolerance in spring wheats. – Exper. Agric. (London), *5* (4), 327–337. (n. Ref.).

[33] Dittmer, H. J., 1937: A quantitative study of the roots and root hairs of a winter rye plant. – Amer. J. Bot. *24*, 417–420.

[34] Dobrynin, G. M., 1958: O biologii zlakov v faze vschodov i kuščenija. – Vestnik sel'skoch. nauki *3* (8), 48–56.

[35] Doncheva, I., 1973: Vlijanie na napojavaneto v"rchu razvitieto na korenovata sistema na pšenicata. – Rast. Nauki Sofija *10* (10), 3–10.

[36] Dorofeev, V. F., 1959: Rol' pridatočnych kornej v ustojčivosti pšenicy protiv poleganija. – Selekc. Semen. Moskva *24* (4), 70–72.

[37] Drew, M. C. and L. R. Saker, 1975: Nutrient supply and the growth of the seminal root system in barley II. Localized, compensatory increase in lateral root growth and rates of nitrate uptake when nitrate supply is restricted to only part of the root system. – J. Experim. Bot. *26* (90), 79–90.

[38] Drezgić, P., L. J. Starcević and B. Spasojević, 1969: The effect of temperature and sowing depth on root growth and dry matter production of seedlings of some winter wheat varieties. – Contemp. Agric. *17* (11–12), 443–453. (=Savr. polj. *17* (11–12), 455–465).

[39] Ekkert, J., 1873: Über Keimung, Bestockung und Bewurzelung der Getreidearten. – Leipzig.

[40] Eliseeva, V. M., N. M. Safronova i Z. S. Vol'kovič, 1971: K izučenija vlijanija mednych udobrenij na anatomo-morfologičeskie osobennosti pšenicy. – Bju. Sib. Bot. Sada (*8*), 50–60. (n. Ref.).

[41] Ferguson, H., and G. O. Boatwright, 1968: Effects of environmental factors on the development of the crown node and adventitious roots of winter wheat (*Triticum aestivum*). – Agron. J. *60* (3), 258–260.

[42] Foltýn, J., 1972: (Varietal differences in the number of primary roots in winter wheats.) (tschech.) – Vedecké Prace Výzkumných Ustavu Rostlinné Výroby v Praze-Ruzyni, *17*, 251–255. (n. Ref.).

[43] Fritsch, R., 1976: Anatomisch-morphologische Untersuchungen an Wurzeln der Gattungen *Triticum* L. und *Aegilops* L. – Dissertation A, Martin-Luther-Universität Halle.

– 1977: Über die Anatomie der Wurzeln von *Triticum* L. und *Aegilops* L. (Gramineae). – Flora *166*, 289–326.

[44] Fritsch, R., J. Kruse, H. Ohle und H. Schäfer, 1977: Vergleichend-anatomische Untersuchungen im Verwandtschaftskreis von *Triticum* L. und *Aegilops* L. (Gramineae). – Kulturpflanze *25*, 155–265

[45] Fujii, Y., 1958: (Studies on the correlation between number of the vascular bundles in leaf and arrangement of the shoots at the node in rice plants.) (jap.) – Proc. Crop Sci. Soc. Japan *27*, 67–70.

[46] Fujii, Y. and N. Tanaka, 1959: (On the regular growth of the roots in the Zea mays L.) (jap.) – Proc. Crop Sci. Soc. Japan *28*, 217–218.

[47] Gliemeroth, G., 1953: Bearbeitung und Düngung des Unterbodens in ihrer Wirkung

auf Wurzelentwicklung, Stoffaufnahme und Pflanzenleistung. – Z. Acker- u. Pflanzenbau *96* (1), 1–44.

[48] – 1957: Untersuchungen über Ausbildung und Leistung der Keim- und Kronenwurzeln bei Sommergetreide. – Z. Acker- u. Pflanzenbau *103*, 1–21.

[49] GÖRBING, I., 1931: Sommerweizen und seine Wurzelentwicklung in ihrer Beziehung zum Kalkzustand und zur Ernährung. – Fortschritte der Landwirtschaft *6*, 402–406.

[50] GOETZ, H., 1969: Root development and distribution in relation to soil physical conditions of four different native grassland sites fertilized with nitrogen at three different rates. – Canad. J. Plant Sci. *49*, 753–760.

[51] GORBUNOV, V. V., V. A. KUMAKOV i V. K. CHERNOV, 1974: Kornevaja sistema jarovoj pšenicy sortov saratovskoj selekcij. – Sel'skoch. Biologija *9* (1), 13–18.

[52] GRAMMATIKATI, O. G., 1957: Razvitie kornevoj sistemy kukuruzy v uslovijach limannogo orošenija. – Kukuruza (*3*), 17–22.

[53] GUTTENBERG, H. v., H.-R. HEYDEL und H. PANKOW, 1954: Embryologische Studien an Monokotyledonen I. Die Entstehung der Primärwurzel bei *Poa annua* L. – Flora *141*, 298–311.

[54] HACKETT, C., 1968: A study of the root system of barley I. Effects of nutrition on two varieties. – New Phytol. *67*, 287–299.

[55] HÄNSEL, H., 1952: Studie über seitliche Ausladung und Anzahl der Keimwurzeln verschiedener Gerstensorten mit besonderer Berücksichtigung ihres Verhaltens nach Vernalisation. – Z. Pflanzenzüchtung *31*, 359–380.

[56] HARBERD, D. J., 1972: A note on the relevance of the mesocotyl in the systematics of the Gramineae. – Ann. Bot. *36*, 599–603.

[57] HECTOR, J. M., 1936: Introduction to the botany of field crops. Vol. I. – Johannesburg.

[58] HEIMSCH, C., 1951: Development of vascular tissue in barley roots. – Amer. J. Bot. *38*, 523–537.

[59] HEIMSCH, C., G. S. RABIDEAU and W. G. WHALEY, 1950: Vascular development and differentiation in two maize inbreds and their hybrids. – Amer. J. Bot. *37*, 84–93.

[60] HEINISCH, O., 1938: Die Bedeutung der Keimwurzelanzahl der Getreidearten für den Saatgutwert. – Z. Pflanzenzüchtung *22*, 209–232.

[61] HESS, N., 1949: Beobachtungen über das Wurzelsystem der Wintergerste. – Bodenkultur *3*, 211–214.

[62] HOLBROOK, F. S. and J. R. WELSH, 1973: A comparison of the rooting depth of selected wheat genotypes using soil moisture depletion as an indicator. – Agron. Abstracts Amer. Soc. Agron. *20*. (n. Ref.).

[63] HOLOBRADÁ, M., 1969: Untersuchungen der Veränderungen des Wurzelsystems intakter Pflanzen bei einem Schwefel- und Stickstoffdefizit. – Biologia (Bratislava) *24*, 273–284.

[64] HOSHIKAWA, K., 1969: Underground organs of the seedlings and the systematics of Gramineae. – Bot. Gaz. *130* (3), 192–203.

[65] HURD, E. A., 1964: Root studies of three wheat varieties and their resistance to drought and damage by soil cracking. – Canad. J. Plant Sci. *44*, 240–248.

[66] I, I. H. and Y. OTA, 1973: (On the relationship between the morphology and functioning of the rice root and some characters of the above ground parts.) (jap.) Bull. Nat. Inst. Agric. Sci. (*24*), 61–105. (n. Ref.).

[67] IL'JINSKAJA-CENTILOVIČ, M. A. i V. D. ROSDESTVENSKIJ, 1955: Struktura vtoričnych kornej i ustojčivost' k poleganiju sortov ozimoj pšenicy. – Dokl. Akad. Nauk *100* (4), 801–803.

[68] ILJUŠENKO, V. G., 1967: (Rootlet length and some biochemical features of wheat seedlings having few or many roots) (russ.) – Trudy omsk. sel'skoch. in-ta *69* (4), 83–87. (n. Ref.).

[69] Ivanov, N. N. i A. V. Nikulin, 1964: Osobennosti razvitija kornevoj sistemy u nekotorych sortov i gibridov kukuruzy. – Agrobiol. (*5*), 786–787.

[70] Jackson, V. G., 1922: Anatomical structure of the roots of barley. – Ann. Bot. *36*, 21–39.

[71] Jakovlev, G. V., 1964: O količestve pervičnych koreškov u rži. – Sbornik trud. aspir. molod. naučn. sotrud., vsesoj. naučno-issled. in-t rast., Leningrad, *4* (8), 253–258. (n. Ref.).

[72] Janjatović, V., M. Andelić i S. Borojević, 1968: Broj i dužina primarnih korenčića kod raznih genotipova pšenice. – Savr. Poljopr. *16* (7–8), 567–574. (n. Ref.)

[73] Jastrebov, F. S., 1959: Razvitie kornevoj sistemy u ozimoj pšenicy pri orošenii. – Trudy Chark. sel'skoch. in-ta, *18*, 67–71.

[74] Jectić, S., 1968: A study in the morpho-physiological characteristics of the root system in some high-yielding wheat varieties. – Savrem. poljopr. *16*, 557–565.

[75] Jonker, I. I., 1959: De ontwikkeling van het wortestelsel van zomergerst. – Jaarb. Comité Brouwgerst *23*, 33–38. (n. Ref.).

[76] Kampe, K., 1929: Studien über Bewurzelungsstärke und Wurzeleindringvermögen verschiedener Kulturpflanzen. – Wiss. Archiv. Landw. A *2*, 1–48.

[77] Kandaurov, V. I., and A. V. Nefedov, 1965: (Primary root as a selection character in spring wheat breeding) (russ.) – Anyl šarnašylyk Gylymyn (*10*), 16–26. (n. Ref.).

[78] Karmacharya, B. L., 1973: Root development of four spring wheat (*Triticum aestivum* L.) cultivars in green house experiments. – Meld. Norges Landbruksh. *52* (8), 6 pp. (n. Ref.).

[79] Karpáti, V. und G. Mandy, 1961: Adatok nemesitett búzafajtáink gyökerzetének mennyileges viszonyaihoz. – Búzatermesztési Kisérletek 1952–1959, 532–547. (n. Ref. in Hung. Agr. Rev. *11*, 11–12).

[80] Katayama, T. C., 1966: Anatomy of the root of *Oryza sativa* with emphasis on developmental processes. – Seiken Zihô *18*, 6–22.

[81] Kaufman, P. B., 1959: Development of the shoot of *Oryza sativa* L. III. Early stages in histogenesis of the stem and ontogeny of the adventitious root. – Phytomorph. *9*, 382–404.

[82] Kir'jan, M. V., 1970: (Development of the primary root system in winter wheat) (russ.). – Sborn. trud. aspir. molod. naučn. sotrudn. vses. naučno-issled. in-t rast. Leningrad *15*, 3–7. (n. Ref.).

[83] – 1974: Vydelenie cennych po kornevoj sisteme form pšenicy. – Selekc. Semenov. Moskva (*2*), 37–39.

[84] Kir'jan, M. V. and I. M. Dashevskij, 1972: (Some characteristics of development in embryo rootlets of winter wheat) Visnik sil's'kopod. nauki (*6*), 31–33. (n. Ref.).

[85] Kmoch, H. G., R. E. Ramig, R. L. Fox and F. E. Koehler, 1957: Root development of winter wheat as influenced by soil moisture and nitrogen fertilization. – Agron. J. *49*, 20–25.

[86] Koedžikov, C., 1962: Koronevata sistema na ovosa. – Naučni trud. Viss. selskost. inst. Agron. fakultet, Sofija *11*, 339–369. (n. Ref.).

[87] Koedžikov, C. i A. Božidarevič, 1958: Osobenosti v anatomičnoto ustrojstvo na korenovata sistema na carevicata. – Selskost. Mis''l (Sofija) (*10*), 743–754.

[88] Kokkonen, P., 1931: Untersuchungen über die Wurzel der Getreidepflanzen. – Acta Forstalia Fennica *37*, 1–144.

[89] Krasovskaja, I. V., 1947: Kornevaja sistema jarovoj pšenicy i rost ee v zavisimosti ot vnešnich uslovij. – Naučnyj otčet inst. zernogo chozjajstva jugo-vostoka SSSR za 1943–45 gg., 167–188, Saratov.

[90] Krasovskaja, I. V., 1950: Zakonomernosti stroenija kornevoj sistemy chlebnych zlakov. – Bot. Ž. *35*, 374–384.

[91] Krasovskaja, I.V., 1952: Anatomo-morfologičeskie zakonomernosti v chode zaloše-

nija i v stroenii kornevoj sistemy chlebnych zlakov. – Učenye zapiski Saratovskogo gos. univers., Vyp. bot., *25*, 15–70.

[92] KRASSOVSKY, I., 1926: Physiological activity of the seminal and nodal roots of crop plants. – Soil Science *21*, 307–326.

[93] KRAVCOV, M. N., 1928: Opity po izučeniju kornevoj sistemy pšenicy. – Naučno agron. Ž. *5* (2), 80–93.

[94] KRŮZELA, S., 1965: Počátečni tvorba kořáni i odrůd ožimé pšenice. – Sbornik vysoke školy zemed. Brne, Rada A, (*2*), 345–351. (n. Ref.).

[95] KUPERMAN, F. M., 1953: Biologische Grundlagen des Weizenanbaus. – Berlin.

[96] KUTSCHERA, L., 1960: Wurzelatlas mitteleuropäischer Ackerunkräuter und Kulturpflanzen. – Frankfurt/Main.

[97] LEMAIRE, F., 1975: Action comparée de l'alimentation azotée sur la croissance du système racinaire et des parties aériennes des végétaux. – An. agron. *26* (1), 59–74.

[98] LISOVSKIJ, G. M. i N. G. VEDROV, 1968: Effektivnost' otbora gibridov pšenicy po zarodyševym kornjam. – Selekc. Semenov. (Moskva) *33* (1), 67–68.

[99] LOCKE, L. F. and I. A. CLARK, 1924: Development of wheat plants from seminal roots. – J. Amer. Soc. Agron. *16*, 261–268.

[100] LUPTON, F. G. H., R. H. OLIVER, F. B. ELLIS, B. T. BARNES, K. R. HOWSE, P. J. WELBANK and P. J. TAYLOR, 1974: Root and shoot growth of semidwarf and taller winter wheats. – Annals Appl. Biol. *77* (2), 129–144. (n. Ref.).

[101] LUXMOORE, R. J., R. E. SOJKA and L. H. STOLZY, 1972: Root porosity and growth responses of wheat to aeration and light intensity. – Soil Sciences *113* (5), 354–357. (n. Ref.).

[102] LUXOVÁ, M. and V. KOZINKA, 1970: Structure and conductivity of the corn rot system. – Biol. Plantarum (Praha) *12*, 47–57.

[103] MANNER, R., 1957: The occurrence of plants with only one seminal root in rye and wheat and its consequences. – Acta Agric. Scand. *7*, 260–274.

[104] MANNER, R., 1963: Number of seminal roots in some wheat species. – Maataloustieteellinen Aikakauskirja *35*, 105–108.

[105] MARTIN, I. N. and A. L. HERSHEY, 1934/1935: The ontogeny of the maize plant – the early differentation of stem and root structures and their morphological relationships. – Iowa St. Coll. J. Sci. *9*, 489–503. (n. Ref.).

[106] MEČETNYJ, N. S., 1967: Vlijanie krupnosti semjan na formirovanie zarodyševoj kornevoj sistemy u sortov jarovoj pšenicy. – Rasteniev. Kiev *4*, 27–30. (n. Ref.).

[107] MILLER, E. C., 1916: Comparative study of the root systems and leaf areas of corn and the sorghums. – J. agric. Res. *6*, 311–332.

[108] MILLER, R. H., 1960: A selected reference list on the morphology and anatomy of roots. – Scholar's Libr., New York. (n. Ref.).

[109] – 1974: Root anatomy and morphology. A guide to the literature. – Hamden, Conn.

[110] MOKROV, S. V. i V. G. STAVNIJČUK, 1969: Vnutrisortovoj otbor v rannie fasy razvitija. – Selekc. Semonov. (Moskva) *34* (2), 66.

[111] MOSOLOV, J. V. i A. V. PANOVA, 1957: O roli pervičnych i vtoričnych kornej. – Kukuruza (7), 27–29.

[112] MÜNNICH, H., 1973: Morphogene Wirkungen von CCC auf die Wurzeln des Weizens. – Biol. Zentralbl. *92*, 365–369.

[113] NEFEDOV, A. V., 1967: Selekcija pšenicy po priznakam kornevoj sistemy. – Selekc. Semenov. (Moskva) *32* (6), 49.

[114] NEWBOULD, P., F. B. ELLIS, B. T. BARNES, K. R. HOWSE, F. G. R. LUPTON, 1969: Intervarietal comparisons of the root system of winter wheat. – Annual report Agric. Res. Council Letcombe Labor., 38–40, Wantage. (n. Ref.).

[115] NODA, A. and J. HAYASHI, 1960: (Studies on the coleorhiza of cereals VII. On the

coleorrhiza hair of rice-plant.) – Proc. Crop Sci. Soc. Japan *29* (1), 63–65. (jap., n. Ref.).

[116] OVČINNIKOV, N. N. i V. G. NIKOLAEVSKIJ, 1961: Izmenenija anatomičeskogo stroenija kornej kukuruzy v zavisinosti ot mesta obrazovanija na rastenij. – Ukrainsk. Bot. Ž. *18*, 16–22.

[117] PAKOV, J., 1965: Vlijanie na napojavaneto v"rchu razvitieto na korenovata sistema na pšenicata. – Rast. nauki (Sofija) *2* (8), 113–128.

[118] PANKOW, H. und H. v. GUTTENBERG, 1957: Vergleichende Studien über die Entwicklung monocotyler Embryonen und Keimpflanzen. – Bot. Stud. *7*, 1–39. (n. Ref.).

[119] PAVLYCHENKO, T. K., 1937: Quantitative study of the entire root system of weed and crop plants under field conditions – Ecol. *18*, 62–79.

[120] PAVLYCHENKO, T. K. and J. B. HARRINGTON, 1935: Root development of weeds and crops in competition under dry farming. – Sci. Agr. *16*, 151–160.

[121] PEL'CIH, I. L., 1965: (Root system and productivity of wheat) (russ.) Sborn. nauč rabot čuvaš. otd. vses. bot. o-va. (*1*), 36–44. (n. Ref.).

[122] PERCIVAL, I., 1922: The wheat plant. New York.

[123] PHILIPP, L., 1954: Ein Beitrag zur Morphologie der Wurzel von *Avena sativa* L. – Z. Acker- u. Pflanzenbau *97*, 71–100.

[124] PINTHUS, H. J., 1969: Tillering and coronal root formation in some common and durum wheat varieties. – Crop Sci. *9*, 267–272.

[125] – 1963/1964: The root system of spring wheat with reference to its influence on lodging resistance. – Res. Rep., Sci. Agric. Hebrew Univ. Jerusalem *1*, 437–438.

[126] PINTHUS, M. J., 1967: Spread of root systems as indicator for evaluating lodging. resistance of wheat. – Crop Sci. *17*, 107–110.

[127] – 1973: Lodging in wheat, barley, and oats: the phenomenon, its causes, and preventive measures. Advances Agric. *25*,209–263.

[128] PINTHUS, M. J. and Y. ESHEL, 1962: Observation on the development of the root system of some wheat varieties. – Israel J. Agric. Res. *12*, 13–20.

[129] PITTMAN, U. J., 1962: Growth reaction and magnetotropism in roots of winter wheat (Kharkov 22 M. C.). – Can. J. Plant Sci. *42*, 430–436.

[130] PROZINA, M. N. und Y. N. PRIBURA, 1962: (Vergleichend-anatomische Untersuchung des Baues verschiedener Wurzeltypen bei Mais) (russ.). – In: Morfologija kukuruzy, 196–217, Moskva.

[131] RAZUMOVSKIJ, A., 1966: Effektivnost' vnutrisortovogo otbora po kornevoj sisteme. – Selekc. Semenov. (Moskva) *31* (3), 71–72.

[132] ROST, T. A. and A. D. SIMPER, 1975: The germination lid: a characteristic of the lemma in the Paniceae. – Madroño *23* (2), 68–72.

[133] ROTH, I., 1956: Histogenese und Entwicklungsgeschichte des *Triticum*-Embryos. Flora *144*, 163–212.

[134] ROTMISTROFF, W. G., 1909: Root system of cultivated plants of one years growth. Odessa.

[135] ROVENSKÁ, B., 1962: Koreny jednoděložných. – Rostl. Výroba *8* (35) (7), 939–942.

[136] – 1965: Über die Keimwurzelzahl bei Weizen. – Biol. Plant. *7* (1), 79–80.

[137] – 1968: Anatomický atlas pšenice. – Praha.

[138] – 1973: Anatomiký atlas žita. – Praha.

[139] ROVIRA, A. D. and G. D. BOWEN, 1973: The influence of root temperature on ^{14}C assimilate profiles in wheat roots. – Planta *114*, 101–107.

[140] ROZENTRETER, N. A. i N. N. DVINSKICH, 1974: Rol' kornevoj sistemy v selekcii jarovoj pšenicy. – Selekc. Semenov. (Moskva) (*5*), 20–22.

[141] RUCKENBAUER, P., 1969: Die Beurteilung der Leistungsfähigkeit von Winterweizensorten nach bestimmten Organrelationen. – Z. Acker- u. Pflanzenbau *130*, 273–290.

[142] RUDENKO, M. J. i M. V. KIR'JAN, 1973: O raznokačestvennosti formirovanija zerna

v predelach kolosa u ozimoj pšenicy. – Bjull. Vsesoj. Ordena Lenina Inst. rast. imeni N. I. VAVILOVA (*32*), 15–18.

[143] SALIM, M. H., G. W. TODD and A. M. SCHLEHUBER, 1965: Root development of wheat, oats and barley under conditions of soil moisture stress. – Agron. J. *57*, 603–607.

[144] SALLANS, B. J., 1942: The importance of various roots to the wheat plant. – Sci Agr. *23*, 17–26.

[145] SCHINDLER, F., 1923: Handbuch des Getreidebaus. – Berlin, 3. Aufl.

[146] SCHRÖDER, D., 1973: Der Wasserverbrauch des Weizens und Roggens und seine Beziehungen zu Düngung, Ertrag, Niederschlag und Wurzelwachstum. – Z. Acker- u. Pflanzenbau *138*, 300–318.

[147] SCHULZE, B., 1906: Studien über die Bewurzelung unserer Kulturpflanzen. – In: Festschrift 50. Jubiläum Agr. Chem. Versuchs- u. Kontroll-Station, Breslau, 67–95 (+20 Tafeln).

[148] SCHUURMAN, I. I. and M. A. J. GOEDEWAAGEN, 1965: Methods for the examination of root systems and roots. – Wageningen. (2. Aufl.: 1972).

[149] SECHLER, D. T., 1961: Root development and lodging resistance in oats. – Res. Bull. Mo. agric. Exp. Sta. (*769*), 38 pp. (n. Ref.).

[150] SIEMENS, H. J., 1929: The development of secondary seminal roots in corn seedlings. Sci. Agric. *9* (11), 747–759.

[151] SIMMONDS, P. M. and B. J. SALLANS, 1935: Some observations on the growth of Marquis wheat with special reference to root development. – Proc. World's Grain Exhib. Conf. *2*, 263–277.

[152] SINGH, K., R. S. NARANG and S. M. VIRMANI, 1973: Rooting behaviour of Mexican and indigenous wheats under different soil-moisture regimes. – J. Res. Punjab Agric. Univ. *10* (3), 296–300 (n. Ref.).

[153] SMITH, L. H. and E. H. WALWORTH, 1926: Seminal root development in corn in relation to vigour of early growth and yield of crops. – J. Amer. Soc. Agron. *18*, 1113–1120.

[154] SOLOV'EV, A. A., 1962: Otbor po koreškam – novoe v selekcii pšenic na zasuchoustojčivost'. – Izv. irkutsk. sel'skoch. inst. *1* (19), 47–63.

[155] STANKOV, N. Z., 1964: Kornevaja sistema polevych kul'tur. – Moskva.

[156] – 1968: Metody izučenija kornevoj sistemy rastenij. – Selekc. Semenov. *33* (2), 25–27.

[157] SUBBIAH, B. V., I. C. KATYAL, R. L. NARASIMHAM and C. DATESHINAMURTI, 1968: Preliminary investigations on root distribution of high yielding wheat varieties. – Intern. J. appl. Radiat. Isot. *19*, 385–390. (n. Ref.).

[158] SZYMANSKA, L. i A. PAWŁUK, 1972: Badanija systemu korzemowego psenicy z uwzglednieniem mozliwoszi wykorzystania niekotorych jego cech v selekcji roslin zbozowych. – Hodowla roslin akl. nasien. *16*, 513–538.

[159] SZYNAL, T., 1963: Dalsze badania morfologiczne nad systemem korzeniowym roślin jednolisciennych. – Ann. Univ. MARIAE CURIE-SKLODOWSKA Sect. E *18*, 165–195.

[160] TATAROVA, V. K., 1973: Vlijanie na različnoto količestvo voda i edrinata an semenata v''rchu k''lnjamostta im i broja na embrionalnite korenčeta pri njakoi sortove meka pšenica. – Rasteniev. nauki (Sofija) *10* (4), 3–8.

[161] TAVČAR, A. and V. KENDELIĆ, 1969: Development of root in 14-day old wheat plants in relation to some useful characters of the adult plants. – Contemp. Agric. *17* (11/12), 53–58.

[162] TROLL, W., 1942/43: Vergleichende Morphologie der höheren Pflanzen. Band 1, Teil III. – Berlin.

[163] – 1949: Über die Grundbegriffe der Wurzelmorphologie. – Österr. Bot. Z. *96*, 444–452.

[164] – 1954: Praktische Einführung in die Pflanzenmorphologie. – Jena.

[165] TROUGHTON, A., 1960: Growth correlations between the roots and shoots of grass plants. – Proc. Intern. Grassl. Congr., 8th, 280–283.

[166] TSYGANKOV, I. G., 1970: Osobennosti razvitija kornevoj sistemy jarovoj pšenicy. – Sel'skoch. Biologija *5*, 337–340.

[167] VAKAR, T. B., 1956: O stroenii i razvitii zarodyševych i pridatočnych kornej u nekotorych odnodol'nych rastenij. – Bjull. Glavn. bot. sada A. N. SSSR *25*, 86–93.

[168] VEDROV, N. G., 1971: (The use of the characters of the root system in breeding spring wheat). (russ.) – Sib. vestn. sel'skoch. nauki (*6*), 27–32. (n. Ref.).

[169] VEL'SOVSKAJA, L. A. 1970: (Some data from investigations on the root system of wheat). (russ.) – Sborn. trud. aspir. molod. naučn. sotrudn. vsesoj. naučno-issled. inst. rast. Leningrad *15*, 64–68. (n. Ref.).

[170] VETTER, H. und K. FRÜCHTENICHT, 1969: Die Bewurzelung einiger Pflanzenarten in verschiedenen Entwicklungsstadien und bei gestaffelter Phosphatdüngung. – Phosphorsäure *28*, 1–18 (n. Ref.).

[171] VETTER, H. und S. SCHARAFAT, 1964: Die Wurzelverbreitung landwirtschaftlicher Kulturpflanzen im Unterboden. – Z. Acker- u. Pfl.bau *120*, 275–298.

[172] VOLYNKIN, A. A., 1954: (Die Bedeutung einzelner Wurzeltypen von Sommerweizen und die Bedingungen ihrer Entwicklung) (russ.). – Trudy inst. fiziol. rast. *8* (2), 312–350.

[173] WALWORTH, E. H. and L. H. SMITH, 1918: Variations in the development of secondary rootlets in cereals. – J. Amer. Soc. Agron. *10*, 32–35.

[174] WEAVER, J. E., 1926: Root development of field crops. – New York.

[175] WEAVER, J. E., F. C. JEAN and J. W. CHRIST, 1922: Development and activities of roots of crop plants. – Carnegie Inst. Washington publ. No. *316*, Washington.

[176] WEAVER, J. E., J. KRAMER and M. REED, 1924: Development of root and shoot of winter wheat under field environment. – Ecology *5*, 26–50.

[177] WEBB, R. B. and D. E. STEPHENS, 1936: Crown and root development in wheat varieties. – J. Agric. Res. *52*, 569–583.

[178] WEBER, H., 1936: Vergleichend-morphologische Studien über die sproßbürtige Bewurzelung. – Nova Acta Leopold. N. F. *4* (21), 229–298.

[179] WEIHING, R. M., 1935: The comparative root development of regional types of corn. – J. Amer. Soc. Agron. *27* (7), 526–537.

[180] WELBANK, P. J., 1972: Root growth of wheat varieties. – Rothamsted Exper. Station Report for 1971/I, 104–106.

[181] WELBANK, P. J., M. J. GIBB, P. J. TAYLOR and E. D. WILLIAMS, 1974: Root growth of cereal crops. – Rothamsted Exper. Station, Report for 1973/II, 26–66.

[182] WIGGANS, R. G., 1916: The number of temporary roots in cereals. – J. Amer. Soc. Agron. *8*, 31–37.

[183] ZAPRJANOV, S. i Z. POPOVA, 1975: Vlijanie na travmiraneto i edrinata v''rchu biologičnata aktivnost na semenata pri ečemika. – Rast. nauki (Sofija) *12* (6), 41–48.

[184] ZIMINA, T. K., 1969: (The importance of the root system in assessing the value of initial material) (russ.). – Sborn. trud. aspir. molod. naučn. sotrud. vses. naučno-issled. inst. rast. Leningrad, *10*, 5–10. (n. Ref.).

[185] ZOLOTOV, V. I., V. P. SUVORA i A. K. PONOMARENKO, 1969: Osobennosti razvitija kornevoj sistemy. – Kukuruza *14* (4), 24–25.

[186] ZUN'KO, V. S., 1969: Kornevaja sistema u gibridov različnoj skorospelosti. – Kukuruza *14* (6), 24–25.

[187] ZYKIN, V. A., 1966: (The development of the root system in spring wheat in the Celinnyj region) (russ.). – Sborn. trud. aspir. molod. naučn. sotrudn. vses. naučno-issled. inst. rasteniev. Leningrad, *7* (11), 31–34. (n. Ref.).

Mit dem Vermerk „n. Ref." versehene Arbeiten konnten nicht im Original eingesehen werden.

Kulturpflanze XXV · 1977 · S. 71–88

Literatur über archäologische Kulturpflanzenreste (1975/1976)[1]

JÜRGEN SCHULTZE-MOTEL

(Eingegangen am 24. Januar 1977)

Die vorliegende Arbeit setzt die Reihe der Bibliographien über archäologische Kulturpflanzenreste fort (vgl. SCHULTZE-MOTEL 1968, 1971, 1972 a, 1972 b, 1973, 1975 a, 1975 b, 1976 a). Sie versucht, die entsprechende Literatur der Jahre 1975/1976 zusammenzustellen und bringt gleichzeitig einige Nachträge aus früheren Jahren. Die allgemeine Situation auf dem Gebiet der Literatur über archäologische Kulturpflanzenreste ist nach wie vor durch große Zersplitterung gekennzeichnet. Die auf dem 3. Symposium der Internationalen Arbeitsgruppe für Paläoethnobotanik gemachten Vorschläge zur wenigstens teilweisen Überwindung dieses Zustandes (SCHULTZE-MOTEL 1976c) werden von den Autoren leider kaum beachtet. Die allgemeine Forschungssituation der Paläoethnobotanik ist von WASYLIKOWA und VAN ZEIST (1975) kurz umrissen worden.

An dieser Stelle sei auf ein Adressenverzeichnis der Ethnobotaniker hingewiesen, das auch Angaben über Paläoethnobotaniker enthält (MINNIS 1976).

Beim Auffinden und der Bereitstellung der Literatur haben mich wie immer die Bibliothekarin Frau V. SCHNEIDER, Herr Direktor Dr. H. BEHRENS und Herr W. MATTHIAS (Landesmuseum für Vorgeschichte Halle/S.) in selbstloser Weise unterstützt, wofür ich meinen herzlichen Dank sage. Besonderen Dank schulde ich auch Frau Dr. M. HOPF (Römisch-Germanisches Zentralmuseum Mainz) für die Übermittlung zahlreicher Zitate.

Es folgen nun die Einzelangaben zu den alphabetisch angeordneten Arten.

Arachis hypogaea L., Erdnuß

CHANG (1973) nennt chinesische Quellen, nach denen in China Erdnüsse aus der Zeit 2750 ± 100 v. u. Z. bzw. 2335 ± 95 v. u. Z. gefunden wurden. Diese Angaben müssen angezweifelt werden, da alle bekannten rezenten Arten der Gattung *Arachis* in Süd-Amerika beheimatet sind. Es ist eher zu vermuten, daß eine Verwechselung mit Resten der Sojabohne vorliegt.

1 Herrn Prof. Dr. Drs. h. c. HANS STUBBE zum 75. Geburtstag gewidmet.

Avena sativa L., Hafer

Hafer wurde (z. T. mit Vorbehalt) an folgenden Orten nachgewiesen: Neolithikum, Süd-Italien (Follieri 1974); Römische Zeit, Aquileia/Italien (Castelletti 1972); Römische Zeit, Niederlande (van Zeist 1976b); 6.–8. Jh. u. Z., Pasym-Ostrów/VR Polen (Czeczuga und Kossacka 1975); Römische Kaiserzeit, Wurt Tofting/Schleswig-Holstein (Behre 1976a); 8.–10. Jh. u. Z., Wurt Elisenhof/Schleswig-Holstein (Behre 1976a, Behre 1975); Spätrömische Kaiserzeit, Gramnitz, Kr. Hagenow (Lange 1975c); Schichten verschiedener Zeitstellung, Gomolava, ca. 55 km westlich Belgrad (van Zeist 1975b).

Die Funde des Hafers aus dem Südwesten der UdSSR (Moldauische und Ukrainische SSR) hat Januševič (1976; Janushevich 1975) zusammengestellt.

Camelina sativa (L.) Crantz, Leindotter

Knörzer (1976a) beschreibt späthallstattzeitlichen Leindotter von Bergheim, Erftkreis. Auch in spätlatènezeitlichen Schichten von Sudenhof, Kr. Hagenow, trat diese Art auf (Lange 1975c). Behre (1976a) hat Leindotter in der Wurt Tofting (römische Kaiserzeit) und in der benachbarten Wurt Elisenhof/Schleswig-Holstein (8.–10. Jh. u. Z.) nachgewiesen (vgl. Behre 1975).

Cannabis sativa L., Hanf

Hanfreste beschreibt Zabłocki (1975) aus der spätmittelalterlichen Erdwallburg in Słoszewy, Kr. Brodnica (VR Polen). Nachweise dieser Art aus dem Südwesten der UdSSR erwähnt Januševič (1976).

Castanea sativa Mill., Echte Kastanie

In römerzeitlichen Schichten von Aquileia (Italien) traten Reste von Echten Kastanien auf (Castelletti 1972).

Cicer arietinum L., Kichererbse

Kichererbsen fanden sich in neolithischen Schichten von Tell Abu Hureyra/Syrien (Hillman 1975) und in Ter, Maharashtra (Indien) aus der Zeit 100–400 u. Z. (Vishnu-Mittre, Prakash und Awasthi 1972).

Der Mittlere Osten gilt als wahrscheinliches Zentrum der Domestikation der Kichererbse, ohne daß unter den dort vorkommenden vier einjährigen Arten bisher die Wildform entdeckt werden konnte. Die kürzlich aus der Südost-Türkei beschriebene neue Art *Cicer reticulatum* Ladiz. ist jetzt von Ladizinsky und Adler (1976) als wilder Vorfahr der kultivierten Kichererbse erkannt worden. Dieser Schluß wird auch durch die Ergebnisse der Elektrophorese der Samenproteine bestätigt, die gleichzeitig auf eine monophyletische Entstehung der kultivierten Art hinweisen (Ladizinsky und Adler 1975).

Cornus mas L., Kornelkirsche

Opravil (1976b) hat die archäologischen Funde der Kornelkirsche auf dem Gebiet der ČSSR, Janushevich (1975) die aus dem Südwesten der UdSSR (Moldauische und Ukrainische SSR) zusammengestellt.

Cucumis melo L., Melone

Chang (1973) nennt eine chinesische Quelle, nach der in Chekiang (China) in Schichten aus der Zeit 2750±100 v. u. Z. Reste von Melonen gefunden wurden.

Dolichos biflorus L., Pferdebohne, engl. horse gram

Überreste dieser Art wurden von Vishnu-Mittre und Savithri (1974) aus der Zeit von 1200–1100 v. u. Z. in Noh, Rajasthan (Indien) nachgewiesen. Reste der Pferdebohne fanden sich auch in Ter, Maharashtra (Indien) aus der Zeit 200 v. u. Z.–100 u. Z. und 250–400 u. Z. (Vishnu-Mittre, Prakash und Awasthi 1972).

Hordeum vulgare L. s. lat., Saatgerste

Die zahlreichen Nachweise dieser Art seien nur aufgezählt: Neolithikum, Tell Abu Hureyra/ Syrien(Hillman 1975); 3800 v. u. Z., Goljamo Delčevo/Bulgarien (Chopf 1975); 21. Jh. v. u. Z., Selenkahiye am Euphrat (van Zeist 1975a); Neolithikum, Italien (Evett und Renfrew 1971); Neolithikum, Süd-Italien (Follieri 1974); Neolithikum, Rumänien (Mateescu 1975); 2500 v. u. Z., ägyptisches Nubien (Chowdhury und Buth 1972); Eneolithikum, Turkmenien (Lisitsina 1969); Späte Bronzezeit, Göttingen (Willerding in Busch 1975); Späte Bronzezeit, Portugal (Pinto da Silva 1976); Späte Hallstattzeit, Bergheim/Erftkreis (Knörzer 1976a); Latènezeit, Pipinsburg, Kr. Osterode/Harz (Willerding 1974); Latènezeit und Frühe Römische Zeit, Nordwest-Slowakei (Hajnalová 1975); Spätlatènezeit, Sudenhof, Kr. Hagenow, Vorrömische Eisenzeit, Karow, Kr. Berlin-Pankow und Zedau, Kr. Osterburg (Lange 1975c); Eisenzeit, Kleine Jettenhöhle bei Düna, Kr. Osterode/Harz (Willerding 1975); 200 v. u. Z.–100 u. Z. und 250–400 u. Z., Ter, Maharashtra, Indien (Vishnu-Mittre, Prakash und Awasthi 1972); „Kushan levels", Noh, Rajasthan, Indien (Vishnu-Mittre und Savithri 1974); Römerzeit, Aquileia, Italien (Castelletti 1972); Römerzeit, Niederlande (van Zeist 1976b); Römische Kaiserzeit, Wurt Tofting, Schleswig-Holstein (Behre 1976a); 8.–10. Jh. u. Z., Wurt Elisenhof, Schleswig-Holstein (Behre 1976a, Behre 1975); Kaiserzeit, Insel Amrum, Nordfriesland (Feindt 1975); 2.–3. Jh. u. Z., Lomello, Italien (Castelletti 1975); 6.–8. Jh. u. Z., Pasym-Ostrów/VR Polen (Czeczuga und Kossacka 1975); 10. –12. Jh. u. Z., „Het Torp", nordwestliche Niederlande (van Zeist 1976c); Schichten verschiedener Zeitstellung, Gomolava, ca. 55 km westlich Belgrad (van Zeist 1975b).

Die Funde der Gerste aus dem Südwesten der UdSSR (Moldauische und Ukrainische SSR) hat Januševič (1976; Janushevich 1975) zusammengestellt.

Beobachtungen und Überlegungen bei der Bestimmung von verkohlten *Hordeum*-Früchten hat Hopf (1975) angestellt und Bakhteyev (1975) bespricht den Stand unserer Kenntnisse über die Entstehung der Gerste.

Humulus lupulus L., Hopfen

In einem Boot, das bei Graveney, Kent (England), gefunden wurde (Datierung: 10. Jh. u. Z.), fand sich eine Ladung Hopfen. Hieran knüpft Wilson (1975) Betrachtungen über die Frühgeschichte dieser Art in West-Europa.

Ipomoea batatas (L.) POIR., Süßkartoffel

In seinem Buch über die Süßkartoffel erwähnt YEN (1974) auch archäologische Nachweise dieser Art.

Juglans regia L., Walnußbaum

In römerzeitlichen Schichten von Aquileia (Italien) fand sich eine unverkohlte Walnuß von 30 mm Länge (CASTELLETTI 1972).

Lathyrus cicera L., Rote Platterbse

Die Rote Platterbse, die als Stammform von *Lathyrus sativus* L. (Saat-Platterbse) gilt, wurde in Lomello (Italien) in Schichten des 2.–3. Jh. u. Z. nachgewiesen (CASTELLETTI 1972).

Lathyrus sativus L., Saat-Platterbse

Samen dieser Art fanden sich in Ter, Maharashtra (Indien) aus der Zeit 200 v. u. Z.– 400 u. Z. (VISHNU-MITTRE, PRAKASH und AWASTHI 1972). Die Funde der Saat-Platterbse aus dem Südwesten der UdSSR (Moldauische und Ukrainische SSR) hat JANUŠEVIČ (1976; JANUSHEVICH 1975) zusammengestellt.

Lens culinaris MEDIK., Linse

Wilde und kultivierte Linsen traten in neolithischen Schichten von Tell Abu Hureyra/Syrien auf (HILLMAN 1975). Weitere Nachweise: 200 v. u. Z.–400 u. Z., Ter, Maharashtra, Indien (VISHNU-MITTRE, PRAKASH und AWASTHI 1972); Schichten verschiedener Zeitstellung, Gomolava, ca. 55 km westlich Belgrad (VAN ZEIST 1975b); Latènezeit und Frühe Römische Zeit, Nordwest-Slowakei (HAJNALOVÁ 1975); Römerzeit, Aquileia/Italien (CASTELLETTI 1972).

Die Funde der Linse aus dem Südwesten der UdSSR (Moldauische und Ukrainische SSR) hat JANUŠEVIČ (1976; JANUSHEVICH 1975) zusammengestellt.

Linum usitatissimum L., Lein, Flachs

Reste dieser Art wurden an folgenden Orten nachgewiesen: 3800–3500 v. u. Z., Gomolava, ca. 55 km westlich Belgrad (VAN ZEIST 1975b); Neolithikum, Horgen/Zürichsee, Schweiz (PAWLIK und SCHWEINGRUBER 1976); Späte Hallstattzeit, Bergheim/Erftkreis (KNÖRZER 1976a); Latènezeit, Pipinsburg, Kr. Osterode/Harz (WILLERDING 1974); Spätlatène, Lehsen und Sudenhof, Kr. Hagenow (LANGE 1975c); Eisenzeit, Kleine Jettenhöhle bei Düna, Kr. Osterode/ Harz (WILLERDING 1975); Römische Kaiserzeit, Wurt Tofting, Schleswig-Holstein (BEHRE 1976a); 8.–10. Jh. u. Z., Wurt Elisenhof, Schleswig-Holstein (BEHRE 1976a, BEHRE 1975); Frühes Mittelalter, Dunum/Ostfriesland (BEHRE 1976b); Spätes Mittelalter, Słoszewy, Kr. Brodnica/VR Polen (ZABŁOCKI 1975).

Mit der Entstehung des Leins setzt sich VAN ZEIST (1976a) kurz auseinander.

Malus sylvestris MILL., Apfelbaum

Apfelreste aus einer neolithischen Kulturschicht von Horgen/Zürichsee (Schweiz) beschreiben PAWLIK und SCHWEINGRUBER (1976). In einer bronzezeitlichen

Vorratsgrube von Polešovice (ČSSR) fanden sich verkohlte Früchte vom Holzapfel (OPRAVIL 1975).

Oryza sativa L., Reis

CHANG (1973) nennt chinesische Quellen, nach denen in China Reis aus der Zeit 3395 ± 105 v. u. Z., 2750 ± 100 v. u. Z. und 2335 ± 95 v. u. Z. gefunden wurde. In Noh, Rajasthan (Indien), haben VISHNU-MITTRE und SAVITHRI (1974) in Schichten aus der Zeit 1200–1100 v. u. Z. und 300–200 v. u. Z. Reisreste nachgewiesen. Reis fand sich auch in Ter, Maharashtra (Indien) aus der Zeit zwischen 200 v. u. Z. bis 400 u. Z. (VISHNU-MITTRE, PRAKASH und AWASTHI 1972).

Unter Verwendung von Fakten aus verschiedenen Disziplinen kommt CHANG (1976) zu dem Schluß, daß die Reis-Kultur in vielen Teilen von Süd- und Südost-Asien begann, wahrscheinlich zuerst in Indien. In diesem Zusammenhang sei auf eine von HARLAN (1975) veröffentlichte Karte hingewiesen, die die bisher bekannten Fundstellen des asiatischen Wildreises darstellt (*Oryza rufipogon* und *Oryza nivara*).

Panicum miliaceum L., Rispenhirse

Reste der Rispenhirse wurden an folgenden Orten entdeckt: Neolithikum, Rumänien (MATEESCU 1975); Späte Bronzezeit, Göttingen (WILLERDING in BUSCH 1975); Späte Hallstattzeit, Bergheim/Erftkreis (KNÖRZER 1976a); Latènezeit und Frühe Römische Zeit, Nordwest-Slowakei (HAJNALOVÁ 1975); Latènezeit, Pipinsburg, Kr. Osterode/Harz (WILLERDING 1974); Eisenzeit, Kleine Jettenhöhle bei Düna, Kr. Osterode/Harz (WILLERDING 1975); Römische Zeit, Aquileia, Italien (CASTELLETTI 1972); Römische Zeit, Niederlande (VAN ZEIST 1976b); Römische Kaiserzeit, Wurt Tofting, Schleswig-Holstein (BEHRE 1976a); 2.–3. Jh. u. Z., Lomello, Italien (CASTELLETTI 1975); 6.–8. Jh. u. Z., Pasym-Ostrów/VR Polen (CZECZUGA und KOSSACKA 1975); Slawische Schichten des 10. Jh. u. Z., Neubrandenburg, Kr. Neubrandenburg (LANGE 1975c); Schichten verschiedener Zeitstellung, Gomolava, ca. 55 km westlich Belgrad (VAN ZEIST 1975 b); unbestimmte Zeitstellung, Portugal (PINTO DA SILVA 1976).

Die Funde der Rispenhirse aus dem Südwesten der UdSSR (Moldauische und Ukrainische SSR) hat JANUŠEVIČ (1976; JANUSHEVICH 1975) zusammengestellt.

Papaver somniferum L., Schlafmohn

KNÖRZER (1976a) beschreibt späthallstattzeitlichen Schlafmohn von Bergheim, Erftkreis.

Mit Variabilität, Klassifikation und Evolution von *Papaver somniferum* beschäftigt sich VESELOVSKAJA (1975). In dieser Arbeit ist auch die Geschichte der Kultur dieser Art berücksichtigt.

Paspalum scrobiculatum L., Koda-Hirse

Einige wenige Körner dieser Art fanden sich in Ter, Maharashtra (Indien) aus der Zeit 250–400 u. Z. (VISHNU-MITTRE, PRAKASH und AWASTHI 1972).

Phaseolus mungo L., Urd-Bohne, engl. black gram
Überreste dieser Art wurden von VISHNU-MITTRE und SAVITHRI (1974) aus der Zeit von 300–200 v. u. Z. in Noh, Rajasthan (Indien) nachgewiesen.

Phoenix dactylifera L., Dattelpalme
Reste von Datteln aus römischer Zeit fanden sich in Aquileia/ Italien (CASTELLETTI 1972).

Pisum sativum L., Erbse
Erbsen traten an folgenden Orten auf: Späte Bronzezeit, Portugal (PINTO DA SILVA 1976); Späte Bronzezeit, Göttingen (WILLERDING und BUSCH 1975); Latènezeit und Frühe Römische Zeit, Nordwest-Slowakei (HAJNALOVÁ 1975); Latènezeit, Pipinsburg, Kr. Osterode/Harz (WILLERDING 1974); 200 v. u. Z.–400 u. Z., Ter, Maharashtra, Indien (VISHNU-MITTRE, PRAKASH und AWASTHI 1972); Schichten verschiedener Zeitstellung, Gomolava, ca. 55 km westlich Belgrad (VAN ZEIST 1975b); 6.–8. Jh. u. Z., Pasym-Ostrów/VR Polen (CZECZUGA und KOSSACKA 1975).
Funde der Erbse aus dem Südwesten der UdSSR (Moldauische und Ukrainische SSR) hat JANUŠEVIČ (1976; JANUSHEVICH 1975) zusammengestellt.

Prunus armeniaca L., Aprikose
Die Funde der Aprikose aus dem Südwesten der UdSSR (Moldauische und Ukrainische SSR) hat JANUŠEVIČ (1976; JANUSHEVICH 1975) zusammengestellt.

Prunus avium L., Süßkirsche
JANUSHEVICH (1975) hat die Süßkirschenfunde aus dem Südwesten der UdSSR (Moldauische und Ukrainische SSR) zusammengestellt.

Prunus cerasifera EHRH., Kirschpflaume
Die Funde der Kirschpflaume aus dem Südwesten der UdSSR (Moldauische und Ukrainische SSR) hat JANUŠEVIČ (1976; JANUSHEVICH 1975) zusammengestellt.

Prunus domestica L., Pflaume
Die Funde der Pflaume aus dem Südwesten der UdSSR (Moldauische und Ukrainische SSR) hat JANUŠEVIČ (1976) zusammengestellt.

Prunus persica (L.) BATSCH, Pfirsich
CHANG (1973) nennt chinesische Quellen, nach denen in China Reste vom Pfirsich in Schichten aus der Zeit 2750±100 v. u. Z. bzw. 2335±95 v. u. Z. festgestellt wurden.

Ricinus communis L., Rizinus
Ein einzelner Same des Rizinus fand sich in Ter, Maharashtra (Indien) aus der Zeit 200 v. u. Z.–100 u. Z. (VISHNU-MITTRE, PRAKASH und AWASTHI 1972).

Secale cereale L., Roggen

Wildformen des Roggens aus mesolithischen und neolithischen Schichten von Tell Abu Hureyra/Syrien erwähnt HILLMAN (1975). Die Kulturart wurde an folgenden Orten nachgewiesen: Neolithikum, Rumänien (MATEESCU 1975); Latènezeit, Gomolava, ca. 55 km westlich Belgrad (VAN ZEIST 1975b); Latènezeit und Frühe Römische Zeit, Nordwest-Slowakei (HAJNALOVÁ 1975); (1. Jh. v. u. Z. bis 1. Jh. u. Z., Niederlande (VAN ZEIST 1976b); 2.–3. Jh. u. Z., Lomello, Italien (CASTELLETTI 1975); 6.–8. Jh. u. Z., Pasym-Ostrów/VR Polen (CZECZUGA und KOSSACKA 1975); 8.–10. Jh. u. Z., Wurt Elisenhof, Schleswig-Holstein (BEHRE 1975, 1976a).

Unter der Bezeichnung *Secale montanum* GUSS. beschreibt ZABŁOCKI (1975) Roggenreste aus der spätmittelalterlichen Erdwallburg in Słoszewy, Kr. Brodnica (VR Polen).

Die Funde des Roggens aus dem Südwesten der UdSSR (Moldauische und Ukrainische SSR) hat JANUŠEVIČ (1976) zusammengestellt.

Sesamum indicum L., Sesam

CHANG (1973) nennt eine chinesische Quelle, nach der in Chekiang (China) Sesam in Schichten aus der Zeit 2750 ± 100 v. u. Z. entdeckt wurde. Diese Angabe muß angezweifelt werden.

Setaria italica (L.) BEAUV., Borstenhirse, Kolbenhirse

CHANG (1973) nennt chinesische Quellen, nach denen in China Reste der Borstenhirse aus der Zeit 4115 ± 110 – 3635 ± 105 v. u. Z. bzw. 1725 – 1695 ± 95 v. u. Z. gefunden wurden. KNÖRZER (1976a) beschreibt späthallstattzeitliche Borstenhirse von Bergheim/Erftkreis. In Aquileia/Italien fanden sich in Schichten aus römischer Zeit Reste von Hirse, die zu *Setaria italica* oder *Panicum miliaceum* gehören (CASTELLETTI 1972). Nachweise der Borstenhirse aus dem Südwesten der UdSSR erwähnt JANUŠEVIČ (1976).

Solanum tuberosum L., Kartoffel

Mit der Domestikation und der Wanderung der Kartoffel hat sich BRÜCHER (1975) beschäftigt.

Sorghum cernuum (ARD.) HOST

Reste dieser Mohrenhirse-Art aus dem 15. Jh. u. Z. der Moldauischen SSR erwähnt JANUŠEVIČ (1976).

Triticum aestivum L., Saatweizen (einschl. *T. compactum* HOST, Zwergweizen)

JØRGENSEN (1975) setzt sich ausführlich mit Resten von *Triticum aestivum* s. l. aus dem neolithischen Fundpunkt Weier (Schweiz) auseinander. Weitere Funde: Neolithikum, Horgen/Zürichsee, Schweiz (PAWLIK und SCHWEINGRUBER 1976); Neolithikum, Rumänien (MATEESCU 1975); Neolithikum, Süd-Italien (FOLLIERI 1974); Spätneolithikum, Santa Maria in Selva, Italien (EVETT und RENFREW

1971); 2500 v. u. Z., ägyptisches Nubien (CHOWDHURY und BUTH 1972); Eneolithikum, Turkmenien (LISITSINA 1969); Späte Bronzezeit, Portugal (PINTO DA SILVA 1976); Späte Bronzezeit, Göttingen (WILLERDING in BUSCH 1975); Späte Hallstattzeit, Bergheim/Erftkreis (KNÖRZER 1976a); Latènezeit, Pipinsburg, Kr. Osterode/Harz (WILLERDING 1974); Römische Zeit, Aquileia, Italien (CASTELLETTI 1972); 2.–3. Jh. u. Z., Lomello, Italien (CASTELLETTI 1975); 6.–8. Jh. u. Z., Pasym-Ostrów, VR Polen (CZECZUGA und KOSSACKA 1975); 8.–10. Jh. u. Z., Wurt Elisenhof, Schleswig-Holstein (BEHRE 1975, 1976a); Schichten verschiedener Zeitstellung, Gomolava, ca. 55 km westlich Belgrad (VAN ZEIST 1975b).

Die Funde des Saatweizens und des Zwergweizens im Südwesten der UdSSR (Moldauische und Ukrainische SSR) hat JANUŠEVIČ (1976; JANUSHEVICH 1975) zusammengestellt.

VAN ZEIST (1976a) gibt zu bedenken, daß die in Can Hasan III und Ramad gefundenen Nacktweizen nicht unbedingt zu *Triticum aestivum* gehören müssen, sondern vielleicht zu *Triticum durum* zu stellen sind. Die Körner und die Ährenachsen-Fragmente sind jedenfalls nicht geeignet, beide Arten sicher voneinander zu unterscheiden.

Triticum dicoccoides KÖRN., Wilder Emmer

In einer Population des Wilden Emmers in Israel wurden einige Exemplare mit nichtbrüchiger Ährenachse entdeckt. Dies kann entweder als Ergebnis von Hybridisation und Introgression betrachtet werden oder es handelt sich um eine Mutation von der Brüchigkeit zur Nichtbrüchigkeit, ein Prozeß, der die Vorgänge rekapituliert, die vor 10000 Jahren im selben Gebiet zur Domestikation der Art geführt haben (KAMM 1974).

Triticum dicoccon SCHRANK, Emmer

Wilder und kultivierter Emmer fand sich in neolithischen Schichten von Tell Abu Hureyra/Syrien (HILLMAN 1975). Weitere Nachweise: 3800 v. u. Z., Goljamo Delčevo, Bulgarien (CHOPF 1975); 2500 v. u. Z., ägyptisches Nubien (CHOWDHURY und BUTH 1972); Neolithikum, Italien (EVETT und RENFREW 1971); Neolithikum, Süd-Italien (FOLLIERI 1974); Abdruck an schnurkeramischem Becherfragment, Kleinneuhausen/Thüringen (FEUSTEL und GALL in BACH et al. 1975); Späte Bronzezeit, Göttingen (WILLERDING in BUSCH 1975); Späte Hallstattzeit, Bergheim/Erftkreis (KNÖRZER 1976a); Latènezeit und Frühe Römische Zeit, Nordwest-Slowakei (HAJNALOVÁ 1975); Latènezeit, Pipinsburg, Kr. Osterode/Harz (WILLERDING 1974); Spätlatène, Sudenhof, Kr. Hagenow (LANGE 1975c); Vorrömische Eisenzeit, 2. Jh. v. u. Z., Zedau, Kr. Osterburg (LANGE 1975c); 2.–3. Jh. u. Z., Lomello/Italien (CASTELLETTI 1975); 6.–8. Jh. u. Z., Pasym-Ostrów/VR Polen (CZECZUGA und KOSSACKA 1975); Schichten verschiedener Zeitstellung, Gomolava, ca. 55 km westlich Belgrad (VAN ZEIST 1975b).

Die Emmer-Funde aus dem Südwesten der UdSSR (Moldauische und Ukrainische SSR) hat JANUŠEVIČ (1976; JANUSHEVICH 1975) zusammengestellt. VAN ZEIST (1976a) setzt sich mit der Theorie der Entstehung von *Triticum dicoccon* auseinander.

Triticum durum DESF., Hartweizen

Hartweizen-Funde aus dem Südwesten der UdSSR erwähnt JANUŠEVIČ (1976).

Triticum monococcum L., Einkorn

HILLMAN (1975) fand in Tell Abu Hureyra (Syrien) in neolithischen Schichten Einkorn, in mesolithischen Schichten war Wild-Einkorn anzutreffen. MATEESCU (1975) beschreibt Einkorn aus dem Neolithikum Rumäniens. Die beigegebenen Abbildungen stellen jedoch nicht *Triticum monococcum* dar.

Weitere Nachweise dieser Art: 3800 v. u. Z., Goljamo Delčevo, Bulgarien (CHOPF 1975); Neolithikum, Monte Aquilone und Torre Canne, Italien (EVETT und RENFREW 1971); Neolithikum, Süd-Italien (FOLLIERI 1974); Späte Bronzezeit, Göttingen (WILLERDING in BUSCH 1975); Schichten verschiedener Zeitstellung, Gomolava, ca. 55 km westlich Belgrad (VAN ZEIST 1975b); Römische Zeit, Aquileia/Italien (CASTELLETTI 1972).

Die Einkorn-Funde aus dem Südwesten der UdSSR (Moldauische und Ukrainische SSR) hat JANUŠEVIČ (1976; JANUSHEVICH 1975) zusammengestellt.

Triticum spelta L., Spelz, Dinkel

Spelz-Reste traten an folgenden Orten auf: Neolithikum, Süd-Italien (FOLLIERI 1974); Späte Hallstattzeit, Bergheim/Erftkreis (KNÖRZER 1976a); Latènezeit, Pipinsburg, Kr. Osterode/Harz (WILLERDING 1974); Eisenzeit, Gomolava, ca. 55 km westlich Belgrad (VAN ZEIST 1975b); 6.–8. Jh. u. Z., Pasym-Ostrów/VR Polen (SZECZUGA und KOSSACKA 1975).

Die Spelz-Funde aus dem Südwesten der UdSSR (Moldauische und Ukrainische SSR) hat JANUŠEVIČ (1976; JANUSHEVICH 1975) zusammengestellt. Diese Nachweise, darunter solche aus der Tripolje-Kultur, sind von großer Bedeutung für die Frage nach der Herkunft dieser Art.

Triticum sphaerococcum PERCIVAL, Indischer Kugel- oder Zwergweizen

Körner dieser Art fanden sich in Ter, Maharashtra (Indien) in Schichten aus der Zeit zwischen 200 v. u. Z.–400 u. Z. (VISHNU-MITTRE, PRAKASH und AWASTHI 1972).

Vicia ervilia (L.) WILLD., Erve, Linsenwicke

HILLMAN (1975) erwähnt Erven aus mesolithischen Schichten von Tell Abu Hureyra, Syrien. Als *Vicia* cf. *ervilia* hat CHOPF (1975) einige Leguminosensamen aus Goljamo Delčevo/Bulgarien bezeichnet, die aus der Zeit 3800 v. u. Z. stammen. Die Funde der Erve aus dem Südwesten der UdSSR (Moldauische und Ukrainische SSR) hat JANUŠEVIČ (1976; JANUSHEVICH 1975) zusammengestellt. Vereinzelte Reste der Erve aus Schichten verschiedener Zeitstellung traten in Gomolava(ca. 55 km westlich Belgrad) auf (van Zeist 1975b).

Vicia faba L., Ackerbohne

Die Art fand sich in neolithischen Schichten von Tell Abu Hureyra/Syrien (Hillman 1975) und in einer neolithischen Siedlung Süd-Italiens (Follieri 1974). In einer schnurkeramischen Amphore von Günstedt (Thüringen) entdeckte man einen Abdruck mit den Maßen 7×5,5×5,5 mm, der von Feustel und Gall (in Bach et al. 1975) als Ackerbohne bestimmt wurde.

Die Art wurde weiter an folgenden Orten nachgewiesen: Späte Bronzezeit, Portugal (Pinto da Silva 1976); Späte Hallstattzeit, Bergheim/Erftkreis (Knörzer 1976a); Latènezeit, Pipinsburg, Kr. Osterode/Harz (Willerding 1974); Latènezeit und Frühe Römische Zeit, Nordwest-Slowakei (Hajnalová 1975); Eisenzeit, Gomolava, ca. 55 km westlich Belgrad (van Zeist 1975b); Römische Zeit, Aquileia, Italien (Castelletti 1972); Römische Kaiserzeit, Wurt Tofting, Schleswig-Holstein (Behre 1976a); 8.–10. Jh. u. Z., Wurt Elisenhof, Schleswig-Holstein (Behre 1976a, Behre 1975).

Die Funde der Ackerbohne aus dem Südwesten der UdSSR (Moldauische und Ukrainische SSR) hat Januševič (1976) zusammengestellt.

Mit der Entstehung der Ackerbohne beschäftigt sich Ladizinsky (1975a). Er vermutet, daß Zentral-Asien das Zentrum der Domestikation dieser Art ist.

Chang (1973) nennt eine chinesische Quelle, nach der in Chekiang/China Reste der Ackerbohne aus der Zeit 2750±100 v. u. Z. gefunden wurden. Nach allem, was über die Urgeschichte dieser Art bekannt ist, muß diese Angabe bezweifelt werden.

Vicia sativa L., Saatwicke

Die Funde der Saatwicke aus dem Südwesten der UdSSR (Moldauische und Ukrainische SSR) hat Januševič (1976) zusammengestellt. In römerzeitlichen Schichten von Aquileia/Italien hat Castelletti (1972) Samen der Saatwicke festgestellt. Diese Art wurde von van Zeist (1976c) in „Het Torp" (nordwestliche Niederlande) in Schichten des 10.–12. Jh. u. Z. nachgewiesen.

Vitis vinifera L., Weinstock, Weinrebe

Reste der wilden und der kultivierten (?) Rebe fanden sich in neolithischen Schichten von Tell Abu Hureyra/Syrien (Hillman 1975). In römerzeitlichen Schichten von Aquileia/Italien hat Castelletti (1972) neben anderen Pflanzenarten auch Reste der Weinrebe festgestellt. Facsar (1975) hat eine landwirtschaftlich-botanische Analyse der mittelalterlichen Weinreben-Samen vom Schloßhügel in Buda (Ungarn) durchgeführt.

Die Funde der Weinrebe aus dem Südwesten der UdSSR (Moldauische und Ukrainische SSR) hat Januševič (1976; Janushevich 1975) zusammengestellt. Načev und Ivanov (1975) besprechen die Domestikation der Wildreben in Bulgarien. Zwei Arbeiten von NEUBAUER (1974, 1975) behandeln die Herkunft der Weinrebe und den Ursprung des Weinbaues.

Zea mays L., Mais

Archäologischer Mais (ca. 100 u. Z.–ca. 1250 u. Z.) aus Nord-Chile ist von MANGELSDORF und POLLARD (1975) beschrieben worden.

Ziziphus nummularia (BURM. f.) WIGHT et ARN.

Steinkerne dieser Art fanden sich in Ter, Maharashtra (Indien) aus der Zeit 200 v. u. Z.–100 u. Z. und 250–400 u. Z. (VISHNU-MITTRE, PRAKASH und AWASTHI 1972).

Nach den Angaben zu den einzelnen Arten folgt nun eine kurze Besprechung von zusammenfassenden Arbeiten oder solchen allgemeinen Inhalts. Außerdem werden einige Arbeiten aufgezählt, die mittelalterliche Reste zum Gegenstand haben.

Eine ganze Reihe von Arbeiten setzen sich mit technischen und methodischen Fragen auseinander. So diskutiert GALL (1975) die Begriffe „Trocknen", „Darren" und „Rösten" und geht auch auf das „Verkohlen" ein. Mit Auffindung und Probeentnahme von Pflanzenresten aus archäologischen Fundplätzen beschäftigt sich JARMAN (1976). DENNELL (1976b) diskutiert Techniken, um die ökonomische Bedeutung von Pflanzen einzuschätzen, die in archäologischen Funden entdeckt werden. Außerdem hat er das Material von HELBAEK erneut untersucht, aufgrund dessen dieser zu dem Schluß gelangte, daß Weizen in Süd-England während des Neolithikums und der Eisenzeit das Hauptgetreide war, während Gerste das Hauptgetreide während der Bronzezeit darstellte. DENNELL (1976a) dagegen gelangt zu der Vorstellung, daß Weizen und Gerste vom Neolithikum bis zur Eisenzeit in Süd-England ihre Bedeutung nicht verändert haben.

HUBBARD (1976b) geht der Frage nach, inwieweit archäologische Kulturpflanzenreste Rückschlüsse auf eine Bearbeitung (Aufbereitung) nach der Ernte (Säuberung, Rösten) zulassen. Derselbe Autor (HUBBARD 1975) versucht den botanischen Anteil an der urgeschichtlichen Wirtschaft einzuschätzen. HUBBARD (1976a) prüft ferner an Hand der paläoethnobotanischen Fakten den Einfluß des Klimas auf den urgeschichtlichen Ackerbau in Europa. KNÖRZER (1976b) erörtert die Möglichkeit einer Datierung durch Großrestanalyse und SCHULTZE-MOTEL (1976b) bespricht die Auswertung von Pflanzenabdrücken an Keramik.

Probleme und Möglichkeiten der Auswertung von Unkrautfunden in frühgeschichtlichem Siedlungsmaterial werden von LANGE (1976b) diskutiert. Dieselbe Autorin (LANGE 1975b) behandelt die germanische Landwirtschaft in der römischen Kaiserzeit, die Entwicklung des Ackerbaus während des 1. Jahrtausends u. Z. (LANGE 1975a) und die Entwicklung der natürlichen und anthropogenen Vegetation in frühgeschichtlicher Zeit (LANGE 1976a).

Die Beziehungen zwischen Botanik und Archäologie (Paläoethnobotanik und Pollenanalyse) in der DDR sind von LANGE und SCHULTZE-MOTEL (1976) kurz dargestellt worden.

Einige Arbeiten, die mittelalterliche Reste beschreiben, seien hier nur aufgezählt: Oslo, Norwegen (Griffin 1975); Neuss am Rhein (Knörzer 1975); Schloßhügel von Buda, Ungarn (Skoflek und Hortobágyi 1975); Praha, ČSSR (Holý 1972); Šlapanice, Bez. Brno-venkov (Kühn 1975); Stadtkern von Uherský Brod, ČSSR (Opravil 1976a); Plzeň, ČSSR (Holý 1975); Kraków, VR Polen (Trzcińska-Tacik und Wieserowa 1976); Wrocław, VR Polen (Kosina 1974).

Archäologische Pflanzenfunde aus dem alten Venedig beschreibt Marcello (1976). Kroll (1975) untersucht pflanzliche Reste von bronze- bis wikingerzeitlichen Siedlungen in Archsum auf Sylt/Schleswig-Holstein.

Lisitsyna und Prishchepenko (1976) legen die Bedeutung paläoethnobotanischer Reste für die Rekonstruktion des frühen Ackerbaus in den Trockengebieten der UdSSR dar. Vasari (1976) schildert den Stand der paläoethnobotanischen Forschung in Nord-Finnland und Dembińska (1976) beschäftigt sich mit Sammelpflanzen im 9.–13. Jh. im Lichte des paläoethnobotanischen Materials.

Die Fortsetzung der Zusammenstellung der Samen- und Fruchtfunde in Ungarn von der Jungsteinzeit bis zum 18. Jh. haben Hartyányi und Nováki (1973–1974) gegeben (vgl. auch Hartyányi und Nováki 1975). Die Geschichte des Pflanzenbaus in Ungarn von der Jungsteinzeit bis zum Beginn des Mittelalters hat Nováki (1975) kurz dargestellt. Januševič (1976) stellt in einer ausführlichen Übersicht die archäologischen Kulturpflanzenreste aus dem Südwesten der UdSSR (Moldauische und Ukrainische SSR) zusammen.

Eine kurze Übersicht über die Entstehung des Pflanzenbaues in der Neuen Welt hat Gunda (1973) gegeben. Einige Indianerstämme üben auch heute Praktiken, die erste Schritte in Richtung auf einen Pflanzenbau darstellen.

Mit der Entstehung der Kulturpflanzen und dem Beginn ihres Anbaus in Mitteleuropa setzt sich Hajnalová (1974) auseinander.

Ladizinsky (1975b) hat Versuche mit dem Sammeln von Wildgetreide im oberen Jordan-Tal durchgeführt. Dabei ergab sich, daß Weizen (*Triticum dicoccoides*) den höchsten Ertrag pro Stunde erbrachte. Gerste (*Hordeum spontaneum*), die im Körnergewicht dem Weizen sehr nahe kommt, ergab nur etwa die Hälfte des bei Weizen erzielten Ertrages pro Stunde. Dagegen wurde beim Hafer (*Avena sterilis*), der das am häufigsten vorkommende Wildgetreide vorstellt, der geringste Ertrag erzielt. Die Ergebnisse dieser Versuche scheinen daraufhinzudeuten, daß der urgeschichtliche Mensch Weizen und Gerste wegen ihrer Körnergröße und Morphologie des Blütenstandes schon vom Anfang des Sammelstadiums an bevorzugt hat.

Harlan (1975) hat die Verbreitung einiger Kulturpflanzen untersucht und dabei verschiedene Typen der Verbreitung festgestellt. Eine Einführung in die Geographie der Kulturpflanzen hat Kupcov (1975) gegeben.

In dem von Simmonds (1976) herausgegebenen Buch „Evolution of Crop Plants" werden von bekannten Spezialisten für etwa 100 Kulturpflanzen-Arten die derzeitigen Kenntnisse über die Evolution und Geschichte dieser Arten in ausführlicher Weise dargestellt.

Zusammenfassung

In Fortsetzung von Bibliographien über archäologische Kulturpflanzenreste wurde die einschlägige Literatur der Jahre 1975/1976 zusammengestellt und der Inhalt der erfaßten 101 Arbeiten kurz kommentiert.

Summary

Literature on Archaeological Remains of Cultivated Plants (1975/1976)

The publications of 1975 and 1976 on archaeological remains of cultivated plants were put together and the contents of the 101 references briefly discussed.

Краткое содержание

Литература об археологических находках остатков культурных растений (1975/1976 гг.)

Продолжение библиографии работ об археологических находках остатков культурных растений. Дается список соответствующей литературы за 1975 и 1976 годы. Кратко комментируется содержание 101 работы.

Literatur

BACH, A., H. BACH, W. GALL, R. FEUSTEL, M. TEICHERT, 1975: Beiträge zur Kultur und Anthropologie der mitteldeutschen Schnurkeramiker II. – Alt-Thüringen 13, 43–107, Falttafel (=Abb. 11), Taf. XII–XLVII.

BAKHTEYEV, F. Kh., 1975: Present problems of the origin of barley. In: Studies in Paleoethnobotany. Part I. – Folia Quaternaria *46*, 73–81.

BEHRE, K.-E., 1975: Wikingerzeitlicher Ackerbau in der Seemarsch bei Elisenhof/Schleswig-Holstein (Deutsche Nordseeküste). In: Studies in Paleoethnobotany. Part I. – Folia Quaternaria *46*, 49–62, Taf. I–III.

– 1976a: Die Pflanzenreste aus der frühgeschichtlichen Wurt Elisenhof. – Studien zur Küstenarchäologie Schleswig-Holsteins, Serie A: Elisenhof. Die Ergebnisse der Ausgrabung der frühgeschichtlichen Marschensiedlung beim Elisenhof in Eiderstedt 1957/58 und 1961/64, Bd. *2*, 144 pp., Taf. 1–19, Beilage 1–5.

– 1976b: Beginn und Form der Plaggenwirtschaft in Nordwestdeutschland nach pollenanalytischen Untersuchungen in Ostfriesland. – Neue Ausgrabungen und Forschungen in Niedersachsen *10*, 197–224, Taf. 7–10, Abb. 2 u. 3 (=Faltblätter).

BRÜCHER, H., 1975: Domestikation und Migration von *Solanum tuberosum* L. – Die Kulturpflanze *23*, 11–74.

BUSCH, R., 1975: Die spätbronzezeitliche Siedlung an der Walkemühle in Göttingen. Teil I. Archäologische Untersuchungen. – 75 pp., 93 Taf., 1 Falttafel, Neumünster.

CASTELLETTI, L., 1972: Resti macroscopici di vegetali da Aquileia. – Aquileia Nostra *43*, 147–168.

– 1975: Segale (*Secale cereale* L.) subfossile a Lomello. – Atti, Centro Studi e Documenzione sull' Italia Romana *6*, 1974–1975, 55–71.

CHANG, K. C., 1973: Radiocarbon Dates from China: Some Initial Interpretations. – Current Anthropology *14*, 525–528.

CHANG, T.-T., 1976: The origin, evolution, cultivation, dissemination, and diversification of Asian and African rices. – Euphytica *25*, 425–441.

CHOPF [HOPF], M., 1975: Rastitelni nachodki ot Seliščnata Mogila pri Goljamo Delčevo. Pflanzenfunde von Tell Goljamo Delčevo. (pp. 303–324). In: N. J. MERPERTE i D. DIMITROV (Eds.), Seliščnata Mogila pri Goljamo Delčevo. Razkopki i Proučvanija *5*, Izdatelstvo na B-lgarskata Akademija na Naukite, Sofija, pp. 1–331.

CHOWDHURY, K. A., and G. M. BUTH, 1972: 4.500-year-old plant remains from Egyptian Nubia. – Proceedings of the Indian National Science Academy *38* B (1 &2), 55–71.

CZECZUGA, B. i W. KOSSACKA, 1975: Nasiona zbóż i chwastów z grodziska w Pasymiu-Ostrowiu w powiecie szczycieńskim z VI-VIII wieku naszej ery. Seeds of cereals and weeds from the fortified setlement [sic] in Pasym-Ostrów in the district of Szczytno from 6th to 8th century A. D. – Rocznik Olsztyński *11*, 235–242, Tabela 1.

DEMBIŃSKA, M., 1976: Wild corn plants gathered in the 9th – 13th centuries in the light of paleobotanical materials. In: Studies in Paleoethnobotany. Part II. – Folia Quaternaria *47*, 97–103.

DENNELL, R. W., 1976a: Prehistoric crop cultivation in southern England: a reconsideration. – The Antiquaries Journal *56*, Part I, 11–23.

– 1976b: The economic importance of plant resources represented on archaeological sites. –Journal of Archaeological Science *3*, 229–247.

EVETT, D., e J. RENFREW, 1971: L'agricoltura neolitica italiana: una nota sui cereali. Italian Neolithic agriculture: a note on cereals. – Rivista di Scienze Preistoriche *26*, 403–409.

FACSAR, G., 1975: Agricultural-botanical analysis of the Medieval grape seeds from the Buda Castle Hill. – Mitteilungen des Archäologischen Instituts der Ungarischen Akademie der Wissenschaften *4*, 1973, 157–173, Pl. 46–54.

FEINDT, F., 1975: Vorläufiger Bericht über einen Fund von verkohltem Getreide aus einem kaiserzeitlichen Haus auf der Nordfriesischen Insel Amrum. In: Studies in Paleoethnobotany. Part I. – Folia Quaternaria *46*, 41–48.

FOLLIERI, M., 1974: Cereali del villaggio neolitico di Passo di Corvo (Foggia). Cereals from the neolithic village of Passo di Corvo near Foggia (Southern Italy). – Annali di Botanica *32*, 1973, 49–61.

GALL, W., 1975: Rösten und Darren in urgeschichtlicher Zeit. – Alt-Thüringen *13*, 196–204, Taf. LII-LIV.

GRIFFIN, K. O., 1975: Macrofossils from Gamlebyen, an archaeological site in Oslo, Norway: a preliminary report. In: Studies in Paleoethnobotany. Part I. – Folia Quaternaria *46*, 63–67.

GUNDA, B., 1973: Origin of plant cultivation in the New World. – A Magyar Mezögazdasági Múzeum Közleményei 1971–1972, 15–18.

HAJNALOVÁ, E., 1974: Pôvod kultúrnych rastlín a začiatky ich pestovania v strednej Európe. Text prednášky (I. čast'). Origin of cultural plants and outsets of their growing in Central Europe. – Acta Fytotechnica, Zborník Vysokej Školy Pol'nohospodárskej v Nitre, Agronomická Fakulta *29*, 65–73.

–1975: Some aspects of plant growing in the La Tène and Early Roman periods in North-West Slovakia. In: Studies in Paleoethnobotany. Part I. –Folia Quaternaria *46*, 35–40, Table 1.

HARLAN, J. R., 1975: Geographic patterns of variation in some cultivated plants. – The Journal of Heredity *66*, 182–191.

HARTYÁNYI, B. P., G. NOVÁKI, 1973–1974: Növényi mag- és termésleletek magyarországon az újkökortól a XVIII. századig. II. Samen- und Fruchtfunde von Pflanzen in Ungarn von der Jungsteinzeit bis zum XVIII. Jahrhundert. II. – A Magyar Mezögazdasági Múzeum Közleményei 1973–1974, 23–73.

– 1975: Samen- und Fruchtfunde in Ungarn von der Neusteinzeit bis zum 18. Jahrhundert. – Agrártörténeti Szemle, Historia Rerum Rusticarum, *XVII*. Évfolyam, 1975. Supplementum, 1–65.

HILLMAN, G., 1975: The plant remains from Tell Abu Hureyra: a preliminary report. (Appendix A: pp. 70–73). In: MOORE, A. M. T., The excavation of Tell Abu Hureyra in Syria: a preliminary report. – Proceedings of the Prehistoric Society *41*, 50–77, Pl. VII, VIII.

HOLÝ, F., 1972: Archeokarpologický výzkum synantropní květeny středověké tvrze v Chodové, Praha 4. Archaeobotanical research of the synanthropic flora of the mediaeval stronghold in Chodov, Prague. – Časopis Národního Muzea, odd. přírodovědný *141* (1/2), 18–27.

– 1975: Fossil plant assemblages from medieval wells in Plzeň (West Bohemia, 14th century). In: Studies in Paleoethnobotany. Part I. – Folia Quaternaria *46*, 69–71.

HOPF, M., 1975: Beobachtungen und Überlegungen bei der Bestimmung von verkohlten *Hordeum*-Früchten. In: Studies in Paleoethnobotany. Part I. – Folia Quaternaria *46*, 83–92.

HUBBARD, R. N. L. B., 1975: Assessing the Botanical Component of Human Paleo-Economies. – Bulletin of the Institute of Archaeology, London *12*, 197–205.

– 1976a: Crops and climate in prehistoric Europe. – World Archaeology *8* (2), 159–168.

– 1976b: On the strength of the evidence for prehistoric crop processing activities. – Journal of Archaeological Science *3*, 257–265.

JANUŠEVIČ, Z. V., 1976: Kul'turnye rastenija Jugo-Zapada SSR po paleobotaničeskim issledovanijam. – Izdatel'stvo „Štiinca", Kišinev, 214 pp.

JANUSHEVICH, Z. V., 1975: Fossil remains of cultivated plants in the South-West of the Soviet Union. In: Studies in Paleoethnobotany. Part I. – Folia Quaternaria *46*, 23–30, Table 1, Plate I.

JARMAN, H. N., 1976: The retrieval and sampling of plant remains from archaeological sites. In: Studies in Paleoethnobotany. Part II. – Folia Quaternaria *47*, 41–45.

JØRGENSEN, G., 1975: *Triticum aestivum* s. l. from the Neolithic site of Weier in Switzerland. In: Studies in Paleoethnobotany. Part I. – Folia Quaternaria *46*, 7–21, Table 1, Pl. I–III.

KAMM, A., 1974: Non-brittle types in a wild population of *Triticum dicoccoides* Körn in Israel. – Israel Journal of Botany *23*, 43–58.

KNÖRZER, K.-H., 1975: Mittelalterliche und jüngere Pflanzenfunde aus Neuss am Rhein. – Zeitschrift für Archäologie des Mittelalters *3*, 129–181.

– 1976a: Späthallstattzeitliche Pflanzenfunde bei Bergheim, Erftkreis. – Beiträge zur Urgeschichte des Rheinlandes II, Rheinische Ausgrabungen 17, 151–185, Taf. 15–17.

– 1976b: Datierung durch Großrestanalyse. In: Studies in Paleoethnobotany. Part II. – Folia Quaternaria *47*, 57–62.

KOSINA, R., 1974: Uwagi o zawartości botanicznej wrocławskiego spichrza z XIII wieku. Bemerkungen über den botanischen Gehalt eines Wrocławer Speichers aus dem 13. Jh. – Śląskie Sprawozdania Archeologiczne *16*, 84–87.

KROLL, H., 1975: Pflanzliche Reste aus subfossilen Ackerböden der bronze- bis wikingerzeitlichen Siedlungen in Archsum auf Sylt (Schleswig-Holstein). In: Studies in Paleoethnobotany. Part I. – Folia Quaternaria *46*, 31–34.

KÜHN, F., 1975: Rostlinné zbytky z velkomoravské sídlištní vrstvy ve Šlapanicích (okr.

Brno-venkov). Pflanzenüberreste aus der großmährischen Siedlungsschicht in Šlapanice (Bez. Brno-venkov). – Přehled výzkumů 1974, 50–52.

KUPCOV, A. I., 1975: Vvedenie v geografiju kul'turnych rastenij. – Izdatel'stvo „Nauka", Moskva, 295 pp., ris. 1–5.

LADIZINSKY, G., 1975a: On the origin of the broad bean, *Vicia faba* L. – Israel Journal of Botany *24*, 80–88.

– 1975b: Collection of wild cereals in the upper Jordan valley. – Economic Botany *29*, 264–267.

LADIZINSKY, G., and A. ADLER, 1975: The origin of chickpea as indicated by seed protein electrophoresis. – Israel Journal of Botany *24*, 183–189.

– 1976: The origin of chickpea *Cicer arietinum* L. – Euphytica *25*, 211–217.

LANGE, E., 1975a: The development of agriculture during the first millennium A. D. – Geologiska Föreningens i Stockholm Förhandlingar *97*, 115–124.

– 1975b: Botanische Befunde zur germanischen Landwirtschaft in der römischen Kaiserzeit. (pp. 169–177). In: H. GRÜNERT (Herausg.), Römer und Germanen in Mitteleuropa. – Berlin.

– 1975c: Kultur- und Wildpflanzenfunde aus germanischen und slawischen Objekten. – Zeitschrift für Archäologie *9*, 301–306.

– 1976a: Zur Entwicklung der natürlichen und anthropogenen Vegetation in frühgeschichtlicher Zeit. – Feddes Repertorium *87*, 5–30.

– 1976b: Probleme und Möglichkeiten der Auswertung von Unkrautfunden in frühgeschichtlichem Siedlungsmaterial. In: Studies in Paleoethnobotany. Part II. – Folia Quaternaria *47*, 63–65.

LANGE, E., und J. SCHULTZE-MOTEL, 1976: Paläoethnobotanik und Pollenanalyse. – Ausgrabungen und Funde *21*, 190–191.

LISITSINA, G. N., 1969: The Earliest Irrigation in Turkmenia. – Antiquity *43*, 279–288, Pl. XXXIX.

LISITSYNA, G. N., and L. V. PRISHCHEPENKO, 1976: The significance of paleoethnobotanical remains for the reconstruction of early farming in the arid regions of the USSR. In: Studies in Paleoethnobotany. Part II. – Folia Quaternaria *47*, 83–88.

MANGELSDORF, P. C., and G. C. POLLARD, 1975: Archaeological maize from Northern Chile. – Botanical Museum Leaflets, Harvard University *24*, 49–64.

MARCELLO, A., 1976: Archaeological experiences and the ancient traditions of Venice. In: Studies in Paleoethnobotany. Part II. – Folia Quaternaria *47*, 19–24.

MATEESCU, C. N., 1975: Remarks on cattle breeding and agriculture in the middle and late neolithic on the Lower Danube. – Dacia, N. S. *19*, 13–18, Pl. 1–5.

MINNIS, P. E., 1976: Directory of Ethnobotanists 1976. – The University of Michigan, Museum of Anthropology, University Museums Building, Ann Arbor, Michigan, U. S. A. 48109, 17 pp.

NAČEV, T. i J. IVANOV, 1975: Okulturjavane na divite lozi po našite zemi. La domestication des vignes sauvages en Bulgarie. – Gradinarska i Lozarska Nauka *12* (8), 119–125.

NEUBAUER, H. F., 1974: Die Nuristanrebe, Herkunft der Edelrebe und Ursprung des Weinbaues. – Afghanistan Journal *1*, 32–36.

– 1975: Die Nuristanrebe und ihre kulturhistorische Bedeutung. – Angewandte Botanik *49*, 123–130.

NOVÁKI, G., 1975: Die Geschichte des Pflanzenbaus in Ungarn von der Neusteinzeit bis zum Beginn des Mittelalters. – Agrártörténeti Szemle, Historia Rerum Rusticarum, *XVII*. Évfolyam, 1975. Supplementum, 66–88.

OPRAVIL, E., 1975: Nález plodů jabloně z doby bronzové od Polešovic (okr. Uherské Hradiště). Fund von Apfelfrüchten aus der Bronzezeit von Polešovice (Bez. Uherské Hradiště). – Přehled Výzkumů 1974, 28–29.

– 1976a: Archeobotanické nálezy z městského jádra Uherského Brodu. Archäobotanische Funde aus dem Stadtkern des Uherský Brod. – Studie Archeologického Ústavu Československé Akademie Věd v Brně, Ročník III/1974, svazek 4, 1–60, Tab. I–VIII.

– 1976b: Die Kornelkirsche (*Cornus mas* L.) aus archäologischen Funden des ČSSR-Gebietes. In: Studies in Paleoethnobotany. Part II. – Folia Quaternaria *47*, 25–27.

Pawlik, B., und F. H. Schweingruber, 1976: Die archäologisch-vegetationskundliche Bedeutung der Hölzer und Samen in den Sedimenten der Seeufersiedlung Horgen „Dampfschiffsteg". – Jahrbuch der Schweizerischen Gesellschaft für Ur- und Frühgeschichte *59*, 77–91, Tafel 2–4.

Pinto Da Silva, A. R., 1976: Carbonized grains and plant imprints in ceramics from the castrum of Baiões (Beira Alta, Portugal). In: Studies in Paleoethnobotany. Part II. – Folia Quaternaria *47*, 3–17.

Schultze-Motel, J., 1968: Literatur über archäologische Kulturpflanzenreste (1965–1967). – Die Kulturpflanze *16*, 215–230.

– 1971: Literatur über archäologische Kulturpflanzenreste (1968). – Jahresschrift für mitteldeutsche Vorgeschichte *55*, 55–63.

– 1972a: Literatur über archäologische Kulturpflanzenreste (1969). – Die Kulturpflanze *19*, 265–282.

– 1972b: Literatur über archäologische Kulturpflanzenreste (1970/1971). – Die Kulturpflanze *20*, 191–207.

– 1973: Literatur über archäologische Kulturpflanzenreste (1971/1972). – Die Kulturpflanze *21*, 61–76.

– 1975a: Literatur über archäologische Kulturpflanzenreste (1972/1973). – Die Kulturpflanze *22*, 1974, 61–76.

– 1975b: Literatur über archäologische Kulturpflanzenreste (1973/1974). – Die Kulturpflanze *23*, 189–205.

– 1976a: Literatur über archäologische Kulturpflanzenreste (1974/1975). – Die Kulturpflanze *24*, 159–178.

– 1976b: Auswertung von Pflanzenabdrücken an Keramik. In: Studies in Paleoethnobotany. Part II. – Folia Quaternaria *47*, 47–55.

– 1976c: Probleme bei der Zusammenstellung der paläoethnobotanischen Bibliographie. In: Studies in Paleoethnobotany. Part II. – Folia Quaternaria *47*, 105–110.

Simmonds, N. W. (ed.), 1976: Evolution of Crop Plants. – London and New York, XII + 339 pp.

Skoflek, I., I. Hortobágyi, 1975: Medieval seed and fruit finds from the Castle Hill of Buda. – Mitteilungen des Archäologischen Instituts der Ungarischen Akademie der Wissenschaften *4*, 1973, 135–156, Pl. 41–45.

Trzcińska-Tacik, H., i A. Wieserowa, 1976: Flora of Cracow in the Early Medieval and Medieval periods. In: Studies in Paleoethnobotany. Part II. – Folia Quaternaria *47*, 67–81.

Vasari, Y., 1976: The state of palaeoethnobotanical research in Northern Finland. In: Studies in Paleoethnobotany. Part II. – Folia Quaternaria *47*, 89–95, Fig. 2.

Veselovskaja, M. A., 1975: Mak (izmenčivost', klassifikacija, ėvoljucija). The poppy (variability, classification, evolution). – Trudy po prikladnoj botanike, genetike i selekcii *55* (1), 175–223.

Vishnu-Mittre, U. Prakash, and N. Awasthi, 1972: Ancient plant economy at Ter, Maharashtra. – Geophytology *1* (2), 1971, 170–177, Pl. 1–4.

Vishnu-Mittre, and R. Savithri, 1974: Ancient plant economy at Noh, Rajasthan. – Puratattva No. *7*, 77–80, Pl. XIV–XV.

Wasylikowa, K., and W. van Zeist, 1975: Introduction. In: Studies in Paleoethnobotany. Part I. – Folia Quaternaria *46*, 2–6.

Willerding, U., 1974: Latènezeitliche Pflanzenreste von der Pipinsburg, Kr. Osterode/Harz. – Nachrichten aus Niedersachsens Urgeschichte *43*, 134–137.

WILLERDING, U., 1975: Untersuchungen in der Kleinen Jettenhöhle bei Düna, Gem. Hörden, Kr. Osterode am Harz. IV. Eisenzeitliche Pflanzenreste aus der Kleinen Jettenhöhle. – Nachrichten aus Niedersaohsens Urgeschichte *44*, 107–112.

WILSON, D. G., 1975: Plant remains from the Graveney boat and the early history of *Humulus lupulus* L. in W. Europe. – The New Phytologist *75*, 627–648.

YEN, D. E., 1974: The Sweet Potato and Oceania. An Essay in Ethnobotany. – Bernice P. Bishop Museum Bulletin *236*, Bishop Museum Press, Honolulu, Hawaii; Frontispiece, XVI + 389 pp.

ZABŁOCKI, J., 1975: Wyniki analizy materiału zwęglonego nasion i owoców pochodzących z grodziska późnośredniowiecznego w Słoszewach, pow. Brodnica. Ergebnisse einer Analyse des verkohlten Materials von Samen und Früchten aus der spätmittelalterlichen Erdwallburg in Słoszewy, Kreis Brodnica. – Acta Uniwersitatis Nicolai Copernici, Archeologia 5, Nauki Humanistyczno-Społeczne, Zeszyt *68*, 155–157.

ZEIST, W. VAN, 1975a: Preliminary botanical results of the 1972 season at Selenkahiye. – Le Temple et le Culte. Compte Rendu de la Vingtième Rencontre Assyriologique Internationale organisée à Leiden du 3 au 7 juillet 1972 sous les auspices du Nederlands Instituut voor het Nabije Oosten, Nederlands Historisch-Archeologisch Instituut te Istambul, 26.

– 1975b: Preliminary report on the botany of Gomolava. – Journal of Archaeological Science *2*, 315–325.

– 1976a: On macroscopic traces of food plants in southwestern Asia (with some reference to pollen data). – Philosophical Transactions of the Royal Society, London B. *275*, 27–41.

– 1976b: Two early rye finds from the Netherlands. – Acta Botanica Neerlandica *25*, 71–79.

– 1976c: The Environment of „Het Torp" in its Early Phases. – Berichten van de Rijks dienst voor het Oudheidkundig Bodemonderzoek *23*, 1973, 347–353.

Kulturpflanze XXV · 1977 · S. 89–99

Sammlung autochthoner Kulturpflanzen auf dem Gebiet der DDR[1]

Karl Hammer, Peter Hanelt und Claus Tittel

(Eingegangen am 27. Januar 1977)

I

Mit der Entwicklung der modernen Pflanzenzüchtung und der zunehmenden Verbreitung von Zuchtsorten landwirtschaftlicher und gärtnerischer Kulturpflanzen geht der Anbau der indigenen Landsorten ständig zurück und ist in vielen Gebieten der Erde bereits seit Jahrzehnten völlig zum Erliegen gekommen. Gleichzeitig ist mit der Einführung industriemäßiger Produktionsmethoden eine kontinuierliche Reduktion der Anzahl der im Anbau befindlichen Sorten zu verzeichnen. Seit Jahrzehnten sind in verschiedenen Ländern ernsthafte Bemühungen im Gange, den damit verbundenen Verlust an genetischer Mannigfaltigkeit in vertretbaren Grenzen zu halten: Auf die Notwendigkeit der Sammlung und Erhaltung der alten Landsorten ist bereits seit Beginn unseres Jahrhunderts von weitsichtigen Züchtern und Genetikern hingewiesen worden und die Tätigkeit N. I. Vavilovs z. B. stand unter dieser allgemeinen Zielsetzung. Heute gehört die Erhaltung und Nutzung des wertvollen Materials der Landsorten und alten Zuchtsorten, die sich vielfach als Träger züchterisch außerordentlich bedeutungsvoller Merkmale herausgestellt haben, zu den vornehmlichen Aufgaben von Kulturpflanzensortimenten. Das Hauptinteresse bei der Sammlung von Landsortenpopulationen galt im allgemeinen den bekannten Mannigfaltigkeitszentren der Kulturarten, da dort auch heute noch am ehesten mit einem Vorkommen – oft allerdings ebenfalls schon weitgehend reduziert – von autochthonem Kulturpflanzenmaterial mit einer beachtlichen Variabilität zu rechnen ist. Daß jedoch auch in Gebieten weitab von den Genzentren und inmitten einer Region mit einer hochentwickelten Landwirtschaft noch heute ein Anbau indigener Landsortenpopulationen anzutreffen ist, haben die Beobachtungen der letzten Jahre in bestimmten Teilen der ČSSR, in Mähren und der Slowakei, gezeigt (Kühn 1974, Hanelt und Hammer 1975, Kühn et al. 1976). Die auf einer Sammelreise in diese Gebiete erhaltenen Anregungen waren der Anlaß, auch in der DDR nach alten Landsorten, im Verschwinden begriffenen Sortentypen oder selten gewordenen Kulturarten zu suchen. Für diese

1 Herrn Prof. Dr. Drs. h. c. Hans Stubbe zum 75. Geburtstag gewidmet.

Vorhaben kamen wegen der in der DDR betriebenen modernen großflächigen landwirtschaftlichen Produktion in erster Linie Gartenpflanzen (Gemüse, Gewürz- und Arzneipflanzen; Obstpflanzen wurden nicht berücksichtigt) in Frage, die auch heute noch in Klein- und Hausgärten angebaut werden und bei denen daher mit der Erhaltung alter Kulturpflanzenformen aus traditionellen Gründen und durch Liebhaber oder Spezialisten am ehesten zu rechnen ist.

Um diesen Interessentenkreis anzusprechen, wurde in der unter den Kleingärtnern verbreiteten Zeitschrift „Garten und Kleintierzucht" (Ausgabe A, Kleingärtner und Siedler), die vom Verband der Kleingärtner, Siedler und Kleintierzüchter herausgegeben wird, eine Serie von 6 Beiträgen (vgl. ANONYM, 1975 und 1976) veröffentlicht. In ihnen waren – neben Bemerkungen zur Notwendigkeit der Erhaltung vom Verschwinden bedrohter Kulturpflanzenformen – speziell die gesuchten Arten oder Sortengruppen von Gemüse-, Gewürz- und Heilpflanzen sowie einigen landwirtschaftlichen Kulturarten vorgestellt und z. T. abgebildet. – Über eine ähnliche Suchaktion vom Institut für Getreideforschung in Bernburg – Hadmersleben nach frühreifen Körnermaisformen mit Hilfe eines Artikels in der genannten Zeitschrift (WINKEL 1971), die mit Erfolg durchgeführt wurde, berichteten KAPPEL und ENDERLEIN (1974). – Unter dem Motto „Auf der Suche nach selten gewordenen Sorten" wurde um Information über einen möglicherweise noch vorhandenen Anbau der gewünschten Formen sowie um die Übersendung von kleinen Pflanz- oder Saatgutproben der betreffenden Sippen gebeten. Dabei wurde betont, daß nur Material von Interesse ist, das von dem jeweiligen Anbauer seit langem selbst vermehrt wird und das nicht aus dem Handel stammt.

Folgende Sippen, deren Anbau aus früheren Zeiten für Mitteleuropa bekannt ist und von denen aber z. T. seit langem keine Bestätigung einer Kultur vorliegt, wurden auf der Suchliste geführt (vgl. Tab. 1).

Tabelle 1

Liste der gesuchten Kulturpflanzen-Sippen

Gemüse

Allium ampeloprasum L. var. *ampeloprasum* – Sommerknoblauch
Allium ampeloprasum L. s. l. – Perlzwiebel
Allium sativum L. var. *ophioscorodon* (LK.) DÖLL – Schlangenknoblauch
Allium ascalonicum STRAND – Schalotte
Allium cepa L. var. *viviparum* (METZG.) ALEF. – Etagenzwiebel
Allium cepa L. var. *aggregatum* G. DON – Kartoffelzwiebel
Daucus carota L. ssp. *sativus* (HOFFM.) ARC. – Möhre, nur Formen mit gelben, weißen oder violetten Rüben
Tragopogon porrifolius L. – Haferwurzel
Raphanus sativus L. var. *sativus* – Radieschen, nur gelbknollige Formen
Brassica rapa L. var. *rapa* – Wasserrübe
Brassica napus L. var. *napobrassica* (L.) RCHB. – Kohlrübe
Beta vulgaris L. convar. *crassa* ALEF. var. *lutea* DC. – Gelbe Bete

Tabelle 1 (Fortsetzung)

Petroselinum crispum (MILL.) NYM. convar. *radicosum* (ALEF.) DANERT var. *erfurtense* DANERT – krausblättrige Formen der Wurzelpetersilie
Chaerophyllum bulbosum L. – Kerbelrübe
Bunium bulbocastanum L. – Erdkastanie
Rumex patientia L. – Gartenampfer
Rumex rugosus CAMPD. – Garten-Sauerampfer
Chenopodium bonus-henricus L. – Guter Heinrich
Atriplex hortensis L. – Gartenmelde
Brassica oleracea L. – Kohl, nur besondere Formen wie Tausendkopfkohl, Palmkohl und andere Zierkohle; schlitzblättrige Kohlrabi-Formen und Spitz-Kopfkohle
Brassica napus L. var. *pabularia* (DC.) RCHB. – Schnittkohl
Campanula rapunculus L. – Rapunzel–Glockenblume
Cichorium intybus L. var. *sativum* LAM. et DC. – Wurzelzichorie
Cichorium endivia L. – Winterendivie
Lactuca sativa L. var. *longifolia* LAM. – Bindesalat

Heil- und Gewürzpflanzen

Nigella sativa L. – Schwarzkümmel
Ruta graveolens L. – Raute
Anthriscus cerefolium (L.) Hoffm. – Gartenkerbel
Myrrhis odorata (L.) SCOP. – Süßdolde
Angelica archangelica L. – Engelwurz
Peucedanum ostruthium (L.) KOCH – Meisterwurz
Satureja montana L. – Winterbohnenkraut
Origanum vulgare L. – Wilder Majoran
Ocimum basilicum L. var. *basilicum* – Zitronenbasilie
Inula helenium L. – Alant
Anacyclus officinarum HAYNE – Deutscher Bertram
Anacyclus pyrethrum (L.) LK. – Römischer Bertram
Artemisia abrotanum L. – Eberraute
Carthamus tinctorius L. – Saflor
Crocus sativus L. – Safran

Hülsenfrüchtler

Trigonella foenum-graecum L. – Bockshornklee
Trigonella caerulea (L.) SER. – Schabziegerklee
Lens culinaris MEDIK. – Linse
Lathyrus sativus L. – Saatplatterbse

Andere Kulturen

Papaver somniferum L. – nur Formen mit sich öffnenden Kapseln (Schüttmohne)
Camelina sativa (L.) CR. – Leindotter
Cucurbita pepo L. var. *oleifera* PIETSCH – Ölkürbis
Spergula arvensis L. var. *sativa* (BOENNINGH.) MERT. et KOCH – Saatspörgel
Symphytum uplandicum NYM. – Komfrey
Dipsacus sativus (L.) SCHOLL. – Weberkarde
Fagopyrum esculentum MOENCH – Buchweizen
Panicum miliaceum L. – Rispenhirse
Digitaria sanguinalis (L.) SCOP. – Bluthirse

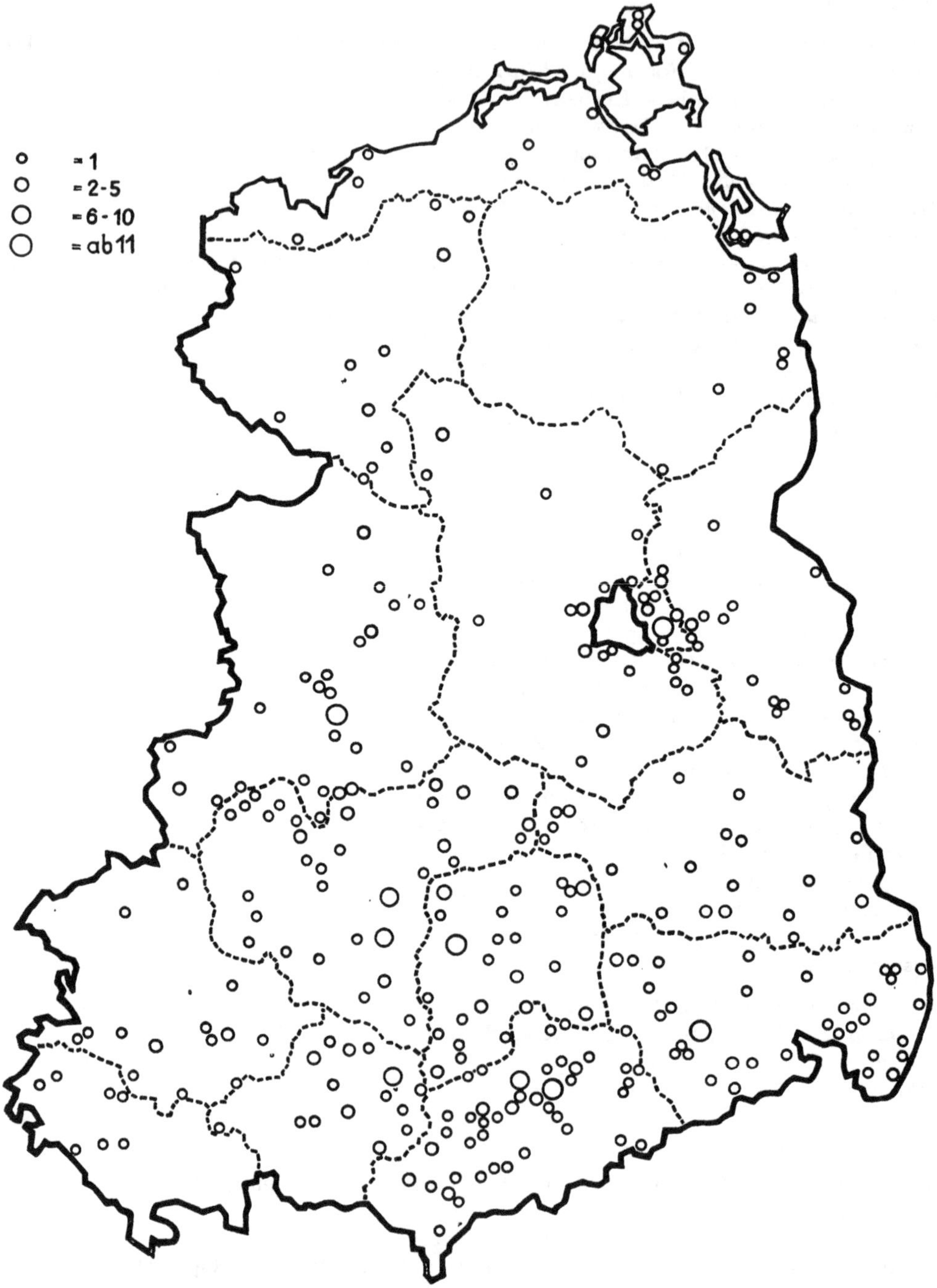

Abb. 1 Karte der Herkunftsorte der Proben der Sammelaktion; die Größe der Kreise spiegelt die Zahl der Einsender je Ort wider. Kreise, die mehr als 10 Einsender angeben, beziehen sich auf Bezirks- und andere Großstädte (Dresden, Karl-Marx-Stadt, Gera, Leipzig, Halle, Bitterfeld, Magdeburg, Berlin)

Tabelle 2

Ergebnis der Sammelaktion

Sippe	Zahl der Proben
Gemüse	
Allium sativum L. var. *ophioscorodon* (LK.) DÖLL	38
Allium ascalonicum STRAND	97
Allium ampeloprasum L. s. l.	38
Allium cepa L. var. *viviparum* (METZG.) ALEF.	211
Allium cepa L. var. *aggregatum* G. DON	26
Allium cepa L. var. *cepa* – Küchenzwiebel	2
Allium fistulosum L. – Winterzwiebel	3
Allium ssp. – andere Zwiebelarten	6
Pastinaca sativa L. – Pastinake	7
Brassica rapa L. var. *rapa*	1
Beta vulgaris L. convar. *crassa* ALEF. var. *lutea* DC.	1
Rumex rugosus CAMPD.	4
Atriplex hortensis L.	3
Brassica oleracea L. var. *capitata* L. – Weißkohl	2
Brassica oleracea L. var. *gongylodes* L. – Kohlrabi	5
Brassica oleracea L. var. *sabellica* L. – Grünkohl	1
Brassica oleracea L. var. *medullosa* THELL. – Markstammkohl	1
Tetragonia tetragonoides (PALL.) O. KUNTZE – Neuseeländer Spinat	4
Cichorium endivia L.	1
Barbarea vulgaris R. BR. – Winterkresse	2
Lepidium sativum L. – Gartenkresse	1
Asparagus officinalis L. – Spargel	1
Lycopersicon esculentum MILL. – Tomate	10
Capsicum annuum L. – Paprika	1
Foeniculum vulgare MILL. var. *azoricum* (MILL.) THELL. – Knollenfenchel	1
Heil- und Gewürzpflanzen	
Ruta graveolens L.	10
Anthriscus cerefolium (L.) HOFFM.	8
Myrrhis odorata (L.) SCOP.	1
Angelica archangelica L.	2
Satureja montana L.	4
Satureja hortensis L. – Bohnenkraut	1
Origanum vulgare L.	1
Inula helenium L.	8
Artemisia abrotanum L.	3
Artemisia dracunuculus L. – Estragon	1
Melissa officinalis L. – Zitronenmelisse	4
Mentha piperita L. – Pfefferminze[1]	4
Althaea officinalis L. – Eibisch	1
Levisticum officinale KOCH – Liebstöckel	2
Cochlearia officinalis L. – Löffelkraut	1

1 Unter den Minzen wurden bei der Nachbestimmung auch *M.* x *gentilis* L. und *M. spicata* L. em. L. gefunden.

Tabelle 2 (Fortsetzung)

Sippe	Zahl der Proben
Chrysanthemum balsamita L. – Marienblatt	1
Saponaria officinalis L. – Seifenkraut	1
Datura stramonium L. – Stechapfel	1
Hyssopus officinalis L. – Ysop	1
Hülsenfrüchtler	
Phaseolus vulgaris L. – Gartenbohne	21
Phaseolus coccineus L. – Feuerbohne	5
Pisum sativum L. – Erbse	1
Lupinus angustifolius L. – Schmalblättrige Lupine	1
Andere Kulturen	
Papaver somniferum L.	4
Cucurbita pepo L. var. *oleifera* PIETSCH	2
Spergula arvensis L. var. *sativa* (BOENNINGH.) MERT. et KOCH	1
Symphytum uplandicum NYM.[1]	9
Fagopyrum esculentum MOENCH	2
Zea mays L. – Mais	7
Secale cereale L. var. *multicaule* MTZG. – Waldstaudenroggen	1
Helianthus annuus L. – Sonnenblume	1
Helianthus tuberosus L. – Topinambur	3
Solanum tuberosum L. – Kartoffel	1
Sonstige Arten	23

Ferner wurde darauf hingewiesen, daß auch Formen anderer Kulturpflanzen, wie z. B. der Tomate, Gurke, Erbse, Gartenbohne, Puffbohne, Sonnenblume und Körnermais, die aus eigener, möglichst langjähriger Vermehrung stammen, eingesandt werden sollten.

Das Ergebnis der Sammlung übertraf unsere Erwartungen. Zahlreiche Gartenfreunde aus allen Bezirken der DDR (vgl. Abb. 1) unterstützten uns durch Einsendung von insgesamt 604 Proben (Stand: 20. 1. 77); sie gaben gleichzeitig wertvolle Hinweise zu Alter, Herkunft, Anbautechnik und Verwendung der betreffenden Arten und Sorten. Eine Zusammenstellung der erhaltenen Sippen sowie der Anzahl der zugehörigen Proben wird in Tabelle 2 gegeben. (Bei den in der Suchliste nicht ausdrücklich angeführten Sippen steht zusätzlich die deutsche Bezeichnung.)

Nur ein Teil des Materials konnte bereits 1975 und 1976 in Gatersleben angebaut werden. Es ist daher verständlich, daß manche Bestimmungen vorläufigen Charakter tragen. Trotzdem sollen schon jetzt einige interessante Ergebnisse diskutiert werden.

Der Hauptteil der Einsendungen entfiel auf Zwiebelgemüse; das erklärt sich daraus, daß die meisten Arten ausdauernd sind und sich leicht vegetativ vermehren

1 Eine Sippe erwies sich als für Futterzwecke kultiviertes *Symphytum officinale* L.

lassen. (Auf diese Weise können alte Sorten leicht über Jahrzehnte erhalten werden.) Außerdem dürfte die große Beliebtheit dieser Gemüse bei der Bevölkerung eine Rolle spielen. Besonders zahlreich sind die Etagenzwiebeln vertreten, die vor allem zur Gewinnung der grünen Schlotten in vitaminarmen Jahreszeiten Verwendung finden. Hoch ist auch die Anzahl der Schalottenproben. Hier wird von den Einsendern vor allem auf die gute Lagerfähigkeit dieser Zwiebel, ebenso wie bei der Kartoffelzwiebel, hingewiesen. Die Perlzwiebel, zeitweilig als fast ausgestorben angesehen, ist in neuerer Zeit wieder für die Industrie interessant geworden, wobei sie als Bestandteil für feine Konserven geschätzt ist. Das neue Material dieser Sippe verdient deshalb besondere Aufmerksamkeit. Die Evolution und systematische Stellung der Perlzwiebel bedürfen noch ihrer Klärung. Während man früher die Perlzwiebel manchmal zur Verwandtschaft des Knoblauchs zählte, wird sie neuerdings in Beziehung zu Porree gebracht. Möglicherweise kann das reichhaltige Material aus dieser Sammlung diese noch offenen Fragen klären helfen. Einige Einsender schrieben, daß sie „Perlzwiebeln" durch eine besondere Behandlung aus Porree gewonnen haben. Die so entstandenen Zwiebeln seien von den eigentlichen Perlzwiebeln nach äußeren Merkmalen kaum zu unterscheiden. Andere eingesandten Laucharten bedürfen erst noch nach dem Anbau in Gatersleben einer genauen taxonomischen Überprüfung. Von diesen Sippen ist besonders eine als Dauerporree bezeichnete Einsendung zu erwähnen, die von dem Anbauer als außerordentlich frosthart bezeichnet wurde und, im Gegensatz zum gewöhnlichen Porree, mehrjährig ist.

Unter den anderen Kulturarten befinden sich ebenfalls viele interessante Formen. Dazu gehört ein blauer Markstammkohl (Abb. 2), der eine Übergangsform zwischen echten Markstammkohlen und hochstrunkigen Blattkohlen darstellt (nach der Monographie von Helm 1963). Dieser Kohl war lange Zeit Bestandteil eines in der Prignitz sehr bekannten Gerichts, des „Sauren Hansen". Zusammen mit Weißkohl werden seine Blätter geschnitzelt, gekocht und in einem Steintopf schichtweise mit einigen Weinreben fest und trocken eingelegt. Nach 4 bis 5 Wochen ist mit dem Abschluß der Milchsäurebildung das Kraut genußfertig. Gewöhnlich wird der „Saure Hansen" mit Rauchfleisch oder Schweinefleisch gekocht. – Von den Bohnen sind blauhülsige Formen – Stangenbohnen vom Typ der alten Sorte 'Blauhülsige Speck' – zu erwähnen, die in den einschlägigen Sortimenten nicht mehr gefunden werden konnten. Bei einigen Buschbohnen wird von den Einsendern besonders ihre Kältewiderstandsfähigkeit hervorgehoben.

Vier Samenproben wurden von Schüttmohn eingereicht, einer phylogenetisch alten Kulturmohnsippe, bei der sich während der Reife Poren unter der Narbenscheibe öffnen, durch die die Samen herausfallen können. Schüttmohne waren in unserem Gebiet nur aus der Vergangenheit bekannt und kommen heute noch selten in Regionen mit gering entwickelter Landwirtschaft vor. Der Nachweis dieser Mohne spricht für eine erstaunlich lange Konservierung bestimmter Primitivformen sogar unter den Bedingungen eines hochentwickelten Gartenbaues bzw. einer modernen Landwirtschaft. Allerdings läßt sich zur Zeit die Möglichkeit nicht

Abb. 2 Pflanzen der aus der Prignitz stammenden Übergangsform zwischen echtem Markstammkohl und hochstrunkigem Blattkohl; der Bestand ist hinsichtlich der Intensität der Anthozyanfärbung und der Blattzerteilung und -kräuselung sehr variabel

ausschließen, daß es sich bei den erhaltenen Sippen um das Ergebnis von Merkmals-Introgressionen aus Ziermohnen, die offene Poren besitzen, in Kulturmohne handelt. Auch hier wird der Nachbau endgültigen Aufschluß geben. Ein weiteres, nicht erwartetes Ergebnis war das noch reichhaltige Sortiment an Heil- und Gewürzpflanzen, die sich bei Liebhabern wohl auch noch einige Zeit im Anbau halten werden.

Die bisherigen Ausführungen bezogen sich auf Sippen, die durch gartenmäßigen Anbau meist bei Kleingärtnern, z. T. in relativ abgelegenen Gebieten erhalten blieben. Es konnten aber auch einige Kulturarten des Ackerbaus nachgewiesen werden, wie z. B. Buchweizen und Saatspörgel. Dabei handelt es sich um die letzten

Relikte von in früheren Jahren auf großen Flächen angebauten Kulturpflanzen aus der Lausitz. Das Ausklingen des Anbaues dieser Kulturen steht unmittelbar bevor. Dasselbe gilt für den Waldstaudenroggen, der von manchen (?) Forstwirtschaftsbetrieben für die Wildfütterung angesät wird. Dieser Staudenroggen, auch unter der Bezeichnung Johannisroggen bekannt, hatte seine Hauptbedeutung bei der Inkulturnahme brandgerodeter Waldflächen und ist seit dem Rückgang der Brandrodung nur noch selten in Kultur, selbst in den früher traditionellen Anbaugebieten, den gebirgigen Lagen der ČSSR und der VR Polen. Von züchterischem Interesse dürfte der Staudencharakter sein.

Alle eingesandten Sippen werden in Gatersleben eingehend geprüft und die für das Sortiment wertvollen Formen den vorhandenen Sammlungen angegliedert. Es ist zu erwarten, daß sich darunter Pflanzen mit Eigenschaften befinden (Klimaresistenz, Lagerfähigkeit usw.), die als Ausgangsmaterial für die Züchtung in Zukunft Bedeutung erlangen können. Gleichzeitig erfolgt die Kontrolle des eingesandten Materials; in einigen Fällen sind offensichtlich die Pflanzen unrichtig benannt oder verwechselt worden. So sind mehrfach Etagenzwiebeln unter der Bezeichnung „Schalotten" eingeschickt worden und statt der gesuchten Weberkarde wurden ausnahmslos Proben der Wilden Karde geschickt.

Die Einsendungen brachten einen recht guten Überblick des Anbaues seltener Kulturpflanzenformen in der DDR. Wie aus Abbildung 1 zu sehen ist, sind aber nicht alle Gebiete gleichmäßig erfaßt worden. Besonders treten manche südlichen Bezirke und die Großstädte hervor, möglicherweise bedingt durch die höhere Bevölkerungsdichte und die damit in Zusammenhang stehende größere Anzahl an Gartenfreunden und Lesern der für die Aktion gewählten Zeitschrift. Unterrepräsentiert sind die Nordbezirke und einige Teile Thüringens, wo vielleicht noch Aussichten zum Auffinden der gewünschten Kulturarten bestehen. Besonders reich an seltenen Sippen sind die Oberlausitz und die Altmark. Es ist deshalb vorgesehen, diese Gebiete einer genaueren Prüfung zu unterziehen.

So erfreulich das Ergebnis der Sammlung ist, wird doch durch sie auch deutlich, wie beträchtlich der Verlust an pflanzlichen Ressourcen in den letzten Jahrzehnten für unser Gebiet gewesen ist.

Eine ganze Reihe der gesuchten Pflanzen konnte nicht mehr im Anbau nachgewiesen werden: *Allium ampeloprasum* var. *ampeloprasum, Daucus carota* ssp. *sativus* – Formen mit gelben, weißen oder violetten Rüben, *Raphanus sativus* var. *sativus* – mit gelben Knollen, *Petroselinum crispum* convar. *radicosum* var. *erfurtense, Chaerophyllum bulbosum, Bunium bulbocastanum, Rumex patientia, Chenopodium bonus-henricus, Brassica oleracea* – Tausendkopfkohl, Palmkohl und andere Zierkohle, schlitzblättrige Kohlrabi, Spitzkopfkohle, *Brassica napus* var. *pabularia, Campanula rapunculus, Cichorium intybus* var. *sativum, Lactuca sativa* var. *longifolia; Nigella sativa, Peucedanum ostruthium, Ocimum basilicum* var. *basilicum, Anacyclus officinarum, Anacyclus pyrethrum, Carthamus tinctorius,*[1] *Crocus sativus;*

1 1977 erhielten wir eine Saflor-Saatgutprobe von einem gärtnerischen Anbau im Spreewald.

Trigonella foenum-graecum, Trigonella caerulea, Lens culinaris, Lathyrus sativus; Camelina sativa, Dipsacus sativus, Panicum miliaceum, Digitaria sanguinalis. Zu einem Teil sind Formen dieser Arten aber noch in den Sortimenten vorhanden, obwohl die Gesamtvariabilität der Arten bei weitem nicht erfaßt ist. Manchmal ist es schon zum vollständigen Verlust einer Art gekommen. Der Deutsche Bertram wurde beispielsweise noch zu Beginn unseres Jahrhunderts im Vogtland und bei Magdeburg kultiviert. Nicht nur, daß diese Anbaugebiete erloschen sind, es gelang trotz vieler Mühen auch nicht, ihn aus irgendeinem botanischen Garten zu beschaffen. Alle unter der Bezeichnung *Anacyclus officinarum* HAYNE von dorther erhaltenen Samenproben konnten nicht als diese Art bestätigt werden. Der fehlende Nachweis dieser Art spricht dafür, daß sie vermutlich zu den ausgestorbenen Kulturpflanzen zu zählen ist.

Die Liste der im Anbau nicht mehr gefundenen Sippen unterstreicht die Notwendigkeit dieser Aktion, deren Wert durch eine Vielzahl interessanter Funde dokumentiert wird.

Zusammenfassung

Mit einer Artikelfolge in der Zeitschrift „Garten und Kleintierzucht" wurden die Leser auf durch Verschwinden bedrohte Kulturpflanzenformen und Landsorten in der DDR aufmerksam gemacht und um Übersendung von kleinen Pflanz- und Saatgutproben dieser Sippen gebeten. Es wurden bisher insgesamt 604 Proben seltener Kulturen erhalten. Darunter sind Sippen mit wertvollen Eigenschaften (z. B. Klimaresistenz, Lagerfähigkeit usw.) zu erwarten, die für Züchtungsforschung und Züchtung Interesse finden könnten. Die Sammelaktion erbringt den Beweis, daß selbst in dicht besiedelten Ländern mit moderner Landwirtschaft noch indigenes Kulturpflanzenmaterial (besonders von Gemüse-, Gewürz- und Arzneipflanzen) gefunden werden kann. Eine ganze Reihe noch vor wenigen Jahrzehnten im Anbau befindlicher Arten konnte nicht mehr nachgewiesen werden, wodurch für unser Gebiet die Intensität der Generosion bei Kulturpflanzen dokumentiert wird.

Summary

A Collection of Indigenous Cultivated Plants from the Territory of GDR

By some contributions for a popular gardener's journal the readers' attention was drawn to relic cultivated plants and land-races of the GDR which may disappear from the cultivation soon and they were asked for sending seed material especially of different garden plants. Till now the institute received 604 samples, among them some which are supposed to possess important characters as climatic resistance, storage ability etc, which may be of interest for breeding research and plant breeding. This collection programme has proven that even in densely populated countries with a high-developed agriculture it is possible to find old indigenous material of cultivated plants especially of vegetables, spice and medical plants. A number of species which have been cultivated still a few decades ago are no longer detectable now thus demonstrating also for GDR the necessity for collecting and conservation of landraces and primitive forms of our cultigens.

Краткое содержание

Сбор автохтонных культурных растений на территории ГДР

В популярном садоводческом журнале была опубликована серия статьей с целью обратить внимание читателей на формы культурных растений и местные сорта в ГДР, которым угрожает вымирание; была высказана также просьба присылать образцы растений и семян. До сих пор в институт поступило 604 образца редких культур. Среди них можно ожидать формы с ценными свойствами для селекционных исследований и для селекции растений, как например устойчивость к неблагоприятным климатическим условиям и полеганию. Результаты сборов доказывают, что даже в странах с плотным населением и с современным сельским хозяйством можно найти местный материал культурных растений (особенно овощных, пряных и лекарственных). Целый ряд видов, которые еще несколько десятилетий назад возделывались, уже не удалось обнаруживать. Это характеризует интенсивность генной эрозии культурных растений на нашей территории.

Literatur

Anonym, 1975: Auf der Suche nach selten gewordenen Sorten. – Garten und Kleintierzucht (Ausgabe A, Kleingärtner und Siedler) No. 1, *11*; No 5, *11*; No. 10, *11*; No. 11, *11*; No. 12, *11*.

Anonym, 1976: Auf der Suche nach selten gewordenen Sorten – Ergebnisse der Aktion. – Garten und Kleintierzucht (Ausgabe A, Kleingärtner und Siedler) No. 13, *11*.

Hanelt, P., und K. Hammer, 1975: Bericht über eine Reise nach Ostmähren und der Slowakei 1974 zur Sammlung autochthoner Sippen von Kulturpflanzen. – Kulturpflanze *23*, 207–215.

Helm, J., 1963: Morphologisch-taxonomische Gliederung der Kultursippen von *Brassica oleracea* L. – Kulturpflanze *11*, 92–206.

Kappel, W., und H. Enderlein, 1974: Die Bedeutung bodenständigen Ausgangsmaterials für die Maiszüchtung unter den Bedingungen der DDR. – Tag.-Ber., Akad. Landwirtschafts-Wiss. DDR. – Berlin *127*, 153–159.

Kühn, F., 1974: Genové zdroje místních plodin v Československu. – In: Genetické zdroje v šlechtěni rostlin, Praha, 685–694.

Kühn, F., K. Hammer und P. Hanelt, 1976: Botanische Ergebnisse einer Reise nach der ČSSR 1974 zur Sammlung autochthoner Landsorten von Kulturpflanzen. – Kulturpflanze *24*, 283–347.

Winkel, A., 1971: Maiskolben sehr gefragt! – Garten und Kleintierzucht (Ausgabe A, Kleingärtner und Siedler) No. *22*.

Kulturpflanze XXV . 1977 · S, 101–111

Eine zweiblütige Pflanze bei *Eranthis hyemalis* (L.) SALISB.[1,2]

ALFRED RIETH

(Eingegangen am 27. Januar 1977)

Einleitung

Im März 1976 beobachtete ich eine zweiblütige Pflanze des Sternblütigen Winterlings. Da eine solche Abweichung von der in der Regel streng einblütigen Ausbildung in der Literatur, soweit ich sehe, nicht beschrieben ist[3], ihr Auftreten danach äußerst selten, aber morphologisch von einigem Interesse sein dürfte, soll der Aufbau der Blütenregion der bemerkenswerten Pflanze im folgenden geschildert werden.

Herkunft der Pflanze

Der Fund stammt aus einem kleinen *Eranthis*-Bestand meines Gartens in Gatersleben der zurückgeht auf einige Knollen, die vor nunmehr zehn Jahren vom Hakel, einem 5 Kilometer nördlich von Gatersleben, parallel zum Harz verlaufenden, bewaldeten Höhenzug, verpflanzt worden waren. *Eranthis hyemalis* kommt dort im Gebiet der höchsten Erhebung, bei der Domburg (245 m über NN) adventiv vor. EBERT 1912 erwähnt in seiner „Flora des Hakels und seiner Umgebung" die immerhin, besonders im Vorfrühling, auffällige und kaum zu übersehende Pflanze ebensowenig wie die Autoren, die sich vor ihm mit der Flora des Gebietes befaßten. In der Literatur wird das Vorkommen erstmals von EICHLER 1950 vermerkt:" + *Eranthis hiemalis* (L.) SALISB. – Abhang südl. der Domburg". Es ist danach sehr wahrscheinlich, daß der Winterling in dem 1907/08 bei der Domburg angelegten „Botanischen Garten", wo sich ursprünglich zwar nur „alle schönen und

1 Herrn Prof. Dr. Drs. h. c. HANS STUBBE zum 75. Geburtstag gewidmet.

2 Ich behalte gemäß Intern. Code, Art. 73 die von LINNÉ gewählte Schreibung bei, obgleich die klassische Form „hiemalis" seither weithin zu finden ist (s. aber z. B. Syllabus 1964, CLAPHAM, TUTIN and WARBURG 1959, LAWALRÉE 1955).

3 Bei HALLIER 1882 findet sich allerdings eine Bemerkung die darauf schließen läßt, daß zweiblütige Exemplare schon gesehen worden sind: „Nur eine einzige (höchst selten ein Paar) Blume steht auf dem . . . einfachen Schafte". Hinweise wo etwa ein solcher „höchst seltener" Fall beschrieben ist, fehlen. MASTERS 1886, PENZIG 1890 und 1921, sowie SALISBURY 1919, erwähnen ihn nicht.

seltenen Pflanzen des Hakelwaldes zusammenfinden“ sollten (EBERT 1912), in der Folgezeit angepflanzt wurde und sich erst von dort aus, nach Auflassung und Verwilderung des Gartens, subspontan in der Umgebung angesiedelt und gehalten hat. Dafür spricht auch, daß abgesehen vom zerstreuten Vorkommen am Hang südlich der Domburg, das EICHLER erwähnt, ein größerer Trupp nördlich der Burg, auf dem ehemaligen Gartengelände zu finden ist.

Beschreibung der Pflanze

Einen Eindruck vom Gesamthabitus der Blütenregion unserer Pflanze vermitteln die Abbildungen 1–4. Sie gliedert sich, von unten nach oben fortschreitend zunächst analog der Normalausbildung in:

1. Das Involukrum, einem aus drei grünen, in der Regel sitzenden Stengelblättern gebildeten Scheinwirtel (Abb. 10,1–3; Abb. 16,i_1–i_3). Hinzuweisen ist auf den Befund, daß das äußere Involukralblatt (i_1) hier deutlich gestielt erscheint (Abb. 10, Pfeil). Die mehrfach beschriebene, in aufsteigender Reihenfolge zunehmende Vereinfachung der Involukralblätter zeigt sich auch in unserem Falle. So hat i_1 13, i_2 10 und i_3 8 Abschnitte. Die Reduktion betrifft im vorliegenden Falle aber lediglich den Differenzierungsgrad desBlattrandes, nicht die Größe der Blattfläche. Die drei Blätter sind fast gleich groß ($i_1 : i_2 : i_3 = 1{,}0 : 1{,}1 : 1{,}2$).
2. Die Terminalblüte, durch starke Verkürzung des subfloralen Internodiums unmittelbar dem Involukrum folgend. Sie setzt sich zusammen aus:

a) Dem Perianth, gebildet von zwei dreizähligen Wirteln korollisch gestalteter Hochblätter (Abb. 11,1–6; Abb. 17). Die Glieder des äußeren Wirtels alternieren mit denen des inneren Wirtels und mit den Involukralblättern. Eine gewisse, in der Hochblattregion erhalten gebliebene Spaltungstendenz kommt in der Lappung der Hüllblätter 1 und 4 zum Ausdruck (Abb. 11; Abb. 17).

b) Einem achtgliederigen Kreis röhrenförmiger Honigblätter (Abb. 12, H; Abb. 17). In der Masse finden sich in den Blüten bei *Eranthis hyemalis* 6 Nektarien (SALISBURY 1919). Die hier gefundene Zahl 8 dürfte durch Verdopplung (Seriales Dédoublement) der zwei als Folge noch paarweise gruppierten Blätter entstanden sein (Abb. 18).

c) Dem Androeceum mit 32 Staubblättern und

d) Dem aus 7 freien Karpellen bestehenden Gynoeceum (Abb. 12, G; Abb. 17; Abb. 18, G).

3. Das Parakladium. Abweichend von der Normalausbildung entspringt der Achsel des äußeren Involukralblattes ein Seitensproß, ein Parakladium (im Sinne TROLLS 1964). Es trägt ein durch extreme Verkürzung des Hypopodiums basiläres, adossiertes, zweilappiges, grünes frondoses Vorblatt (Abb. 8, V; Abb. 9, V; Abb. 16, V; Abb. 18, V) und am Ende des kurzen, aber deutlich entwickelten subfloralen Internodiums, des Epipodiums (Abb. 9, schmaler Pfeil) die kleine Nebenblüte (Abb. 9, S). Diese ist, abgesehen von geringerer Größe, im übrigen fast völlig nor-

Abb. 1–4 Blühender Spross von *Eranthis hyemalis* mit zwei Blüten, Gesamthabitus

mal entwickelt, mit 7, wie bei der Terminalblüte korollisch ausgebildeten Hüllblättern (Abb. 13). Eines davon, wahrscheinlich das überzählige siebente, tritt als Übergangsbildung zum Nektarium auf. Es folgen 6 Honigblätter (Abb. 14, H), 21 Stamina (Abb. 15) und 6 Karpelle (Abb. 14, G; Abb. 18, G).

Der Gesamtaufbau der Blütenregion der zweiblütigen Pflanze ist in dem Diagramm, Abb. 18 dargestellt.[4]

4 Eine von PENZIG 1890 und 1921 publizierte Blütenformel: „K_3, C_6, A_{28} und 3 Carpelle" dürfte ein Versehen enthalten, die zugrunde liegenden Beobachtungen RÖPERS 1846 ergeben die Formel: „K_{3+3}, C_6, A_{28}, G_3".

5 6 7 8 9 10

Abb. 5–7 Blühender Spross von *Eranthis hyemalis* mit zwei Blüten nach Entfernung der Terminalblüte

Abb. 8–9 Blühender Sproß von *Eranthis hyemalis* mit zwei Blüten nach Entfernung der Terminalblüte und der Involukralblätter 2 und 3. V = Vorblatt, D = Tragblatt des Seitensprosses, S = Nebenblüte, B (breiter Pfeil) = Ansatzstelle der entfernten Terminalblüte, schmaler Pfeil = Stiel des Involukralblattes 1

Abb. 10 Blütenregion von unten gesehen, mit den Involukralblättern 1–3

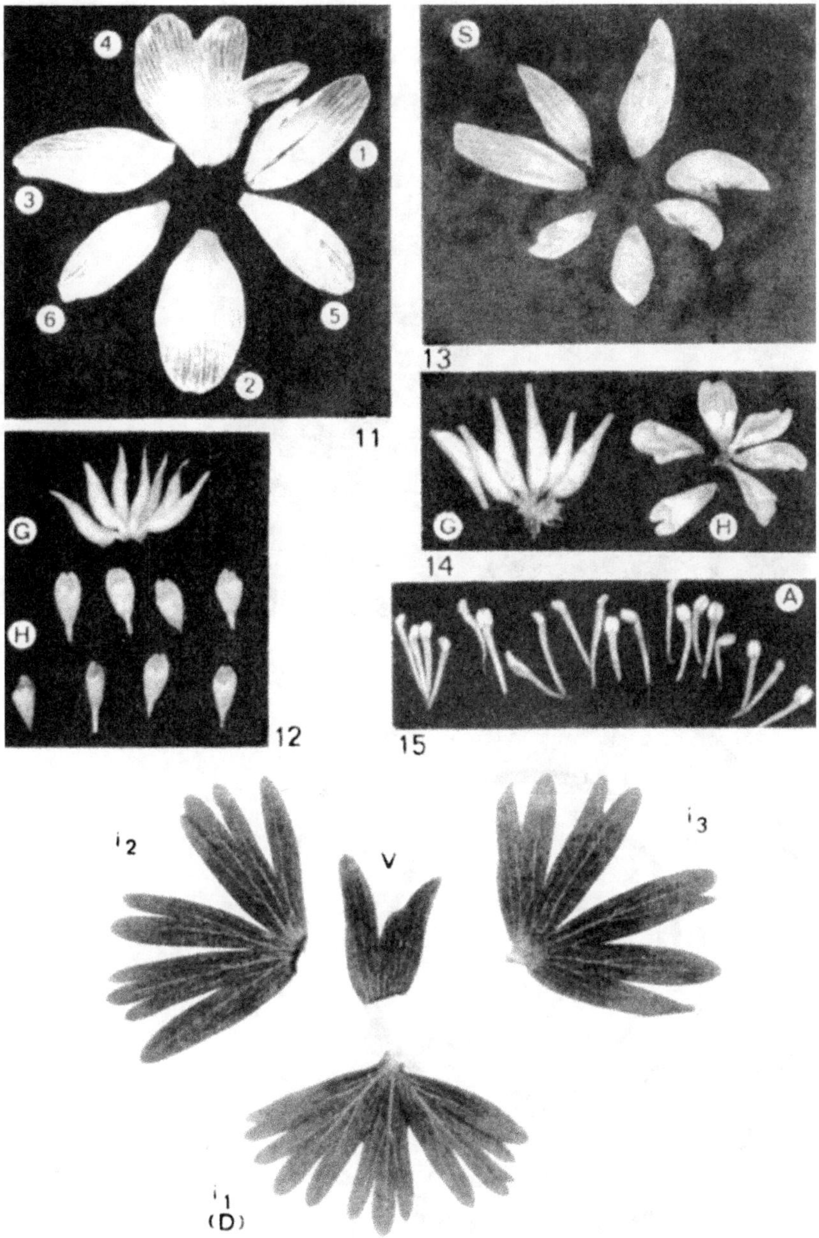

16

Abb. 11–12 Hauptblüte (Terminalblüte).
11 Perianthglieder 1–6 12 G Fruchtblätter H Honigblätter
Abb. 13–15 Nebenblüte
13 Perianthglieder 1–7 14 G Fruchtblätter H Honigblätter 15 A Staubblätter (20 der insgesamt 21)
Die Abbildungen 11–15 sind nicht maßstabsgleich
Abb. 16 Das Involukrum der Terminalblüte i_1 – i_3 sowie das Vorblatt des Parakladiums (V)

Abb. 17 Die Hauptblüte, Aufsicht

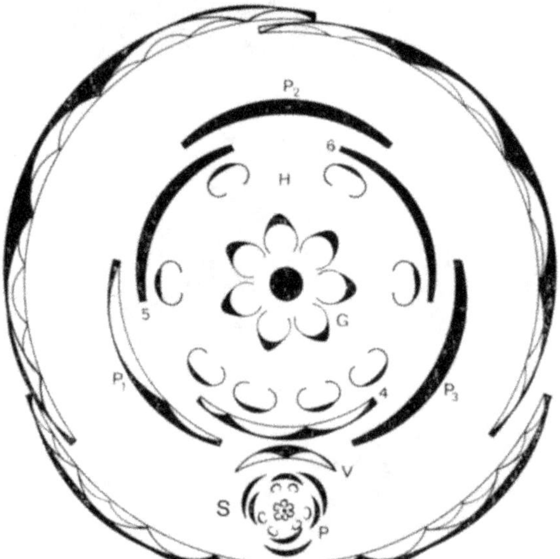

Abb. 18 Diagramm der Blütenregion. Die Segmentierung der Involukralblätter $i_1 - i_3$, der Perianthblätter 1 und 4, sowie des Vorblattes V sind angedeutet. Das Androeceum ist nicht eingetragen

Diskussion

Die beobachtete zweiblütige *Eranthis hyemalis*-Pflanze erinnert in erster Linie an die von LEYBOLD 1859 von „etwas trockenen Hügelstellen am Fuße des Cerro Colorado“ der chilenischen Anden beschriebenen *Barneoudia domeykoana* f. *biceps*

(Abb. 19). Er gibt an, daß „die ganze kleine Pflanze das Ansehen einer weißblühenden *Eranthis*" habe und bei der forma *biceps* „nach dem Verblühen der ersten Blüte eine zweite etwas kleinere in dem Involukrum" zu beobachten sei. Eine

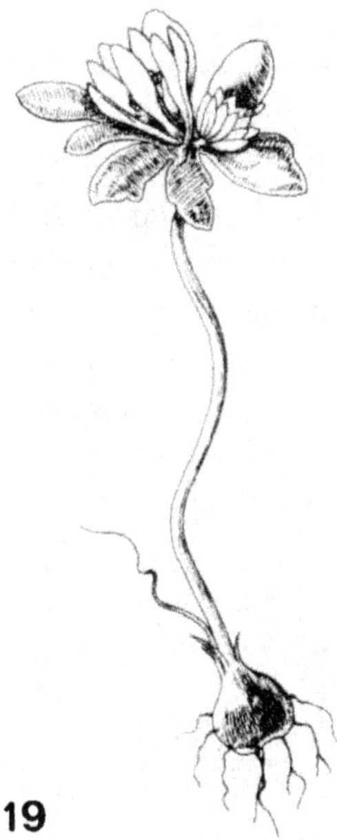

Abb. 19 *Barneoudia domeykoana* f. *biceps* nach LEYBOLD (überzeichnete Photographie der Originalabbildung)

19

genauere Analyse des Blütenstandes findet sich in der Arbeit LEYBOLDs nicht. TROLL 1964 meint aber von der Nebenblüte: „Zweifellos handelt es sich bei ihr um das Achselprodukt eines der Involukralblätter, vermutlich des proximalen". (Nach dem vorliegenden Befund an *Eranthis* dürfte es sich (auf die Blüte bezogen) wahrscheinlicher um das distale handeln.) Auch in unserem Falle ist (wie zu erwarten) die Nebenblüte in ihrer Entwicklung gegenüber der Hauptblüte verzögert. Als nicht unwesentlicher Unterschied zu *Barneoudia* ist jedoch, wie ein Vergleich mit der Abbildung LEYBOLDs (Abb. 19) zeigt, das Fehlen des Vorblattes festzuhalten.

Weiterhin liegt eine Homologisierung von einblütiger Normalform und unserem zweiblütigen Exemplar mit den Verhältnissen bei ein- und zweiblütigen Pflanzen von *Anemone ranunculoides* L. nahe, wie sie TROLL 1964 für *Barneoudia domeykoana* und ihre zweiblütige Form *biceps* vornimmt. Das Parakladium der zweiblütigen *A. ranunculoides* ist jedoch „mit zwei durch ihre basiläre Stellung ausgezeichneten Vorblättern ausgestattet" die transversal stehen. Bei *B. domeykoana* f. *biceps* kann man sie sich durch entsprechende Reduktion des Parakladiums verschwunden denken. Die Nebenblüte von *Eranthis* hat aber ein Vorblatt. Die Deutung dieses in Opposition zum Deck- oder Tragblatt stehenden zweilappigen Blattgebildes als adossiertes Vorblatt, ist sicherlich formal möglich, sie hat jedoch gewisse Schwierigkeiten. So tritt ein adossiertes Vorblatt in der Regel nur bei Monokotylen auf, während für die Dikotylen zwei Vorblätter in Transversalstellung das übliche sind. Es bleibt allerdings die Erklärung möglich, daß das zweizipfelige Blatt ein Doppelblatt darstellt, entstanden aus den zwei nach hinten zusammengerückten transversalen Vorblättern. Derartige Fälle sind für Dikotylen bekannt. Man könnte aber auch daran denken, das fragliche Blatt als Rudiment eines zur Nebenblüte gehörenden Involukrums aufzufassen aus dessen ursprünglich dreigliederigem Scheinwirtel die beiden inneren Glieder ausgefallen sind und nur das äußere Blatt zur Entwicklung kam. Funktionell verhält es sich, wie die Abbildungen 8 und 9 zeigen, als Involukralblatt. Eine stichhaltig beweisbare Entscheidung zugunsten einer der aufgezeigten Alternativen ist jedoch zunächst nicht möglich.

Zur Homologisierung der Blütenelemente speziell bei E. hyemalis ist folgendes anzumerken. In der Literatur (z. B. De Candolle 1824; Röper 1846; Irmisch 1860; Eichler 1878; Hallier 1882; Warming u. Möbius 1929; Hegi o. J.; Troll 1957; 1964) findet sich für die Glieder der apikalen Sproßregion fast einhellig die von de Candolle 1824 knapp so formulierte Auffassung: „flos sessilis 5–8 – sepalus, sepalis coloratis petaloïdeis oblongis deciduis. Petala 6–8 tubulata ora inaequaliter 2-labiata brevissima“. Das heißt:

1. Das Involukrum wird trotz enger räumlicher Beziehung nicht zur Blüte gerechnet sondern bildet als Scheinwirtel vereinfachter Stengelblätter ein Organ sui generis, von Irmisch 1860 auch „Hülle“ genannt, von der Röper 1846 sagt: „physiologisch wohl als Kelchblätter fungierend“. Troll 1957 definiert zwar klar: „Die Kelchblätter sind nichts anderes als in den Verband der Blüte aufgenommene Hochblätter“. Er behält aber die Bezeichnung Involukrum trotzdem auch dort bei, wo diese Aufnahme eindeutig ist wie bei *Eranthis hyemalis* und *Hepatica nobilis* Mill. und beim Leberblümchen auch die Hochblattnatur nicht in Zweifel gezogen wird: „ . . . das Involukrum statt aus Stengelblättern sich aus Hochblättern zusammensetzt“.
2. Die 6 gelben, korollisch gestalteten, „physiologisch als Kronblätter fungierenden“ (Röper 1846) Hochblätter werden als Sepala, in ihrer Gesamtheit als Kelch aufgefaßt.
3. Die Honigblätter aber sind: „6, als Honiggefäße functionierende Kronblätter“ (Röper 1846), stellen also die Petala dar.

Es fragt sich inwieweit diese übliche Homologisierung zwingend belegt ist oder ob nicht doch auch andere Vorstellungen zumindest die gleiche Wahrscheinlichkeit für sich haben. Dazu ist folgendes zu sagen:

a) Nicht selten beobachtete Übergangsbildungen vermitteln zwischen Involukrum und Perianth. So betont bereits Irmisch 1860: „Nicht selten wird ein Hüllblatt mehr oder weniger vollständig in ein gelbes Kelchblatt verwandelt, oder es ist ein Kelchblatt zur Hälfte grün, zur anderen Hälfte gelb, oder einzelne Kelchblätter erscheinen, ohne die gelbe Farbe aufzugeben, nach Art der Hüllblätter mit tiefen Einschnitten, lauter Beweise für die innige Beziehung dieser Blattkreise zueinander“. Bei Salisbury 1919, Figur 5 finden sich entsprechende Abbildungen. Auch die Leitbündelausstattung (5–3) an der Basis von Involukral- und Perianthblättern ist ähnlich.

b) Andererseits bestehen enge Beziehungen zwischen Staub- und Honigblättern, die in mehrfach beobachteten Antheren tragenden Honigblättern zum Ausdruck kommen (Abbildungen z. B. bei SALISBURY 1919, Fig. 2, G u. H). Die Honigblätter können danach „ihrer morphologischen Natur nach . . . Staminodien" (TROLL 1957), sterile Staubblätter sein, SALISBURY 1919 spricht von „the staminodial character of the honey-leaves". Mit den Stamina stimmen sie bei *Eranthis* auch in der Versorgung durch nur ein Leitbündel überein (SALISBURY l. c.).

c) Übergangsreihen zwischen flachen Perianthblättern und röhrigen Honigblättern treten, allerdings wohl seltener, ebenfalls auf. MASTERS 1886 bildet in Figur 10 eine solche Reihe ab, auch die von uns beobachtete Nebenblüte zeigt, wie oben erwähnt ein derartiges Zwitterblatt.

d) Kelche stellen häufig Scheinwirtelgebilde dar, während die Petala in echten Wirteln angeordnet sind. Bei *Eranthis* bilden, wie wir sahen, die Involukralblätter einen Scheinwirtel, während die Trepala in zwei echten, dreigliederigen Wirteln stehen.

Die Glieder des Perianths sind nach diesen Befunden durch Übergänge sowohl mit dem Involukrum, als auch über die Honigblätter mit den Staubblättern verbunden.

Man kann auf Grund der beobachteten Übergangsreihen die Auffassung vertreten, alle Blütenhüllorgane, Nektarblätter, Blüten- und selbst Kelchblätter seien vom sexuellen Bereich her, seien von Staubblättern abzuleiten. M. E. hindert das nicht daran bei *Eranthis* die Honigblätter den Stamina noch am nächsten stehend, als Staminodien zu bezeichnen und die gelben „petaloiden" Hüllblätter tatsächlich, nicht nur funktionell, als Petale aufzufassen. Ob man dann das Involukrum, dessen Ableitung vom vegetativen Bereich der Pflanze kaum in Zweifel gezogen werden kann „Kelch" nennt, oder den Standpunkt vertritt ein solcher sei (noch?) nicht vorhanden, ist Definitions- oder Auslegungssache.

Eine zweite Deutungsmöglichkeit, für die ebenfalls auf Übergangsreihen zu verweisen ist, beruht darauf, die Blütenhüllorgane vom vegetativen Bereich her entstanden zu denken. Aus dieser Sicht müßte das Involukrum, die „Hülle" bei Eranthis *hyemalis* als Kelch bezeichnet werden. Die „gelben Hüllblätter" wären wiederum als Petale anzusehen. Die beobachtete ähnliche Leitbündelausstattung ist bei dieser Betrachtungsweise einleuchtend. Die Honigblätter aber bleiben in Anbetracht ihrer eindeutig engen Beziehungen (auch in der Leitbündelversorgung) zum Sexualbereich, zu den Staubblättern, als Staminodien zu bezeichnen.

Spontan auftretende Abweichungen von der Norm werden meines Erachtens zu Unrecht – vielfach unterschiedslos negativ als „Mißbildungen", „Teratologien" eingestuft. Man übersieht, daß dabei, wie im vorliegenden Falle der zweiblütigen *Eranthis*-Pflanze, gelegentlich in dem betreffenden Organismus verborgen stekkende, normalerweise unterdrückte Potenzen zur Ausbildung kommen. Die Beobachtung derartiger Abweichungen kann daher oft geeignet sein zum Verständnis beizutragen, der Normalform, als einem Spezialfalle aus einem weit größeren, in der Regel aber latent bleibenden Fundus an Möglichkeiten.

Zusammenfassung

Die Gestaltung der Blütenregion einer spontan aufgetretenen, zweiblütigen Pflanze vom Sternblütigen Winterling, *Eranthis hyemalis* wird analysiert und beschrieben. Das die Nebenblüte tragende Parakladium entspringt der Achsel des unteren Involukralblattes.

Summary

Eranthis hyemalis (L.) SALISB. with a Two-flowered Stem. With 19 figures.

Studies in the flower region of an exceptional spontaneously two-flowered stem of the Winter Aconite, *Eranthis hyemalis*. The shoot („paracladium") bearing the accessory flower arises from the axil of the outermost leaf of the involucre.

Краткое содержание

Двухцветковое растение *Eranthis hyemalis* (L.) SALISB.

Описывается и анализируется строение цветковой части растения, спонтанно возникшего, двухцветкового весенника зимнего, *Eranthis hyemalis*. „Паракладий", несущий добавочный цветок, выходит из пазухи нижнего оберточного листа.

Literatur

CLAPHAM, A. R., T. G. TUTIN and E. F. WARBURG, 1959: Excursion Flora of the British Isles. – Cambridge.

DE CANDOLLE, AUG. PYRAMUS, 1824: Prodromus Systematis naturalis regni vegetabilis. – Paris.

EBERT, W., 1912: Flora des Hakels und seiner Umgebung. – Leipzig.

EHRENDORFER, F., 1971: in: STRASSBURGER Lehrbuch der Botanik. – Jena.

EICHLER, A. W., 1878: Blüthendiagramme. II. Theil. – Leipzig.

EICHLER, H., 1950: Floristische und Phytozönologische Untersuchung des Hakels und seiner nächsten Umgebung. – Dissertation, Gatersleben. (Willdenowia, Beih. 6, Berlin 1970)

HALLIER, E., 1882: Flora von Deutschland. Band 11. – Gera-Untermhaus.

HEGI, G., o. J.: Illustrierte Flora von Mitteleuropa. Band III, I. Teil

HESS, H. E., LANDOLT, E., HIRZEL, R., 1970: Flora der Schweiz. Band 2. – Basel u. Stuttgart.

IRMISCH, TH., 1860: Ueber einige Ranunculaceen. III. *Eranthis hiemalis* SALISB. – Botanische Zeitung *18* (25) 221–227.

LAWALRÉE, A., 1955: in: Flore générale de Belgique. Spermatophytes Vol. II, Fasc. I. – Bruxelles.

LEYBOLD, FR., 1859: Zwei neue Pflanzenarten der Chilenischen Flora. – Flora 1859, No. 16. 241–243.

MASTERS, M. T., 1886: Pflanzen-Teratologie. – Leipzig.

PENZIG, O., 1890 u. 1921: Pflanzen-Teratologie. – 1. Aufl. 1. Band, 2. Aufl. 2. Band. – Genua, Berlin.

SALISBURY, E. J., 1919: Variation in *Eranthis hyemalis*, *Ficaria verna*, and other Members of the Ranunculaceae, with Special Reference to Trimery and the Origin of the Perianth. – Annals of Botany *XXXIII*. 47–79.

TROLL, W., 1954: Praktische Einführung in die Pflanzenmorphologie. I. Teil. – Jena.

–, 1957: Praktische Einführung in die Pflanzenmorphologie. II. Teil. – Jena.

–, 1964: Die Infloreszenzen. I. Band. – Jena.

WYDLER, H., 1859: Kleinere Beiträge zur Kenntnis einheimischer Gewächse. – Flora *42*.

Kulturpflanze XXV · 1977 · S. 113–124

Zur Frage nach der Ursprungsart des Kulturmohns (*Papaver somniferum* L.)[1]

Karl Hammer und Reinhard Fritsch

(Eingegangen am 28. Januar 1977)

Als Ursprungssippen des Kulturmohns (*Papaver somniferum* L.) werden drei *Papaver*-Arten diskutiert: Rothmaler (1949) erkannte die sehr ähnliche Form der glatten Narbenlappenenden von *Papaver glaucum* Boiss. et Hausskn. und von manchen besonders in Asien verbreiteten Kulturmohnsippen. Er stellte deshalb diese Formen von *P. somniferum* zu *P. glaucum* (*P. glaucum* ssp. *indicum* (Vess.) Rothm.) und verwies so auf ihre phylogenetische Ableitung. Schwierigkeiten erwachsen dieser Hypothese aus den unterschiedlichen Chromosomenzahlen der beiden Arten (*P. somniferum* – überwiegend $2n=22$, *P. glaucum* – $2n=14$). Ungeklärt ist noch die Möglichkeit der Introgression von *P. glaucum* in den Kulturmohn.

Reckin (1970) begründete auf der zahlenmäßigen Übereinstimmung und morphologischen Ähnlichkeit der Chromosomen des südafrikanisch-australischen *P. aculeatum* Thunb. und von *P. somniferum* die These, daß beide von der gleichen Ausgangsart abstammen könnten. Unserer Meinung nach sprechen die beträchtlichen morphologischen Differenzen und die sehr unterschiedliche geographische Verbreitung beider Arten durchaus gegen eine nähere Verwandtschaft der Arten, wenn auch die Morphologie der beiden Chromosomensätze (Abb. 6) nach den hier vorliegenden Befunden recht ähnlich ist.

Von den meisten Autoren (z. B. schon von de Candolle, 1896, S. 319) wird aufgrund der großen morphologischen Ähnlichkeit die Ursprungssippe des Kulturmohns in *P. setigerum* DC. gesehen. Markgraf schreibt in seiner Bearbeitung der Gattung in Hegi (1962) S. 47, daß sich beide Arten fruchtbar miteinander kreuzen lassen und jeweils $2n=22$ bzw. $2n=44$ aufweisen. Diese Aussage läßt die Frage nach der Abstammung des Kulturmohns als geklärt erscheinen, zumal sich beide Sippen auch genetisch sehr nahestehen (Kuzmina, 1935 nach Hrishi, 1960). Eine Tatsache wird hier aber unzureichend berücksichtigt, auf die schon Basilevskaja (1928) hinwies. Die große Mehrheit der Kulturmohne ist diploid ($2n=22$). Nur

1 Herrn Prof. Dr. Drs. h. c. Hans Stubbe zum 75. Geburtstag gewidmet.

wenige tetraploide Formen konnten nachgewiesen werden (z. B. KOOPMANS, 1956; FURUSATO, 1940 nach HRISHI, 1960). Dagegen wird für *P. setigerum* fast ausschließlich eine Chromosomenzahl von 2n=44 berichtet, wenn man von vereinzelten Angaben der diploiden Stufe absieht (z. B. SUGIURA, 1940 nach HRISHI, 1960; FERNANDES et QUEIROS, 1970/71). Damit ergibt sich die Frage, wie aus einer tetraploiden Wild- eine (überwiegend) diploide Kulturart entstehen kann.

Das gleiche Problem bestand vor einiger Zeit bezüglich des Ursprungs der alten südasiatischen Zierpflanze *Celosia cristata* L. (2n=36, *Amaranthaceae*). Hier sind die großräumig verbreiteten Sippen der Wildart *C. argentea* L. ebenfalls tetraploid (2n=72). VAN STEENIS (1958) sagte die Existenz von diploiden Sippen der Wildart voraus, die von DESAI (1971) auch tatsächlich gefunden wurden. Diese Idee wollen wir auch zur Aufklärung der Evolution des Kulturmohns heranziehen.

Material von *P. setigerum* wurde aus den verschiedensten botanischen Einrichtungen beschafft (Tab. 1). Es stellte sich heraus, daß diese Art offenbar selten ge-

Tabelle 1

Untersuchungsmaterial

Anbau-Nr.	Herkunft	Ernte-jahr	Chrom.-zahl	Kapsel-größe	Samen-größe
Papaver somniferum L. subsp. *setigerum* (DC.) CORB.					
PAP 92	Bot. Garten Hamburg	1972	2n=44	klein	klein
PAP 95 A	Nat.-gesch. Museum Paris,	1972	2n=44	klein	
	Frankreich	1976			
PAP 95 B	desgl.	1976	2n=22	groß	
PAP 229	Kanarische Inseln, spontan,				groß,
	über Bot. Garten Univ.	1970	2n=44	klein	klein
	Oslo, Norw.	1972	2n=32		
			−36;44	klein	
PAP 230	Bot. Garten Univ. Montpellier				
	Frankreich	1973	2n=44	klein	klein
D 1784	Portugal, spontan, über				
	Bot. Garten Lissabon	1975	2n=44	klein	klein
D 1889 A	Bot. Garten Univ. Leipzig	1976	2n=22	klein	
D 1889 B	desgl.	1976	2n=22	groß	
D 2010	Bot. Garten Univ.				
	Lissabon, Port.	1976	2n=44	klein	klein
(Noch nicht nachbestimmtes Material, weil Saatgut erst 1976 erhalten:)					
D 2116	Portugal, spontan, über				
	Bot. Garten Lissabon Orig.	1976	2n=44		klein
Papaver somniferum L. subsp. *somniferum*					
PAP 231	Italien, spontan, über		2n=22	klein	groß
	Bot. Garten Palermo	1975	2n=44	klein	klein
Papaver aculeatum THUNB.					
St 2576	Süd-Australien, spontan, über				
	J. RECKIN (Finowfurt)	1975	2n=22		

worden ist bzw. kaum im internationalen Samentausch angeboten wird. Besonders trifft das für spontanes Material zu. Oft werden unter der Bezeichnung *P. setigerum* bestimmte Formen von *P. somniferum* versandt. Beide Sippen sind offensichtlich schwierig zu trennen. DANERT (1958) stellte einen Bestimmungsschlüssel für die Sektion *Papaver* zusammen. Als Differentialmerkmale für die uns interessierenden Sippen sind angegeben: Alle Laubblattzipfel in eine Borste auslaufend, Kelchblätter mit Borsten besetzt – *P. setigerum*; nur die größeren Laubblattzipfel häufig in einer Borste endend, Kelchblätter zuweilen mit einzelnen Borsten versehen – *P. somniferum*. DANERT konnte nur diese wenigen Differentialmerkmale aus einer größeren Anzahl vorgegebener Merkmale bestätigen (unter Berücksichtigung der Angaben bei DE CANDOLLE, 1815, Fl. France 5, p. 585, BOISSIER, 1867 und FEDDE, 1909), weil er auf ein umfangreiches Kulturmohnsortiment zurückgreifen konnte. Im allgemeinen wurde in den früheren taxonomischen Bearbeitungen die sehr große Variabilität des Kulturmohns nicht ausreichend berücksichtigt, denn es gibt auch Kulturmohne mit Kelchborsten und beborsteten Laubblattzipfeln. Wir haben nun selbst kein *P. setigerum* gefunden, bei dem alle Zähnchen der Laubblätter in einer Borste endeten, so daß uns eine durchgehende Trennung beider Sippen einzig anhand qualitativer Eigenschaften nicht möglich erscheint. Erst durch die Hinzuziehung von quantitativen Merkmalen läßt sich eine einigermaßen brauchbare Trennung herausarbeiten.

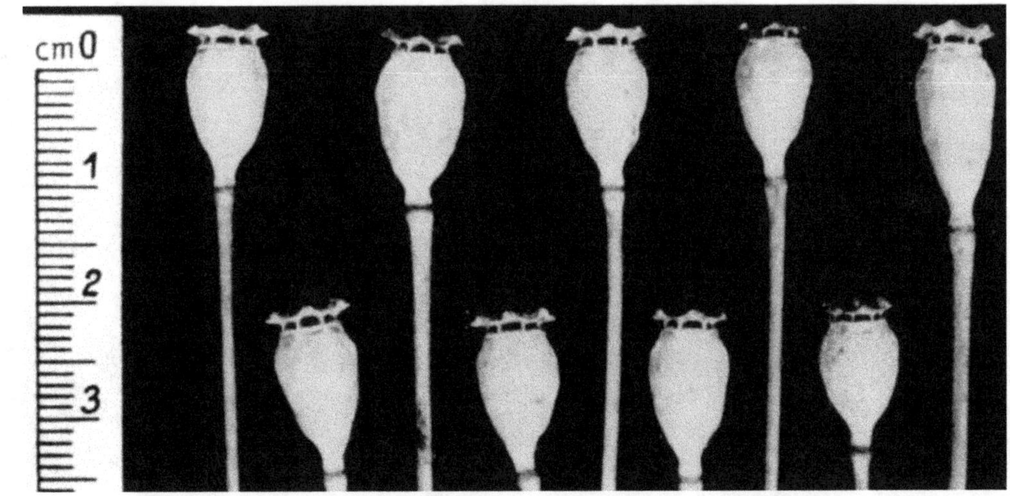

Abb. 1 Kapseln von *P. setigerum* (PAP 229: Kanarische Inseln, spontan)

Die Angaben zur Kapselgröße von *P. setigerum* tragen leider auch nicht dazu bei, die Schwierigkeiten bei der Abtrennung gegenüber *P. somniferum* zu beheben. Die größten von uns bei *P. setigerum* gefundenen Kapseln waren (unter Kulturbedingungen!) 2×1 cm (vgl. Abb. 1). In der „Flora Europaea" (1964, bearbeitet von MOWAT und WALTERS) sind dagegen in Anlehnung an die Beschreibung von FEDDE (1909) 5–6×3–4 cm angegeben. Nach unserer Meinung könnte es sich

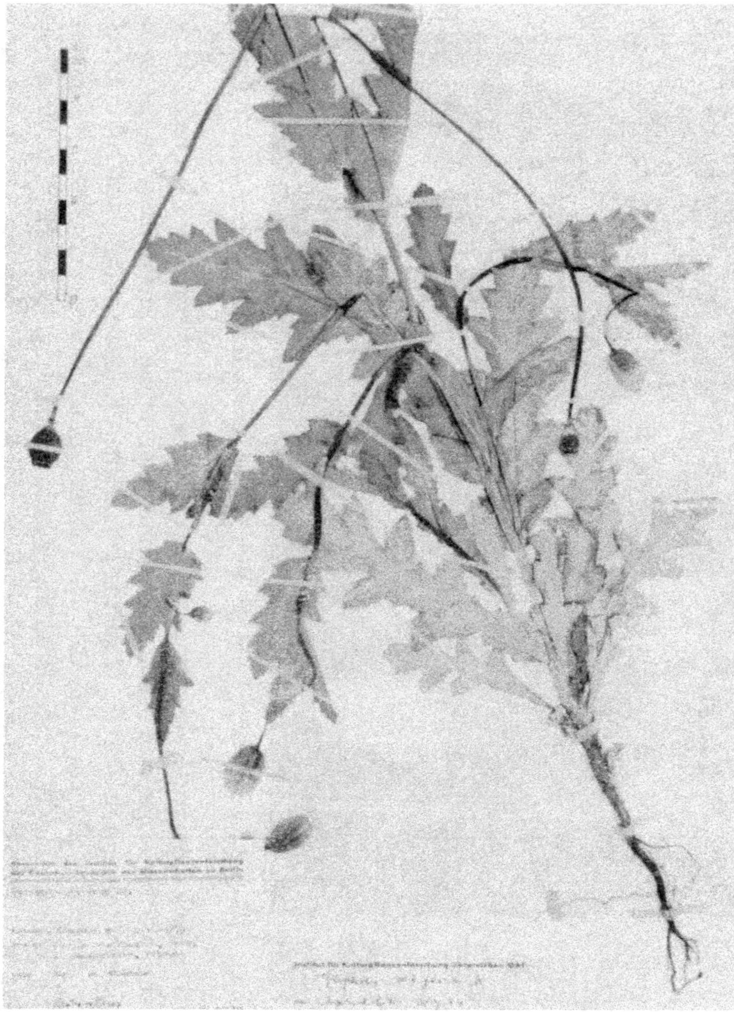

Abb. 2 Typische Pflanze von *P. setigerum* (PAP 229: Kanarische Inseln, spontan)

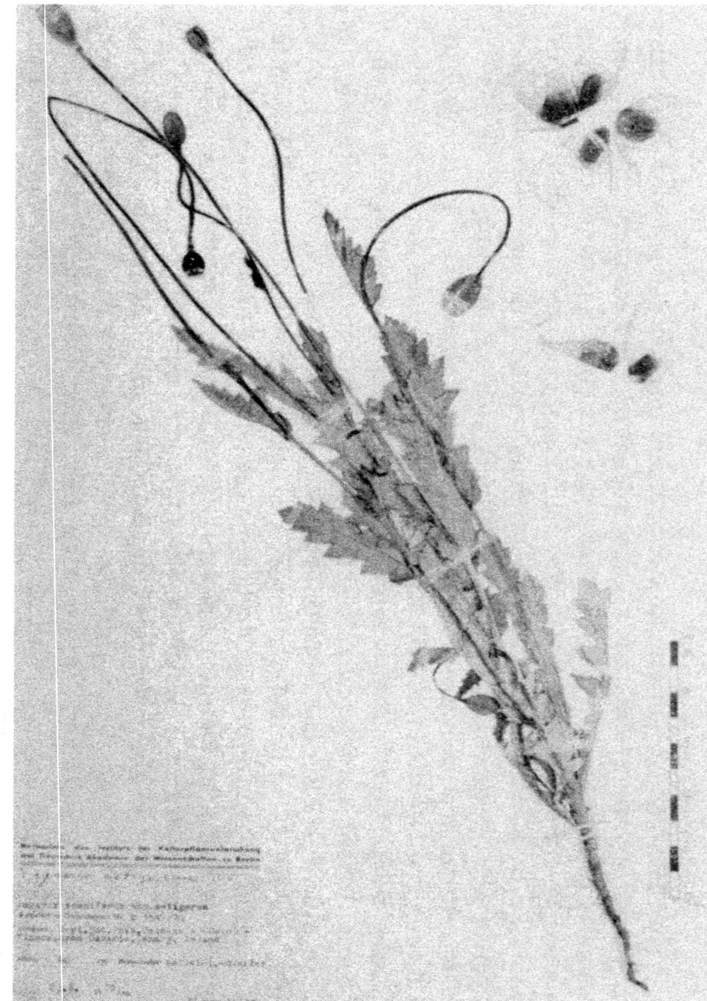

Abb. 3 Typische Pflanze von *P. setigerum* (PAP 230: Bot. Garten Montpellier)

hierbei um Kreuzungsprodukte diploider Sippen von *P. setigerum* mit dem Kulturmohn handeln. Möglicherweise erklären sich so auch gelegentliche Berichte über einen Anbau des *P. setigerum* in Nordfrankreich (DE CANDOLLE, 1896).

Weitere quantitative Unterscheidungsmerkmale der besprochenen Taxa sind die Größe der Samen, die im Durchschnitt bei *P. setigerum* geringer (0,66–0,97 mm) ist als bei *P. somniferum* (0,77–1,41) (vgl. HARTWICH, 1899), und die Anzahl der Narbenstrahlen, von denen *P. setigerum* 5–8 und *P. somniferum* 8–18 aufweisen. Damit kann festgestellt werden, daß sich *P. somniferum* von *P. setigerum* neben der unterschiedlichen Beborstung hauptsächlich in den Merkmalen unterscheidet, die Auslesewert für den Menschen besitzen.

In den ersten Chromosomenzählungen (vgl. Tabelle 1, Ergebnisse der Jahre 1970 und 1972) zeigte sich auch in unserem Material der Chromosomensatz als brauchbares Unterscheidungsmerkmal, denn die Sippen von *P. setigerum* erwiesen sich wie erwartet als tetraploid. Bei PAP 229 fielen 1972 im Ernteprodukt neben normalen etwas kleinere Körner auf, die triploid (2n = ca. 33) waren. Im Sortiment wurden anfangs *P. somniferum* und *P. setigerum* in unmittelbarer Nähe angebaut. Auf Grund der unterschiedlichen Ploidiestufe war eine Vermischung beider Sippen nicht zu befürchten, da z. B. BLARINGHAM (1925) angegeben hatte, daß die eventuell entstehenden triploiden Bastarde wenig vital sind und nicht zur Reproduktion kommen. Im Jahre 1976 wurden wir bei PAP 95 und D 1889 auf einige größere Pflanzen mit deutlich größeren Kapseln und Samen in den *P. setigerum*-Beständen aufmerksam (Abb. 4, 5). Eine Chromosomenzählung am Erntegut dieser Pflanzen ergab, daß sie diploid waren. Paralleluntersuchungen der Samen von

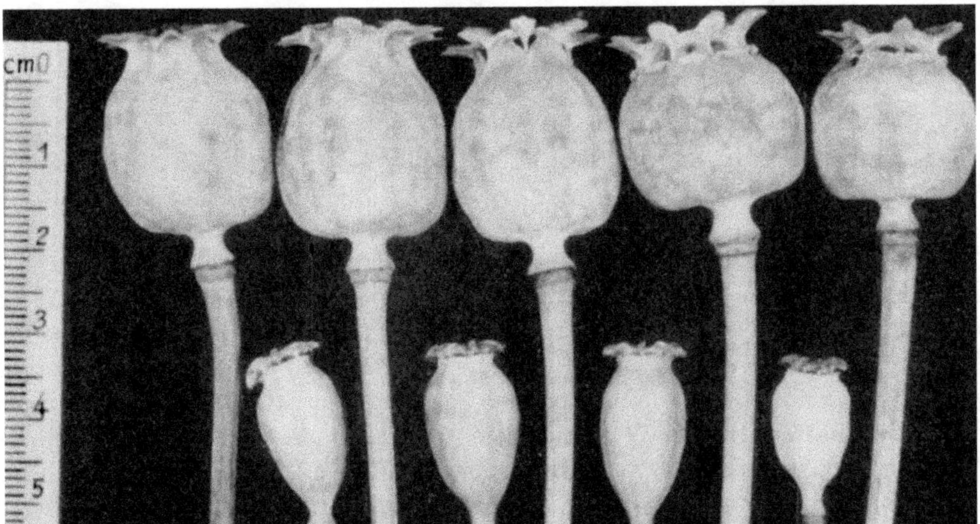

Abb. 4 Kapseln von D 1889 (Bot. Garten Leipzig). Kleine Kapseln mit charakteristischer *setigerum*-Form und -Größe; große Kapseln spontane Bastarde mit Kulturmohn – linke Kapseln Schließmohn-Charakter, rechte Kapseln Schüttmohn-Charakter

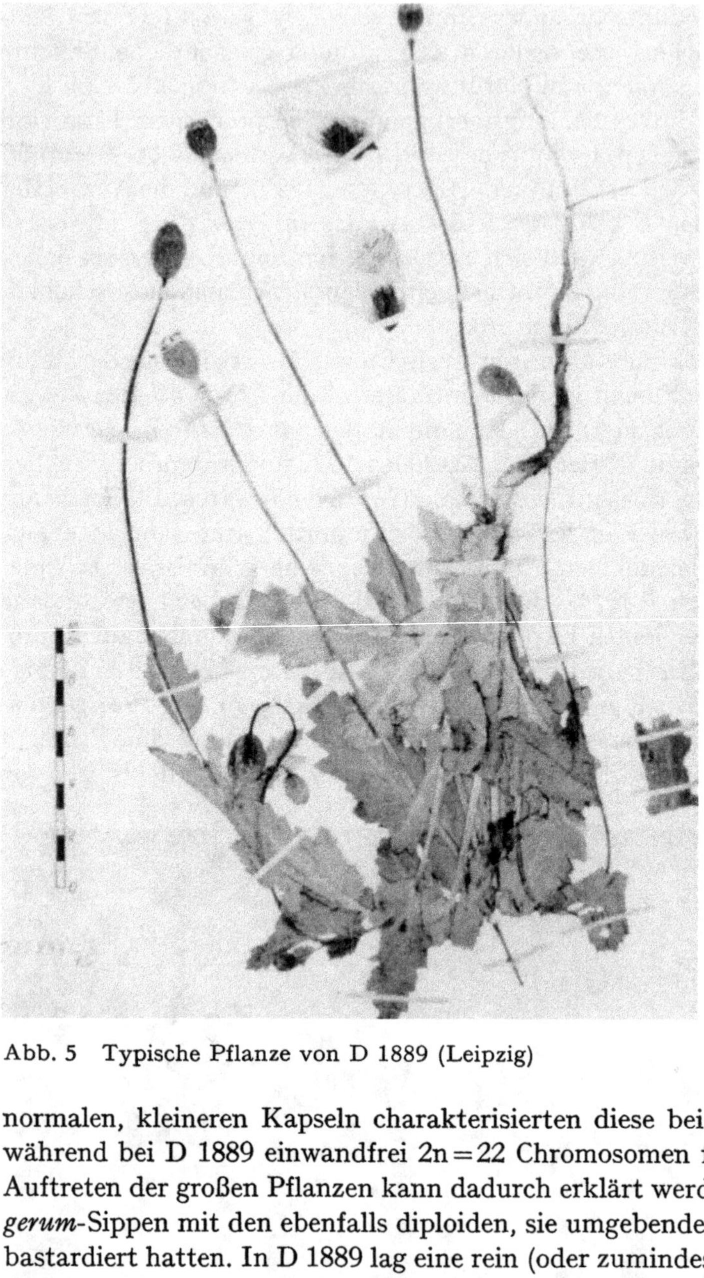

Abb. 5 Typische Pflanze von D 1889 (Leipzig)

normalen, kleineren Kapseln charakterisierten diese bei PAP 95 als tetraploid, während bei D 1889 einwandfrei 2n = 22 Chromosomen festgestellt wurden. Das Auftreten der großen Pflanzen kann dadurch erklärt werden, daß diploide *P. setigerum*-Sippen mit den ebenfalls diploiden, sie umgebenden *P. somniferum*-Sippen bastardiert hatten. In D 1889 lag eine rein (oder zumindest überwiegend) diploide Ausgangspopulation von *P. setigerum* vor, während bei PAP 95 offensichtlich nur wenige diploide *P. setigerum*-Pflanzen der übrigen tetraploiden Population beigemischt waren.

Es ist uns folglich gelungen nachzuweisen, daß diploide *P. setigerum*-Sippen vorkommen. Damit scheidet ein wichtiger Grund jetzt aus, der gegen die Annahme von *P. setigerum* als potentielle Stammart für den Kulturmohn sprach.

Zur weiteren Bestätigung dieser Ansicht erhoffen wir uns von zytologischen Untersuchungen näheren Aufschluß. Aufgrund von Meioseanalysen von Bastarden *P. somniferum* 2n × *P. setigerum* 4n war Hrishi (1960) zu dem Ergebnis gekommen, daß *P. setigerum* ein Alloploid aus *P. somniferum* und einer unbekannten Art ist. Die von uns gefundenen diploiden Sippen könnten demzufolge auch dieses andere, nicht mit dem von *P. somniferum* verwandte Komplement enthalten. Zur Klärung dieser Frage erschien uns ein Vergleich der Chromosomenmorphologie geeignet.

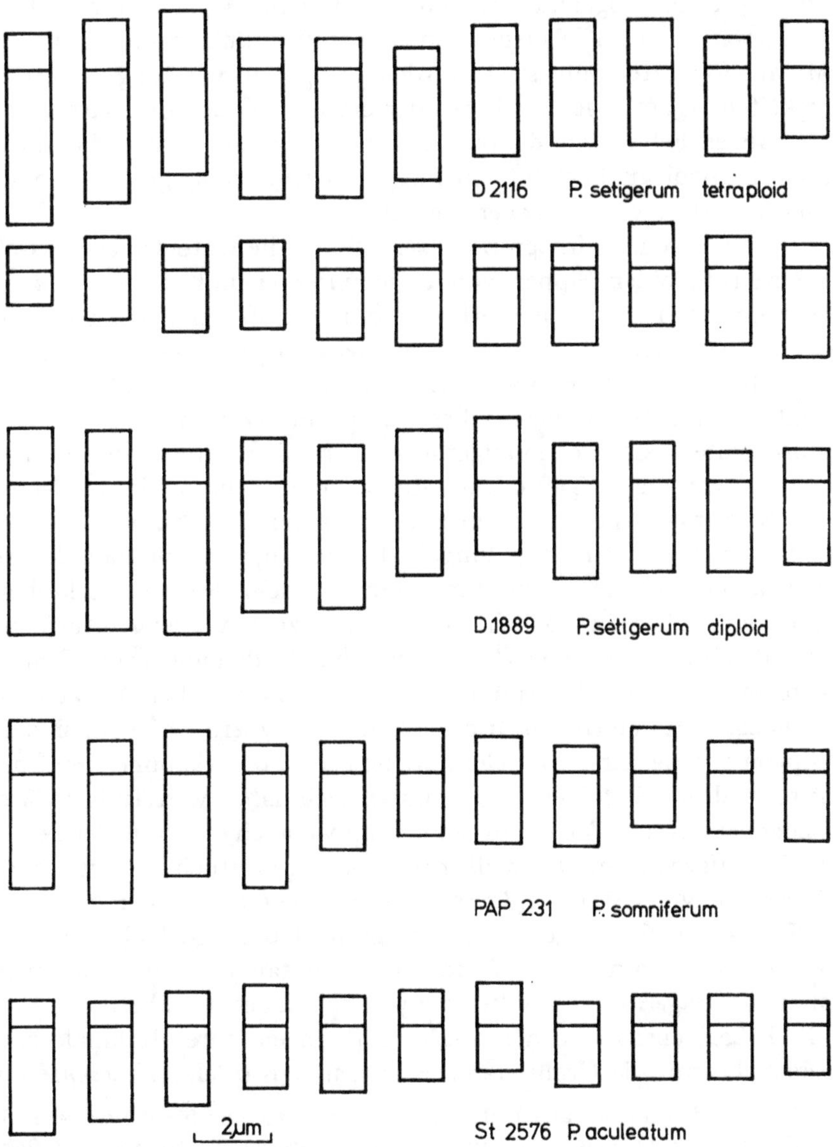

Abb. 6 Vorläufige Idiogramme der untersuchten Sippen

1–3 Tage alte Keimpflanzen wurden nach 2–3stündiger Vorbehandlung in einer gesättigten wäßrigen Lösung von Paradichlorbenzol in Alkohol/Eisessig 3 : 1 fixiert, in n-HCl kurz hydrolisiert, um das Gewebe zu mazerieren, und nach dem Auswaschen in Aqua dest. mit einem Gemisch von Eisen-Karminessigsäure/Orceinessigsäure 3 : 1 gefärbt. Von den Wurzelspitzen wurden dann Quetschpräparate angefertigt.

Wir stellten fest, daß die von HRISHI (l. c.) und YASUI (1940, zitiert nach HRISHI) zwischen verschiedenen Populationen von *P. somniferum* nachgewiesene beträchtliche Variation der Chromosomenform auch innerhalb der Populationen der hier untersuchten Arten auftritt und die Aufstellung von Karyogrammen sehr erschwert. Die abgebildeten Idiogramme (Abb. 6) sind durch Mittelwertbildung von jeweils 3–4 mittels eines Okularschraubenmikrometers genau ausgemessener Metaphaseplatten aufgestellt worden und nur als vorläufig zu betrachten. Schwierigkeiten ergaben sich auch aus der geringen Größe der Chromosomen und dem oftmaligen Fehlen von deutlich sichtbaren Satelliten. Auf die mit den chromosomen-morphologischen Untersuchungen zusammenhängenden Probleme soll jedoch hier nicht näher eingegangen werden.

Die vorliegenden Idiogramme zeigen, daß die Unterschiede zwischen den untersuchten diploiden Sippen von *P. somniferum* und *P. setigerum* in der Chromosomenmorphologie recht gering sind und daß bei der tetraploiden Sippe von *P. setigerum* kein verdoppeltes *somniferum*-Komplement, sondern zwei verschiedene Komplemente vorliegen. Darauf weist u. a. das Fehlen eines zweiten metazentrischen Chromosoms bei dieser Sippe hin. Wir können folglich – trotz mancher Vorbehalte aus den oben angeführten Gründen – aus diesen Befunden schließen, daß die von uns aufgefundenen diploiden Sippen von *P. setigerum* als Vorfahren des Kulturmohns durchaus in Betracht kommen könnten.

Leider ist es uns nicht gelungen, diploide Sippen innerhalb der wenigen uns zur Verfügung stehenden Spontanherkünfte nachzuweisen. Es läßt sich damit zur Zeit nichts über ein mögliches Entstehungszentrum der Kulturmohne sagen.[2] Das rezente Gesamtareal von *P. setigerum* umfaßt den nördlichen Teil des Mittelmeergebietes mit dem Schwerpunkt im Westen, ausstrahlend bis zu den Kanaren und östlichsten Standorten in Griechenland und Zypern. Offenbar sind die tetraploiden Sippen der meist ruderal oder zuweilen segetal vorkommenden Spezies besser angepaßt als die diploiden und konnten sich daher weitläufiger durchsetzen. Möglicherweise ist ein Teil der diploiden Sippen auch im Laufe der Zeit mit im Kulturmohn aufgegangen. Der Kulturmohn könnte zeitlich auch vor der großräumigen Verbreitung der tetraploiden *setigerum*-Sippen entstanden sein.

Es kann nicht ausgeschlossen werden, daß einige Kulturmohne auch aus den tetraploiden Formen von *P. setigerum* entstanden sind. Eine unter der Bezeichnung *P. setigerum* versandte, morphologisch recht einheitliche Sippe aus Italien (PAP 231) enthält auch tetraploide Pflanzen. Ihre Merkmale entsprechen aber sonst, bis auf die Größe der Pflanzen und Kapseln, *P. somniferum* (Abb. 7, 8),

2 Wir wenden uns an alle Kollegen mit der Bitte, uns für die weiteren Untersuchungen Samenmaterial von *P. setigerum* sowie weiteren Vertretern der Sekt. *Papaver* von Spontanherkünften zuzusenden.

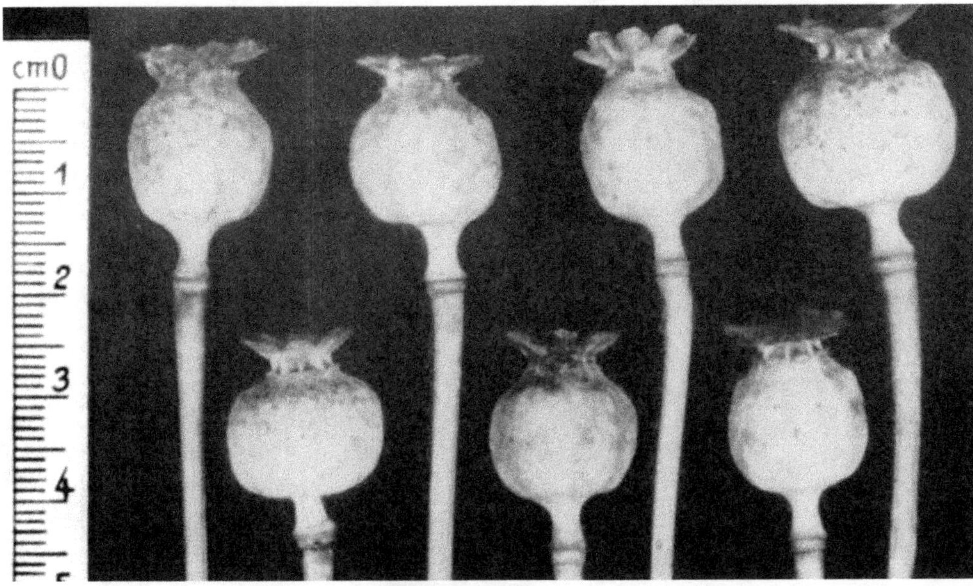

Abb. 7 Kapseln von *P. somniferum* (PAP 231: Italien, spontan)

weshalb wir sie als zum Kulturmohn zugehörig betrachten. Es ist ein Schüttmohn mit kleinen, in der Form typischen *somniferum*-Kapseln, zeigt weder am Kelch noch an den Laubblattzipfeln Borsten und die Laubblätter sind nicht so tief eingeschnitten, wie das gewöhnlich bei *P. setigerum* beobachtet werden kann. Hier könnte eine schon lange verwilderte alte Landsorte tetraploiden Kulturmohns beigemischt sein. Wir werden in den folgenden Vegetationsperioden diese Pflanzen weiter beobachten, um die Konstanz der morphologischen und zytologischen Merkmale zu prüfen.

Unsere Befunde bestätigen damit die Ansicht, daß *P. setigerum* und *P. somniferum* mit Hilfe der Chromosomenzahl nicht sicher getrennt werden können, weil bei beiden Arten diploide und tetraploide Sippen existieren. Wie sich bei der Diskussion der anderen Merkmale ebenfalls zeigte, stehen sich *P. setigerum* und *P. somniferum* insgesamt so nahe, daß es nicht zweckmäßig erscheint, sie weiterhin im Artrang gleichberechtigt nebeneinander zu führen. Elkan (1839) war unseres Wissens der erste, der *P. setigerum* als Varietät zu *P. somniferum* gestellt hat, doch halten wir eine Unterscheidung auf subspezifischer Rangstufe für besser begründet (*P. somniferum* L. subsp. *somniferum* und subsp. *setigerum* (DC.) Corb.).

Auch die leichte Kreuzbarkeit beider Sippen auf diploider Stufe weist auf die nahe Verwandtschaft hin. Die Bastarde besitzen eine gute Vitalität und sind voll fertil. Sie sind schon während des Wachstums und während der Blütezeit im Bestand zu erkennen, jedoch kann die Trennung am einfachsten während der Zeit der Samenreife erfolgen. Mithin kann man bereits durch den Anbau der *setigerum*-Sippen in Nachbarschaft mit Kulturmohn und Prüfung der Nachkommen recht sichere Hinweise auf den Ploidiestatus der jeweiligen *setigerum*-Sippe erhalten.

Abb. 8 Pflanze von *P. somniferum* (PAP 231: Italien, spontan). Zu beachten sind das Fehlen von Borsten, der typische Blattschnitt und Habitus

Zusammenfassung

Die Frage nach der Ursprungssippe des Kulturmohns wird diskutiert. Bei mehreren Sippen von *Papaver somniferum* L. ssp. *somniferum* und ssp. *setigerum* (DC.) CORB. sowie bei *Papaver aculeatum* THUNB. wurden die Zahlen und Morphologie der Chromosomen untersucht. Bisher war die Hypothese einer Evolution der ssp. *somniferum* (2n = 22) aus der ssp. *setigerum* (2n = 44) wenig wahrscheinlich. Jetzt konnten wir diploide *setigerum*-Sippen auffinden, die auch chromosomenmorphologisch als Vorfahren des Kulturmohns in Betracht kommen können.

In diesem Zusammenhang wird auf die morphologischen Unterschiede von ssp. *somniferum* und ssp. *setigerum* eingegangen, die wegen der nahen Verwandtschaft dieser beiden Sippen vorwiegend auf der Grundlage quantitativer Merkmale (Kapselgröße, Pflanzengröße, Beborstung, Samengröße) basieren.

Summary

On the Problem of the Ancestral Species of Cultivated Poppy (*Papaver somniferum* L.)

The problem of the ancestral race of cultivated poppy is discussed. From several strains of *Papaver somniferum* L. ssp. *somniferum*, ssp. *setigerum* (DC.) CORB. and in *Papaver aculeatum* THUNB. numbers and morphology of chromosomes were studied.

Until now the probability was relatively low of the hypothesis, that the evolution of the ssp. *somniferum* (2n = 22) proceeded from the ssp. *setigerum* (2n = 44). Now we have found diploid strains of ssp. *setigerum* (2n = 22) which can be considered as ancestral forms for the cultivated poppy also from the standpoint of chromosome morphology.

In this connection the morphological differences between ssp. *somniferum* and ssp. *setigerum* are discussed, being mostly based on quantitative characters (size of capsules, plants and seeds, number of bristles) because of the close relationship between these two taxa.

Краткое содержание

К вопросу об исходной форме культурного мака (*Papaver somniferum* L.)

Обсуждается вопрос исходной формы культурного мака. Исследуются числа хромосом и их морфология у различных форм *Papaver somniferum* L. ssp. *somniferum* и ssp. *setigerum* (DC.) Corb., а также у *P. aculeatum* Thunb. До сих пор, гипотеза происхождения ssp. *somniferum* (2n = 22) от ssp. *setigerum* (2n = 44) была мало вероятна. Теперь удалось найти диплоидные формы ssp. *setigerum*, которые и на основании морфологии хромосом могут рассматриваться как предки культурного мака.

В связи с этим обсуждаются морфологические различия ssp. *somniferum* и ssp. *setigerum*, которые, благодаря близкому родству обеих форм основываются, главным образом, на количественных признаках (величина коробочки, высота растения, щетинистость, величина семян).

Literatur

Basilevskaja, N. A., 1928: On the races of Opium poppy, growing in Semiretchic, and the origin of their culture (engl. summary, russ.). – Trudy prikl. bot., gen. i sel. *19* (2) 95.

Blaringham, M., 1925: Sur une hybride sterile de Pavot Oeilette (*Papaver somniferum* L. var. *nigrum* DC.) et d'un Pavot sauvage (*Papaver setigerum* DC.). – Bull. Soc. Bot. France *72*, 623–628.

Boissier, E., 1867: Flora Orientalis *1*, 115. – Basel.

Danert, S., 1958: Zur Systematik von *Papaver somniferum* L. – Kulturpflanze *6*, 61–88.

De Candolle, A., 1896: Origine des plantes cultivées. – Paris.

Desai, S. R., 1971: Morphological and cytological studies on Amaranthaceae. – Cytologia *36*, 349–353.

Elkan, L., 1839: Tentamen monographiae generis *Papaver*. – Königsberg.

Fedde, F., 1909: Papaveraceae – Hypecoideae et Papaveraceae – Papaveroideae. Regni vegetabilis conspectus, H. 40. – Berlin

Fernandes, A. et Queiros, M., 1970/71: Sur la caryologie de quelques plantes récoltées pendant la IIIème Réunion de botanique péninsulaire. – Mem. Soc. Bot. *21*, 343–358.

Hartwich, C., 1899: Über *Papaver somniferum* und speziell dessen in den Pfahlbauten vorkommende Reste. – Apotheker-Zeitung *14*, 278–280, 289–291, 300–302.

Hrishi, N. J., 1960: Cytological studies on *Papaver somniferum* L. and *Papaver setigerum* DC. and their hybrid. – Genetica *31*, 1–130.

Koopmans, A., 1956: Enkele cytogenetische aspecten binnen het geslacht *Papaver*. – Genen et Phaenen *1* (3) 5.

Markgraf, F., 1962: 53. Familie Papaveraceae. – In: Hegi, G., Illustrierte Flora von Mitteleuropa *4* (1). – München.

Mowat, A. B. and S. M. Walters, 1964: *Papaver* L. – In: Tutin, T. G. et al., Flora Europaea *1*, 247–250. – Cambridge.

Reckin, J., 1970: A contribution to the cytology of *Papaver aculeatum* Thunb. – Caryologia *23* (4), 461–464.

Rothmaler, W., 1949: Notulae Systematicae. 4. Papaveres. – Index Seminum Inst. Gaterslebense, 42.

Steenis, C. G. G. J. van, 1968: Flora Malesiana, series 1, vol. *5*, p. 554.

Kulturpflanze XXV · 1977 · S. 125–139

Möglichkeiten ökophysiologischer Forschung zur Produktivitätssteigerung in der tropischen Landwirtschaft[1]

Gerhard Lerch

(Eingegangen am 1. Oktober 1976)

I. Einleitung

Eine Betrachtung der Produktivitätsverhältnisse in der tropischen Landwirtschaft stößt immer wieder auf einen scheinbar paradoxen Widerspruch: Einerseits bietet ein vorzügliches Wuchsklima mit seinen hohen Temperatur- und Feuchtigkeitswerten so gute Voraussetzungen für die pflanzliche Stoffproduktion, daß in den auf der Basis von Klimadaten computerberechneten Produktivitäts-Weltkarten die Tropengürtel mit den höchsten potentiellen Leistungskennziffern ausgezeichnet erscheinen (Lieth 1972a, b; 1973; Sharp & Wyatt 1974) und dort pro Quadratmeter und Jahr zweitausend und mehr Gramm an organischer Trockenmasse von der Pflanzendecke produziert werden können, im Vergleich zu Werten von 1000 bis 1500 Gramm für den überwiegenden Teil der Agrargebiete in den gemäßigten Klimazonen. Demgegenüber aber liegen die tatsächlichen Hektarerträge in der tropischen Landwirtschaft, von Ausnahmen abgesehen, meist erschreckend niedrig und weit unter dem Vergleichsniveau der Landwirtschaftskulturen im gemäßigten Klima (Fao 1971). Diese niedrige Produktivität im größten Teil der tropischen Landwirtschaft wird um so bedrohlicher, als gerade in den Tropenländern die Bevölkerungsziffern von Jahr zu Jahr ansteigen, so daß bereits seit längerem internationale Organisationen, wie Unesco und Fao, sich dieser Gefahr bewußt sind und durch groß angelegte Entwicklungsprojekte für die tropischen und subtropischen Agrargebiete Abhilfe zu schaffen suchen. Die Ursachen dieses Zustandes, der Produkt und bitteres Erbe des Kolonialismus ist, müssen überwiegend darin gesehen werden, daß die ehemaligen Kolonialmächte in den von ihnen beherrschten Tropengebieten bei der dortigen Arbeitskräftesituation keine ökonomische Notwendigkeit empfanden, Investitionen auf breiterer Basis für Forschungen zur Steigerung der Produktivität und Intensivierung der Landwirtschaftskulturen aufzuwenden, so wie das in den weiter nördlich gelegenen Industriestaaten schon frühzeitig unter dem wirtschaftlichen Zwang eines zunehmenden Bevölkerungsdrucks bei gleichzeitig beständig sich verkleinernder Agrar-

1 Herrn Prof. Dr. Drs. h. c. Hans Stubbe zum 75. Geburtstag gewidmet.

fläche der Fall war. Auf diese Weise gewann die Landwirtschaftswissenschaft dieser Länder gegenüber den Tropen einen Vorsprung von mehreren Jahrzehnten, und die niedrigen Hektarerträge in der heutigen tropischen Landwirtschaft lassen sich fast immer auf eine oder mehrere der nachfolgenden Ursachen, bzw. Versäumnisse zurückführen:

(1) Unzureichend entwickelte, zuweilen noch archaische Agrotechnik.
(2) Fehlende oder ungenügende Züchtungsmaßnahmen. Die angebauten Sorten haben zumeist ein niedriges Ertragspotential, geringe Keimkraft, und nur selten existiert ein wirksames System zur groß angelegten Saatgutveredelung und -vermehrung.
(3) Unzureichender Schutz gegenüber einer gesteigerten Vielfalt von Krankheiten und Schädlingen, die sich unter den tropischen Witterungsbedingungen besonders kräftig vermehren.
(4) Mangelhafte oder gänzlich fehlende Kenntnisse über die optimalen Bedingungen, unter denen die jeweiligen Kulturen angebaut werden müssen, um ihr genotypisch gegebenes Ertragspotential voll auszuschöpfen.

In allen vier genannten Bereichen fehlt es außerdem noch weitgehend an geschulten Fachkräften mit der erforderlichen praktischen Erfahrung, da solche Kader unter dem Kolonialsystem nicht oder nur unzureichend in der einheimischen Bevölkerung der tropischen Länder ausgebildet wurden. Diesen schweren wirtschaftlichen und wissenschaftlichen Rückstand aufzuholen, ist heute eines der Hauptanliegen fast aller jungen Staaten, die in neuerer Zeit ihre politische Unabhängigkeit erlangt haben und die mit ihrer großen Mehrheit in den tropischen Zonen Asiens, Afrikas und Lateinamerikas liegen. Hierbei läßt sich das verständliche Streben, vorhandene Lücken einfach durch Übernahme bewährter Erfahrungen aus wissenschaftlich weiter fortgeschrittenen Ländern zu übernehmen, zwar in vielen Fällen verwirklichen, stößt jedoch stets dann auf Grenzen, wenn die klimatischen Verhältnisse eine Rolle spielen. Wo immer Klima und Boden das Ergebnis einer landwirtschaftlichen Forschung mitgeprägt haben, dürfen diese Resultate nicht ohne vorherige Überprüfung auf Regionen mit andersartigem Klima- und Bodencharakter angewandt werden. Diese Forderung klingt selbstverständlich, und man sollte meinen, daß sie als ökologisches Axiom allgemein beherzigt würde; in der Praxis aber wird immer wieder dagegen verstoßen, was nicht selten mit empfindlichen wirtschaftlichen Verlusten bezahlt werden muß. Dies trifft ganz besonders für den weiten Problemkreis der optimalen Anbaubedingungen für die tropischen Acker- und Fruchtkulturen zu, die vielfach noch ohne wissenschaftliche Grundlagen, oft nach Urvätersitte, angepflanzt werden, ohne daß experimentell begründete Kenntnisse über die bestmöglichen Maßnahmen zur Förderung der Ertragsbildung unter den jeweiligen Witterungs- und Bodenverhältnissen vorliegen. Damit aber gewinnen Forschungen über die Prozesse der Ertragsbildung unter dem spezifischen Einfluß der tropischen Umweltbedingungen eine entscheidende Bedeutung für die Produktivität dieser Kulturen, und eine auf die besonderen Verhältnisse der tropischen Landwirtschaft ausgerichtete ökologische Pflanzenphysiologie nimmt eine Schlüsselstellung in den Bestrebungen zur Steigerung der tropischen Erträge ein, wobei hier ein fast unübersehbares Feld von Aufgaben noch offen steht.

Um sich in die weltweiten Bemühungen auf diesem Gebiet einzureihen, wurde im September 1967 auf gemeinsamen Beschluß der Akademie der Wissenschaften der DDR und der Kubanischen Akademie der Wissenschaften in Havanna eine Abteilung für Pflanzenphysiologie gegründet, als erste Forschungsinstitution dieser Art in Cuba, mit der wissenschaftlichen Konzeption, dort vorrangig eine gezielte Grundlagenforschung über den Einfluß spezifisch tropischer Klima- und Anbaufaktoren auf die Entwicklung und Ertragsbildung ökonomisch bedeutender tropischer Pflanzenkulturen aufzubauen, unter besonderer Berücksichtigung der akuten Probleme in der kubanischen Landwirtschaft. Aus den an dieser Forschungsstätte bisher durchgeführten Arbeiten, die von wissenschaftlichen Beratern aus dem Zentralinstitut für Genetik und Kulturpflanzenforschung Gatersleben angeleitet wurden, seien nachfolgend einige Ergebnisse dargelegt, die geeignet sind, vor allem die Dringlichkeit des oben genannten „ökologischen Axioms" zu unterstreichen, d. h. den Grundsatz, daß wissenschaftliche Untersuchungsergebnisse aus anderen Ländern oder Klimazonen, sofern klimatische Faktoren dabei maßgeblich mitgespielt haben, nicht ohne kritische Prüfung übernommen werden dürfen, weil sie vielfach unter andersartigen Klimabedingungen keine oder nur begrenzte Gültigkeit haben.

II. Einige Forschungsergebnisse

1. Windschutzhecken

Zu den ersten Aufgaben der Abteilung für Pflanzenphysiologie an der Kubanischen Akademie der Wissenschaften gehörten unter anderem Untersuchungen über die Effektivität der damals bestehenden Versuchspflanzungen von Windschutzhecken. Die in Cuba das ganze Jahr über vorherrschenden Nordost-Passatwinde blasen zwar mit relativ geringer Stärke (selten mehr als 5 m/s), üben aber auf Grund ihrer Stetigkeit eine so nachhaltige Wirkung aus, daß man den Windeinfluß vielerorts an der fahnenartigen Verformung der Baumkronen beobachten kann. Der unbestrittenen Notwendigkeit zu geeigneten Schutzmaßnahmen gegen die Schadwirkung des Windes, vor allem bei empfindlichen Kulturen, stand jedoch die Tatsache gegenüber, daß bis dahin weder in Cuba, noch in anderen Tropenländern experimentelle Untersuchungen über Windschutzpflanzungen vorlagen. So griff die kubanische Forstverwaltung zunächst auf Erfahrungen zurück, die sich bei der Anlage von Windschutzhecken in Mittel- und Osteuropa bewährt hatten (Literatur bei Ramon 1974), und es wurden in den ersten Jahren nach dem Sieg der Revolution versuchsweise an mehreren Stellen Windschutzanlagen in Form quadratischer Heckensysteme gepflanzt, deren Ausdehnung von der in Europa geltenden Faustregel bestimmt wurde, nach der die Schutzwirkung einer Hecke bis zu einer Entfernung reicht, die etwa der zehn- bis zwanzigfachen Heckenhöhe entspricht. Als vorherrschende Heckenpflanze wurde *Casuarina equisetifolia* gewählt, die sich wegen ihres guten Anpassungsvermögens an die Bodenverhältnisse und wegen ihrer genügsamen Zähigkeit bewährt hatte, ganz besonders auf nährstoffarmen Küstensandböden.

Unsere von 1967 bis 1973 durchgeführten Untersuchungen ergaben, daß die *Casuarina*-Hecken wegen der mikrophyllen Struktur dieser Art, mit ihren dünnen, biegsamen Zweigen und den winzigen Schuppenblättchen, eine weit stärkere Luftdurchlässigkeit aufweisen als die bei den europäischen Hecken verwendeten großblättrigen Gehölzarten, so daß ihre Schutzwirkung nur bis auf eine Entfernung reichte, die etwa der vierfachen Heckenhöhe entsprach (RAMON & LERCH, 1971; LERCH & RAMON, 1971). Das bedeutete aber, daß die für die europäischen Windschutzpflanzungen bewährten Normen der Heckengestaltung für die kubanischen Verhältnisse sich als unbrauchbar erwiesen, und es mußten neue Wege für die Anlage von Windschutzgürteln gesucht werden, die die speziellen Eigenschaften der hier verfügbaren Gehölzarten berücksichtigten (RAMON 1974).

Im vorliegenden Fall handelte es sich um die Übernahme von agrotechnischen und pflanzenbaulichen Erfahrungen aus einem Gebiet mit gemäßigtem Klima in tropische Regionen, womit von vornherein ein erhöhtes Risiko verbunden war, daß tiefergreifende Abänderungen sich als unausbleiblich erweisen würden. Die beiden folgenden Beispiele mögen jedoch zeigen, daß selbst bei nahe verwandten Umweltbedingungen, d. h. bei Übertragung pflanzenbaulicher Normen aus einem Tropenland in ein anderes Tropenland, Vorsicht geboten ist und Überraschungen nicht ausgeschlossen sind.

2. Reis

Im Rahmen der seit 1966 groß angelegten Bemühungen seitens der revolutionären Regierung von Cuba zur Steigerung der Reisproduktion wurde zur Gewinnung ertragreicher Pflanzenbestände auch Saatgut der kurz vorher am Internationalen Reisforschungsinstitut (International Rice Research Institute – IRRI) auf den Philippinen neu gezüchteten tropischen Hochleistungssorten eingeführt, an erster Stelle die Sorte 'IR-8', verschiedentlich auch als „Wunderreis“ bekannt, weil sie die bis dahin in den tropischen Zonen Ostasiens gewohnten niedrigen Reiserträge weit übertraf (ATHWAL 1971).

Die Sorte IR-8, seit 1966 unter diesem Namen für den kommerziellen Anbau freigegeben, ist ein Kreuzungsprodukt aus der hochwüchsigen Tropensorte 'Peta' (einem 'indica'-Typ) und dem chinesischen Zwergreis Dee-Geo-Woo-Gen, entspricht in ihrem Wuchs aber mehr einem 'japonica'-Typ: Halbzwergform mit kräftigen, standfesten Stengeln, starren, steil aufgerichteten Blättern und hohem Korn-Stroh-Verhältnis bei der Reife. Anbauversuche in verschiedenen ostasiatischen Ländern ergaben Hektarerträge an Rohreis (Paddy) bis zu zehn Tonnen, wobei für die Philippinen bei guter Stickstoffdüngung und optimaler Standweite von 20×20 cm im Durchschnitt etwa 9 t/ha während der Trockenzeit, und 7 t/ha in der Regenperiode gewonnen werden (IRRI 1968).

Ausgehend von den aus dem Internationalen Reisforschungsinstitut auf den Philippinen übermittelten Erwartungswerten, wurde von 1970 bis 1973 in einem Kooperations-Forschungsprojekt, vereinbart zwischen der Abteilung für Pflanzenphysiologie an der Kubanischen Akademie der Wissenschaften und der „Gruppe Reis" bei der kubanischen Landwirtschaftsleitung Inra, die Sorte 'IR-8' auf ihre Leistungsfähigkeit unter kubanischen Klima- und Anbaubedingungen geprüft, wobei unsere Untersuchungen sich vorrangig auf die Wechselbeziehungen zwischen Standweite, Stickstoffdüngung und jahreszeitlicher Aussaatperiode konzentrierten; die Bewässerung und sonstigen Umweltbedingungen wurden optimal gehalten. In dieser Versuchsreihe wurden nicht nur die bis dahin traditionellen Pflanzenabstände von 20 und mehr Zentimetern berücksichtigt, sondern es wurde erstmalig in Cuba auch mit Entfernungen von 10, 8 und 7 cm gearbeitet, also Reisbeständen mit 100, 150 und 200 bestockten Einzelpflanzen pro Quadratmeter Bodenfläche.

Im Gegensatz zu den Philippinen, wo derart dichte Bestände keine weitere Ertragssteigerung gegenüber der Standardvariante von 20×20 cm brachten (Irri 1970, 1971), erhöhten sich bei unseren Versuchen mit zunehmender Pflanzdichte auch stetig die Ertragsziffern, und wir konnten bei günstigen Aussaat-Terminen (Frühjahr, Sommer, Winter) sowie guter Stickstoffversorgung Erträge an Rohreis bis zu 15 t/ha auf dem Versuchsfeld erreichen, d. h. die aus dem Ursprungsland dieser Sorte unter gleichwertigen Anbaubedingungen berichteten Höchsterträge noch um 50% überbieten. Die Ursache für dieses überraschende Verhalten erwies sich als eindeutiger Klimaeffekt. Die Sorte 'IR-8' reagierte in Cuba auf die dort im Vergleich zu den Philippinen merklich kühleren Temperaturen mit einer beträchtlich verstärkten Bestockung, was zu bedeutend höheren Rispenzahlen je Bodenflächeneinheit führte. Dazu kommt, daß die in Cuba wegen der geringeren Bewölkung wesentlich stärkere Sonneneinstrahlung besonders günstig von der spezifischen Pflanzenstruktur dieser Sorte genutzt werden kann. Die steil aufragenden, starren Blätter lassen die Strahlen der hochstehenden Tropensonne tief in den Bestand eindringen, so daß auch die unteren Pflanzenteile ausreichend Licht für aktive Photosynthese bekommen und die bei dichten Beständen sonst so gefürchtete gegenseitige Beschattung hier praktisch kaum zur Wirkung kommt. Insbesondere ragen die für die Produktion der Reiskornmasse hauptverantwortlichen Fahnenblätter senkrecht hoch über den Bestand empor und können auf diese Weise bei ungehindertem allseitigen Lichtgenuß ihre volle Photosynthese-Tätigkeit bis zur Kornreife aufrechterhalten (Lerch & al. 1972 a–f, 1973; Lerch 1974a–d, 1976a–c).

So wiederholte sich hier einmal mehr die Erscheinung, daß ein an einem bestimmten Standort neu herausgebildeter Genotyp zwar an diese Außenbedingungen angepaßt erscheint, hier aber keineswegs seine optimale Umwelt vorfinden muß, sondern mitunter bei Übertragung in andere Gebiete dort beträchtlich mehr zu leisten vermag als am ursprünglichen Platz. Die bekanntesten Beispiele bieten unsere Weltwirtschaftspflanzen, deren heutiges Hauptverbreitungsgebiet oft über Kontinente hinweg von ihrem Entstehungszentrum entfernt liegt, z. B. Kaffee, Kakao, Zuckerrohr, u. a. (FRANKE 1967).

3. Malanga

Zu den für die Ernährung der tropischen Bevölkerung wichtigen Knollen- und Wurzelfrüchten zählen auch die in die Familie der Araceae gehörenden Arten *Colocasia esculenta* (L.) SCHOTT sowie *Xanthosoma sagittifolium* (L.) SCHOTT, die meist unter den Gebrauchsnamen „Taro", „Dasheen", „Cocoyam" und „Malanga" über die gesamten Tropengürtel verbreitet sind (FRANKE 1967). Da die in Cuba traditionell angebauten Malanga-Kulturen mit Sorten von *Xanthosoma sagittifolium* relativ niedrige Erträge liefern, wurde 1974 *Colocasia esculenta* mit der südostasiatischen Sorte 'Isleña japonesa' eingeführt, die in ihren Heimatgebieten zur Erreichung optimaler Erträge beständig von Wasser überstaut gehalten wird. Eine solche agrotechnische Maßnahme ist bei Großflächenbeständen nur mit einem enormen Wasserverbrauch durchführbar; gerade Cuba aber ist wegen seiner relativ geringen natürlichen Wasserreserven auf strenge Sparsamkeit bei den Bewässerungsverfahren angewiesen. Ein 1974 an der Agrarwissenschaftlichen Fakultät der Universität von Santa Clara (Provinz Las Villas) begonnenes Forschungsprojekt sollte daher prüfen, inwieweit bei Kulturen von *Colocasia esculenta* eine permanente Wasserüberstauung durch rationellere Bewässerungsmethoden ersetzt werden kann, ohne die Erträge zu senken. Als erste Versuchsvariante wurde dabei in Zeitabständen von je drei und je sieben Tagen einmal das Versuchsfeld kurz überflutet. Im Ergebnis brachten die bei ständigem Wasser-Überstau gezogenen Kulturen etwa gleiche Erträge, wie aus den Herkunftsländern berichtet, bei abgestufter Wassergabe dagegen wurden erheblich höhere Leistungen erreicht. Darüber hinaus förderte die in Abständen von drei Tagen vorgenommene Bewässerung vornehmlich das Wachstum der Primärknollen, bei der alle sieben Tage verabreichten Wassergabe entwickelten sich besonders kräftig die für Speisezwecke weitaus besser geeigneten Sekundär- und Tertiärknollen. So konnte hier mit einer einfachen agrotechnischen Maßnahme nicht nur maximal an Wasser gespart werden, sondern es wurde gleichzeitig der Gesamtertrag und die Qualität des Erntegutes gesteigert (VAZQUEZ-BECALLI & LERCH, 1976). Eingehendere Untersuchungen zu diesem Problem sind im Gange.

III. Vordringliche Forschungseinrichtungen

Die wenigen, im vorherigen Abschnitt zitierten Beispiele sollten die bekannte Tatsache unterstreichen, daß die pflanzliche Ertragsbildung so stark von örtlichen Klima- und Bodenbedingungen beeinflußt wird, daß optimale pflanzenbauliche und sonstige agrotechnische Normen nicht global festgelegt werden können, sondern regional auf der Grundlage spezieller ökophysiologischer Untersuchungen modifizierbar gehalten werden müssen. Dies gilt besonders für die tropischen Acker- und Fruchtkulturen, bei denen oft zusätzlich noch ökonomische Probleme (z. B. Exportfragen) eine Rolle spielen. Nach dem derzeitigen Entwicklungsstand im überwiegenden Teil der tropischen Landwirtschaftskulturen lassen sich etwa zehn Problemkreise herausstellen, wo eine gezielt auf die tropischen Verhältnisse ausgerichtete ökologische Pflanzenphysiologie, in sinnvoller Verbindung von Grundlagen- und angewandter Forschung, entscheidend zum weltweit drängenden Problem der Produktivitätssteigerung in der tropischen Landwirtschaft beitragen könnte:

(1) Optimale Nutzung der Sonnenenergie für die pflanzliche Stoffproduktion und Ertragsbildung

Die Untersuchungen müßten sich hier auf die Ermittlung der optimalen Bestandesstruktur richten, wobei je nach Art und Sorte nicht nur der einfache Abstand zwischen den Pflanzen in Betracht gezogen werden darf, sondern auch Größe, Stellung und Heterogenität der Photosynthese-Aktivität bei den Blättern verschiedenen Alters und unterschiedlicher Position an der Pflanze analysiert werden müssen.

Die Problematik ist vor allem für Zuckerrohr von herausragender Bedeutung. Die Produktion und Speicherung von Saccharose im Stengelmark wird zwar im allgemeinen von den endogenen Wachstums- und Reifeprozessen gesteuert, ist aber innerhalb außerordentlich weiter Grenzen von den gegebenen Umweltbedingungen und deren Wechsel beeinflußbar. In Cuba, wo auch für die nächste Zukunft Zucker noch das Hauptexportgut sein wird, zu dessen Gewinnung jährlich mehr als 20 Milliarden Zuckerrohrsprosse geschlagen und verarbeitet werden müssen, setzen sich bereits geringfügige Schwankungen im Zuckergehalt des einzelnen Stengels sofort in gewichtige Exportgewinne oder -verluste um. Daraus ergibt sich die dringende Notwendigkeit zu Untersuchungen, mit welcher Bestandesstruktur, je nach Sorte und Bodenart, und sonstigen Anbaubedingungen Voraussetzungen geschaffen werden, daß bei stärkstmöglicher Photosynthese-Aktivität des Bestandes die gebildeten Kohlenhydrat-Assimilate mit geringstmöglichen Verlusten weitergeleitet und zum höchstmöglichen Anteil als stabile Saccharose-Reserven im Stengelmark eingelagert werden.

(2) Optimale Verteilung der Assimilate – Verbesserung der Erntequalität

Eine Steigerung der Erträge in landwirtschaftlichen Kulturen läßt sich nicht allein dadurch erreichen, daß den Pflanzenbeständen optimale Bedingungen für Photosynthese und Stoffproduktion geboten werden, sondern hängt außerdem entscheidend davon ab, wie die gebildeten Assimilate weiter verteilt und aufgearbeitet werden, so daß der für den Menschen nutzbare Anteil so hoch wie möglich ausfällt.

So strebt man z. B. im Reisanbau danach, bei der Ernte einen möglichst hohen Kornanteil zu gewinnen, auf Kosten einer reduzierten Strohmenge. Bei Knollen- und Wurzelfrüchten kommt es darauf an, die Entwicklung der unterirdischen Speicherorgane zu fördern und die oberirdische Blatt- und Stengelmasse auf einem optimalen Minimum zu halten, d. h. diese Teile sich nur soweit entfalten zu lassen, wie es für eine intensive Stoffproduktion zugunsten der späteren Knollenbildung nötig ist. Auch diese komplizierten Wechselbeziehungen sind so stark von den klimatischen und Bodenverhältnissen abhängig, daß die ökophysiologischen Kenntnisse über die Zusammenhänge bei den tropischen Kulturen noch in den Anfängen stehen.

Hierher gehören auch Untersuchungen über die Möglichkeit, bestimmte Bestandteile des Erntegutes anzureichern oder zu unterdrücken, um dadurch die Speise- oder Futterqualität des Ertrages zu verbessern. An erster Stelle stehen hier die weltweiten Bemühungen zur Steigerung des Eiweißgehalts in Körner- und Hülsenfrüchten, vor allem die Anreicherung der für die menschliche Ernährung wichtigen Aminosäure Lysin.

(3) Optimale Nutzung der Wasservorräte – Steigerung der Effektivität in den Bewässerungsverfahren

Für die meisten tropischen und subtropischen Landwirtschaftskulturen steht Wasser nicht in unbegrenzter Menge zur Verfügung, und vielfach müssen längere Trockenperioden durch künstliche Bewässerung überbrückt werden. Der damit verbundene wirtschaftliche Aufwand und die oft knappen Wasservorräte zwingen zu möglichst sparsamem Wasserverbrauch. Wie bereits erwähnt, gilt dies besonders für Cuba, das nur geringe natürliche Wasserreserven besitzt. Diese werden zwar von Jahr zu Jahr durch ein groß angelegtes System von Rückhaltebecken erweitert, im gleichen Ausmaß aber wächst der Bedarf, so daß dort praktisch für alle landwirtschaftlichen Kulturen auch in Zukunft das drängende Problem besteht, wie bei möglichst geringem Wasserverbrauch trotzdem ein möglichst hoher Ertrag erreicht werden kann. Dazu bedarf es in erster Linie genauerer Kenntnisse über den Wasserhaushalt der jeweiligen Kulturen, sowie zuverlässiger Methoden, um bei Bewässerungsverfahren den optimalen Zeitpunkt für die Wassergabe und deren optimale Menge zu bestimmen, damit unnötige Wasserverschwendung vermieden wird. Unerläßliche Voraussetzung hierfür sind komplexe Untersuchungen über die Wechselbeziehungen zwischen Wasserhaushalt, Stoffproduktion und Ertragsbildung, die in tropischen Gebieten noch sehr wenig durchgeführt wurden.

(4) Optimale Nutzung der Mineralstoffe

Auch hier gilt es, bei geringstmöglichem Aufwand an Mineraldünger und optimalen Mischungsverhältnissen Höchsterträge zu erzielen. Entsprechende Kenntnisse können nur in Verbindung mit bodenkundlichen Untersuchungen und Studien über die Dynamik der Mineralstoffaufnahme, -weiterleitung und -verarbeitung in den Pflanzen unter tropischen Witterungsbedingungen gewonnen werden. Der reichhaltige Wissens- und Erfahrungsschatz, der auf diesem Gebiet in den Ländern der gemäßigten Klimazonen vorliegt, ist für die Tropen nur bedingt oder gar nicht anwendbar. So gibt es für zahlreiche tropische Landwirtschaftskulturen bis heute noch keine auf wissenschaftlicher Grundlage ausgearbeiteten und auf die jeweiligen Klima- und Bodenbedingungen abgestimmten Richtzahlen für Zeitpunkt, Menge und Form einer optimalen Mineraldüngung.

Dieses Problem ist besonders kritisch für viele tropische Entwicklungsländer, weil sie ihren Mineraldünger meist importieren müssen und die gelieferten Handelsprodukte mit ihren Mischungsverhältnissen nur in den seltensten Fällen auf tropische Verhältnisse spezialisiert sind. So wird oft zuviel gedüngt, und der erreichte Nutzen in Form einer Ertragssteigerung steht in keinem Verhältnis zum hohen Devisenaufwand, der für den Dünger bezahlt werden mußte.

Dies gilt vor allem für die handelsüblichen löslichen Stickstoffdünger, und hier an erster Stelle für die überfluteten Kulturen von Wasserreis, der in den meisten Tropenländern die Hauptenährungsgrundlage bildet. Von dem überwiegend in Form ammoniakalischer Substanzen (Ammoniumsulfat, Harnstoff) gebotenen Stickstoff kommt nur wenig den Reispflanzen unmittelbar zugute. Der größte Teil geht in Nitrifizierungs- und Denitrifizierungsprozessen, durch Auswaschung, Verflüchtigung oder Fixierung an Tonmineralien binnen kurzer Zeit den Pflanzen verloren. Um diese Verluste zu senken, wird im Reisanbau meist mit fraktionierter N-Düngung gearbeitet, d. h. die Gesamtmenge an Stickstoffdünger wird in mehrere Portionen aufgeteilt, die nacheinander zu verschiedenen Entwicklungsstufen der Reiskulturen auf die Ackerflächen gebracht werden. Da die damit verbundenen chemischen und mikrobiellen Prozesse jedoch so stark von den örtlichen Bodenverhältnissen, Bewässerungstechniken und Klimabedingungen (insbesondere Temperaturen) abhängen, variieren auch ebenso stark die quantitativen Proportionen für die oben genannten Verlustprozesse. Es kann somit für eine fraktionierte N-Düngung keine allgemeingültige Lösung gefunden werden, sondern es müssen auch hier wieder, regional auf bestimmte Lokalklima- und Bodentypen spezialisiert, geeignete Verfahren ausgearbeitet werden, die eine bestmögliche Nutzung der angebotenen Stickstoffdüngemittel gewährleisten. Dazu aber bedarf es ausgedehnter, unter Einbeziehung von Isotopen durchgeführter ökophysiologischer Untersuchungen über den optimalen Zeitpunkt, die optimale Menge und die optimale Form der zu verabreichenden Stickstoffgabe, wobei Quantität und Qualität des Ertrages in gleicher Weise zu berücksichtigen sind.

(5) Optimaler Erntezeitpunkt für Exportkulturen

Dieses Problem betrifft vor allem die tropischen Fruchtkulturen, soweit sie zum Export nach Übersee bestimmt sind, wie Citrus, Ananas, Bananen usw. Um einen höchstmöglichen Exporterlös zu gewinnen, müssen die Früchte so rechtzeitig vor ihrer eigentlichen Reife abgeerntet werden, daß sie unter Berücksichtigung der entsprechenden Nachreifungsprozesse während der Transportwege, bei Ankunft auf dem Endverbrauchermarkt dort den für den Konsum optimalen Reifegrad besitzen. Der zu wählende Erntezeitpunkt hängt somit einerseits ab von der Länge der Transportwege zwischen Erzeuger- und Verbraucherland, sowie den dabei herrschenden Lagerungsbedingungen, andererseits aber ebensosehr vom physiologischen Reifezustand der Früchte bei ihrer Ernte, und dieser wird entscheidend beeinflußt durch die integrierte Wirkung der bis dahin herrschenden Witterungs- und Bodenverhältnisse. Aus diesem Grund sind alle Verfahren unzureichend, schematisch nach einer festgelegten Zeitdauer oder einem bestimmten jahreszeitlichen Termin zu ernten. Auch die vielfach angewandten Methoden, nach äußerlich sichtbaren Merkmalen, z. B. Verfärbungsnuancen an der Fruchtschale, den geeignetsten Erntezeitpunkt festzusetzen, sind im allgemeinen zu grob und unzuverlässig. Fehlgriffe aber wirken sich auch hier sofort wieder zu schweren Exportverlusten aus. Ökophysiologische Studien über die genaueren Zusammenhänge zwischen Fruchtreifezustand und den Umweltbedingungen, die vor und nach der Ernte herrschen, könnten hier erhebliche Fortschritte bringen, wobei versucht werden sollte, durch geeignete Wirkstoffe die Fruchtreifungsprozesse insbesondere nach der Ernte, während des Transports bis zum Endverbraucher, möglichst einheitlich zu steuern.

(6) Optimale Steuerung von Blüten- und Fruchtbildung

Bei zahlreichen tropischen Kulturen (z. B. Citrus, Kaffee, u. a.) erfolgen Blüte und Fruchtreife nicht zu einem einheitlichen Termin, sondern ziehen sich über einen längeren Zeitraum hin, wodurch eine mechanisierte Ernte erschwert und der Arbeitsaufwand erheblich vergrößert wird. Ökophysiologische Untersuchungen über Möglichkeiten zur Beeinflussung von Blüten- und Fruchtbildung, sei es durch gezielte Veränderung der natürlichen Umweltbedingungen (z. B. Bewässerung oder Wasserentzug), sei es durch Anwendung von Wirkstoffen, können hier wesentliche Voraussetzungen für eine Rationalisierung der Erntemethoden schaffen.

(7) Allgemeine Steuerung von Wachstums- und Differenzierungsprozessen

Um die Ertragsbildung günstig zu beeinflussen, bzw. unerwünschte Prozesse zu unterdrücken. So ist z. B. bei manchen Zuckerrohrsorten eine Blüte nachteilig, weil dadurch der Zuckergehalt in den Stengeln stark absinkt. Untersuchungen über die Witterungsabhängigkeit der Blütenbildung bei diesen Sorten und Möglichkeiten zur Ausschaltung der Blühphase durch geeignete Wirkstoffe könnten hier eine Lösung schaffen und dazu beitragen, die Erträge bei solchen Kulturen zu stabilisieren.

An dieser Stelle darf auch das komplizierte Problem des Kartoffelanbaus in Cuba eingereiht werden. Für die dort auf ausgedehnten Flächen kultivierten Kartoffelsorten muß das Saatgut bisher alljährlich neu importiert werden, weil die in Cuba entwickelten Knollen zu geringe Keim- und Vermehrungskraft besitzen. Da die Pflanzkartoffeln zum überwiegenden Teil aus Ländern der nördlich-gemäßigten Klimazone eingeführt werden, handelt es sich ohne Zweifel um ökologisch bedingte Effekte, deren physiologischer Charakter jedoch noch ungeklärt ist. Entsprechende physiologische Untersuchungen, gepaart mit zielstrebigen Züchtungsbemühungen, könnten hier bei einem Erfolg ein zur Zeit noch schwieriges Importproblem für die Republik Cuba lösen helfen.

(8) Ökophysiologische Auswirkung von chemischen Pflanzenschutzstoffen auf die zu schützenden Kulturen

Grundsätzlich ist stets damit zu rechnen, daß die chemische Wirkung von Herbiziden und Pestiziden beim Einsatz in den Tropen wegen der andersartigen Temperatur- und Feuchtigkeitsbedingungen von den unter gemäßigten Klimaverhältnissen festgelegten Normen abweichen kann, was mitunter Abänderungen in der Dosierung und Anwendungsrhythmik erfordert. Abgesehen von diesem rein physikochemischen Aspekt kompliziert sich das Problem jedoch zusätzlich dadurch, daß der Schädlings- und Krankheitsbefall in den tropischen Landwirtschaftskulturen im allgemeinen weit stärker ist als unter einem gemäßigten Klima mit seiner alljährlichen Frostperiode, und daß in den Tropen die ausdauernden Kulturen weitaus häufiger sind als etwa in Europa oder Nordamerika. Dadurch wächst die Gefahr, daß bei vielfach wiederholter Anwendung von Pestiziden und Herbiziden, insbesondere von systemisch wirkenden Substanzen, Rückstände in den geschützten Kulturen sich allmählich so stark anreichern können, daß deren gesunde Entwicklung und Ertragsbildung nachhaltig gestört wird, auch wenn die benutzten Mittel bei den üblichen industriellen Testverfahren als harmlos identifiziert wurden. Morphologische Symptome, wie Verfärbungen, Nekrosen o. ä., sind als Indikatoren für eine solche Schadwirkung meist ungeeignet, weil sie in der Regel bereits ein weit vorangeschrittenes Verfallsstadium anzeigen. Die Frage der kritischen Grenzkonzentration für eine potentielle Schadwirkung durch Rückstände von chemischen Pflanzenschutzmitteln in den geschützten Kulturen kann nur durch komplexe ökophysiologische Untersuchungen geklärt werden, bei denen neben den durch die entsprechenden Wirkstoffe verursachten physiologischen Primäreffekten auch der Einfluß von Witterung und gegebenenfalls Bodenzustand berücksichtigt werden müssen.

(9) Ökologische Belastbarkeit der tropischen Pflanzkulturen unter extremen Bedingungen

Umfassende Untersuchungen über Hitze-, Dürre- und Kälteresistenz sind auch bei den tropischen Kulturen unerläßlich, vor allem dann, wenn ihr Anbaugebiet auf Regionen unter andersartigem Klimaeinfluß ausgedehnt werden sollen (z. B. andere Höhenlagen), oder wenn Hochleistungssorten aus anderen Klimazonen eingeführt werden sollen.

Als Beispiel sei angeführt, daß bei unseren Studien über die Leistungsfähigkeit der auf den Philippinen gezüchteten Reissorte 'IR-8' in Cuba hier eine Aussaat in den Herbstmonaten Oktober und November sich als undurchführbar erwies, obwohl ein solcher Termin unter rein agrotechnischem Gesichtspunkt sehr günstig wäre. Die Pflanzen geraten jedoch dann mit ihrer temperaturempfindlichen Blühphase in die Wintermonate von Januar bis März, wo in Cuba die nächtlichen Temperaturen weit unter 20 °C absinken, wodurch Blütenentwicklung und Befruchtungsvorgänge so stark gestört werden, daß katastrophal niedrige Kornerträge entstehen.

(10) Ökologische Beeinflußbarkeit der Sekundärstoff-Produktion

Im Gegensatz zu den Gebieten mit gemäßigtem Klima ist die Pflanzenwelt der Tropen bedeutend reicher an sekundären Inhaltsstoffen (Alkaloide, Terpene u. a. m.), so daß hier Untersuchungen über eine potentielle Ausbeute dieser Naturstoffe für die pharmazeutische und kosmetische Industrie lohnenswert sind, wie dies unter anderem auch ein von 1968 bis 1970 von Mitarbeitern des Zentralinstituts für Genetik und Kulturpflanzenforschung Gatersleben in Cuba angeleiteter Screening-Test erwies (Aleman Frias & al., 1972). Da es sich dabei jedoch überwiegend um Wildpflanzen handelt, wäre in der Regel eine technische Nutzung nur dann rationell, wenn es gelänge, die selektionswürdigen Pflanzenarten in Kultur zu nehmen und dabei nach Möglichkeit die Produktion ihrer Inhaltsstoffe noch zu steigern. Ökologische Untersuchungen über die bestgeeigneten Anbaumethoden müßten hierfür den unerläßlichen wissenschaftlichen Vorlauf schaffen.

Abschließend darf gesagt werden, daß in Cuba die verantwortlichen Forschungsinstitutionen – Nationaler Forschungsrat, Akademie der Wissenschaften, Nationales Forschungszentrum (C. N. I. C.), Agrarwissenschaftliche Fakultäten aller vier Universitäten des Landes – die hier aufgezeigten Probleme sehr ernst nehmen, und daß bereits an verschiedenen Themen aus den vorgenannten zehn Problemkreisen intensiv gearbeitet wird. Die Fülle der nicht nur in Cuba, sondern im gesamten Tropengürtel unserer Erde noch bevorstehenden Aufgaben ist jedoch so groß, daß auf Jahrzehnte hinaus ein weites Feld angestrengter ökophysiologischer Forschungsarbeit zu bewältigen sein wird, wenn es gelingen soll, den zur Zeit noch bestehenden Rückstand in der tropischen Landwirtschaft rasch aufzuholen und damit die Ernährung der künftigen Menschheit zu sichern.

IV. Zusammenfassung

Zur Steigerung der gegenwärtig überwiegend niedrigen Produktivität in der tropischen Landwirtschaft bedarf es vielseitiger physiologischer Untersuchungen über die optimalen Standortbedingungen und die ökologische Belastbarkeit der tropischen Pflanzungen. An Beispielen von Arbeiten über Windschutzhecken, Reis- und Malanga-Kulturen in Cuba wird nachgewiesen, daß pflanzenbauliche Normen, die unter andersartigen Klimabedingungen entwickelt wurden, nicht ohne vorherige Prüfung anwendbar sind und mitunter erheblich modifiziert werden müssen. Abschließend werden zehn Problemkreise umrissen, wo eine ökophysiologische Forschung wesentlich zur Produktivitätssteigerung in der tropischen Landwirtschaft beitragen kann.

Summary

Chances of Ecophysiological Research as a Contribution to Raise Productivity in Tropical Agriculture.

Extensive physiological research work remains to be done on the problems of optimum conditions and ecological stress effects in tropical crops, with the purpose of improving the actual low productivity in tropical agriculture. Citing investigations realized in Cuba on shelterbelts, rice and dasheen crops, it is proved that agricultural techniques, if developped under different climatic conditions, must not be applied without previous study and occasionally have to be considerably modified. Finally, ten topics of problems are recommended for future ecophysiological research as contributions to raising the productivity in tropical agriculture.

Краткое содержание

Возможности экологическо-физиологических исследований для повышения продиктивности в сельском хозяйстве тропических стран

Для повышения, в настоящее время преимущественно низкой, продуктивности тропического сельского хозяйства необходимы разносторонние физиологические исследования по оптимизации условий местообитания и экологической нагрузке тропических насаждений. На примерах работ с ветрозащитными полосами с культурами риса и маланги на Кубе показано, что агротехнические нормы, выработанные в иных климатических условиях, не могут применятся без предварительных испытаний и, иногда, должны быть существенно модифицированы. В конце работы приводятся десять различных проблем, для решения которых эколого-физиологические исследования могут дать благоприятные результаты в повышении продуктивности тропического сельского хозяйства.

Literatur

Aleman, Frias E., O. Aurich, Lilia Ezcurra Ferrer, M. Gutierrez Vazquez, Ch. Horstmann, J. Lopez Rendueles, Edith Rodriguez Graquitena, E. Roquel Casabella & K. Schreiber, 1972: Phytochemische Untersuchungen an Pflanzen der kubanischen Flora. – Kulturpflanze *19*, 359–425.

Athwal, D. S., 1971: Semidwarf rice and wheat in global food needs. – Quart. Rev. Biol. *46*, 1–34.

FAO, 1972: Production Yearbook 1971. –Rome 1972.

Franke, G., 1967: Nutzpflanzen der Tropen und Subtropen. 2 Bde., Leipzig.

IRRI, International Rice Research Institute, Los Baños, Philippines:
1968 : Annual Report for 1968
1970 : Annual Report for 1969
1971 : Annual Report for 1970

Lerch, G., 1974a: Desarrollo y rendimiento del arroz, var. IR-8, en Cuba. VIII. Actividad fotosintética. – Rev. Agricultura (La Habana), *7* (1), 6–14.

–, 1974b: Desarrollo y rendimiento del arroz, var. IR-8 en Cuba. IX. Relaciones entre area foliar, producción de materia seca, y rendimiento agrícola. – Rev. Agricultura (La Habana), *7* (1), 15–38.

–, 1974c: Desarrollo y rendimiento del arroz, var. IR-8 en Cuba. X. Efecto de factores climáticos en la formación del rendimiento. – Rev. Agricultura (La Habana), *7* (2), 3–12.

–, 1974d: Zur Ökologie der Ertragsbildung bei der Reissorte IR-8 in Cuba. – Diss. Prom. B., Univ. Halle/S., 170 S., 1974.

Lerch, G., 1976a: Einfluß einiger Klima- und Anbaufaktoren auf die Ertragsbildung der Reissorte 'IR-8' in Cuba. I. Standweite und Stickstoffdüngung. – Kulturpflanze *24*, 13–51.

–, 1976b: Einfluß einiger Klima- und Anbaufaktoren auf die Ertragsbildung der Reissorte 'IR-8' in Cuba. II. Standweite und CO_2-Assimilation. – Kulturpflanze *24*, 53–63.

LERCH, G., 1976c: Einfluß einiger Klima- und Anbaufaktoren auf die Ertragsbildung der Reissorte 'IR-8' in Cuba. III. Klimaverhältnisse. – Kulturpflanze *24*, 65–117.

LERCH, G., J. FONTAINES & M. SOCORRO, 1972a: Desarrollo y rendimiento del arroz, var. IR-8, en Cuba. I. Efecto de la densidad de la población en la siembra de verano de 1970. – Rev. Agricultura (La Habana), *5* (1), 1–23.

–, – & –, 1972b: Desarrollo y rendimiento del arroz, var. IR-8, en Cuba. II. Efecto de la densidad de la población y del clima en el invierno de 1970–1971. – Rev. Agricultura (La Habana), *5* (1), 24–44.

LERCH, G., J. FONTAINES & H. BATTLE, 1972c: Desarrollo y rendimiento del arroz, var. IR-8, en Cuba. III. Efecto de la densidad, de la fertilización nitrogenada, y del riego en la siembra de frío de 1971. – Rev. Agricultura (La Habana), *5* (1), 45–65.

–, – & –, 1972d: Desarrollo y rendimiento del arroz, var. IR-8, en Cuba. IV. Efecto de la densidad de la población y de la fertilización nitrogenada en la siembra de primavera de 1971. – Rev. Agricultura (La Habana), *5* (1), 66–81.

LERCH, G., J. FONTAINES, M. SOCORRO & H. BATTLE, 1972e: Desarrollo y rendimiento del arroz, var. IR-8, en Cuba. V. Efecto de la época de siembra en los cultivos del primer ciclo anual de 1970–71. – Rev. Agricultura (La Habana), *5* (1), 82–101.

LERCH, G., J. RAMON & J. HORSFORD, 1972f: Desarrollo y rendimiento del arroz, var. IR-8, en Cuba. VI. Efectos mutuos de la densidad de la población, de la fertilización nitrogenada, y de la época de siembra en el ciclo anual de 1971–1972. – Rev. Agricultura (La Habana), *5* (2), 51–83.

LERCH, G., A. TRAVIESO & G. ANTIGUA, 1973: Desarrollo y rendimiento del arroz, var. IR-8, en Cuba, VII. Efecto de altas densidades en tres épocas de siembra en el tercer año experimental de 1972/73. – Rev. Agricultura (La Habana), *6* (1), 1–27.

LERCH, G. & J. RAMON, 1971: Investigaciones sobre la eficiencia de cortinas rompevientos en Cuba. II. Crecimiento de cítricos protegidos por cortinas de *Casuarina*. – Acad. Cienc. Cuba, Ser. Biológica, Nr. *39*, 1–25.

LIETH, H., 1972a: Über die Primärproduktion der Pflanzendecke der Erde. – Angew. Bot. *46*, 1–37.

–, 1972b: Modelling the primary productivity of the world. – Arch. bot. (Forli), *48*, 11–16.

–, 1973: Primary Production. Terrestrial Ecosystems. – J. Human Ecology *1*, 303–332.

RAMON, J., 1974: Ökologische Untersuchungen zur Windschutzwirkung von Hecken aus *Casuarina equisetifolia* FORST. auf Kulturen von Citrus aurantifolia Swingle in Cuba. – Diss. Prom. A., Univ. Halle/S., 125 S., 1974.

RAMON, J. & G. LERCH, 1971: Investigaciones sobre la eficiencia de cortinas rompevientos en Cuba. I. Dinámica del viento en cortinas de *Casuarina*. – Acad. Cienc. Cuba, Ser. Biológica, Nr. *38*, 1–12.

SHARP, D. & R. E. WYATT, 1974: Length of growing period in months. – In: H. LIETH (ed.): Phenology and seasonality modelling. – New York.

VAZQUEZ BECALLI, EDITH & G. LERCH, 1977: Efecto de diferentes variantes de riego en el desarrollo y la productividad de Malanga, var. Isleña Japonesa, (*Colocasia esculenta* SCHOTT.). – Centro Agrícola (Santa Clara – Cuba), – im Druck.

Kulturpflanze XXV · 1977 · S. 141–154

Messung von Absorptionsspektren in vivo[1]

ARMIN MEISTER

(Eingegangen am 31. Januar 1977)

Optische Methoden haben im Gegensatz zu den meisten anderen Analysenmethoden den Vorteil, daß sie Aussagen über den Zustand und die Zusammensetzung des untersuchten Objekts gestatten, ohne dessen Funktion zu beeinträchtigen. Das macht sie für die Untersuchung biologischer Objekte besonders geeignet. Die folgende Übersicht bezieht sich im wesentlichen auf die Messung von Absorptionsspektren der photosynthetisch wirksamen Pigmente, obwohl ihre Aussagen auch auf die Untersuchung anderer pflanzlicher Pigmente anwendbar sind.

Der nächstliegende Vorteil der in vivo-Messung der Absorptionsspektren von Photosyntheseorganen liegt in der Möglichkeit einer wenig aufwendigen, zerstörungsfreien Untersuchung ihrer Pigmentzusammensetzung. Die Notwendigkeit solcher Messungen resultiert aber in noch stärkerem Maße aus der Tatsache, daß die Absorptionsspektren der Photosynthesepigmente in vivo nicht mit denen ihrer Extrakte übereinstimmen. Das ist von besonderer Bedeutung für Fragestellungen, bei denen die Kenntnis der Absorptionseigenschaften in vivo erforderlich ist:

- bei ökologischen Untersuchungen: Wieviel Licht wird von der Pflanze bei einer bestimmten Wellenlänge absorbiert?
- bei dem Vergleich von Absorptions- und Wirkungsspektren der Photosynthese und ihren Teilreaktionen: Auf diese Weise sind Aussagen darüber möglich, in welchem Maße die verschiedenen Pigmente zu der untersuchten Reaktion beitragen.

Weiterhin ermöglichen in vivo-Absorptionsspektren Aussagen über den Zustand der Pigmente, zeigen insbesondere Schädigungen des Pigmentapparates an, auch wenn sich diese noch nicht in einer chemischen Veränderung der Pigmente selbst äußern.

Schließlich können Absorptionsspektren von Chloroplastenfragmenten oder

1 Herrn Prof. Drs. Dr. h. c. HANS STUBBE zum 75. Geburtstag gewidmet.

Membranproteinen der Chloroplasten deren Charakterisierung und Zuordnung zu bestimmten Teilreaktionen der Photosynthese dienen.

Allerdings ist die Messung von intaktem Pflanzenmaterial mit verschiedenen Schwierigkeiten verbunden, die im wesentlichen ihre Ursache in der Streuung des Meßlichtes durch das Objekt und der Überlagerung der Spektren der verschiedenen Komponenten haben.

Es sollen deshalb zunächst die damit verbundenen Probleme diskutiert und Methoden zu ihrer Lösung vorgestellt werden. Schließlich werden einige Anwendungsmöglichkeiten gezeigt.

I. Probleme der Messung lichtstreuender Objekte

Diese Probleme sind ausführlich von BUTLER (1964) und ALLEN (1964) dargestellt worden. Hier soll ein kurzer Überblick über die wichtigsten Aussagen gegeben werden.

Spektrophotometrische Messungen werden im Normalfall an durchsichtigen, homogenen Lösungen des zu untersuchenden Stoffes durchgeführt. Der Lichtstrahl durchläuft dabei die Probe geradlinig und für die Beziehung zwischen ein- und austretender Lichtintensität I_0 und I gilt das LAMBERT-BEERSCHE Gesetz

$$I = I_0 \cdot e^{-\ln 10 \cdot \varepsilon \cdot cd} \tag{1}$$

Dabei ist c die Konzentration, d die Schichtdicke und ε eine vom Stoff und der Welllenlänge abhängige Konstante, der spezifische Extinktionskoeffizient.

Die Extinktion E (auch optische Dichte, engl. absorbance), die als dekadischer Logarithmus des Intensitätsverhältnisses definiert ist, ist damit der Konzentration proportional:

$$\mathrm{E} = \lg \frac{I_0}{I} = \varepsilon dc \tag{2}$$

Auf dieser einfachen Beziehung beruhen alle Methoden zur spektrophotometrischen Konzentrationsbestimmung.

Bei der in vivo-Messung sind die Verhältnisse komplizierter, da der Lichtstrahl durch Reflexion und Brechung an den Inhomogenitäten und Grenzflächen, vor allem den Zellwänden, vielfach abgelenkt und aufgespaltet wird, so daß das Licht die Probe als diffuse Strahlung in allen Richtungen verläßt.

Das hat verschiedene Folgen:

1) Ein Teil des nicht absorbierten Lichtes wird seitwärts gestreut und gelangt nicht auf den Empfänger (Photozelle). Da dieser das durchgelassene Licht mißt, führt das zu einer scheinbaren Erhöhung der Absorption, was sich in einer allgemeinen Erhöhung der Nullinie des Spektrums äußert.
2) Der Lichtweg wird durch die zahlreichen Brechungen und Reflexionen verlängert. Dadurch können die Absorptionsbanden bis zu dem Faktor 100 höher

sein, als der Konzentration des absorbierenden Stoffes entspricht. Das ist an sich ein positiver Effekt, der die Messung sehr geringer Pigmentkonzentrationen (z. B. in etiolierten Blättern) ermöglicht.

3) Die Inhomogenitäten der Probe führen trotz der Erhöhung der Absorption insgesamt zu einer Abflachung der Maxima, die Spektren verlieren an Schärfe. Wichtigste Ursache ist der „Siebeffekt": Die Teile der Probe mit sehr geringer Pigmentkonzentration (z. B. Blattrippen) lassen bedeutend mehr Licht durch als der Rest. Da vom Empfänger nicht das absorbierte, sondern das durchgelassene Licht gemessen wird, ist der Flächenanteil mit normaler Absorption stark unterrepräsentiert. Da dieser Effekt hohe Absorptionswerte relativ stärker verringert als niedrige, tritt eine Abflachung der Spektren ein.
4) Bisher wurden die Effekte als von der Wellenlänge unabhängig angesehen. Bei genauerer Betrachtung erweist sich die Lichtstreuung als wellenlängenabhängig: Für kleine Partikel ist der Anteil des gestreuten Lichtes nach Rayleigh umgekehrt proportional der 4. Potenz der Wellenlänge. Sie ist also im blauen Teil des sichtbaren Spektrums größer als im roten. Außerdem tritt im Bereich der Absorptionsbanden anomale Dispersion auf, d. h. der Brechungsindex n ändert sich sehr stark innerhalb enger Wellenlängenbereiche. Das führt aber zu einer Abhängigkeit der Reflexion und Brechung des Lichtes von der Wellenlänge, da beide stark vom Brechungsindex abhängen. Das kann sogar bewirken, daß bei Messung in einem kleinen Raumwinkel die Lage des Absorptionsmaximums von der Streurichtung abhängt (Latimer 1959).

In den meisten kommerziellen Spektrophotometern sind die Verhältnisse für die Messung lichtstreuender Proben sehr ungünstig, da der Abstand von der Probe zum Empfänger relativ groß ist. Dadurch gelangt nur ein kleiner Anteil des von der Probe kommenden Lichtes auf den Empfänger, wobei „Lichtlücken" bevorzugt werden. Dadurch wirken sich die beschriebenen Effekte sehr stark aus, und im Ergebnis erhält man sehr schwach strukturierte Spektren mit hohen scheinbaren Absorptionswerten.

II. Meßmethoden

Um die im vorigen Abschnitt behandelten Fehlerquellen in vertretbaren Grenzen zu halten, sind zwei Probleme zu lösen:

a) Es muß ein möglichst großer Anteil des von der Probe gestreuten Lichtes auf den Empfänger treffen, um nicht zu kleine Lichtintensitäten messen zu müssen.
b) Der Anteil des gemessenen Lichtes muß repräsentativ für das von der Probe gestreute Licht sein: Wenn schon nicht das gesamte gestreute Licht erfaßt werden kann, dann sollen zumindest alle Streurichtungen gleich stark vertreten sein, um Störungen durch den Siebeffekt und durch die Richtungsabhängigkeit der spektralen Verteilung zu vermeiden.

Zur Lösung dieser Probleme können verschiedene Methoden angewendet werden:

1. Integrierende Kugel (Ulbrichtsche Kugel)

Diese stellt die älteste brauchbare Methode dar (SEYBOLD u. WEISSWEILER 1942) und wurde ursprünglich für die Ausmessung von Lichtquellen eingesetzt. Sie stellt eine innen mit Magnesiumoxid bedeckte Hohlkugel dar. Das Licht tritt durch eine Öffnung in die Kugel ein; unmittelbar hinter einer zweiten Öffnung, die zur ersten rechtwinklig angeordnet und gegen direkten Lichteinfall von dieser abgeschirmt ist, ist ein Empfänger angeordnet (Abb. 1). Die zu messende Probe befindet sich entweder vor der Eintrittsöffnung (Messung des durchgelassenen bzw. vorwärtsgestreuten Lichtes), in der Mitte der Kugel (Messung des durchgelassenen und reflektierten und somit des gesamten nicht absorbierten Lichtes) oder vor der der Eintrittsöffnung gegenüberliegenden Wand (Messung des reflektierten bzw. rückwärtsgestreuten Lichtes). Da das Licht von den Wänden stets diffus reflektiert wird, wird es (bei genügend kleiner Eintrittsöffnung) erst absorbiert, wenn es auf den Empfänger trifft. Es wird somit bei idealer, 100-prozentiger Reflexion der Wände alles gestreute Licht gemessen. Routinemäßig sind die sowjetischen Spektrophotometer der Reihe SF (SF 10, SF 14, SF 18) mit einer integrierenden Kugel zur Messung der Transmission und Reflexion ausgerüstet.

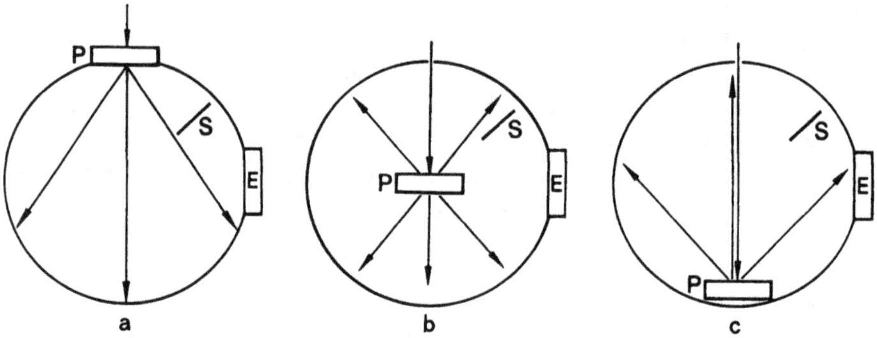

Abb. 1 Messung lichtstreuender Objekte mit Hilfe der integrierenden Kugel.
P – Probe; E – Empfänger (Photozelle), S – Abschirmung der Photozelle gegen direktes Licht von der Eintrittsöffnung.
a) Messung des durchgelassenen (vorwärts gestreuten) Lichtes, b) Messung des nicht absorbierten (insgesamt gestreuten) Lichtes, c) Messung des reflektierten (rückwärts gestreuten) Lichtes (nach FRENCH und YOUNG 1956)

2. Opalglasmethode

Das Prinzip dieser von SHIBATA (SHIBATA, BENSON u. CALVIN 1954, SHIBATA 1958) eingeführten Methode ist sehr einfach und läßt sich auch in jedem kommerziellen Spektrophotometer leicht nachträglich verwirklichen. Ein

Stück Opalglas oder Filterpapier befindet sich unmittelbar hinter der Probe (ebenso hinter der Referenzposition) und streut alles durch die Probe hindurchgehende Licht gleichmäßig. Dadurch erhält man einen repräsentativen Anteil des vorwärts gestreuten Lichtes und kann den Siebeffekt und die Winkelabhängigkeit der Streuung eliminieren. Der Nachteil des Verfahrens besteht darin, daß nur ein kleiner Teil des Streulichtes auf den Empfänger gelangt und relativ geringe Lichtintensitäten zu messen sind. Abbildung 2 (Kurve A und B) zeigt ein Beispiel für die Anwendung der Opalglasmethode.

3. Probenposition dicht vor dem Empfänger

Befindet sich die Probe unmittelbar vor dem Empfänger, so wird nahezu alles vorwärts gestreute Licht gemessen, wobei im Gegensatz zur Opalglasmethode beide anfangs genannten Bedingungen erfüllt sind. Dies ist der Weg, der jetzt von den meisten Herstellern kommerzieller Spektrophotometer (z. B. Specord UV-VIS der VEB Carl Zeiss Jena, Unicam-Geräte SP 800, SP 8000, SP 1800) gegangen wird. BUTLER u. NORRIS (1962) haben auf diese Weise u. a. ein 19 mm dickes Apfelstück im sichtbaren Bereich und eine 4 cm dicke Holzprobe im nahen IR mit brauchbarem Ergebnis gemessen.

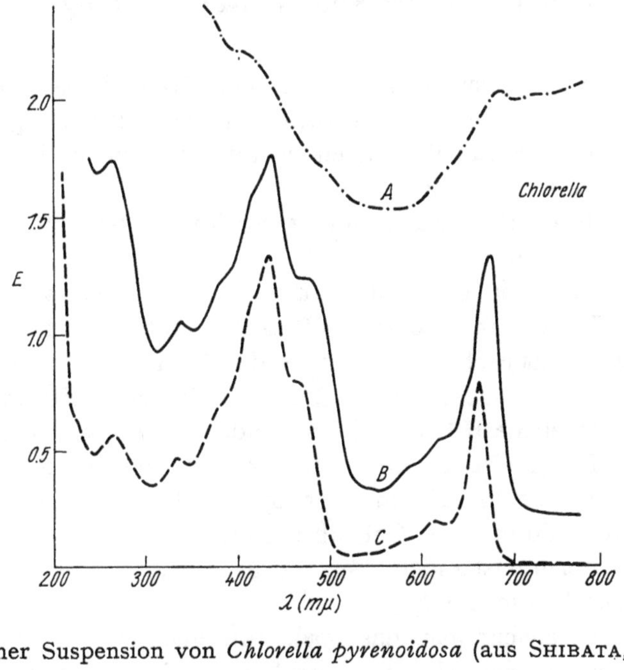

Abb. 2 Absorptionsspektrum einer Suspension von *Chlorella pyrenoidosa* (aus SHIBATA, BENSON und CALVIN 1954).
A. Messung ohne Opalglas, B. Messung mit Opalglas, C. Äthanolextrakt der Algensuspension

Einwenden ließe sich gegen diese Methode allenfalls, daß die Empfindlichkeit der Photokathoden von Photozellen bzw. Photovervielfachern im allgemeinen nicht über die gesamte Kathodenfläche gleich ist, so daß verschiedene Teile der Probe unterschiedlich zum Photostrom beitragen. Dieser Nachteil dürfte aber in Anbetracht der Inhomogenität der Probe selbst keinen großen Einfluß haben.

4. Methode nach BARER

Diese Methode (BARER 1955) beruht auf einem von den bisher beschriebenen völlig abweichenden Prinzip, wurde aber offenbar nur selten angewendet.

Der Grundgedanke ist der, daß die Reflexion und Brechung des Lichtes an Inhomogenitäten und Grenzflächen durch die Differenz der Brechungsindizes der benachbarten Medien bedingt ist. Wenn man diese Brechungsindizes einander angleichen kann, läßt sich die Streuung weitgehend verringern. BARER suspendierte deshalb seine Proben in konzentrierte Proteinlösungen und erhielt auf diese Weise brauchbare Spektren von Algen- und Bakteriensuspensionen.

III. Methoden der Spektrenverschärfung

Bei der Auswertung von in vivo-Absorptionsspektren treten zwei Probleme auf:
- Zuordnung der Absorptionsbanden zu den Pigmenten, da die Maxima gegenüber Pigmentlösungen im allgemeinen zur langwelligen Seite des Spektrums verschoben sind.
- Eindeutige Auftrennung des komplexen Spektrums in einzelne Absorptionsbanden.

Während das erstgenannte Problem relativ leicht durch Untersuchung von Pflanzen, insbesondere Mutanten, mit von der Norm abweichender Pigmentzusammensetzung gelöst werden kann, ist die Überlagerung dicht benachbarter Absorptionsbanden, die Ursache für das zweite Problem, oft so stark, daß ohne zusätzliche Hilfsmittel eine eindeutige Aussage nicht möglich ist.

Die meisten Untersuchungen photosynthetisierender Objekte beschränken sich deshalb auf den roten Spektralbereich (oberhalb 600 nm), da in diesem nur die Chlorophylle (Chl) absorbieren, während im blauen Bereich die zusätzlichen Absorptionsbanden verschiedener Carotinoide die Situation völlig unübersichtlich machen.

Vergleicht man das Spektrum eines intakten Blattes oder einer Algensuspension mit dem eines entsprechenden Extraktes (Abb. 2, Kurve B und C), so fällt auf, daß das Maximum in vivo zur langwelligen Seite verschoben ist und die Absorptionsbanden verbreitert sind.

Die Verbreiterung der Chl a-Hauptbande legt den Verdacht nahe, daß Chl a in vivo mehrere Formen bildet, die sich in ihren spektralen Eigenschaften wenig unterscheiden und im Spektrum überlagern. Diese Annahme wird durch den Vergleich mit Wirkungsspektren, insbesondere durch den sogenannten Rotabfall der Photosynthese (HAXO und BLINKS 1950) erhärtet.

Eine sichtbare Auflösung benachbarter Absorptionsbanden ist nur dann möglich, wenn die Abstände ihrer Maxima einen bestimmten Wert bezüglich der Halbwertsbreiten W der Banden nicht unterschreiten. Für Banden GAUSS'scher Form mit gleicher Höhe und Halbwertsbreite müssen sie z. B. um 0,85 W voneinander entfernt sein. Das ist für die verschiedenen Chl a-Formen nicht der Fall, daher erscheinen sie als breite, einheitliche Bande.

Eine Verbesserung der Auflösung ist daher nur möglich, wenn es gelingt, die Halbwertsbreite der Absorptionsbanden zu verringern.

Dafür gibt es zwei Möglichkeiten: die Messung bei extrem tiefen Temperaturen und mathematische Methoden der Spektrenverschärfung.

1. Tieftemperaturspektroskopie

Bei tiefen Temperaturen verringert sich die Halbwertsbreite der Absorptionsbanden. Mißt man daher photosynthetische Organe bei der Temperatur des flüssigen Stickstoffs, ist die Trennung von Banden möglich, die bei normaler Temperatur kaum erkennbar sind (Abb. 3).

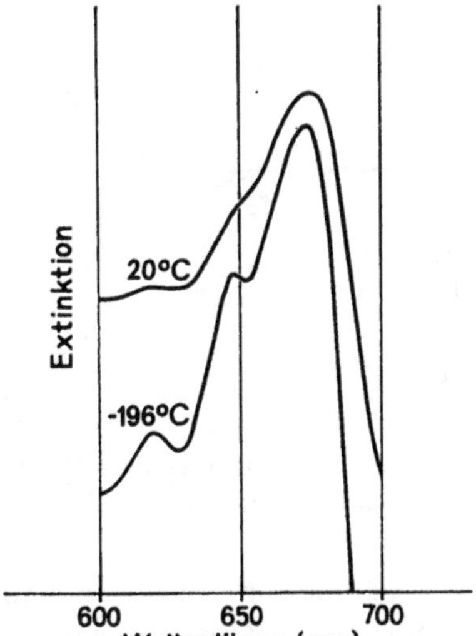

Abb. 3 Absorptionsspektrum eines Blattes (*Lycopersicon esculentum*) bei Zimmertemperatur und −196 °C

Nachteilig ist, daß bei einer Temperatur von −196 °C die physiologischen Vorgänge zum Erliegen kommen und die Funktionsfähigkeit nach dem Wiederauftauen durch Zerstörung der Zellstrukturen nicht wiederhergestellt wird. Ebenso ist der Vergleich mit Wirkungsspektren wegen der Veränderung der Form der Spektren problematisch.

2. Mathematische Methoden der Bandenverschärfung

Es kann gezeigt werden (ALLEN, GLADNEY u. GLARUM 1964), daß durch Anwendung von Fouriertranformationen Absorptionsbanden oder Verteilungskurven bekannter Form und Halbwertsbreite theoretisch in eine δ-Funktion transformiert, d. h. bis zur Breite 0 verschärft werden können. Praktisch sind dieser Methode allerdings relativ enge Grenzen gesetzt (MEISTER 1973a), so daß sie, auch in Hinblick auf den großen Rechenaufwand, auf Sonderfälle beschränkt bleiben wird.

Ähnliche Ergebnisse bei relativ geringem Aufwand lassen sich aber mit Hilfe der sogenannten Derivativspektrophotometrie (GIESE u. FRENCH 1955, MEISTER 1966a) erzielen, d. h. der Aufzeichnung von Ableitungen der Absorptionskurve nach der Wellenlänge. Das ist mit analogen (elektronischen) Mitteln möglich (MEISTER 1966a), kann aber auch mit Hilfe von Digitalrechnern durchgeführt werden (BUTLER u. HOPKINS 1970).

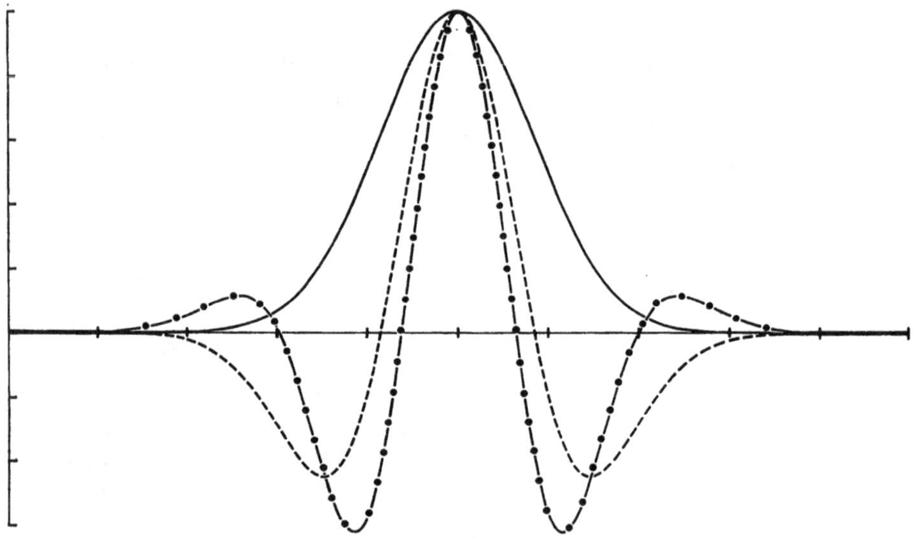

Abb. 4 Absorptionsbande GAUSS'scher Form (———), ihre 2. (– – – – –) und 4. Ableitung (. . . . .) nach der Wellenlänge

Abbildung 4 zeigt eine theoretische Gauss-Kurve und ihre auf gleiche Höhe normierte 2. und 4. Ableitung nach der Wellenlänge, Abbildung 5 das Absorptionsspektrum eines Tomatenblattes und seine Ableitungen. Deutlich läßt sich die stärkere Strukturierung der Derivativspektren im Vergleich zur Originalkurve erkennen.

Neben der Verschärfung der Absorptionsbanden haben die Derivativspektren noch einen weiteren Vorteil: Ein konstanter oder in der Wellenlänge linearer Streuungsanteil wird durch zweifache Differentiation beseitigt.

Nachteilig ist die Verschlechterung des Signal-Rausch-Verhältnisses, die sich im stärkeren Hervortreten zufälliger Schwankungen äußert und in Abbildung 5 deutlich zu erkennen ist.

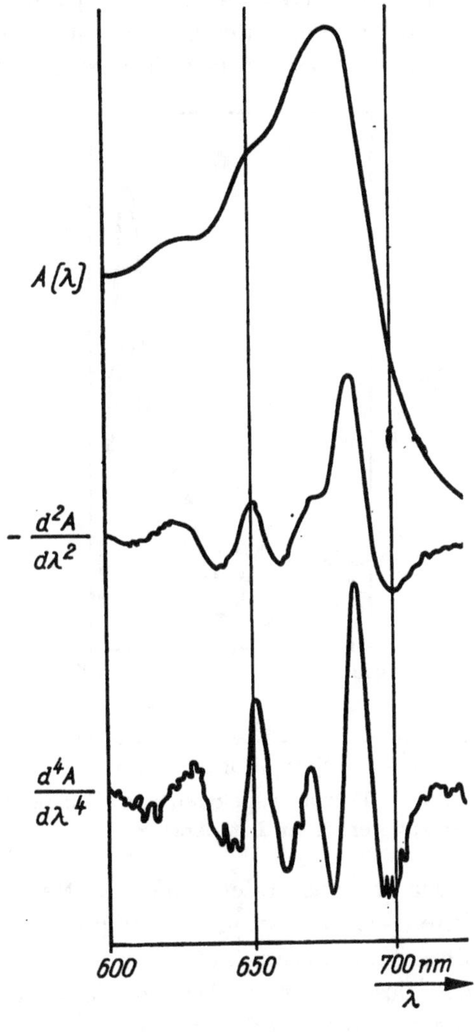

Abb. 5 Absorptionsspektrum eines Blattes von *Lycopersicon esculentum* (oben), seine 2. (Mitte) und 4. Ableitung (unten) nach der Wellenlänge

IV. Anwendungen der in vivo-Messung von Absorptionsspektren

Abschließend sollen an einigen Beispielen die Anwendungsmöglichkeiten der behandelten Methoden demonstriert werden.

Zur Untersuchung der Funktion einzelner Chloroplastenpigmente sind Mutanten interessant, bei denen ein bestimmtes Pigment fehlt oder zumindest vermindert ist. Besonders trifft das auf Chl b zu, dessen Funktion in der Photosynthese noch nicht restlos geklärt ist (SAGROMSKY 1977). Die in vivo-Messung erlaubt, mit relativ geringem Aufwand eine große Zahl von Blättern zu messen und potentiell Chl b-freie Pflanzen zu selektieren, wie das im Rahmen eines Screening-Programmes (MEISTER 1973b) durchgeführt wurde. Abbildung 6 zeigt zum Vergleich die Absorptionsspektren von Blättern einer normalen Gerstenpflanze und der Chl b-freien Mutante 3613 (APEL 1967), bei der deutlich das Fehlen der Chl b-Absorptionsbande bei 650 nm festzustellen ist.

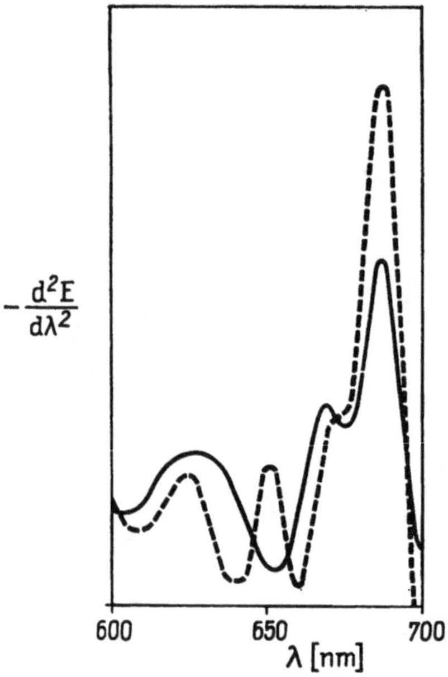

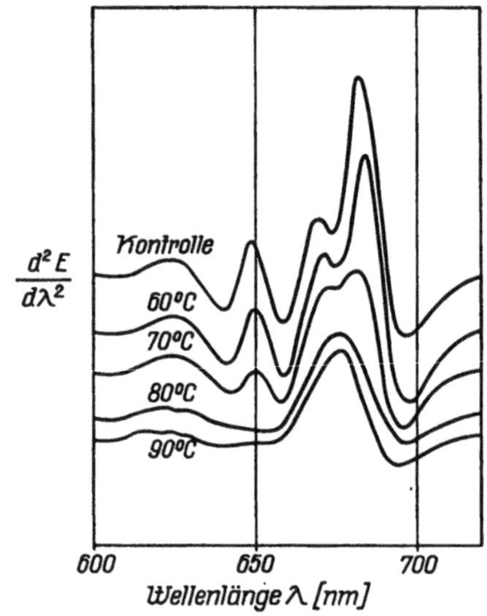

Abb. 6 Derivativspektren (2. Ableitung) von Gerstenblättern:
– – – – – Normalform 'Donaria', ———— Chl b-freie Mutante 3613

Abb. 7 Derivativspektren einer Suspension von *Chlorella pyrenoidosa* nach 20 min Einwirkung erhöhter Temperatur

Da die spektralen Eigenschaften des Chlorophylls in vivo durch die strukturelle Organisation der Pigment-Protein-Komplexe bedingt sind, kann aus ihrer Veränderung auf einen Abbau der natürlichen Pigment-Protein-Komplexe geschlossen werden. Das wird deutlich bei der Untersuchung von Spektren einer temperaturbehandelten Chlorella-Suspension (Abb. 7), bei denen sich ein deutlicher Abbau der langwelligen Chl a-Formen zeigt (MEISTER u. ADLER, unveröff.). Allerdings erweisen sich die spektralen bedeutend stabiler als die funktionellen Eigenschaften, denn der photosynthetische Gaswechsel kommt bei diesem Versuch bereits bei Temperaturen unterhalb 50 °C zum Erliegen.

Schließlich lassen sich mit Hilfe der Absorptionsspektren die Pigment-Protein-Komplexe der Chloroplasten hinsichtlich des Chl a/b-Verhältnisses und des Anteils der Chl a-Formen charakterisieren und den Photosystemen der Photosynthese bzw. dem „light harvesting system" zuordnen (MACHOLD, MEISTER u. ADLER 1971; HERRMANN u. MEISTER 1972).

Abbildung 8 zeigt die 4. Ableitung der Absorptionsspektren der bei der gelelektrophoretischen Trennung der Chloroplastenproteine auftretenden Hauptzonen.[1]

Deutlich fällt der ungewöhnlich hohe Anteil des Chl b (Maximum bei 650 nm) in Zone II auf. Ebenso ist zu erkennen, daß die dominierenden Absorptionsbanden von Chl a (Maximum zwischen 670 und 680 nm) in den verschiedenen Zonen unterschiedliche Maximumspositionen haben: am langwelligsten (678 nm) bei Zone I, am kurzwelligsten (668 nm) bei Zone III, die dem freien, d. h. vom Protein abgetrennten Chlorophyll zugeordnet wird. Die Zone I und II weisen ebenfalls einen Pigmentanteil mit Absorption bei 668 nm auf, dabei handelt es sich offenbar um Chlorophyll, das sich während der Elektrophorese vom Protein abspaltet bzw. um einen im Abbau befindlichen Anteil des Komplexes.

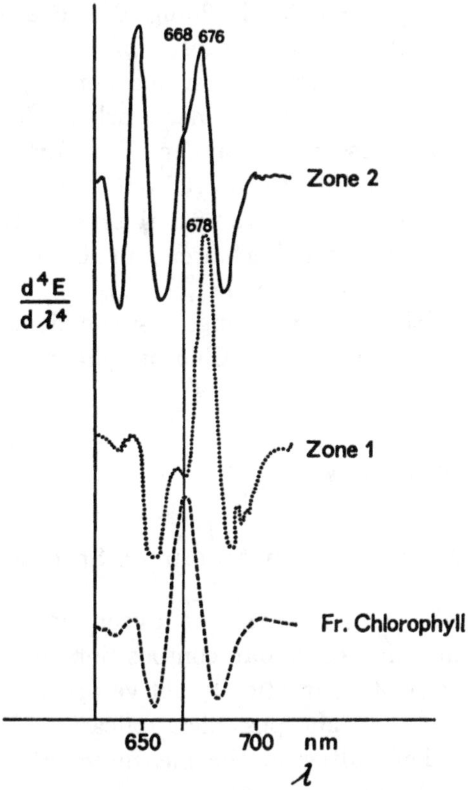

Abb. 8 Derivativspektren (4. Ableitung) elektrophoretisch getrennter Chloroplastenproteine und von freiem Chlorophyll

Diese Beispiele lassen erkennen, daß die in vivo-Messung von Absorptionsspektren gegenüber der in vitro-Messung die Vorteile geringeren Aufwandes und zusätzlichen Informationsgewinns hat. Dagegen sind die Möglichkeiten für exakte quantitative Aussagen auf Grund der im ersten Abschnitt dargestellten Probleme beschränkt.

1 Herrn Dr. O. Machold danke ich für die Durchführung der elektrophoretischen Trennung.

Zusammenfassung

Die Messung von Absorptionsspektren biologischer Objekte in vivo ermöglicht eine rasche Information über die Zusammensetzung und den Zustand der enthaltenen Pigmente, insbesondere bei der Untersuchung photosynthetisch aktiver Organe. Es wird deshalb eine Übersicht über Probleme, Methoden und Anwendungsmöglichkeiten gegeben.

Meßtechnische Schwierigkeiten ergeben sich in erster Linie aus der Lichtstreuung, die in verschiedener Weise zu einer Verzerrung der Spektren führt. Eine Verringerung dieser Effekte ist mit verschiedenen Methoden möglich, die entweder das Streulicht oder einen repräsentativen Anteil desselben sammeln oder durch Angleichung des Brechungsindex des umgebenden Mediums die Streuung selbst herabsetzen.

Das Auftreten verschiedener Pigmentformen mit ähnlichen spektralen Eigenschaften führt zu einer starken Überlagerung und damit schlechter Auflösung ihrer Absorptionsbanden. Eine Erhöhung der Auflösung ist mit Methoden möglich, die die Halbwertsbreite der Banden verringern. Dazu dienen die Messung bei der Temperatur des flüssigen Stickstoffs (–196 °C) und die Anwendung mathematischer Verfahren zur Bandenverschärfung, insbesondere der Derivativ-Spektrophotometrie.

Einige Anwendungsbeispiele demonstrieren den Nutzen der Methode bei der Untersuchung der Chlorophylle in vivo.

Summary

Measurement of Absorption Spectra in vivo

The measurement of absorption spectra of biological objects enables fast information about composition and state of pigments, especially in the study of photosynthetically active organs. Therefore a review is given about problems, methods, and possible applications.

Difficulties in the measurement result mainly from light scattering, causing a distortion of spectra in different ways. A reduction of these effects is possible by several methods, which either collect the scattered radiation (or a representative portion of it) or decrease the scattering by adjusting the refractive index of the surrounding medium to those of the cell walls.

The existence of different pigment forms having similar spectral properties results in a strong overlapping and bad resolution of their absorption bands. A resolution enhancement is possible by methods reducing the halfwidth of the bands. This can be performed by measurement at liquid nitrogen temperature (–196 °C) and by mathematical methods of band sharpening, especially derivative spectrophotometry.

Some examples demonstrate the use of the method in the study of chlorophylls in vivo.

Краткое содержание

Измерение спектров поглощения in vivo

Измерения абсорбционных спектров биологических объектов in vivo дают возможность получить в короткий срок информацию о составе и состоянии содержащихся в них пигментов, в особенности при исследовании фотосинтетически активных органов. В работе дается обзор проблем, методов и возможностей применения.

Затруднения в технике измерений обусловлены, главным образом, рассеянием света, ведущим к различным искажениям спектра. Ослабление этого эффекта можно достигнуть различными методами, при которых или собирают рассеянный свет (хотя бы его репрезентативную долю) или же, путем уравнивания индекса преломления окружающей среды и объекта, ослабляют само рассеяние.

Наличие различных форм пигментов со схожими спектральными свойствами ведет к сильной суперпозиции спектров и, тем самым, к плохой разрешимости полос поглощения. Улучшение разрешающей способности метода достигается приемами уменьшения полуширины полос. С этой целью измерения проводятся при температуре жидкого азота (– 196 °C) и применяются математические методы сужения полос, в особенности же – деривативная спектрофотометрия.

Некоторые примеры демонстрируют пригодность метода при исследованиях хлорофиллов in vivo.

Literatur

Allen, L. C., Gladney, H. M. und Glarum, S. H., 1964: Resolution enhancement for spectra of chemical and physical interest. J. chem. Physics *40* (11), 3135–3141.

Allen, M. B., 1964: Absorption spectra, spectrophotometry, and action spectra. In: A. C. Giese (ed.): Photophysiology Vol. 1. 83–110. Academic Press.

Apel, P., 1967: Photosynthesemessungen an Chlorophyllmutanten von Gerste (Lichtkurven, „Lichtatmung", Starklichtempfindlichkeit). studia biophysica *5*, 105–110.

Barer, R., 1955: Spectrophotometry of clarified cell suspensions. Science *121*, 709–715.

Butler, W. L., 1964: Absorption spectroscopy in vivo. Theory and application. Ann. Rev. Plant Physiology *15*, 451–470.

Butler, W. L., Hopkins, D. W., 1970: Higher derivative analysis of complex absorption spectra. Photochem. and Photobiol. *12*, 439–450.

Butler, W. L. und Norris, K. H., 1962: Plant Spectra: Absorption and Action. In: H. F. Linskens und M. V. Tracey: Moderne Methoden der Pflanzenanalyse, Bd. *5*, 51–72.

FRENCH, C. S. und YOUNG, V. M. K., 1956: The absorption, action, and fluorescence spectra of photosynthetic pigments in living cells and in solutions. In: A. HOLLAENDER: Radiation Biology, Vol. III, 343–391. Mc Graw-Hill Book Company.

GIESE, A. und FRENCH, C. S., 1955: The analysis of overlapping spectral absorption bands by derivative spectrophotometry. Appl. Spectroscopy *9*, 78–89.

HAXO, F. R., BLINKS, L. R., 1950: Photosynthetic action spectrum of marine algae. J. gen. Physiology *33*, 389–422.

HERRMANN, F. und MEISTER, A., 1972: Separation and spectroscopical properties of pigment protein complexes in *Antirrhinum* chloroplasts. Photosynthetica *6* (2), 177–182.

LATIMER, P., 1959: Influence of selective light scattering on measurements of absorption spectra of Chlorella. Plant Physiology *34*, 193–199.

MACHOLD, O., MEISTER, A. und ADLER, K., 1971: Spektroskopische Eigenschaften von elektrophoretisch getrennten Chlorophyll-Protein-Komplexen der Photosysteme I und II aus *Vicia faba* und *Chlorella pyrenoidosa*. Photosynthetica *5*, 160–165.

MEISTER, A., 1966a: Zur Untersuchung der verschiedenen Formen von Chlorophyll in der lebenden Pflanze durch Anwendung der Derivativ-Spektrophotometrie. Kulturpflanze *14*, 235–255.

MEISTER, A., 1966b: Ein registrierendes Spektrophotometer zur Aufzeichnung der Extinktion, ihrer 1. und 2. Ableitung nach der Wellenlänge. Exp. Technik der Physik *14*, 168–173.

MEISTER, A., 1973a: Resolution enhancement of absorption spectra of chlorophylls by Fourier transformation. studia biophysica *35* (3), 231–236.

MEISTER, A., 1973b: Untersuchungen zur Zusammensetzung der Blattpigmente an Mutanten von *Lycopersicon esculentum*, *Lycopersicon pimpinellifolium* und *Antirrhinum majus*. Kulturpflanze *21*, 295–311.

SAGROMSKY, H., 1977: Über Untersuchungen zur physiologischen Bedeutung von Chlorophyll b. Kulturpflanze 25, 279–296.

SEYBOLD, A. und WEISSWEILER, A., 1942: Spektrophotometrische Messungen an grünen Pflanzen und an Chlorophyll-Lösungen. Bot. Archiv *43*, 252–290.

SHIBATA, K., 1958: Spectrophotometry of intact biological materials. J. Biochemistry (Tokyo) 45, 599–623.

SHIBATA, K., BENSON, A. A. und CALVIN, M., 1954: The absorption spectra of suspensions of living organisms. Biochim. Biophys. Acta 15, 461–470.

Kulturpflanze XXV · 1977 · S. 155–265

Vergleichend-anatomische Untersuchungen im Verwandtschaftskreis von *Triticum* L. und *Aegilops* L. (Gramineae)[1]

REINHARD FRITSCH, JOACHIM KRUSE, HARALD OHLE und HELGA I. SCHÄFER

(Eingegangen am 31. Januar 1977)

I. Einleitung

Wegen der großen wirtschaftlichen Bedeutung des Weizens gehört der Verwandtschaftskomplex der Gattungen *Triticum* und *Aegilops* heute zu den wenigen Kulturpflanzengruppen, von denen relativ umfangreiche und detaillierte Angaben sowohl über die kultivierten Arten als auch über die Wildformen vorliegen, wobei aber auf manchen Gebieten eine weitere Vervollständigung der Kenntnisse auch im Hinblick auf die Züchtungsarbeit wünschenswert ist. Die intensive zytologische Erforschung der beiden Gattungen ermöglichte recht genaue Vorstellungen über die Evolution dieses Verwandtschaftskreises (KIHARA, 1945). Auch im Hinblick auf die systematisch-morphologischen Beziehungen der Gattungen *Aegilops* und *Triticum* (PERCIVAL, 1921; ŽUKOVSKIJ, 1928; EIG, 1929; DOROFEEV, 1972) hat dieser Verwandtschaftskreis eine sehr ausführliche Darstellung erfahren.

Demgegenüber sind die anatomischen Merkmale dieser Gattungen weniger bearbeitet worden. Trotz einer Reihe Arbeiten, die sich mit einzelnen ausgewählten Organen oder auch mit der Anatomie der gesamten Pflanze befaßten, blieben die Untersuchungen auf nur relativ wenige, meist wirtschaftlich bedeutende Arten beschränkt, so daß eine Übersicht über die anatomischen Verhältnisse des gesamten Verwandtschaftskreises bisher fehlt. Ungeachtet der teilweise sehr präzisen Vorstellungen konnte eine Reihe phylogenetischer Probleme in den Gattungen *Triticum* und *Aegilops* noch nicht eindeutig geklärt werden, so daß es angebracht erscheint, den Aussagewert auch anatomischer Befunde im Hinblick auf diese Probleme zu überprüfen.

Die vorliegenden Untersuchungen befassen sich deshalb hauptsächlich mit ausgewählten anatomischen Merkmalen definierter Bereiche verschiedener Organe. Hierbei sollen vorwiegend solche Merkmale beachtet werden, die eine deutliche Differenzierung des untersuchten Verwandtschaftskreises erkennen lassen. Das bearbeitete Material, das etwa 160 Sippen von 47 Arten umfaßt, repräsentiert nahezu das gesamte Artenspektrum der untersuchten Gattungen.

1 Herrn Prof. Dr. Drs. h. c. HANS STUBBE zum 75. Geburtstag gewidmet.

Die Gliederung der Gattung *Triticum* in drei Reihen, die gleichzeitig Ploidiestufen darstellen, ist morphologisch (SCHULZ, 1913), biochemisch (ZADE, 1914) und zytologisch (SAKAMURA, 1918; SAX, 1918) relativ früh begründet worden. Die anschließenden Untersuchungen von KIHARA (1924) ergaben, daß die polyploiden Weizenarten alloploid sind. Die Entdeckung weiterer Sippen hat zu keiner wesentlichen Veränderung dieser Gliederung geführt. Somit umfaßt die Gattung *Triticum* einen umfangreichen Formenkreis, dessen Vielfalt auf drei unterschiedlichen Ploidiestufen ausgebildet ist, wobei die diploide und die tetraploide Gruppe jeweils Wildformen enthält, während solche aus der hexaploiden Gruppe nicht sicher bekannt sind.

Ähnlich wie bei *Triticum* umfaßt auch die Gattung *Aegilops* neben einer Anzahl diploider zahlreiche alloploide Arten, an deren Entstehung die Genome mehrerer diploider Sippen in unterschiedlicher Kombination beteiligt sind. Auch hier konnten die auf Grund morphologischer Merkmale von ŽUKOVSKIJ (1928) und EIG (1929) postulierten Verwandtschaftsbeziehungen innerhalb der Gattung *Aegilops* durch umfassende genomanalytische Arbeiten im wesentlichen bestätigt werden (KIHARA, 1940, 1945). Die infragenerischen Gruppen der Gattung *Aegilops* erstrecken sich oft über mehrere Ploidiestufen.

Im Gegensatz zu *Aegilops*, wo die Herkunft der einzelnen Genome der polyploiden Sippen weitgehend geklärt werden konnte, ist die Diskussion über die *Triticum*-Genome noch nicht abgeschlossen. Zahlreiche Untersuchungen wurden bisher in diesem Zusammenhang durchgeführt, über die Tafel 1 einen Überblick gibt. Während sich für manche Evolutionsrichtungen nur einzelne positive Aussagen ergaben, konnten andere Entwicklungslinien mehrfach bestätigt werden. Weitgehend einheitliche Auffassungen bestehen darüber, daß das A-Genom der polyploiden Sippen von den diploiden Weizenarten abstammt, während das D-Genom des Weizens seinen Ursprung in der Gattung *Aegilops* hat (*A. tauschii*). Dagegen bestehen über die Herkunft des B-Genoms der tetra- und hexaploiden Sippen noch sehr unterschiedliche Auffassungen. Zahlreiche Arten wurden als Donor in Betracht gezogen (sofern nicht eine bereits ausgestorbene Sippe [KIMBER, 1973] bzw. ein Hybridgenom [ZOHARY and FELDMAN, 1962] angenommen wurden); *Agropyron triticeum* (MCFADDEN and SEARS, 1944), *Aegilops mutica* (CHENNAVEERAIAH, 1961), *Aegilops longissima* (RILEY et al., 1960), *Aegilops bicornis* (SEARS, 1956) und vor allem *Aegilops speltoides* (u. a. JENKINS, 1929; PATHAK, 1940; SARKAR and STEBBINS, 1956; RILEY et al. 1958; REES and WALTERS, 1965), das lange Zeit als der wahrscheinlichste Donor des B-Genoms galt. In den letzten Jahren wurde aufgrund zytologischer (RILEY and CHAPMAN, 1966; JOHNSON and KIMBER, 1967; SIDDIQUI and JONES, 1968; SEARS 1969; ATHWAL and KIMBER, 1972; DVOŘÁK, 1972), biochemischer (JOHNSON, 1972, 1975) und blütenbiologischer Untersuchungen (DHALIWAL and JOHNSON, 1976) sehr starke Zweifel an der Herkunft des B-Genoms von *Aegilops speltoides* geäußert. Dafür wurde neuerlich seine Abstammung vom A-Genom diskutiert, die schon von CAMARA (1935) u. a. vermutet worden war und für welche DHALIWAL and JOHNSON

(1976) neue Hinweise fanden. Aber auch diese Auffassung ist nicht unwidersprochen geblieben (CHAPMAN, 1976).

Bisher ungeklärt ist auch die Frage, ob die tetraploiden und hexaploiden Weizenarten monophyletisch oder polyphyletisch entstanden sind. Die weitgehende Variabilität innerhalb der beiden Gruppen hat sowohl bei den tetraploiden (SARKAR and STEBBINS, 1956; ZOHARY and FELDMAN, 1962; KIMBER and ATHWAL, 1972) als auch bei den hexaploiden Arten (MACKEY, 1966; KUCKUCK, 1964; SINSKAJA, 1955; MÁNDY, 1970) immer wieder zur Vermutung eines polyphyletischen Ursprungs Anlaß gegeben. Insbesondere ergibt sich bei den tetraploiden Weizen neben der morphologischen Vielfalt eine wesentliche Differenzierung durch das Vorhandensein eines B- und eines G-Genoms, was zu einer umfassenden Diskussion über die Ähnlichkeit und Herkunft beider Genome geführt hat. Sie unterscheiden sich sowohl morphologisch als auch zytologisch und biochemisch. Die Verwandtschaft ist einerseits noch so nahe, daß das G-Genom unmittelbar aus dem B-Genom hervorgegangen sein könnte (KOSTOFF, 1936; SACHS, 1953; WAGENAAR, 1966), z. B. aus verschiedenen geographischen Rassen von *Triticum dicoccoides* (HARLAN and ZOHARY, 1966). Andererseits wäre es aber auch möglich, daß beide Genome unterschiedlichen Rassen der diploiden Ausgangsarten (DHALIWAL and JOHNSON, 1976) bzw. unterschiedlichen Arten entstammen (KIMBER, 1973; SHANDS and KIMBER, 1973). Andere Autoren betrachten dagegen die Vielfalt der polyploiden Weizengruppen als monophyletisch entstanden, wobei die verschiedenen Arten aus der Ursprungssippe jeder Gruppe durch nur wenige Mutationen hervorgegangen sind. Für eine monophyletische Entstehung sprechen auch verschiedene, allen gemeinsame Mutationen.

Die folgenden anatomischen Untersuchungen sollen insgesamt nicht nur als Grundlage für eine Diskussion der problematischen, sondern auch der durch andere Befunde bereits mehrfach bestätigten Evolutionsvorstellungen dienen.

II. Material und Methoden

Das in der vorliegenden Analyse untersuchte Material stammte aus den Beständen des Zentralinstitutes für Genetik und Kulturpflanzenforschung und wurde durch Sammelreisen oder durch den Samentausch mit anderen Instituten oder Botanischen Gärten beschafft. Von jeder Art der beiden Gattungen *Triticum* und *Aegilops* kamen meist vier Sortimentsnummern zur Bearbeitung. Die nachstehende Übersicht enthält Angaben über die untersuchten Arten, Sortimentsnummern, Genomformeln sowie auch Abkürzungen, die in den Tabellen verwendet wurden.

Die Aussaaten der Weizenarten erfolgten für die Bearbeitung der oberirdischen Teile entsprechend den Ansprüchen entweder im Herbst oder im Frühjahr direkt an Ort und Stelle auf kleinen Parzellen des Versuchsfeldes. Die entspelzten Früchte der *Aegilops*-Sippen wurden dagegen zu Beginn des Jahres in Torftöpfe ausgesät, nach dem Auflaufen pikiert und unter kühlen Bedingungen im Kasten aufgezogen. Die Entnahme der ganzen Pflanzen zur Konservierung und Verarbeitung erstreckt sich über den Zeitraum von der Anthese bis zur Milchreife der Karyopsen.

Besonderer Anzuchtverfahren bedurfte die detaillierte Wurzelanalyse. Zur Gewinnung ganzer Wurzelsysteme erfolgte die Anzucht von Einzelpflanzen in dünnwandigen Polyäthylenröhren, die mit Erde gefüllt senkrecht in tiefen Frühbeetkästen aufgestellt waren (Fritsch, 1976). Für die Wurzeluntersuchungen wurden die mit Wasser ausgewaschenen Wurzeln, an denen ein Teil der oberirdischen Pflanzenmasse belassen wurde, in das schonend einwirkende Fixierungsmittel Craf 1 (Sass, 1961) eingelegt und anschließend in thymolhaltigen 10%igen Alkohol gebracht. Für die anatomische Präparation der übrigen vegetativen Teile (Halm, Blatt, Ähre) diente in 70%igen Alkohol eingelegtes Material bzw. trocken aufgehängte ganze Pflanzen, deren vegetative Teile zur Verarbeitung aufgeweicht wurden. Da sich das Material wegen des stark verholzten und verkieselten Sklerenchyms durch eine enorme Brüchigkeit auszeichnet, wurde bei der Bearbeitung der Organe (mit Ausnahme der Karyopsen) auf die Anwendung der Mikrotom-Technik verzichtet und der Handschnitt-Technik der Vorzug gegeben.

Die Anfertigung der Schnitte erfolgte mit dem Rasiermesser nach der üblichen Methode mit Hilfe von Holundermark. Zum Erweichen wurden die grob zerschnittenen Organe zunächst 30 Minuten in Glycerinwasser aufgekocht und dann zwischen Holundermark geschnitten. Die Schnitte wurden in Safranin T (0,1% wässrige Lösung) und in einer 0,5%igen wässrigen Astrablaulösung (Woessner, 1970) sukzedan oder mittels Farbstoffgemisch simultan gefärbt. Die Färbedauer betrug wenige Sekunden. Nach dem Auswaschen in Wasser und Glycerin wurden die Schnitte in Glyceringelatine eingeschlossen. Eine Aufhellung der Blattgewebeschnitte vor der Färbung erwies sich als nötig. Die leuchtend rot gefärbten Sklerenchymelemente und die durch eine intensive Blaufärbung dazu kontrastierenden Parenchyme bedingen eine klare Abgrenzung der verschiedenen Gewebe und bilden damit eine gute Grundlage für eine genaue Beurteilung.

Die Keimwurzeln wurden zur Prüfung der Rhizodermiszellgrößen vor der Färbung mit Astrablau in Alkohol-Eisessig (Mischungsverhältnis 3 : 1) fixiert.

Die Lodiculae wurden ohne vorherige Anfärbung in Glyceringelatine eingeschlossen. Die Pollenkörner wurden nach der Methode von Willrath (zitiert bei Erdtman, 1954) in verdünnter Schwefelsäure bis zur Braunfärbung erwärmt und anschließend in Glycerin übergeführt.

Die reifen Karyopsen wurden in Wasser vorgequollen und mit dem sowjetischen Kryostat-Mikrotom MK 25 im Medianbereich geschnitten. Die Schnittdicke betrug 20 µm. Die Färbung dieser Präparate erfolgte nach der Methode von Klein (1974) mit einer wässrigen Lösung von Amidoschwarz 10B (Merck). Sie wurden dann in üblicher Weise zu Dauerpräparaten verarbeitet. Zur Bestimmung des Embryoanteils am Gesamtkorn wurden die Embryonen von 10 entspelzten und eingeweichten reifen Karyopsen entnommen und vor dem Wägen 24 Stunden bei 60 °C getrocknet.

Die Ermittlung der Tausendkornmasse (TKM) erfolgte ausschließlich an entspelzten Karyopsen, die bei *Triticum* aus dem Vergleichsanbau 1970 stammten. Bei *Aegilops* lag die Ernte von 1973 sowie 1974 (bei *A. mutica* und *A. longissima* von 1975) zugrunde. Das gleiche Erntegut wurde für die Untersuchung des Rohprotein- und des Lysingehaltes verwendet. Für diese Bestimmungen, die nach der Methode von Rudolph et al. (1975) erfolgten, kamen ebenfalls entspelzte reife Körner zur Verwendung.

Zur mikroskopischen Auswertung dienten Zeiß-Mikroskope der Typen Nf und Amplival mit ihren entsprechenden Grundausrüstungen. Die Mikrophotographien wurden mittels der Zeiß-MF-Belichtungsautomatik auf Kleinbildfilm ORWO NP 15 hergestellt. Zur zeichnerischen Auswertung diente der Zeiß-Projektionszeichenspiegel am monokularen Mikroskop. Die Vermessung von Gewebeteilen auf Zeichnungen erfolgte mit einem Reiss-Kompensations-Polarplanimeter Typ 3005. Für die Messung direkt am mikroskopischen Präparat wurde die übliche Bestückung mit Okular- und Objektmikrometern benutzt.

Frau M. Matthes, Frau U. Nagel, Frau U. Scholz und Frau B. Sperling danken wir für ihre gewissenschafte Mitarbeit bei der Durchführung der umfangreichen präparativen

Arbeiten. Die Zeichnungen und Fotos wurden in bewährter Qualität von Fräulein R. KILIAN, Herrn R. PERTACK und Frau G. TERPE angefertigt. Besonderer Dank gilt Herrn Dr. G. KLEIN (vormals im Institut für Getreideforschung Bernburg-Hadmersleben, Bereich Strenzfeld) sowie Frau S. RYSCHKA (Institut für Züchtungsforschung, Quedlinburg) für ihre Hilfsbereitschaft und die zeitweilige Bereitstellung eines Arbeitsplatzes. Weiterhin sind wir Herrn Dr. A. RUDOLPH und Herrn Dr. F. SCHOLZ für die Durchführung der Eiweiß-Analysen zu Dank verpflichtet.

Gattung *Triticum* L.

Art	Abk.	Genom	Sort. Nr.	
T. boeoticum BOISS. em. SCHIEM.	boeo	AA	TRI 1773 TRI 1774 TRI 3015 TRI 4305	Wildform
T. urartu TUM.	urar	AA	TRI 6735 TRI 7357	Wildform
T. monococcum L.	mono	AA	TRI 1760 TRI 2009 TRI 2124 TRI 3409	Kulturform
T. dicoccoides KÖRN.	dics	AABB	TRI 676 TRI 3421 TRI 3425 TRI 3488	Wildform
T. dicoccon SCHRANK	dicn	AABB	TRI 903 TRI 1682 TRI 3424	Kulturform
T. durum DESF.	duru	AABB	TRI 737 TRI 3479 TRI 3621 TRI 3854	Kulturform
T. turgidum L.	turg	AABB	TRI 758 TRI 1253 TRI 2969 TRI 4522	Kulturform
T. carthlicum NEVSKI	cart	AABB	TRI 2901 TRI 3422 TRI 3430 TRI 4110	Kulturform
T. ispahanicum HESLOT	ispa	AABB	TRI 6177 TRI 7117 TRI 7260 TRI 7261	Kulturform

Art	Abk.	Genom	Sort. Nr.	
T. polonicum L.	polo	AABB	TRI 3203 TRI 3248 TRI 3410 TRI 3428	Kulturform
T. turanicum JAKUBZ.	tura	AABB	TRI 680 TRI 3287 TRI 4326 TRI 5254	Kulturform
T. karamyschevii NEVSKI (*T. palaeo-colchicum* MEN., *T. georgicum* DEK. et MEN.)	kara	AABB	TRI 6736 TRI 7356 TRI 7486 TRI 5223	Kulturform
T. araraticum JAKUBZ.	arar	AAGG	TRI 6912 TRI 7388	Wildform
T. timopheevi ZHUK.	timi	AAGG	TRI 3433 TRI 4349 TRI 5352	Kulturform
T. zhukovskyi MEN. et ER.	zhuk	AAAAGG	TRI 5416 TRI 7262	Kulturform
T. spelta L.	spea	AABBDD	TRI 869 TRI 870 TRI 7034 TRI 7104	Kulturform
T. vavilovii (Tum.) JAKUBZ.	vavi	AABBDD	TRI 7315 W 1283	Kulturform
T. macha DEK. et MEN.	mach	AABBDD	TRI 1868 TRI 4510 TRI 4511 TRI 4567	Kulturform
T. amplissifolium (ZHUK.) ZHUK.	ampl	AABBDD	TRI 7293	Kulturform
T. sphaerococcum PERC.	spha	AABBDD	TRI 2996 TRI 3008 TRI 3415 TRI 7131	Kulturform
T. aestivum L. em. FIORI et PAOL.	aest	AABBDD	TRI 853 TRI 4427 TRI 4599 W 1642	Kulturform

Art	Abk.	Genom	Sort. Nr.	
T. timonovum Hes-lot et Ferr.	timm	AAAAGGGG	TRI 7259	autopolypl.
T. x fungicidum Zhuk.	fung	AAAABBGG	TRI 7265	Hybride
T. x sovieticum Zhebr.	sovi	AAAABBGG	TRI 7304	Hybride

Gattung *Aegilops* L.

Art	Abk.	Genom	Sort. Nr.	
Untergattung *Amblyopyrum* (Zhuk.) Kihara				
A. mutica Boiss.	muti	MtMt	AE 126 AE 127 AE 128	Wildform
Untergattung *Aegilops*, Sektion *Sitopsis* Jaub. et Spach				
A. speltoides Tausch	spes	SS	AE 136 AE 137 AE 138 AEG 72	Wildform
A. aucheri Boiss.	auch	SS	AE 101 AE 102 AE 103 AE 104	Wildform
A. bicornis (Forssk.) Jaub. et Spach	bico	S^bS^b	AE 105 AE 106 AEG 77	Wildform
A. longissima Schweinf.	long	S^lS^l	AE 121 AE 122 AE 123 AE 124	Wildform
A. sharonensis Eig	shar	S^lS^l	AE 133 AE 134 AE 135 AEG 80	Wildform

Art	Abk.	Genom	Sort. Nr.	
Sektion *Vertebrata* (ZHUK.) KIHARA				
A. tauschii COSS. (*A. squarrosa* L.)	taus	DD	AE 143 AE 144 AE 145 AEG 25	Wildform
A. ventricosa TAUSCH	vent	DDM^vM^v	AEG 4 AEG 9 AEG 18 AEG 62	Wildform
A. crassa BOISS.	cras	$DD\ M^{cr}M^{cr}$	AEG 68	Wildform
		$DDD^2D^2M^{cr}M^{cr}$	AEG 1 AEG 11 AEG 12 AEG 67 AEG 68	Wildform
A. juvenalis (THELL.) EIG (*A. turcomanica* ROSH.)	juve	$DDC^uC^uM^jM^j$	AEG 55 AEG 78 AEG 82	Wildform
Sektion *Cylindropyrum* (JAUB. et SPACH) KIHARA				
A. caudata L.	caud	C C	AE 107 AE 108 AE 109 AEG 75	Wildform
A. cylindrica HOST	cyli	CC DD	AE 2 AEG 40 AEG 42 AEG 73	Wildform
Sektion *Comopyrum* (JAUB. et SPACH) SEN.-KORCH				
A. comosa SIBTH. et SM.	como	M M	AE 115	Wildform
A. heldreichii HOLM.	held	M M	AE 116 AE 117	Wildform
A. uniaristata VIS.	unia	M^uM^u	AE 156 AE 157 AE 158 AEG 76	Wildform

Art	Abk.	Genom	Sort. Nr.	
Sektion *Aegilops* (*Polyeides* [ZHUK.] KIHARA)				
A. umbellulata ZHUK.	umbe	C^uC^u	AE 152 AE 153 AE 154 AEG 61	Wildform
A. variabilis EIG	vari	$C^uC^uS^vS^v$	AEG 36 AEG 47 AEG 56 AEG 79	Wildform
A. kotschyi BOISS.	kots	$C^uC^uS^vS^v$	AE 118 AE 119 AE 120 AEG 57	Wildform
A. triuncialis L.	tria	$C^uC^uC\ C$	AEG 31 AEG .32 AEG 14 AEG 71	Wildform
A. lorentii HOCHST. (*A. biuncialis* [VIL.] VIS.)	lore	$C^uC^uM^bM^b$	AEG 69	Wildform
A. columnaris ZHUK.	colu	$C^uC^uM^cM^c$	AEG 65 AE 111 AE 113 AE 114	Wildform
A. ovata L.	ovat	$C^uC^uM^oM^o$	AEG 3 AEG 8 AEG 58 AEG 70	Wildform
A. triaristata WILLD.	tria	C^uC^u $M^{t1}M^{t1}$ $M^{t2}M^{t2}$	AE 7 AE 129 AE 130 AE 131 AEG 29 AEG 63	Wildform

III. Ergebnisse

3.1 Wurzel[1]

Der bei weitem größte Teil aller bisher vorliegenden Untersuchungen über die Wurzel des Weizens beschäftigte sich mit der Klärung spezieller landwirtschaftlicher Fragen. Der Aufdeckung der grundlegenden morphologischen und anatomischen Verhältnisse, die auch als Maßstab bei Einzelbefunden unbedingt notwendig sind, wurde demgegenüber relativ wenig Aufmerksamkeit geschenkt, denn die Anzahl der dazu publizierten Arbeiten ist überraschend gering. Als wesentliche, anatomisch ausgerichtete Beiträge wären das entsprechende Kapitel in der Monographie von PERCIVAL (1921) und die Arbeiten von JACKSON (1922), KOKKONEN (1931), SZYNAL (1963) und ROVENSKÁ (1968, 1973) anzuführen. Über die Wurzelmorphologie des Weizens wurde wesentlich mehr publiziert, wobei aber vor allem über den Einfluß von Umweltbedingungen und über Sorteneigenschaften berichtet wurde. Fast alle bisherigen Arbeiten berücksichtigten ausschließlich *T. aestivum*. Die tetraploiden Weizenarten wurden nur selten einbezogen, und über die Wurzelstruktur der übrigen Weizen- und *Aegilops*-Arten wurde bisher praktisch nichts veröffentlicht. Zusammenfassende Darstellungen der derzeitigen Kenntnisse über die Anatomie und die Morphologie der Wurzeln von *Triticum*- und *Aegilops*-Arten liegen inzwischen vor (FRITSCH 1977a, 1977b).

Die morphologisch und anatomisch unterscheidbaren Teile des homorhizen Wurzelsystems einer Getreidepflanze werden dementsprechend auch verschieden bezeichnet. Leider existiert aber keine allgemein akzeptierte Terminologie. Wir werden folgende Bezeichnungen benutzen (vgl. FRITSCH 1977a):

1. Embryonalwurzeln (EW): bereits im Embryo angelegte Wurzeln;
2. sproßbürtige Wurzeln (sbW): nicht bereits im Embryo angelegte Wurzeln, die direkt vom Sproß abgehen, unterteilt in Koleoptilwurzeln (KW), ältere (äsbW) und jüngere (jsbW) sproßbürtige Wurzeln;
3. Seitenwurzeln (SW): von anderen Wurzeln abgehend.

Die Umgrenzung dieser Wurzeltypen erfolgte weitgehend nach praktischen Gesichtspunkten. Die EW und KW lassen sich aufgrund ihrer Morphologie und vor allem ihrer Lage am Sproß bei Pflanzen aller Lebensalter sicher abgrenzen. Die anderen sbW dagegen bilden ein mehr oder minder umfangreiches Büschel von dichtgedrängten Wurzeln, deren Ursprung am Sproß im einzelnen nur selten genau ermittelt werden kann.

Die Wurzeln von *Triticum* und *Aegilops* zeigen den typischen anatomischen Aufbau einer Graswurzel (Taf. 2). Als äußeres Abschlußgewebe dient eine einschichtige Rhizodermis, die mehr oder weniger zahlreiche Wurzelhaare tragen kann. Während diese nahe der Wurzelspitze dünnwandig und kurzlebig sind,

1 Bearbeitet von R. FRITSCH

kommen im basalen Abschnitt von jüngeren sbW auch dickwandige und langlebige Wurzelhaare vor.

Als nächste Gewebeschicht folgt die Rinde. Sie läßt sich in eine ebenfalls einschichtige subepidermale Rindenschicht, den nicht immer vorhandenen, meist mehrschichtigen, aus prosenchymatischen Zellen bestehenden Sklerenchymzylinder und den Bereich der gewöhnlich unverdickten und unverholzten eigentlichen Rindenzellen gliedern. Diese parenchymatischen Zellen sind in der Mitte des Rindenbereiches der Wurzel am größten. Zur Endodermis hin folgen kleinere Zellen, deren Wände oft verholzen und auch etwas verdicken können. Nach innen zu schließt die Rinde mit der einschichtigen Endodermis ab, deren Zellwände in charakteristischer Weise verdickt sind. In bestimmten Wurzelabschnitten finden sich auch Durchlaßzellen, denen diese Wandverdickungen zeitweise fehlen.

Im Inneren der Wurzel liegt der polyarche Zentralzylinder, dessen äußerste, im allgemeinen einschichtige Zellage als Perizykel bezeichnet wird. Dieser kann in der Nachbarschaft der Xylemstränge unterbrochen sein. Xylem und Phloem liegen als mehrzellige Leitstränge alternierend innen am Perizykel. Ein Xylemstrang besteht aus meist je 1–3 weiter außen liegenden Protoxylem- und sich in zentripetaler Richtung anschließenden Metaxylemgefäßen. Die Wände der Gefäße verdicken und verholzen im ontogenetischen Differenzierungs- und Alterungsprozeß als erste, vor allen anderen Geweben der Wurzel. Ein Phloemstrang setzt sich aus einer primären Siebzelle (Protophloem), 2–3 Geleitzellen und 1–2 sekundären Siebzellen (Metaphloem) zusammen und hat niemals verholzte Zellwände.

Zentripetal von den Xylem- und Phloemsträngen liegen ein oder mehrere zentrale Metaxylemgefäße, kurz „Zentralgefäße" genannt, deren Durchmesser meist beträchtlich größer ist als der der anderen Metaxylemgefäße. Verdickung und Verholzung ihrer dicht getüpfelten Wände setzen erst nach dem Beginn dieser Vorgänge bei den Gefäßen der Xylemstränge ein, etwa gleichzeitig mit deren Beginn bei der Endodermis. Der Raum zwischen den Leitsträngen und auch zwischen diesen und dem bzw. den Zentralgefäß(en) wird von einem Grundgewebe ausgefüllt. Letzteres besteht aus langgestreckten, teilweise typisch prosenchymatischen Zellen, deren Wände bei älteren Wurzeln verdickt und verholzt sein können. Die Interzellularen sind hier meist klein. Rinde und Grundgewebe sind die einzigen Wurzelgewebe, bei denen Interzellularen vorkommen.

Das Erstarkungswachstum des Sprosses drückt sich nicht nur in einer Vermehrung der Leitbündelzahl und einer Vergrößerung des Durchmessers des Sprosses aus. Auch die am jeweiligen Nodium angelegten Wurzeln sind dicker und haben dementsprechend mehr Xylem-, Phloemstränge und Zentralgefäße bei ihrem Abgang vom Sproß. Diese Verhältnisse werden aber nicht über die gesamte Wurzellänge beibehalten, sondern sehr bald reduziert. Je später eine Wurzel angelegt wurde, um so schneller, d. h. in einem um so kürzeren Abschnitt findet die Reduktion statt. Dabei werden die Zentralgefäße zu einem einzigen im Zentrum des Zentralzylinders liegenden vereint und die Anzahl der Xylem- und Phloemstränge beträgt dann nur noch 6–8. Hierbei wird zunächst ein Xylemstrang reduziert; die beiden benachbarten Phloemstränge werden dann genähert und zu einem vereint, dessen Zellzahl sehr bald auf das für einen einfachen Strang typische absinkt. Bei dieser Reduktion der anatomischen Strukturen in distaler Richtung, die bei allen sbW und vielen EW nachzuweisen ist, werden die Anzahl und der Durchmesser der Endodermis-, Perizykel- und Grundgewebezellen sowie die Anzahl der Rindenzellschichten verringert und die Größe der parenchymatischen Rindenzellen etwas erhöht. Nach dem Ablauf der Reduktionsvorgänge sind sich EW und sbW anatomisch sehr ähnlich. Viele EW zeigen schon im proximalen Abschnitt den soeben geschilderten anatomischen Bau. Eine Reduktion der anatomischen Strukturen in distaler Richtung findet dann nicht statt. Noch stärker reduziert ist regelmäßig der anatomische Bau der Seitenwurzeln und ausnahmsweise auch der einzelner EW der oberen Etagen.

Der Einfluß des Erstarkungswachstums des Sprosses und die Reduktionsvorgänge sind die hauptsächlichen Ursachen für die außerordentlich hohe Variabilität der anatomischen Wurzelmerkmale. Schon an einer Wurzel oder an einer Pflanze lassen sich viele anatomische Unterschiede zwischen verschiedenen untersuchten Bereichen nachweisen. Für eine ausreichend genaue Charakterisierung von Taxa nach anatomischen Wurzelmerkmalen muß deshalb auf die im vorigen Abschnitt beschriebenen Merkmale verzichtet werden, zumal bei allen untersuchten Taxa eine prinzipiell gleichgerichtete Variation dieser Merkmale festgestellt wurde. Lediglich einige Strukturen von Rhizodermis und Endodermis zeigten eine von Erstarkungswachstum und Reduktionsvorgängen unabhängige Variation und sollen deshalb hier vorgestellt werden.

3.1.1 Rhizodermis

In der Literatur finden sich einige Hinweise auf sortenspezifische oder taxonomisch wertvolle Merkmale. Tavčar und Kendelić (1966, 1969) stellten sortentypische Werte für die Länge der wurzelhaarbesetzten Zone von EW des Saatweizens fest. Dieses Merkmal wurde von uns aber nicht untersucht. Burström und Hansen (1956) fanden bei Saatweizen eine regelmäßige alternierende Anordnung der (kurzen) Trichoblasten und (langen) Atrichoblasten, wie sie nach Reeder and Maltzahn (1953) für die Vertreter der Festucoideae typisch sein sollen. Nach unseren Befunden haben aber Trichoblasten und Atrichoblasten bei *Triticum* und *Aegilops* weder eine festgelegte Lage zueinander, noch eine unterschiedliche Zellform (Taf. 3). Spindelförmige Atrichoblasten kommen nur selten vor (z. B. Taf. 3, Abb. 6).

Länge und Breite der Rhizodermiszellen hängen vom Ploidiegrad der betreffenden Pflanze ab. Diese von vielen Beispielen bekannte Korrelation läßt sich bei den *Aegilops*-Arten gut nachweisen, wenn auch die Unterschiede nicht signifikant sind (Tab. 2, Taf. 3). Bei den *Triticum*-Arten ist dieser Zusammenhang nicht so deutlich. Im auffallenden Kontrast zu den Werten der anderen Gruppen stehen nur die Zellbreite der diploiden *Aegilops*-Arten und die Zellänge der octoploiden Weizen.

Etwas überraschend war die große Variabilität der Zellgröße bei den untersuchten Wurzeln, obwohl einheitliche Versuchsbedingungen vorlagen und jeweils der gleiche, festgelegte Abschnitt der Rhizodermis untersucht wurde. Die Messungen ließen vermuten, daß die Zellform und -größe in verschiedenen Bereichen der Wurzel nicht übereinstimmt. Die Ergebnisse einer daraufhin vorgenommenen Überprüfung sind auf Tafel 4 graphisch dargestellt.

Daraus wird ersichtlich, daß Zellgröße und Zellform, ausgedrückt durch den Längen-Breiten-Index, Schwankungen unterschiedlicher Periodenlänge unterworfen sind. Als Ursache könnte ein Zusammenhang mit dem Tagesrhythmus der Zellteilungsaktivität möglich sein, doch wurden Untersuchungen darüber nicht durchgeführt. Wesentlich für die vorliegende Arbeit ist vor allem der daraus zu ziehende Schluß, daß die Rhizodermis-Zellgröße und -Zellform zur Charakterisierung dieser Taxa nicht geeignet sind. Auch Reeder und Mitarbeiter (1953, 1957) wiesen schon auf die große Variabilität der Rhizodermis-Zellgröße hin.

3.1.2 Endodermis

An allen Zellwänden oder nur an der inneren Tangentialwand und Teilen der Radialwände der Endodermis werden lamellar geschichtete, stark verholzende und etwas kutinisierende Verdickungen aufgelagert. Während die Wandstärke keine taxonomisch brauchbaren Merkmale liefern kann, ist die Art und Weise dieser Verdickung – am Wurzelquerschnitt beurteilt – bei den untersuchten Arten unterschiedlich ausgeprägt. Die diploiden *Triticum*-Arten haben allseitig gleichmäßig aufgelagerte Wandverdickungen nach dem „O-Typ", während die äußere Tangentialwand bei jenen Arten, die das G-Genom besitzen, stets schwächer verdickt ist. Dies kennzeichnet den G-Typ, der nur bei den soeben erwähnten Arten vorkommt. Bei allen übrigen *Triticum*- und sämtlichen *Aegilops*-Arten bleibt auch bei extrem starker Verdickung die äußere Tangentialwand zumindest in ihrem mittleren Bereich unverdickt. Hier ist die Bezeichnung „U-Typ" oder „C-Typ" gebräuchlich (Taf. 5). Radial gestreckte Zellen vom U-Typ treten bei den untersuchten Arten zwar oft auf, aber nur im Bereich der ersten proximalen Zentimeter der Wurzel zwischen den tangential gestreckten Zellen vom C-Typ, die im übrigen Wurzelteil ausschließlich vorhanden sind. Auch bei den diploiden Weizenarten sind im extrem proximalen Wurzelbereich die Endodermiszellen oft stärker radial, sonst aber einheitlich tangential gestreckt. Die drei prinzipiellen Verdickungstypen O-Typ, G-Typ und C-Typ unterscheiden sich nicht nur hinsichtlich des erreichten Endstadiums, sondern sind auch schon bei schwächer verdickten Zellwänden zweifelsfrei zu erkennen.

Die anderen anatomischen Merkmale zeigen im untersuchten Verwandtschaftskreis eine regellose Variation (Tab. 1) und sind deshalb in taxonomischer Hinsicht nur wenig aussagekräftig. Insgesamt ist die große Einheitlichkeit im anatomischen Bau aller Sippen auffallend. In anderen Gräser-Sippen taxonomisch wertvolle Differentialmerkmale (z. B. periendodermaler Sklerenchymring) sind bei *Triticum* und *Aegilops* nicht variabel.

3.2 Halm[2]

Wie bei anderen Teilen der Getreidepflanze wurde in der Literatur bisher nur wenig über die Baueigentümlichkeit und halmanatomischen Unterschiede der *Triticum*- und *Aegilops*-Sippen berichtet. Zwar hat Percival (1921) recht genau die Halmstrukturen charakterisiert und vor allem das oberste Halminternodium treffend dargestellt, wobei auch das subepidermale Chlorenchymgewebe Berücksichtigung fand; jedoch wurde in der nachfolgenden Zeit in der wenigen diesbezüglichen Literatur kaum einmal auf die ertragsbildenden bzw. ertragsmitbestimmenden Potenzen des obersten Internodiums eingegangen (Boonstra, 1937). Vielmehr stehen in den meisten entsprechenden Publikationen Probleme der Ertragsbeiträge von Fahnenblatt und Ähre, der Assimilationsleitung im Phloem und die Assimilatspeicherung im Halm im Vordergrund (Evans and Dunstone, 1970; Evans et al., 1970; Stieber, 1972; Lupton et Pinthus, 1969; Hanif und Langer, 1972). Vieles wird in weiterer Literatur über Stütz- und Stabilisierungsfunktionen der verschiedenen Halmgewebe berichtet, was schließlich auch in die Versuche zur Halmverkürzung und CCC-Behandlung einmündet (Gora, 1968; Linser und Kühn, 1964; Schmalz, 1969; Schmalz et al. 1971). Das bei den Monocotyledoneen eigentümliche Assimilatleitungssystem im Internodium und das schwierig übersehbare Umlagerungsgeschehen der Assimilate im Halmnodus wurde beim Weizen in ausführlicher Weise von Patrick (1972) analysiert, jedoch ist bis heute noch nicht genau geklärt, welche verschiedenen Funktionen z. B. die einzelnen Leitbündel im Parenchym und Sklerenchym des Halmes, speziell im obersten Internodium, eigentlich besitzen (Evans et al., 1970). Die Probleme der Zuführung von Assimilaten zu einzelnen Organen im Laufe der Ontogenese sind an anderer Stelle im Detail diskutiert worden (Doodson et al., 1964; Rawson and Hofstra, 1969; Apel, 1972; Apel, Peisker und Tschäpe, 1972; Damisch, 1974).

Eine Reihe von Autoren haben assimilations- und atmungsphysiologische Untersuchungen, wobei auch das oberste Halminternodium Berücksichtigung fand, durchgeführt und dabei aber außer seiner Transportfunktion selten den photosynthetischen Potenzen dieses Sproßabschnittes nachgespürt (Boonstra, 1937; Stålfelt, 1935; Asana and Mani, 1950, 1955; Stoy, 1963). Bei einigen dieser Autoren finden sich jedoch wertvolle Hinweise auf den Beitrag des Halms bei der Kornfüllung. Evans et al. (1970) studierten intensiv die Beziehungen zwischen Leitbündel- und Ährchenzahlen sowie der Phloemfläche, konnten hierin aber keine einfachen Beziehungen nachweisen. Es fehlt jedoch auch eine nähere Ana-

2 Bearbeitet von H. Ohle

lyse der anatomischen Besonderheiten, denn allein der Hinweis auf hohen Chlorophyllgehalt des obersten Internodiums kann in dieser Beziehung kaum befriedigen. Am deutlichsten wird dieser Mangel in der Arbeit von VOLDENG and SIMPSON (1967), die die Beziehungen zwischen Assimilationsfläche und Kornertrag durch Schattierungsversuche verschiedener Organe der Getreidepflanze zu klären versuchten. Leider ist von ihnen aber das reiches Chlorenchym enthaltende oberste Halminternodium gar nicht oder zumindest nicht für sich selbst analysiert worden, weshalb keine spezifischen Aussagen über diesen Halmbereich möglich sind und der Arbeit daher Zweifel anhaften. Bei ROVENSKÁ (1968, 1973a), die mehrere Versuche zur vergleichenden Anatomie der verschiedenen Getreidegattungen in Atlantenform vorlegte, findet man kaum nähere Hinweise zur Bedeutung und Funktion der z. T. sehr ausgedehnten Chlorenchymbänder in Halmquerschnitten.

Gänzlich unbeachtet sind die Halmgewebe, insbesondere die Chlorenchyme des Halmes bei vergleichenden Untersuchungen der Gattungen *Triticum* und *Aegilops* in evolutionsgenetischer Hinsicht geblieben. Zwar suchen EVANS und Mitarbeiter (1970) die Frage nach der höheren Ertragsleistung der Kulturweizenarten auch aus der Sicht der Halmanatomie zu beantworten, jedoch vermißt man die Auswertung eines vollständigen Artenspektrums von *Triticum* und *Aegilops* dabei ebenso wie eine umfassende Charakterisierung aller in Frage kommenden Gewebearten. Vielfach mag wohl solchen Unternehmungen die recht schwierige Präparationstechnik entgegengestanden haben.

Im Zuge der taxonomischen und phylogenetisch orientierten Forschungen an *Triticum*- und *Aegilops*-Sippen wurde die Verwendbarkeit möglichst vieler Halmstrukturen an Querschnitten mittels Meßreihen überprüft. Von statistischen Beurteilungen mußte dabei jedoch weitgehend abgesehen werden, da selbst die Auswertung mehrerer Sortimentsnummern mit jeweils 4 Einzelhalmen pro Pflanze noch einen viel zu geringen Überblick brachte, um gesicherte Ergebnisse formulieren zu können. Die in diesem Kapitel mitgeteilten Daten haben daher nur orientierenden Charakter.

Die Analyse vieler Merkmale zeigte bezüglich der Arten oder genombestimmter Gruppen ein vollkommen indifferentes Verhalten, und nur in einigen wenigen Fällen konnten die Halmmerkmale einen Hinweis auf bestimmte Genomkombinationen geben. Um den Umfang der Messungen und Zählungen darzustellen, wird die Zahl der ausgewerteten Präparate meist mit angeführt.

3.2.1 Anatomischer Bau des obersten Halminternodiums

Der Halmquerschnitt von *Aegilops* und *Triticum* zeigt einen anatomischen Bau, wie er für viele Gräsergattungen charakteristisch ist (METCALFE, 1960). Er gliedert sich in zwei markante Gewebezonen (Taf. 6, Abb. 1). Die innere Zone besitzt ein großzelliges, nur bei diploiden *Triticum*-Arten manchmal etwas verholzendes, interzellularenreiches Gewebe, das als Markparenchym bezeichnet wird. Die zweite Gewebeschicht umgibt das Markparenchym nach außen hin und besteht aus sehr zahlreichen kleinlumigen und stark verholzenden Sklerenchymfaserzellen, in deren Wände meist noch Kieselsäure eingelagert wird, was zur Erhöhung der Halmfestigkeit beiträgt. Dieser Gewebering enthält neben einem Ring kleinerer Leitbündel bei *Triticum* und *Aegilops* mehr oder weniger verschieden geformte, oft aber getrennt-paarige chlorophylltragende Gewebeinseln, die quergeschnittene Chlorenchymbänder darstellen. Diese Bänder werden vor allem im obersten Internodium und hier unter der Ähre besonders stark entwickelt, während in den darunter folgenden Internodien immer geringere Chlorenchymmengen ausgebildet werden. Im Markparenchym, meist aber eng an der Grenze zum Sklerenchymmantel, findet sich ein weiterer Kreis meist größerer Leitbündel, die jeweils eine mehr oder minder gut ausgeprägte Sklerenchymscheide besitzen.

Der Abschluß des Halmgewebes nach außen wird durch eine Epidermis kleinlumiger und sklerenchymähnlicher Zellen gebildet, die aber über den Chlorenchymbändern im Querschnitt linsenähnliche, großlumige und wenig verholzte Zellen als Geleitelemente für die Stomata ausdifferenziert. Einzelne Sklerenchym-Epidermiszellen scheinen darüber hinaus auch Basiszellen für haarähnliche Emergenzen zu sein, jedoch fallen diese Organe wenig ins Gewicht und wurden hier auch nicht berücksichtigt.

3.2.2 Longitudinale Halmgewebedifferenzierung

Zur vergleichenden Betrachtung der Halmquerschnitte der einzelnen Arten dienten Schnitte, die stets aus der Mitte des obersten Halminternodiums entnommen worden sind. Bei der Analyse dieser Halmpräparate wurde besonders darauf geachtet, daß nur solche Halmstücke Verwendung fanden, die nicht mehr von der Blattscheide des Fahnenblattes bedeckt waren. Der Auswahl der mittleren Halmstücke gingen Versuche voraus, in denen ganze oberste Internodien zur Beurteilung der longitudinalen Differenzierung von Parenchym-, Sklerenchym- und Chlorenchymgeweben in kurze Abschnitte geteilt und von diesen Abschnitten Präparate hergestellt wurden. Die Gewebe dieser Schnitte wurden maßstabgerecht gekennzeichnet, planimetriert und ihre Flächen zur Gesamtfläche des Halmquerschnittes prozentual in Beziehung gesetzt (der Bereich der Markhöhle erscheint hierbei auch als Fläche). Die Säulendiagramme (Taf. 7) zeigen an zwei *Aegilops*-Sippen die Differenzierungsmuster der Halmgewebe in kontinuierlicher Folge vom oberen Halmnodus bis zur Ansatzstelle der Ähre. Entsprechend der Anordnung der Gewebe im Halm (von außen nach innen gesehen) wurden die Gewebebereiche in der Säule von oben nach unten dargestellt. Der Bereich der bei sämtlichen geprüften Sippen ausgewerteten medianen Schnittebene wird daneben extra angeführt.

Wie beide Diagramme zeigen, setzt bei den Sippen schon kurz oberhalb der Blattscheide im Sklerenchym eine verstärkte Ausbreitung des Chlorenchymgewebes ein. Diese Zunahme des assimilierenden Gewebes hält bis kurz unter die Ähre an. Es macht sich hier zuweilen auch von außen durch longitudinale Aufwölbungen des Halmes bemerkbar. Das Markparenchym verringert sich im Zuge der Chlorenchymentwicklung oft bedeutend, jedoch wird die Markhöhle des Halmes zur Ähre hin nicht wesentlich größer, sondern nimmt infolge fortschreitender Halmverengung nach oben hin sogar an Größe ab.

Dem Vergleich der Entwicklung der Halmchlorenchym-Fläche und der Oberfläche des Chlorenchyms in Bezug auf die Halmoberfläche dient Taf. 7, Abb. 3. Hier wurde die Summe der tangentialen Breiten aller Chlorenchymbänder zum Halmumfang prozentual in Beziehung gesetzt. Die Kurven beginnen erst beim 2. oder 3. Präparat über dem obersten Halmknoten. Die Blattscheide bedeckt bis dahin noch fest das Internodium, und die vorgebildeten Chlorenchymbänder beginnen eben erst zu ergrünen. Von hier aus nimmt der Oberflächenanteil des Chlorenchyms bis zum Ährenansatz stetig zu und kann bei einzelnen Sippen 80 oder 90% der Halmoberfläche betragen.

3.2.3 Längen-Breiten-Index der Parenchymleitbündel (Taf. 6 und 8)

Anfängliche Versuche, alle Parenchym-Leitbündel in die Vergleiche einzubeziehen, wurden aufgegeben, da durch die unterschiedlichen Größen und Lagebeziehungen zum Sklerenchym die Bündelscheiden oft nicht klar abgrenzbar und die Formindices der Leitbündel dadurch nicht verwendbar wurden. Erst der Versuch, nur die größten, d. h. die medianen Bündel (vgl. PATRICK, 1972) in die Artenvergleiche einzubeziehen, brachte verwertbare Ergebnisse. Im einzelnen wurde bei der Berechnung dieses Quotienten (wie Taf. 6, Abb. 2 zeigt) der radiale Durchmesser dem tangentialen Durchmesser gegenüberstellt. In den tabellarischen Zusammenstellungen der *Aegilops*- und *Triticum*-Sippen wurde mittels dieser Quotienten, wie auch in anderen Tabellen versucht, Einzelbeziehungen der Arten untereinander herauszuarbeiten oder eine Gruppenbildung auf der Basis der Einzelgenome der Sippen zu untermauern (Taf. 8).

Eine erste Überschau der *Triticum*-Tabelle macht eine Abtrennbarkeit fast aller Sippen der A-B-D-Genom-Kombinationen von den Sippen mit vorhandenem G-Genom deutlich. Merkwürdigerweise stellt sich die diploide *T. urartu* eindeutig dieser letzteren Gruppe von Sippen zu, die alle durch mehr oder weniger rundliche oder schwach tangential-ovale Leitbündel ausgezeichnet sind.

Auf Grund der Annahme, daß die Evolution der Weizensippen von diploiden Arten ausging, kann man *T. urartu* gewiß als den Spender eines Genoms der AG-Sippen ansehen (vergl. DHALIWAL and JOHNSON, 1976). Die leicht abweichenden Werte der AG-Sippen vom Quotienten 1, der auf das Genom von *T. urartu* zurückführbar ist, können durch die Einwirkung der anderen beteiligten Genome (wahrscheinlich Genom A) erklärt werden.

Nicht ganz deutlich bzw. sehr künstlich ist die Grenze zwischen den tetraploiden

Sippen der AG- und AB-Gruppe bei *Triticum* ausgebildet. Vor allem zeigen *T. turanicum, T. carthlicum* und *T. araraticum* nähere Ähnlichkeiten an. Radial recht langgestreckte Leitbündel gibt es bei den Weizensippen nur selten. Die wenigen Fälle liegen bei hexaploiden und octoploiden Sippen vor (*T. spelta, T. amplissifolium* und *T. sovieticum*). Eine besonders interessante Beziehung zu anderen Merkmalen wie Halmfüllung und besondere Chlorenchymbandausbildung konnte nicht gefunden werden.

In der Gattung *Aegilops* stellt sich das Quotientenmerkmal wesentlich beziehungsloser dar, obwohl auch hier eine Zugehörigkeit zu gewissen Genomgruppen ergründet werden kann. Auffallend ist die oft klare Trennbarkeit zwischen den Sippen mit D-Genomen und jenen mit der C^uM-Genomkombination. Eine Verallgemeinerung dieses Ergebnisses ist freilich durch das Vorhandensein von Ausnahmen (*A. ovata, A. triaristata* und *A. crassa* 4n) sowie durch ähnliche Quotienten bei einigen Sippen der *Sitopsis*-Gruppe nicht möglich. Die Zusammenstellung der unterschiedlichen Werte der *Sitopsis*-Sippen beweist auch, wie wenig sinnvoll die Verwendung des Hauptleitbündel-Quotienten in der Taxonomie der Gattung *Aegilops* ist. Jedoch muß hierzu der Hinweis wiederholt werden, daß erst die Auswertung eines viel größeren Materials zu besseren Ergebnissen mit Verallgemeinerungsmöglichkeit führen kann.

3.2.4 Anzahl der Parenchym-Leitbündel im Halmquerschnitt

Schon der Vergleich der Leitbündelzahlen des obersten Internodiums kann lohnende Aussagen zur taxonomischen Behandlung der *Triticum*- und *Aegilops*-Sippen ergeben. Bereits von BLARINGHEM und MIÉGE (1913) (zitiert bei METCALFE, 1960) wurde auf dieses Merkmal aufmerksam gemacht, das einen taxonomischen Wert haben sollte, wenn Weizen mit anderen Gattungen, wie *Haynaldia* oder *Aegilops* zum Vergleich käme. MOLDENHAWER (1914) erkannte die Bedeutung der Leitbündelzahlen ebenfalls und benutzte sie zur Klassifizierung von Weizenvarietäten. Bemerkenswert ist in diesem Zusammenhang die Notiz des Autors, daß diese Eigenschaften beim Anbau der Weizenvarietäten unter kontinentalen und maritimen Klimabedingungen variieren soll.

Für den vorliegenden Vergleich der *Triticum*- und *Aegilops*-Sippen (Tab. 3) wurden allein die Leitbündel des Markparenchyms pro Halmquerschnitt ausgezählt.

Diese Zahlen flossen in Mittelwertberechnungen ein. Die dargestellten Ergebnisse wurden auf die Genomgruppen bezogen. Auf Grund statistischer Prüfungen (Streuung und Vertrauensintervalle $< 5\%$) liegen die errechneten Ergebnisse im Bereich der Wahrscheinlichkeit. Die Unterschiede zwischen den Gruppenmittelwerten (vgl. Tab. 3) können als mathematisch gesichert gelten. Die am rechten Tabellenrand vermerkten Gruppenmittelwerte, die die Werte aller Sippen der Genom-Gruppen auf einen Nenner vereinen, ergeben tatsächlich, wie z. B. die

Tabelle der Gattung *Aegilops* zeigt, eine genomabhängige Gruppenrelevanz. Ziemlich hohe Einzelmittelwerte bei den Polyploiden der D-Genom-Gruppe geben darüber hinaus einen Fingerzeig, daß die Größe der Leitbündelzahlen möglicherweise vom D-Genom positiv beeinflußt wird. Die entsprechend negative Wirkung des M^u-Genoms scheint sich gegenüber einem diploiden D-Genom durch die Herabsetzung der Leitbündelzahl, z. B. bei *A. crassa* (4 x) manifestieren zu können.

In der *Aegilops*-Tabelle gehören der durch den Gruppendurchschnittswert 9 charakterisierten ersten Gruppe im wesentlichen Sippen mit dem C- bzw. abgewandelten M-Genom an. Durch ähnlich niedere Werte sind auch *A. heldreichii* und *A. comosa* charakterisiert, die beide das diploide M-Genom tragen. Einen direkten Einfluß des M-Genoms kann man aber in den Zahlen der Parenchymleitbündel auch bei Berücksichtigung der entsprechenden Sippen in den *Aegilops*-Gruppen 2 und 3 nicht finden.

Der ersten *Aegilops*-Gruppe sind die Taxa *A. uniaristata* und *A. triaristata* anzuschließen, die durch die durchschnittliche Leitbündelzahl 10 ausgezeichnet sind.

Der zweiten *Aegilops*-Gruppe sind wieder zwei Sippen vorangestellt, deren ähnliche Leitbündelzahlen eine wertmäßige Zuordnung zur *Sitopsis*-Gruppe (S-Genom, diploid) geraten erscheinen lassen. Bei *A. mutica* ist dies eine geläufige Erscheinung, die auch anderenorts beobachtet wird. Bei *A. variabilis* sorgt evtl. das dem C^u-Genom hinzugefügte modifizierte *Speltoides*-Genom (S^v) für die leichte Steigerung der durchschnittlichen Leitbündelzahl. Nicht erklärbar ist jedoch, warum *A. kotschyi*, die das gleiche Genom wie *A. variabilis* besitzt, nicht auch in diese Reihe gebracht werden kann.

Mit *A. sharonensis* tritt uns eine Sippe entgegen, die den Übergang zur Gruppe 1 zeigt, während *A. speltoides* mit ihrer höheren Leitbündelzahl mehr zur Gruppe 3 zu neigen scheint.

Die Stellung der Gruppe 3 wird in der Tabelle wesentlich durch den Besitz des D-Genoms mitbestimmt. Hier scheint die Leitbündelzahl vom Ploidiegrad und dem Vorhandensein von mehreren D-Genomen abhängig zu sein (Vergleich: *A. crassa* tetraploid und hexaploid). Dieser Gruppe schließt sich *A. ovata* (C^u-M-Genomkombination) mit einem ähnlich hohen Leitbündelmittelwert eng an.

Wie die *Triticum*-Tabelle zeigt, ist die Gruppierbarkeit der Weizensippen mittels durchschnittlicher Zahlen der Parenchymleitbündel nicht so leicht wie bei *Aegilops*, wenngleich man auch hier Unterschiede durch Errechnung der Gesamtmittelwerte aufdecken kann. Sie allein vermögen aber die Grenzen zwischen den Genomgruppen nicht nachzuzeichnen, wie dies besonders aus den Werten der tetraploiden und hexaploiden Gruppen hervorgeht.

Interessant sind die ähnlichen Werte der diploiden Sippen und der Arten der AG-Genomgruppe, wobei freilich *T. sovieticum* etwas herausfällt. Durch ihren sehr niedrigen Mittelwert könnte *T. ispahanicum* eher den AG- statt den AB-Sippen zugeordnet werden. Dieser Weizen wurde daher als Übergangsglied zur AG-Gruppe eingereiht. Interessant sind schließlich auch die sehr unterschiedlichen

Leitbündelzahlen der beiden octoploiden Sippen *T. fungicidum* und *T. sovieticum*, denen wahrscheinlich die gleiche genetische Konstitution eigen ist. Von beiden Arten konnten hier jeweils nur eine Sippe untersucht werden und die pro Sippe verfügbaren vier Halmpräparate bilden für eine umfassende Diskussion keine ausreichende Grundlage.

3.2.5 Querschnittsform der Chlorenchymbänder

Das Halmchlorenchym erreicht im oberen Teil des Internodiums, d. h. außerhalb der Blattscheide, seine maximale Größenausdehnung (Taf. 7). Für den vorliegenden Vergleich der Formen des Halmchlorenchyms haben wir nur den Mittelbereich des obersten Internodiums ausgewertet. Hier wurde besonders darauf geachtet, daß die untersuchten Halmstücke nicht von der Blattscheide bedeckt waren. In der Tafel 7 (Abb. 2) wäre die Lage des Schnittes etwa bei Säule 7 zu suchen.

Betrachtet man die beiden Gattungen *Aegilops* und *Triticum*, so zeigen sich gewisse Gemeinsamkeiten in der Chlorenchymbandgestaltung. Schon bei bestimmten *Secale*-Varietäten fand ROVENSKÁ (1973) am entsprechenden Halmquerschnitt beispielsweise weitgehende tangentiale Chlorenchymbandverwachsungen, wodurch eine Lagebeziehung der Chlorenchyme zu einzelnen Leitbündeln kaum noch erkennbar war. Bei *Triticum* und *Aegilops* hingegen liegen die Chlorenchymbänder stets zu Paaren angeordnet in der Nähe der kleinen Sklerenchymschicht-Leitbündel. Schon in unteren, von der Blattscheide noch bedeckten Teilen des obersten Halminternodiums besitzen diese Chlorenchyminseln engen Kontakt zur Epidermis, wobei über dem Chlorenchym abweichend gestaltete, linsenähnliche „Durchlaßzellen", die einen guten Lichtdurchtritt ermöglichen, in Reihen angeordnet sind. Bei gewissen Sippen der tetraploiden Weizengruppe findet man auch zwischen den Bändern der Durchlaßzellen in der Epidermis relativ großlumige Zellen, die als potentielle Durchlaßzellen eine künftige Verwachsung benachbarter Chlorenchymbänder bereits anzeigen. Solche Verwachsungen erreichen bei *Triticum* aber niemals die Ausmaße wie bei *Secale*.

Als ursprüngliche Querschnittsform der Chlorenchymbänder kann der rundliche Typ angesehen werden, der fast ausschließlich bei den diploiden Wildweizen und einigen diploiden *Aegilops*-Sippen vorkommt. Wir bezeichnen diese Form als „*boeoticum*-Typ" (Taf. 9, Abb. 1). Er ist gekennzeichnet durch einen rundlichkantigen Umriß. Seine Fläche ist fast isodiametrisch. Die epidermale Seite des Bandes wird durch eine etwas verkürzte Reihe von Durchlaßzellen begrenzt. Tangentiale Verwachsungen innerhalb des Paares oder zwischen den Paaren treten hier nicht auf. Das Verhältnis des tangentialen zum radialen Durchmesser schwankt um 1,2–1,3 : 1.

Diesem Typ von Chlorenchymbändern eng anzuschließen ist ein zweiter Typ, der bei vielen Sippen der beiden Gattungen anzutreffen ist. Bei ihm ist das einzelne Chlorenchymband tangential etwas gestreckt, was zu breit-ovalen bis breitkantigen Formen führt (Taf. 9, Abb. 2). Eine Neigung zu einer zwei- bis mehrere Paare einschließenden interpaarigen Verwachsung besteht jedoch noch nicht. Das Verhältnis der tangentialen zur radialen Breite der Bänder liegt zwischen 1,3 und 1,8, kann aber in einigen Fällen sogar den Wert 2,5 erreichen, wenn alle Bänder breit verwachsen sind.

Eine dem Typ 2 eng anzuschließende Bandform ist der Typ 3, der neben den starken paarweisen auch interpaarige Verwachsungsbrücken mit Regelmäßigkeit zeigt (Taf. 9, Abb. 3). Dieser Typ kommt selten allein vor; vielmehr ist er bei einzelnen Taxa in Verbindung mit den ersten beiden Typen anzutreffen. Daneben zeigt er gewisse Ähnlichkeiten mit dem später noch zu erwähnenden Typ 6, jedoch hat Typ 3 niemals radial gestreckte Einzelbänder mit zentripetaler Spitze aufzuweisen. Durch diese breiten Verwachsungszonen ergibt sich hier oft ein Durchmesserverhältnis um 3 : 1.

Der als „*Sitopsis*-Typ" gekennzeichnete Bandtyp besitzt eine etwas abweichende Form und zeigt eine eindeutige Bindung an ein bestimmtes Genom (Taf. 9, Abb. 4). Wie sein Name sagt, ist er (mit einer Ausnahme) nur in der *Sitopsis*-Gruppe zu finden. Auch bei *A. mutica* ist er sehr gut ausgebildet. Die einzelnen Bandquerschnitte sind flach linsen- oder scheibenförmig und weisen abgerundete Kanten auf. Eine paarweise oder interpaarige Verwachsungsneigung besteht nicht. Das Durchmesserverhältnis kann bei diesen Bändern recht hoch sein (2,2 bis 4,3 : 1).

Sind alle genannten Typen noch auf eine tangentiale Erweiterung des Typs 1 zurückzuführen, so können sich die folgenden Typen 5 und 6 als radiale Streckungen der ursprünglich rundlichen Bündel erklären.

Der Bandtyp 5 kommt seltener vor als alle übrigen und steht anscheinend, wie auch der Typ 6, mit der Genomkombination AB im Zusammenhang (Taf. 9, Abb. 5). Diese etwas schwer definierbare Zwischenstufe zum Typ 6 weist zuweilen schon am Einzelquerschnitt eine ± radial gestreckte Form mit abgerundeten Ecken auf. Die paarige oder interpaarige Verwachsung fehlt diesem Typ noch. Sein Durchmesserverhältnis schwankt um 1, kann aber bis auf 0,8 : 1 absinken.

Das rübenförmige Querschnittsbild ist beim Chlorenchymbandtyp 6 am auffallendsten, obwohl es durch paarige, vielmehr aber interpaarige Verwachsungsbrücken sehr oft verändert ist (Taf. 9, Abb. 6). Eine tangentiale Verbreitung des Einzelbandes ist bei der radialen Streckung weitgehend unterblieben, und nur die Verwachsungsneigung bringt am Band seitliche Auswüchse hervor. Dieser Chlorenchymband-Typ mit seinem Durchmesser-Verhältnis zwischen 0,6 und 0,8 : 1 kommt nur in der Gattung *Triticum* vor und scheint an das AB-Genom gebunden zu sein. Inwieweit dieses Merkmal mit der Halmfüllung korrelativ verbunden ist (markhöhlenfreie Halme weisen oft, aber nicht immer, ausschließlich diesen Chlorenchymbandtyp auf), konnte bisher nicht ausreichend geklärt werden. Interessant wäre aber der ertragsphysiologische Vergleich von Sippen mit dieser Chlorenchymbandform mit solchen Arten, die einen mehr rundlichen bis tangentialgestreckten Bandtyp besitzen (z. B. die hexaploiden Sippen).

In der tabellarischen Zusammenstellung (Taf. 10) wird eine Beziehung zwischen Genwirkung und Chlorenchymbandausbildung bei den Sippen der Gattungen *Triticum* und *Aegilops* gesucht. Wie die Diagramme zeigen, konzentriert sich das Gros der Taxa auf die Bandtypen 1 und 2 mit ihren rundlichen bis breit-ovalen und zuweilen breit miteinander verwachsenen Einzelbändern. Durch die gestrichelt umrandeten Felder wird darüber hinaus angedeutet, daß in den tetraploiden und hexaploiden Stufen manchmal noch eine Tendenz zur interpaarigen Verwachsung besteht und ein anderer (benachbarter) Chlorenchymbandtyp in Andeutungen nachgewiesen werden kann.

In der *Aegilops*-Tabelle fällt vor allem die *Sitopsis*-Gruppe mit ihrem eigentümlichen Chlorenchymbandtyp 4 auf. An sie schließt sich *A. mutica* eng an. Nähere Beziehungen zeigt bei diesen Arten der Bandtyp 4 zu den leicht ovalen Bändern des Typs 2. Im Verein mit den Bandtypen 4 und 2 kann auch der Bandtyp 3 zu finden sein.

3.2.6 Verhältnis der Fahnenblattspreite zur Chlorenchymfläche des Internodiums

Als besonders interessant für die Untersuchung ertragsbestimmender Faktoren kann auch die Beziehung zwischen den assimilationsfähigen Flächen des Fahnenblattes und des obersten Halminternodiums gelten. Soweit die entsprechende Literatur bekannt geworden ist, sind ertragsphysiologische Versuche bisher noch nicht unternommen worden, die das Assimilationsgewebe des Halmes einer besonderen Untersuchung unterziehen. Um für solche Untersuchungen einen anatomischen Beziehungspunkt zu erstellen, wurde von der oberen Hälfte des Internodiums durch Multiplikation der Summe aller Chlorenchymbandbreiten mit der halben Internodiumslänge eine Vergleichsfläche errechnet, die zur planimetrierten Fahnenblattfläche in Beziehung gesetzt worden ist. Die erhaltenen Quotienten entsprechen freilich Schätzwerten, da die Menge des uns verfügbaren Materials noch viel zu gering war.

Nach diesen Flächenquotienten unterscheiden sich die Gattungen *Triticum* und *Aegilops* wesentlich. Allgemein ist bei den polyploiden *Triticum*-Arten eine Verdopplung bis Verdreifachung des Quotienten zu beobachten, was sicherlich zum überwiegenden Teil auf eine stark vergrößerte Blattspreite zurückführbar sein dürfte. In der Gattung *Aegilops* findet man bei wesentlich kleineren Werten ebenfalls eine gewisse Streuung zwischen den verschiedenen Genomgruppen und Ploidiegraden, die aber keine eindeutigen Beziehungen zu den systematischen Gruppen erkennen lassen. Lediglich die *Sitopsis*-Gruppe schält sich durch den Besitz sehr niedriger Flächenquotienten (0,6–0,8) auch hier deutlich heraus, und wieder steht auch *A. mutica* mit dem niedrigsten Quotienten in der Nähe dieser Sippen. Ähnlich geringe Werte besitzen auch *A. lorentii* und die tetraploide *A. crassa*.

Auf Grund dieser Befunde sollte den Sippen der *Sitopsis*-Gruppe wie auch den diploiden *Triticum*-Arten besondere Beachtung geschenkt werden, wenn ertragsphysiologische Probleme zur Diskussion stehen, weist doch ihr geringerer Flächenquotient darauf hin, daß ihr Halmchlorenchym im Verhältnis zum Fahnenblatt eine wesentlich größere, zur Assimilation befähigte Oberfläche ausbildet.

3.3 Blatt[3]

Die anatomischen Untersuchungen im Bereich des Blattes beschränkten sich auf die Analyse der Blattspreite. Die Blattscheiden und Blatthäutchen wurden nicht berücksichtigt.

Die Untersuchungen wurden in drei Stufen durchgeführt. Zunächst wurde bei wenigen Sippen nach variablen Strukturen gesucht und diese zu einem Schema zusammengefaßt, mit dessen Hilfe im nächsten Untersuchungsgang die Bewertungen erfolgten. Darin wurden auch Literaturbefunde berücksichtigt. Im zweiten Vorversuch wurden anhand dieses erwähnten Wertungsschemas 28 ausgewählte Sippen von *Triticum* und *Aegilops* beurteilt und danach die Variabilität und Brauchbarkeit der benutzten Merkmale als Grundlage für taxonomisch-evolutionistische Aussagen eingeschätzt.[4] Im Ergebnis dessen erwiesen sich mehrere Merkmale als wenig aussagekräftig und wurden später nicht mehr weiter beachtet. In der dritten Stufe erfolgte die Analyse aller Arten nach dem korrigierten Wertungsschema. Die Arbeiten dieser letzten Stufe bilden die Hauptgrundlage der Gesamteinschätzung. Entsprechende Untersuchungen während des Vorversuchs zeigten auch, daß sich die verschiedenen Blätter einer Pflanze und auch die einzelnen Bereiche der Blattspreite (Spitze, Mitte, Grund) nicht nur hinsichtlich der Stomata-Merkmale (dies wurde schon von Hunt & Christie, 1969 und Teare et al. 1971 berichtet), sondern auch in ihrem sonstigen anatomischen Bau unterscheiden. Deshalb wurde später einheitlich nur der mittlere Bereich der Fahnenblattspreite untersucht. Pro Sippe wurde in der Regel von 3 Pflanzen je ein Blatt genau zur Blütezeit der jeweiligen Ähre entnommen und davon die Präparate angefertigt (Querschnitt und Flächenschnitte der Ober- und Unterseite).

Bei den Merkmalen Stomatazahl und Palisadenzellbreite erfolgten 9 Messungen und bei Stomatalänge 15 Messungen pro Sippe. Die statistische Überprüfung einer Stichprobe ergab (bei einer Vertrauensgrenze von 10 % und einer Irrtumswahrscheinlichkeit von 5 %), daß die errechneten Mindestwerte des Stichprobenumfangs nur beim Merkmal Stomatalänge unterschritten werden, dessen Ergebnisse deshalb mit einem größeren Fehler behaftet sein könnten.

Die quantitativen Merkmale (Anzahl der Kurzzellen und Stomatazahl) sind jeweils auf 1 mm^2 Blattfläche bezogen, die Leitbündelanzahl auf die volle Blattbreite.

3.3.1 Morphologisch-anatomischer Aufbau der Blattspreite

Die äquifazialen und amphistomatischen Blätter von *Triticum* und *Aegilops* zeigen den für Gramineen typischen Aufbau. Die Spreite ist lineal-lanzettlich und parallelnervig. Die Nerven treten als ± scharfe Rippen auf der Oberseite deutlicher

3 Bearbeitet von R. Fritsch

4 Agraringenieur-Abschlußarbeit von B. Kaiser, 1975

hervor als auf der Unterseite. Nur der mittlere (Haupt-) Nerv ist auf der Oberseite ± stark eingesenkt und kann auf der Unterseite des Blattes eine scharfe Rippe bilden, besonders in der Nähe des Grundes.

Die Epidermis ist aus verschiedenen Strukturen und Zelltypen aufgebaut (Taf. 11): Stomata, Langzellen, Kurzzellen (teils haartragend) und bulliforme Zellen. Die Stomata sind in parallelen Reihen angeordnet. Stomata führende Zellreihen, in denen nur selten Kurzzellen liegen, wechseln mit Zellreihen ab, die keine Stomata, aber mehr oder weniger zahlreiche Kurzzellen oder Kurzzellpaare tragen. Die Lang- und Kurzzellen können sich durch gewellte Zellwände auszeichnen. Die Kurzzellen sind entweder rund (so lang wie breit) oder oval (kürzer als breit). Die Trichome der Kurzzellen können sehr unterschiedlich lang sein, klein dick-borstlich (teils gekrümmt wie die Stacheln vieler *Rosaceae*) bis lang gekrümmt. Die unbehaarten Kurzzellen sind hier als Kieselzellen oder Korkzellen ausgebildet. Auf der Oberseite treten im Bereich zwischen den Nerven anstelle der Langzellen bulliforme Zellen auf (Gelenkzellen). Diese sind im Querschnitt etwa blasenförmig bis keilig (Taf. 12).

Das Mesophyll besteht aus 2 Palisadenschichten und dem Schwammparenchym. Die zur Oberseite hin gelegene Palisadenschicht ist meist deutlicher ausgebildet als jene zur Unterseite hin. Das Schwammparenchym ist gewöhnlich nicht sehr deutlich ausgeprägt; die Zellen sind meist rundlich und ohne auffallende Interzellularen.

Die geschlossenen kollateralen Leitbündel liegen in einem nicht immer gleichmäßigen Abstand voneinander im Mesophyll. Zur Ober- und Unterseite ziehen sich parenchymatische bis sklerenchymatische Zellstränge hin, die verschieden dick und lang und an der Ober- und, oft noch deutlicher, der Unterseite des Blattes zu Sklerenchymrippen verbreitert und verstärkt sein können. Die radial außen von der stets verholzenden Mestomscheide befindliche parenchymatische Bündelscheide trägt öfter Chloroplasten. Am Blattrand ist meist ein umfangreiches Sklerenchym ausgebildet. Besonders bei den *Aegilops*-Arten ist der Blattrand öfter gezähnt.

Die untersuchten Arten zeigen recht gut jenen anatomischen Blattbau, wie er nach NIKOLAEVSKIJ (1972) für einjährige Mesophyten typisch ist.

3.3.2 Durchmesser der Palisadenzellen

Dieses Merkmal ist deutlich von der Ploidiestufe abhängig. Die Werte steigen von 13–15 μm bei den diploiden Arten zu 16–18 μm bei den tetraploiden und 18–20 μm bei den hexaploiden und octoploiden Weizenarten an. Einzelne, etwas abweichende Werte treten auf. KRANZ (1966) ermittelte (bei kleinen Stichproben und nur wenigen Arten) 19–29 μm bei diploiden *Triticum*- und *Aegilops*-Arten und 31–34 μm bei tetraploiden Weizenarten und *T. spelta*, aber ohne anzugeben, welche Blätter ausgewertet wurden. Die Unterschiede zwischen seinen und unseren Meßwerten könnten möglicherweise darauf zurückzuführen sein, daß KRANZ Blätter von Jungpflanzen untersuchte. DUNSTONE and EVANS (1974) fanden bei *Triticum dicoccon*, *T. durum* und *T. aestivum* fast doppelt so hohe und bei *T. spelta* etwa um die Hälfte höhere Werte für die Fläche der Mesophyllzellen als bei *T. dicoccoides*, *T. boeoticum*, *T. monococcum*, *Aegilops speltoides* und *A. tauschii*. Die Befunde dieser Autoren werden durch unsere Ergebnisse zumindest prinzipiell bestätigt und weisen auf eine positive Korrelation von Ploidiestufe und Größe der Palisadenzellen hin. Da wir uns von diesem Merkmal keine weiteren Aussagen versprachen, wurde es nicht weiter berücksichtigt.

3.3.3 Anzahl der Leitbündel

Im Hinblick auf die Anzahl der Leitbündel unterscheiden sich beide Gattungen deutlich. Bei den *Triticum*-Arten kommen niedrige Zahlen um 41–51 bei allen Wildarten, den meisten der züchterisch wenig bearbeiteten Kulturformen (*T. monococcum*, *T. carthlicum*, *T. ispahanicum*, *T. timopheevi*, *T. zhukovskyi*, *T. spelta*, *T. sphaerococcum*) und den octoploiden Hybriden vor, während die anderen Kulturformen (*T. dicoccon*, *T. durum*, *T. turgidum*, *T. turanicum*, *T. macha*, *T. aestivum*) mit 51–58 höhere Werte erreichen. Besonders hohe Werte über 60 findet man bei *T. vavilovii*, *T. amplissifolium* und überraschenderweise auch bei *T. karamyschevii*. Einen sehr niedrigen Wert von 34 hat *T. araraticum*.

Die Leitbündelanzahl der *Aegilops*-Arten ist nicht so hoch wie bei den *Triticum*-Sippen. Die höchsten Werte um 40–42 weisen *A. tauschii* und *A. crassa* (6n) auf. Auch die übrigen Arten der Sektion *Vertebrata* haben mit 30–32 hohe Werte, die von einigen weiteren Arten anderer Gruppen auch zumindest annähernd erreicht werden (*A. mutica*, *A. aucheri*, *A. speltoides*). Die meisten Sippen der Sektionen *Sitopsis*, *Comopyrum* und *Aegilops* haben demgegenüber zwischen 15 und 26 Leitbündel. Dieses Merkmal ist naturgemäß auch von der Blattbreite abhängig, wodurch sich im Prinzip der Unterschied zwischen beiden Gattungen erklärt. Sehr eng ist diese Korrelation aber nicht, denn z. B. unter den *Triticum*-Arten haben die diploiden Sippen schmale Blätter (6–10 mm), dagegen *T. timopheevi* sowie *T. sphaerococcum* wesentlich breitere (ca. 14 mm), aber einander ähnliche Leitbündelzahlen.

3.3.4 Länge und Anzahl der Stomata

Diese Merkmale sind sehr variabel. Im zweiten Vorversuch stellten wir fest, daß ganz allgemein entweder viele kleinere oder weniger, aber längere Stomata vorhanden sind, denn mit steigender Ploidiestufe sinkt die Stomatazahl und erhöht sich die Stomatalänge. Auf der Oberseite findet man stets etwas mehr, aber annähernd gleichlange Stomata wie auf der Unterseite. Innerhalb einer Ploidiestufe ist der Unterschied zwischen den einzelnen Sippen groß, besonders auffällig ist dieses bei den diploiden *Aegilops*-Arten. Mit allen unseren Befunden können wir in der Literatur vorliegende Angaben bestätigen. ANDELIČ et al. (1970) fanden innerhalb von *T. aestivum* eine große Variabilität von Stomatazahl und -Länge. Vor allem TEARE et al. (1971) wiesen nachdrücklich auf die Unterschiede in den Stomata-Merkmalen zwischen verschiedenen Blättern eines Halmes und deren Seiten hin. Auch von anderen Gräsern ist derartiges beschrieben worden (HUNT and CHRISTIE 1969, bei *Bromus*). Weil die Stomatamerkmale sehr variabel und stark von der Ploidiestufe abhängig sind, erscheinen sie uns als Basis für taxonomisch-evolutionistische Aussagen nicht geeignet und wurden später nicht weiter untersucht.

3.3.5 Anzahl der Kurzzellen der Blattoberseite

Auch hier unterscheiden sich beide Gattungen deutlich. Bei *Aegilops* haben nur *A. lorentii*, *A. tauschii* und *A. heldreichii* ähnlich hohe Werte wie viele *Triticum*-Sippen. Mehrere Arten haben nur sehr wenig Kurzzellen (*A. mutica*, alle Arten der Sektion *Sitopsis* außer *A. speltoides*, dazu *A. cylindrica*, *A. juvenalis*, *A. triuncialis*, *A. variabilis*, *A. kotschyi*, *A. triaristata* (4n)). Die übrigen Arten weisen sich durch noch höhere Werte aus, diese liegen jedoch unter denen der Weizenarten. Dieses Merkmal ist somit in der Gattung *Aegilops* regellos verteilt und kann auch nicht mit einem Genom in Verbindung gebracht werden.

Innerhalb der Gattung *Triticum* ergibt sich eine an bestimmte Verwandtschaftsgruppen gebundene Merkmalsausprägung. Die diploiden Arten haben die höchsten Werte, es folgt ein Teil der tetraploiden (*T. dicoccoides*, *T. dicoccon*, *T. carthlicum*, *T. ispahanicum*, *T. karamyschevii*, *T. timopheevi*) mit höheren und dann die übrigen tetraploiden und hexaploiden Arten sowie die Träger des G-Genoms (außer *T. timopheevi*) mit niedrigeren Werten. Innerhalb der Gruppen ist die Variabilität aber noch recht hoch.

3.3.6 Anzahl der Kurzzellen der Blattunterseite

Triticum und *Aegilops* sind in diesem Merkmal wiederum sehr verschieden. Bei den *Triticum*-Arten ergeben sich die gleichen Gruppen wie bei der Blattoberseite. Bei den *Aegilops*-Arten liegt aber eine Gruppenbildung vor, die sich von der des vorher besprochenden Merkmals unterscheidet. Die höchsten Werte werden von den beiden untersuchten Arten der Sektion *Comopyrum* sowie von *A. tauschii* und *A. crassa* (4n) erreicht, wobei der Wert von *A. heldreichii* auch gegenüber *Triticum*-Sippen sehr hoch liegt. Sehr wenig Kurzzellen haben *A. kotschyi*, *A. speltoides*, *A. bicornis* und *mutica*, während die übrigen Glieder der entsprechenden Gruppe des vorigen Merkmals entweder mittelhohe (*A. sharonensis*, *A. juvenalis*, *A. triun-*

cialis, A. variabilis und *A. triaristata* (4n)) oder sogar hohe Werte (*A. longissima, A. cylindrica*) zeigen. In der *Sitopsis*- und der *Vertebrata*-Sektion wurden mittelhohe und bei den beiden Arten der Sektion *Cylindropyrum* hohe Kurzzellzahlen auf der Unterseite festgestellt.

Es ist unwahrscheinlich, daß derartig große Unterschiede im Merkmal Anzahl der Kurzzellen, wie sie besonders in der Gattung *Aegilops* auch zwischen sehr nahe verwandten Arten auftreten, die normale Variationsbreite darstellen. Viel eher ist hier der Einfluß eines von uns nicht erkannten Faktors anzunehmen. Die Angabe über diese Merkmalsausprägungen sind deshalb möglicherweise nicht korrekt.

3.3.7 Behaarung der Kurzzellen

In diesem Merkmal ergibt sich bei den *Triticum*-Arten eine ± gleiche Gruppenbildung wie bei den vorherigen Merkmalen. Die diploiden Taxa haben eine dichte, kurze Behaarung. Die erste Gruppe der tetraploiden Sippen hat mittelstark, teils auch stark mit kurzen bis mittellangen Haaren besetzte Blätter, während die zweite Gruppe unbehaarte oder nur sehr spärlich kurzbehaarte Blätter hat. Die hexaploiden Arten zeigen wieder spärlich bis locker kurzbehaarte Blätter, mithin eine stärkere Behaarung als die zweite Gruppe der tetraploiden. Die Weizen mit dem G-Genom besitzen eine lockere bis starke, kurze bis mittellange Behaarung, wobei die Dichte von *T. araraticum* über *T. timopheevi* und *T. zhukovskyi* zu *T. timonovum* zunimmt. Bei den meisten *Aegilops*-Arten tragen die Kurzzellen nur ganz vereinzelt kurze Haare, bei vielen Sippen waren keine zu finden. Lediglich *A. tauschii* und *A. lorentii* sind etwas stärker behaart.

Eine deutliche Korrelation dieses Merkmals zur Kurzzellzahl liegt nicht vor, z. B. sind *A. columnaris* und *A. heldreichii* trotz niedriger bzw. sehr hoher Kurzzellzahl praktisch ohne Behaarung, obwohl verständlicherweise die Sippen mit sehr wenig Kurzzellen auch fast oder völlig unbehaart sind (z. B. *A. juvenalis, A. speltoides*).

3.3.8 Behaarung der Blattnerven

Dieses Merkmal ist bei den *Aegilops*-Sippen ebenfalls sehr einheitlich ausgeprägt, denn bei fast allen Arten kommen zerstreut lange bis sehr lange und, untermischt mit diesen, kurze, kegelförmige Haare auf den Nerven vor. Etwas stärker behaart sind *A. aucheri* und *A. tauschii*, während bei *A. juvenalis* und *A. kotschyi* auf den Nerven der Blattunterseiten nur ganz selten Haare auftreten. Innerhalb der Gattung *Triticum* lassen sich aber einige Unterschiede erkennen. Während fast alle diploiden und die tetraploiden Sippen der ersten Gruppe (*T. dicoccoides, T. dicoccon, T. carthlicum, T. ispahanicum*) sowie die meisten hexaploiden Arten eine unregelmäßige spärliche Behaarung aus wenigen kurzen und etwas zahlreicheren langen

Haaren tragen, fehlt diese bei den Sippen der zweiten tetraploiden Gruppe und außerdem bei *T. karamyschevii*, *T. spelta* und *T. aestivum* fast völlig. Am stärksten ist *T. vavilovii* auf den Nerven behaart. Bei den Arten mit dem G-Genom fehlt auf der Unterseite diese Behaarung vollständig, während sie auf der Oberseite spärlich ausgebildet ist.

3.3.9 Verholzung der Leitbündel und Bildung von Sklerenchymrippen

Der Grad der Verholzung und Sklerenchymatisierung ist bei *Triticum* insgesamt stärker als bei *Aegilops*. Sklerenchymrippen sind allgemein nur an den größeren Leitbündeln zu finden, doch kommen solche bei den hexaploiden und octoploiden Weizenarten auch an kleineren Bündeln vor. Eine stärkere Gruppenbildung erlaubt dieses Merkmal nicht, so daß es nicht weiter berücksichtigt wurde.

3.3.10 Querschnittsform des mittleren Blattnervs

Obwohl die Blattnerven aller Arten im wesentlichen gleich gebaut sind, kann man doch einige, ziemlich konstante Unterschiede nachweisen (Taf. 12 und 13).

Wir haben deshalb die folgenden Grundtypen aufgestellt (Durchmesser des Leitbündels am Außenrand der inneren Bündelscheide gemessen):

Typ 1: Sklerenchymstrang zur Oberseite so lang bis doppelt so lang und jener zur Unterseite etwa so lang wie der Durchmesser des Leitbündels, Sklerenchym wölbt untere Epidermis auf.

Typ 2: Sklerenchymstrang zur Oberseite etwa dreimal so lang wie jener zur Unterseite und wie der Durchmesser des Leitbündels, Sklerenchym wölbt untere Epidermis auf.

Typ 3: Sklerenchymstränge zur Unterseite und zur Oberseite etwa nur halb so lang wie der Durchmesser des Leitbündels, beide Sklerenchymstränge gleich breit.

Typ 4: Sklerenchymstränge zur Ober- und Unterseite etwa nur halb so lang wie der Durchmesser des Leitbündels, aber Sklerenchymstrang zur Oberseite nur 1/3 bis 1/2 so breit (2–3 Zellagen) wie jener zur Unterseite.

Bei allen *Triticum*-Arten kommt vor allem der Typ 1 vor, bei den Arten mit dem G-Genom (außer *T. timonovum*) sowie *T. turgidum* sogar ausschließlich. Eine deutliche Tendenz zu Typ 2 finden wir bei den diploiden Arten, den tetraploiden der ersten Gruppe (*T. dicoccoides*, *T. dicoccon*, *T. carthlicum*, *T. ispahanicum*, *T. karamyschevii*) und vielen hexaploiden Arten (*T. macha*, *T. spelta*, *T. vavilovii*, *sphaerococcum*) und in schwächerer Form auch bei *T. polonicum* und *T. timonovum*, während die tetraploiden Arten der zweiten Gruppe (*T. durum*, *T. turanicum*, *T. polonicum*) sowie *T. sovieticum* und *T. aestivum* mehr eine Tendenz zu den Typen 3 und 4 zeigen. Auch bei den *Aegilops*-Arten ist der Typ 1 vorherrschend. Bedingt durch die allgemein geringere Blattdicke ist in dieser Gattung bei allen

Gruppen eine deutliche Tendenz zu den Typen 3 und 4 vorhanden, während eine Tendenz zu Typ 2 nur bei den hexaploiden Sippen von *A. crassa* und *A. triaristata* sowie auch etwas bei *A. ventricosa* zu bemerken ist.

3.3.11 Anordnung der Mesophyllzellen in der Umgebung der Leitbündel

Im zweiten Vorversuch wurde diesem Merkmal besondere Aufmerksamkeit gewidmet, da ihm in der Literatur (Khan and Tsunoda, 1970, 1971) eine größere Wichtigkeit zuerkannt wurde. Unsere Ergebnisse zeigten, daß dieses Merkmal sehr variabel ist und selbst in einer Sippe stark variiert. Alle untersuchten 28 Arten von *Triticum* und *Aegilops* zeigten annähernd radiale Ausrichtung der Mesophyllzellen um das Leitbündel. Dunstone and Evans (1974) konnten die Befunde der oben genannten Autoren ebenfalls nicht voll bestätigen. Vielleicht sind unsere abweichenden Ergebnisse auch darauf zurückzuführen, daß wir das Fahnenblatt und die zitierten Autoren das 2. Blatt von oben untersuchten. In unserem Material ist dieses Merkmal nicht aussagekräftig und wurde deshalb nicht weiter berücksichtigt.

3.3.12 Form der Kurzzellen

Unter den *Triticum*-Arten zeichnen sich alle diploiden Arten, die Träger des G-Genoms sowie *T. dicoccon* und *T. ispahanicum* dadurch aus, daß bei ihnen nur runde (so lang wie breite) Kurzzellen auftreten. Bei der ersten Gruppe der tetraploiden Arten (*T. dicoccoides, T. carthlicum, T. karamyschevii*) sowie *T. polonicum* und *T. sphaerococcon* sind auf der Oberseite vorwiegend runde und auf der Unterseite runde und ovale (kürzer als breite) Kurzzellen zu finden. Die Arten der zweiten Gruppe der tetraploiden Weizen (*T. durum, T. turgidum, T. turanicum*) haben auf der Oberseite vorwiegend und auf der Unterseite ausschließlich ovale Kurzzellen, die hexaploiden Weizenarten oberseits runde und ovale und unterseits nur ovale.

Alle *Aegilops*-Arten besitzen auf der Oberseite fast nur runde Kurzzellen. Auf der Unterseite findet man innerhalb der Sektionen *Sitopsis, Amblyopyrum* und *Vertebrata* runde und ovale Kurzzellen, bei den Sektionen *Cylindropyrum* und *Comopyrum* fast ausschließlich nur ovale und bei der Sektion *Aegilops* vorwiegend runde.

In diesem Merkmal ist bei *Triticum* eine auffallende Ähnlichkeit von diploiden Arten und jenen mit dem G-Genom zu verzeichnen, während die 2 Gruppen der tetraploiden Stufe nicht so deutlich wie bei anderen Merkmalen unterschieden sind.

3.3.13 Verholzung der unteren Epidermis

Die diploiden Weizen und die Arten mit einem G-Genom zeigen keine Verholzung der unteren Epidermis. Bei den tetraploiden und hexaploiden Arten ist das untersuchte Merkmal variabel ausgeprägt. Es tritt in der *Sitopsis*-Gruppe und in der Sektion *Aegilops* der Gattung *Aegilops* nur ganz selten auf, während *A. mutica* sowie die Arten der Sektionen *Cylindropyrum* und *Vertebrata* eine unregelmäßige und schwache, die beiden untersuchten Arten der Sektion *Comopyrum* dagegen eine starke Ausprägung erkennen lassen.

3.3.14 Zellwandwellung der Langzellen der Blattunterseite

Die Gruppenbildung ähnelt hier derjenigen des vorigen Merkmals: Bei den diploiden und G-Genom-Weizen treten schwache, bei den tetraploiden und hexaploiden Arten dagegen schwache bis starke Merkmalsausprägungen auf. Die *Aegilops*-Arten der Sektionen *Aegilops* und *Sitopsis* zeigen eine fehlende bis schwache, *A. mutica* sowie die *Cylindropyrum*- und *Vertebrata*-Arten eine schwache bis starke und die *Comopyrum*-Gruppe eine starke Wellung der Zellwände. (Taf. 11).

3.4 Ährenachse[5]

Die Ährenachseninternodien zeichnen sich – ähnlich wie die entsprechenden Halmabschnitte der vegetativen Region – in ihrem peripheren Bereich durch ein meist sehr vielschichtiges und dickwandiges Sklerenchymgewebe aus, das in zentripetaler Richtung mehr oder weniger kontinuierlich in ein dünnwandiges Gewebe übergeht. Der letztere Gewebetyp erstreckt sich entweder bis in den zentralen Teil des Internodiums oder umschließt eine zentrale Höhlung, die auf eine rhexigene Entstehung zurückgeht und am deutlichsten im oberen bis mittleren Bereich des Spindelinternodiums ausgeprägt ist. Der periphere Teil des Internodiums enthält neben den Leitbündeln das Chlorenchymgewebe, das jedoch, im Gegensatz zur Halmregion, auf dem Ährenachsenquerschnitt sehr ungleich verteilt ist. Während auf der dem benachbarten Ährchen abgewandten Seite das Chlorenchymgewebe regelmäßig anzutreffen ist, fehlt es auf der dem Ährchen anliegenden stark abgeflachten Seite meist völlig. Bei dem Vergleich der verschiedenen Sippen fand jeweils das, von der Ährenbasis aus gerechnet, zweite Internodium Berücksichtigung, wobei jedoch auch die übrigen Spindelinternodien eine weitgehend ähnliche Ausprägung zeigen. Trotz der weitgehenden anatomischen Differenzierung der Ährenachse konnten wegen der auch innerhalb der Einzelsippen stark

5,6 Bearbeitet von J. KRUSE

wechselnden Verteilungsmuster der Chlorenchym- und Sklerenchymanteile kaum sippentypische Merkmale beobachtet werden. Auffällig ist jedoch die Ausbildung der zentralen Markhöhle, die besonders bei der Gattung *Aegilops* mit Ausnahme weniger Einzelfälle allgemein beobachtet werden kann. Das gegenteilige Bild bietet die Gattung *Triticum*, bei der der zentrale Teil des 2. Spindelinternodiums fast immer mit Gewebe ausgefüllt ist. Dies trifft für die diploide und tetraploide einschließlich der durch das G-Genom gekennzeichneten Weizengruppe zu, während die hexaploiden Weizen offensichtlich durch den Einfluß von *Aegilops tauschii* vorwiegend durch eine zentrale Markhöhle charakterisiert sind.

3.5 Hüllspelze[6]

Ähnlich wie auch andere oberirdische Organe der Gräser sind die Spelzen durch stark entwickelte Sklerenchymgewebe gekennzeichnet, die hier sowohl die mehr oder weniger stark ausgeprägten Chlorenchymgewebe sowie auch die chlorophyllfreien Parenchymgewebe umschließen. Insbesondere die Leitbündel sind zumeist von einem sehr kompakten Sklerenchym umgeben, so daß die parenchymatischen Gewebe vorwiegend im Interkostalbereich der Spelzen entwickelt sind. Die vorliegenden Untersuchungen, die sich u. a. mit dem Verteilungsmuster dieser Gewebe in den Spelzenorganen befassen, lassen bestimmte Regelmäßigkeiten hinsichtlich der Gewebeanordnung, sowohl in den verschiedenen Organbereichen der Einzelsippen wie auch im Hinblick auf den anatomischen Bau einzelner Verwandtschaftsgruppen, erkennen. Bei unseren Untersuchungen fanden hauptsächlich die Hüllspelzen Berücksichtigung, die auf Grund ihrer peripheren Stellung besonders ausgeprägte Sklerenchymgewebe aufweisen, wobei sich die verschiedenen Gewebearten besonders klar gegeneinander abgrenzen, während die Deckspelzen wegen ihrer zarteren Konsistenz und ihrer wesentlich geringer ausgeprägten Unterschiede in der Gewebestruktur keine eindeutigen Differenzierungsmerkmale erkennen ließen. Auf Grund der Schwierigkeit, von den sehr festen Spelzenorganen gut auswertbare, die gesamte Spelzenbreite umfassende Schnitte herzustellen, konnte von jeder Sippe nur eine beschränkte Anzahl von Präparaten ausgewertet werden, so daß der genaue Variabilitätsbereich für die einzelnen Sippen nicht ermittelt werden konnte und die hier angegebenen Werte nur als Näherungswerte zu betrachten sind.

3.5.1 Form des Kieles

Betrachtet man einen Querschnitt aus dem mittleren Bereich der Hüllspelze, so fällt zunächst die asymmetrische Form auf, die sich aus den sehr ungleich entwickelten Hälften der Hüllspelzenorgane ergibt, wobei sich durch die seitliche Stellung der Ährchen eine im Hinblick auf die Ährenachse adaxiale und eine abaxiale

Spreitenhälfte unterscheiden lassen. Das eigentliche mediane Leitbündel ist bei den meisten Arten des untersuchten Verwandtschaftskreises am stärksten entwickelt und verläuft – zumindest bei der Gattung *Triticum* – in einem auf der Unterseite der Spelze mehr oder weniger stark kielartig hervorspringenden Gewebekomplex (Taf. 14, Abb. 2 und 4; Taf. 16, Abb. 1–3), während die meisten untergeordneten Leitbündel in den flügelartig verschmälerten seitlichen Teilen der Spelze anzutreffen sind, bei denen die Ober- und Unterseite entweder annähernd eben sind (Taf. 14, Abb. 2 und 4) oder bei denen die Unterseite auch im Bereich der untergeordneten Leitbündel durch rippenartige Verdickungen gekennzeichnet ist (Taf. 15, Abb. 3). Im Gegensatz zu der abaxialen Spelzenhälfte, bei der entsprechend ihrer bedeutend größeren Breite relativ zahlreiche Leitbündel beobachtet werden können, verlaufen in der wesentlich verschmälerten adaxialen Hälfte vergleichsweise weniger Leitbündel. Im Zusammenhang mit der relativ starken Abnahme der Spelzendicke zum Rande hin ist hier auch das Mesophyllgewebe oft schwächer entwickelt als in der abaxialen Hälfte.

Die bereits oben erwähnte Kielung der Spelze im Bereich des Hauptleitbündels ist, wie auch die Anordnung der unmittelbar benachbarten seitlichen Leitbündel zeigt, offensichtlich auf die unifaziale Verwachsung der Spelzenoberseite im Medianbereich der Spelze zurückzuführen. Hierdurch werden vielfach, besonders bei starker Kielbildung, wie sie z. B. bei *Triticum durum* vorherrscht, die dem Hauptleitbündel benachbarten seitlichen Leitbündel in die Kielbildung einbezogen (Taf. 16, Abb. 1–3). Dieses trifft auch für die zwischen den Leitbündeln häufig ausgebildeten Chlorenchymgewebe zu, die hier ähnlich wie die Leitbündel, im peripheren Bereich des Spelzenkieles angeordnet sind. Gewisse Unterschiede ergeben sich bei der Gattung *Triticum* hinsichtlich der Struktur des Kieles. In den meisten Fällen ist der Hüllspelzenkiel der diploiden und tetraploiden Weizen relativ schmal ausgebildet (Taf. 16, Abb. 1 und 2), d. h., die Seitenflächen des Kieles schließen einen relativ kleinen Winkel ein. Eine Ausnahme bilden hauptsächlich die durch das G-Genom gekennzeichneten Arten der Gattung *Triticum* (Taf. 16, Abb. 3). Diese Arten, bei denen die Kielbildung ebenfalls stark gefördert ist, zeichnen sich durch einen relativ breiten Kiel aus, d. h., die Seitenflächen des Kieles umschließen einen relativ weiten Winkel. Im adaxialen Teil des Kieles, d. h. oberhalb des Hauptleitbündels ist meist ein relativ lockeres Parenchymgewebe zu beobachten, das bei dem letzterwähnten Typ besonders ausgedehnt und großlumig ist. Bei beiden Kielformen ist unterhalb des Hauptleitbündels, verglichen mit dem entsprechenden Gewebe unterhalb der seitlichen Leitbündel, eine relativ hohe Zahl von Sklerenchymschichten ausgebildet, so daß das Hauptleitbündel oft in Richtung auf den zentralen Kielbereich verlagert ist. Eine relative Verbreitung des Kieles ist auch für die hexaploiden Weizen charakteristisch (Taf. 14, Abb. 2 und 4), was sehr wahrscheinlich mit dem Einfluß der Gattung *Aegilops*, insbesondere des D-Genoms in Zusammenhang steht.

Eine auf unifazialen Verwachsungen beruhende Hüllspelzenkielung, wie sie bei der Gattung *Triticum* durchgängig zu beobachten ist, fehlt bei der Gattung *Aegilops* bis auf wenige Ausnahmen weitgehend. Teilweise zeigen sich jedoch auch hier auf der abaxialen Hüllspelzenseite rippenartige Strukturen (Taf. 15, Abb. 3), die hier, wie die Lage der den übergeordneten Leitbündeln benachbarten kleineren Leitbündel und der Chlorenchymkomplexe zeigt, weniger auf einer unifazialen Verwachsung adaxialer Spreitenbereiche als vielmehr auf einer – gegenüber den Interkostalbereichen – relativen Förderung der die Leitbündel begleitenden Sklerenchymgewebe beruhen. Diese rippenartigen Verdickungen sind meist nicht nur auf das Hauptleitbündel beschränkt, sondern können auch bei den größeren untergeordneten Leitbündeln auftreten. Durch das Fehlen des Hüllspelzenkieles, der bei den Weizen den Verlauf des Hauptleitbündels markiert, ist dieses bei der Gattung *Aegilops* oft nur durch seinen größeren Querschnitt von den untergeordneten Leitbündeln zu unterscheiden, wie z. B. bei *A. tauschii* (Taf. 14, Abb. 1). Eine Ausnahme bilden *Aegilops mutica* sowie einige Arten der *Sitopsis*-Gruppe, z. B. *Aegilops speltoides*, *A. aucheri* und *A. bicornis*, bei denen im Bereich des Hauptleitbündels eine mehr oder weniger deutliche Kielung ausgeprägt ist (Taf. 14, Abb. 3).

3.5.2 Chlorenchym

Das Chlorenchym der Hüllspelzen ist, wie bereits erwähnt, hauptsächlich auf die Interkostalbereiche beschränkt, wobei sich bestimmte Lagebeziehungen zu den Leitbündeln ergeben. Bei jenen Sippen, die sich durch eine relativ eingeschränkte Chlorenchymbildung auszeichnen, werden die einzelnen Leitbündel jederseits von einem relativ schmalen Chlorenchymband, das meist etwas unterhalb des Leitbündels angelegt ist, begleitet, während der übrige Teil des Interkostalbereiches durch Sklerenchym ausgefüllt ist (Taf. 15, Abb. 2 und 3). Wesentlich häufiger sind Sippen anzutreffen, deren Chlorenchymbänder in dem Maße verbreitert sind, daß die zwischen zwei Leitbündeln jeweils benachbarten Chlorenchymbänder zu einem einzigen breiten Band verschmelzen (Taf. 15, Abb. 4). Dabei sind die Chlorenchymgewebe der meisten Arten mehr oder weniger der unteren Spelzenepidermis genähert (Taf. 15, Abb. 2–4), während sie bei verschiedenen Sippen auch unter der oberen Epidermis entwickelt sein können (Taf. 15, Abb. 1), wobei sich die breiten Chlorenchymbänder teilweise auch, wie z. B. bei *Triticum carthlicum* und *Triticum sphaerococcum*, durch einen bogigen Verlauf in ihrem mittleren Bereich der oberen Epidermis nähern (Taf. 14, Abb. 4).

Zwischen beiden Chlorenchymmustertypen existieren Übergänge, und auch bei einer Einzelspelze kann das Chlorenchymmuster in den verschiedenen Abschnitten unterschiedlich ausgeprägt sein. Allgemein läßt sich feststellen, daß die Ausbildung getrennter Chlorenchymbänder (Taf. 15, Abb. 3) hauptsächlich im oberen bis mittleren Bereich der Spelze zu beobachten ist, während die vereinigten Chlorenchymbänder (Taf. 15, Abb. 4) hauptsächlich im unteren Hüllspelzenabschnitt, teilweise im mittleren und nur zuweilen auch im äußersten distalen Bereich der

Spelze entwickelt sind. Daneben wurden Spelzentypen beobachtet, die ausschließlich dem einen oder dem anderen der erwähnten Chlorenchymmuster entsprechen.

Betrachtet man die Gattung *Triticum* im Hinblick auf das erwähnte Merkmal, so zeigen besonders die diploiden Weizen sowie die durch das G-Genom gekennzeichneten tetraploiden Sippen ausschließlich Hüllspelzen mit getrennten Chlorenchymbändern, d. h. Spelzentypen, bei denen der Anteil des Chlorenchyms zugunsten des Sklerenchymgewebes verringert ist. Die gegenteilige Tendenz zeigt sich bei der Gattung *Aegilops*, deren Hüllspelzen sich teilweise, im besonderen bei *Aegilops tauschii* und *A. mutica* sowie den Arten der *Sitopsis*-Gruppe, vom Grunde der Spelze bis zur Spelzenspitze durch vereinigte Chlorenchymbänder auszeichnen. Oft sind bei dieser Gattung im oberen Hüllspelzenabschnitt getrennte Chlorenchymbänder ausgebildet, wobei dann jedoch meist der mittlere und basale Abschnitt durch zusammenhängende Chlorenchymbänder gekennzeichnet sind, so daß auch hier eine starke Tendenz zur Chlorenchymvereinigung deutlich wird. Eine Mittelstellung nehmen die durch das B-Genom charakterisierten polyploiden Weizen ein, bei denen sowohl der getrennte als auch der verbundene Chlorenchymtyp sowie verschiedene Übergänge zwischen den beiden genannten Typen anzutreffen sind.

Eine besonders extreme Ausprägung des Chlorenchymgewebes ist bei *Triticum polonicum* zu beobachten, wo das Chlorenchym den gesamten Raum zwischen der oberen und unteren Epidermis ausfüllt.

Diese Struktur, die im Zusammenhang mit der auffälligen Größe und der – verglichen mit anderen Arten – zarten Konsistenz der Spelzenorgane dieser Art verständlich wird, erinnert in starkem Maße an den anatomischen Bau der Laubblattspreite.

3.5.3 Spelzendicke im Bereich des Hauptleitbündels

Die größte Spelzendicke, verbunden mit einer erhöhten Anzahl von Zellagen, weist die Hüllspelze im Bereich des Hauptleitbündels auf, das jedoch wegen der Asymmetrie dieser Spelzenorgane nicht immer im Mittelbereich der Spelze entwickelt, sondern oft mehr oder weniger dem adaxialen Spelzenrande genähert ist. Die besondere Förderung dieses Spelzenabschnitts, soweit sie auf die unmittelbare Nähe des Leitbündels beschränkt ist, wird äußerlich oft durch eine Kielung sichtbar, während in anderen Fällen der Bereich des Hauptleitbündels den benachbarten Spelzenteilen angeglichen ist, indem dieser nahezu unverdickt bleibt. Vergleicht man die beiden Gattungen *Triticum* und *Aegilops* hinsichtlich dieses Merkmals, so finden sich die höchsten Werte naturgemäß bei den meist wesentlich größeren Spelzen der Gattung *Triticum*, deren Kielbereich durch unifaziale Verwachsungen weiter verstärkt wird, während sich die Gattung *Aegilops* vorwiegend durch relativ geringe Spelzendicken auszeichnet, wobei sich die Werte beider Gattungen jedoch in einem breiten Bereich überschneiden. Die höchsten Werte innerhalb der

Gattung *Triticum* wurden bei einigen Arten der tetraploiden Gruppe beobachtet, wo sich insbesondere *T. dicoccoides, T. durum, T. turgidum* und *T. turanicum* im Hauptleitbündelbereich durch eine Spelzendicke von 850–1250 μm auszeichnen. Durch mittlere Werte (550–800 μm) sind neben den diploiden Weizen die ein G-Genom enthaltenden tetraploiden Weizen *T. araraticum* und *T. timopheevi* sowie die von manchen Autoren als relativ ursprünglich angesehenen hexaploiden Arten *T. spelta* und *T. vavilovii* charakterisiert. Einige Arten der tetraploiden Weizengruppe, wie *T. polonicum, T. carthlicum* und *T. karamyschevii*, zeigen eine deutliche Tendenz zur Entwicklung relativ dünner Spelzenorgane. Die im Kielbereich dünnsten Hüllspelzen der Gattung *Triticum* konnten bei dem tetraploiden Weizen *Triticum ispahanicum* sowie bei den hexaploiden Arten *T. sphaerococcum, T. macha* und *T. aestivum*, deren Hüllspelzen im Bereich des Hauptleitbündels nur eine Dicke von 300–500 μm erreichen, beobachtet werden. Die durch ein G-Genom charakterisierten hexa- und octoploiden Weizenarten zeichnen sich allgemein durch relativ kräftige Hüllspelzenorgane mit einer Kieldicke von 800–1000 μm aus.

Betrachtet man die Gattung *Aegilops* hinsichtlich ihrer Spelzendicke im Bereich des Hauptleitbündels, so fällt innerhalb der diploiden Artengruppe eine besondere Häufigkeit von Arten mit relativ dünnen Spelzen auf, während sich bei den tetra- und hexaploiden Arten eine deutliche Tendenz zur Ausbildung kräftiger Hüllspelzenorgane abzeichnet. Eine Ausnahme unter den diploiden Arten bildet *Aegilops umbellulata*, deren Genom vor allem für die vorwiegend tetraploide Sektion *Aegilops* merkmalsbestimmend ist und relativ hohe Werte (>300 μm) aufweist. Besonders geringe Werte der Spelzendicke (130–200 μm) im Bereich des Hauptleitbündels ergeben sich bei *Aegilops caudata* sowie verschiedenen Arten der *Sitopsis*-Gruppe, insbesondere bei *A. longissima, A. sharonensis* und *A. bicornis*. Zwei weitere, nah verwandte Sippen der gleichen Gruppe, *A. speltoides* und *A. aucheri*, zeichnen sich dagegen durch mittlere (210–300 μm) bis höhere (>300 μm) Werte aus, wie auch verschiedene andere diploide Arten dieser Gattung mehr eine Mittelstellung einnehmen. Die tetra- und hexaploiden Arten der Sektion *Aegilops*, die das M-Genom der *Comopyrum*-Gruppe sowie das durch hohe Werte gekennzeichnete C^u-Genom von *A. umbellulata* enthalten, zeigen mittlere bis hohe Spelzendicken, die insgesamt den Bereich von 250–450 μm umfassen. Entsprechende Werte ergeben sich für die *Vertebrata*-Gruppe, die neben dem M-Genom der ausschließlich diploiden *Comopyrum*-Gruppe vor allem das D-Genom der Art *Aegilops tauschii* enthalten, welches ebenfalls durch eine mittlere Spelzendicke charakterisiert ist. Werte unterhalb 200 μm fehlen bei den polyploiden *Aegilops*-Arten vollständig.

3.5.4 Spelzendicke im Interkostalbereich

Die geringste Breite des Hüllspelzenquerschnitts ergibt sich – sieht man von den kontinuierlich verschmälerten Randzonen der Spelzen ab – im Interkostalbereich. Da das die Leitbündel umgebende Gewebe häufig rippenartig aus der Spelze hervorragt, vermittelt der Interkostalbereich ein wesentlich klareres Bild von der durchschnittlichen Dicke des Spelzenorgans als der oft durch Kielbildung besonders geförderte Bereich der Leitbündel.

Die folgenden Untersuchungen berücksichtigen jeweils die von der Kielbildung unbeeinflußten Interkostalbereiche der abaxialen Spelzenhälfte. Generell läßt sich feststellen, daß sich die diploiden und tetraploiden Arten der Gattung *Triticum* durch besonders dünne Spelzen auszeichnen, deren Interkostalbereich meist eine Dicke von 80–150 μm aufweist, wobei die untersuchten diploiden Sippen ausnahmslos den Wert von 130 μm nicht übersteigen, während bei der durch das B-Genom gekennzeichneten tetraploiden Gruppe einzelne Sippen die Grenze von 150 μm überschreiten. Ähnlich geringe Werte sind auch für die durch das G-Genom charakterisierte tetraploide Weizengruppe typisch. Eine wesentliche Zunahme der Anzahl mittlerer Werte ist für die hexaploiden Weizen charakteristisch, deren Werte sich zu einem hohen Anteil im Bereich von 160–250 μm bewegen.

Die octoploiden Weizen zeichnen sich durch mittlere bis hohe Werte aus. Die erhöhten Werte der hexaploiden Weizen lassen hier deutliche Merkmalseinflüsse der Gattung *Aegilops* erkennen, die mit dem D-Genom von *Aegilops tauschii* an der Entstehung der hexaploiden Weizen beteiligt ist und deren Arten sich bis auf wenige Ausnahmen durch kräftigere Spelzenorgane auszeichnen. Die diploiden Arten der Gattung *Aegilops* sind zu einem großen Teil durch mittlere (160–250 μm) und höhere (>250 μm) Werte charakterisiert, wobei jedoch vor allem die *Amblyopyrum*- und *Sitopsis*-Gruppe eine deutliche Ausnahme bilden, indem die hier untersuchten Sippen nur sehr selten die Grenze von 150 μm überschreiten. Wie diese Messungen zeigen, sind die beiden letztgenannten Gruppen durch ähnlich dünne Hüllspelzen gekennzeichnet, wie sie für die diploiden und tetraploiden Weizen charakteristisch sind. Beide *Aegilops*-Gruppen werden als möglicher Donor für das B-Genom der tetra- und hexaploiden Weizen in Betracht gezogen. Jedoch läßt die erwähnte Parallelentwicklung bei den diploiden Weizen und den genannten *Aegilops*-Gruppen hier keinen eindeutigen Schluß auf eine Beteiligung an der Entstehung der tetraploiden Weizen zu. Die tetra- bzw. hexaploiden Arten der Sektionen *Cylindropyrum*, *Aegilops* und *Vertebrata* zeichnen sich entsprechend den kräftig entwickelten Hüllspelzen ihrer Ausgangsarten durch mittlere bis hohe Werte aus, die hier insgesamt den Bereich von 160–570 μm umfassen, so daß bei diesen polyploiden Arten niemals Werte unter 150 μm beobachtet wurden.

3.5.5 Kielungsgrad

Wie bereits oben erwähnt, sind zahlreiche *Triticum*- und *Aegilops*arten durch eine mehr oder minder ausgeprägte Förderung der Spelzendicke im Bereich des Hauptleitbündels charakterisiert, während sich wieder andere Arten, vor allem der Gattung *Aegilops*, durch Hüllspelzentypen auszeichnen, bei denen eine Kielbildung nur schwach angedeutet ist oder vollständig fehlt. Um ein vergleichbares relatives Maß für die Kielbildung der sowohl im Leitbündel- wie auch im Interkostalbereich unterschiedlich verdickten Spelzentypen zu erhalten, soll das Verhältnis zwischen der Spelzendicke im Bereich des Hauptleitbündels und im Interkostalbereich näher betrachtet werden. Der Wert des sich hieraus ergebenden Quotienten ermöglicht den Vergleich des unterschiedlichen Kielungsgrades.

Betrachtet man die Gattung *Triticum*, so ergeben sich, ähnlich wie bei den bereits diskutierten absoluten Werten des Kielbereichs, die höchsten relativen Werte bei sämtlichen diploiden sowie einem Teil der tetraploiden Arten, insbesondere *T. dicoccoides*, *T. durum*, *T. turgidum* und *T. turanicum*. Der Kielbereich dieser Sippen erreicht hier das 5- bis 8fache, in einzelnen Fällen das 9fache des benachbarten Interkostalbereichs. Bei anderen Arten der tetraploiden Gruppe wie *T. polonicum*, *T. carthlicum* und *T. karamyschevii* sind dagegen mittlere Werte, die sich hier fast ausschließlich im Bereich von 2,6–3,9 bewegen, vorherrschend. Ausnahmslos durch mittlere Werte, die den Bereich von 2,5–3,1 umfassen, ist *Triticum ispahanicum* charakterisiert. Die durch das G-Genom gekennzeichnete Weizengruppe einschließlich der hexa- und octoploiden Arten umfaßt Sippen mit mittleren bis höheren Werten (3,4–7,5). Sämtliche untersuchten Sippen der hexaploiden Weizen mit Ausnahme der Art *T. vavilovii*, die zu hohen Werten tendiert (3,9–4,5), zeichnen sich durch mittlere Werte aus, was bedeutet, daß bei dieser Gruppe ein deutlicher Rückgang der Kielbildung ausgeprägt ist, der auch hier wieder den Einfluß der Gattung *Aegilops* erkennen läßt.

Allgemein ist bei der Gattung *Aegilops* festzustellen, daß so extreme Kielbildungen, wie sie bei den diploiden und teilweise auch tetraploiden Weizen beobachtet werden können, bei dieser Gattung nicht auftreten, so daß die Werte den mittleren Bereich niemals überschreiten. Sehr geringe Werte zeichnen vor allem die diploiden Arten *A. caudata* und *A. tauschii* sowie die ausschließlich diploide *Comopyrum*-Gruppe aus. Die Werte dieser Sippen, die sich im Bereich von 1 bis 1,4 bewegen, machen deutlich, daß eine Kielbildung hier vollständig fehlt oder nur sehr schwach angedeutet ist. Diese auch bei *A. tauschii* zu beobachtende Tatsache ist offensichtlich die Ursache für die stark abgeschwächte Kielbildung der hexaploiden Weizen. Ausschließlich mittlere Werte (1,5–3,0) kennzeichnen die *Amblyopyrum*-Gruppe sowie verschiedene Arten der *Sitopsis*-Gruppe (*A. speltoides*, *A. aucheri* und *A. bicornis*), während die beiden weiteren Arten der *Sitopsis*-Gruppe, *A. longissima* und *A. sharonensis*, eine deutliche Tendenz zu geringeren Werten erkennen lassen. Trotz der beiden letztgenannten Ausnahmen fällt auf, daß sich besonders die als mögliche Donoren für das B-Genom angesehenen Gruppen durch eine deutliche Kielbildung auszeichnen, ein Merkmal, das jedoch auch in verstärktem Maße bei den diploiden Weizen-Arten ausgeprägt ist, so daß ein eventueller Einfluß der erwähnten *Aegilops*-Gruppen auf die Evolution der tetraploiden Weizen auch bei diesem Merkmal nicht erkennbar ist.

Die untersuchten Sippen von *Aegilops umbellulata* sind vorwiegend durch mittlere Werte gekennzeichnet, was auch bei den polyploiden Arten der Sektion *Aegilops* zum Ausdruck kommt, wo neben Sippen mit niederen Werten ($<1,5$)

zahlreiche Sippen mit mittleren Werten (1,5–3,9) beobachtet werden. Im Gegensatz dazu zeichnen sich die polyploiden Arten der *Vertebrata*-Gruppe fast ausschließlich durch niedere Werte aus, was durch die entsprechende Tendenz der an der Entstehung beteiligten Ausgangssippen (*A. tauschii* und *Comopyrum*-Gruppe) verständlich wird. Ähnliche Verhältnisse liegen bei der einzigen tetraploiden Art der *Cylindropyrum*-Gruppe, *A. cylindrica*, vor, wo die geringe Kielung von *A. caudata* und *A. tauschii* eine ebensolche Merkmalsausprägung bei dieser allopolyploiden Art bewirkt.

3.5.6 Anzahl der Zellschichten im Bereich des Kieles

Betrachtet man die Anzahl der Zellschichten im Bereich des Hüllspelzenkieles, so ergibt sich vor allem bei der Gattung *Triticum* eine weitgehende Korrelation mit der Dicke des Spelzenkiels, auf die bereits oben eingegangen wurde. Eine gewisse Ausnahme bilden hier die diploiden Arten, insbesondere *Triticum boeoticum*, die bei einer mittleren Kieldicke neben den zu erwartenden mittleren Werten (bis 30 Zellagen) eine deutliche Tendenz zu hohen Werten erkennen lassen. Die tetraploiden Weizen zeigen dagegen eine weitgehende Übereinstimmung mit dem Bild, das sich für diese Gruppe auch bei Betrachtung der Kieldicke ergibt. Vor allem *T. dicoccoides*, *T. durum*, *T. turgidum* und *T. turanicum* zeichnen sich neben relativ wenigen mittleren Werten meist durch hohe Werte (bis 48 Zellagen) aus, während weitere tetraploide Arten, wie *T. polonicum*, *T. carthlicum*, *T. karamyschevii* und *T. ispahanicum* hauptsächlich durch mittlere Werte (bis 30 Zellagen) charakterisiert sind. Daneben ist bei den letzteren Arten eine deutliche Tendenz zu niederen Werten erkennbar. Eine mittlere Zellschichtanzahl ist auch für die durch ein G-Genom ausgezeichneten polyploiden Weizenarten typisch. Ein deutlicher Unterschied hierzu ergibt sich bei einem Teil der hexaploiden Sippen (*T. sphaerococcum*, *T. aestivum* und *T. macha*), bei denen entsprechend der geringeren Kieldicke niedere Werte (bis 20 Zellschichten) vorherrschen, was auch hier den Einfluß der Gattung *Aegilops* deutlich macht. Sämtliche untersuchten Sippen der Arten *T. vavilovii* und *T. spelta* weisen dagegen mittlere Werte auf.

Die Anzahl der Zellschichten im Kielbereich der Hüllspelze zeigt bei der Gattung *Aegilops* eine relativ geringe Variationsbreite, wobei die Gattung mit Ausnahme sehr weniger Herkünfte allgemein durch niedere Werte gekennzeichnet ist, so daß weder die einzelnen Sektionen noch Ploidiestufen im Hinblick auf dieses Merkmal eindeutige Unterschiede zeigen. Diese geringe Variationsbreite überrascht insofern, als die oben besprochenen Untersuchungen der Spelzendicke eine weitgehende Differenzierung erkennen lassen, so daß angenommen werden muß, daß die unterschiedliche Dicke der Kielregion bei der Gattung *Aegilops* im wesentlichen auf einem unterschiedlichen Durchschnitt der Zellgröße beruht, was jedoch wegen der erheblichen Variabilität der Zellgröße und der dadurch erforderlichen hohen Anzahl von Messungen nicht näher geprüft werden konnte.

3.5.7 Anzahl der Zellschichten im Interkostalbereich

Im Gegensatz zu der bei *Triticum* – durch die sehr unterschiedlich ausgeprägten Kielbildungen – stark variierenden Anzahl der Zellschichten im Kielbereich zeigen sich im benachbarten Interkostalbereich nur geringe Unterschiede, so daß bei sämtlichen Weizen, ähnlich wie bei der Spelzendicke in diesem Bereich, die niederen Werte (bis 10 Zellschichten) vorherrschen, wenn auch mittlere Werte (bis 15 Zellschichten) in allen Ploidiestufen anzutreffen sind. Eine deutliche Differenzierung ergibt sich dagegen bei den diploiden Arten der Gattung *Aegilops*. Hier zeichnen sich die für die Evolution der polyploiden Arten wichtigen Ausgangssippen, *A. umbellulata*, *A. caudata*, *A. tauschii* und die Sektion *Comopyrum* fast ausschließlich durch mittlere Werte aus, während, ähnlich wie bei der Spelzendicke, die Sektionen *Amblyopyrum* und *Sitopsis* weitgehend durch niedere Werte charakterisiert sind. Entsprechend der eingangs erwähnten Ausgangssippen lassen auch die hieraus hervorgegangenen polyploiden Arten (polyploide Sippen der Sektionen *Cylindropyrum*, *Aegilops* und *Vertebrata*) eine mittlere Zahl von Zellagen oder teilweise auch relativ hohe Werte (16–24 Zellschichten) erkennen. Sämtliche untersuchten Sippen von *A. variabilis* sind, wie auch der Durchmesser des Kieles und des Interkostalbereichs, ausschließlich durch hohe Werte charakterisiert.

3.5.8 Wanddicke der Sklerenchymzellen

Die Spelzen des *Aegilops-Triticum*-Verwandtschaftskreises zeichnen sich wie zahlreiche andere *Gramineae* durch eine starke Sklerenchymbildung aus. Dabei können nicht nur Unterschiede im Verteilungsmuster dieses Gewebetypes beobachtet werden, sondern auch die Verdickung der einzelnen Sklerenchymzellen kann einen sehr unterschiedlichen Grad erreichen. Hierbei sind meist bereits in einer bestimmten Schnittebene einer einzelnen Hüllspelze alle Übergänge von relativ dünnwandigen Zellen zu extrem dickwandigen und englumigen Sklerenchymzellen anzutreffen, so daß die Feststellung von Unterschieden zwischen den verschiedenen Sippen im Hinblick auf die Zellwanddicke besondere Schwierigkeiten bereitet.

Um einen Vergleichspunkt für die Wandverdickungen des Sklerenchymgewebes unterschiedlicher Sippen zu erhalten, wurden jeweils nur die Zellen mit den extremen Wandverdickungen berücksichtigt. Hierbei zeichnen sich bei beiden Gattungen gewisse Differenzierungstendenzen ab. So wurden bei den diploiden Weizen relativ starke Wandverdickungen (5–7,5 μm) beobachtet, während sich die maximalen Sklerenchymverstärkungen der übrigen Weizen-Gruppen vorwiegend durch Werte unter 5 μm auszeichnen. Einzelne Ausnahmen finden sich lediglich bei den untersuchten Proben der tetraploiden Arten *T. dicoccoides*, *T. dicoccon*, *T. durum*, *T. turgidum* und *T. turanicum*, einer Gruppe, die sich auch durch besonders starke Kielbildungen ausweist, sowie bei den hexaploiden Arten *T. spelta* und *T. macha*. Im Gegensatz zum Weizen zeichnet sich die Gattung *Aegilops* vorwiegend durch dickere Zellwände (5–18 μm) aus. Eine Ausnahme bilden hier einige Arten der Sektion *Sitopsis*, insbesondere *A. speltoides*, *A. aucheri* und *A. longissima*, deren Maximalwerte fast ausschließlich unter 5 μm liegen. Ähnliches gilt für die einzige tetraploide Art der *Cylindropyrum*-Gruppe, *A. cylindrica*. Daneben können niedere Werte, wenn auch in wesentlich geringerer Anzahl, jedoch ebenso in allen anderen Gruppen dieser Gattung beobachtet werden.

3.6 Vorspelze[7]

Die Vorspelzen des untersuchten Verwandtschaftskreises zeigen den charakteristischen Bau der Gramineen-Vorspelze. Das im Vergleich zu anderen Spelzentypen relativ zarte Organ zeichnet sich durch zwei seitlich der Mediane entwickelte Kiele aus, in denen jeweils ein Leitbündel sowie ein schwach entwickeltes Chlorenchym ausgebildet sind. Die seitlichen Ränder wie auch der mediane Bereich der Spelze sind relativ dünn und bestehen aus nur wenigen Zellschichten. Die untere Epidermis sowie teilweise auch die angrenzende subepidermale Schicht zeichnen sich durch sklerenchymatisch verdickte Zellwände aus, während die wenigen übrigen Zellschichten einschließlich der oberen Epidermis durch ausgesprochen zartwandige Zellen gekennzeichnet sind.

Die Untersuchungen an den Vorspelzen bezogen sich hauptsächlich auf die untere Epidermis des Medianbereiches. Durch den Umstand, daß in diesem Bereich keine für die mikroskopische Beobachtung störenden Leitbündel entwickelt sind, sowie durch die dünne Struktur dieses Spelzenbereiches lassen sich die Epidermiszellen ohne größeren präparativen Aufwand in der Aufsicht betrachten.

3.6.1 Wellung der Zellwände

Ähnlich wie bei den Laubblattorganen sind die Epidermiszellen, in der Aufsicht betrachtet, durch mehr oder weniger wellige Umrisse begrenzt, die eine gegenseitige Verzahnung der Epidermiszellen ermöglichen. Die Wellung der Zellwände wird in Richtung auf die seitlichen Ränder sowie auf das distale Ende der Vorspelzen zunehmend abgeschwächt, so daß sich die Zellen des Randbereiches häufig durch vollständig gerade Zellwände auszeichnen. Als Vergleichsbasis für die einzelnen Sippen wurde deshalb der mittlere Medianbereich gewählt, in dem die Wellung der Zellwände ihre optimale Ausprägung zeigt. Neben den oben erwähnten mehr oder weniger langgestreckten Zellen mit meist welliger Randstruktur treten

7 Bearbeitet von J. Kruse

hier, ähnlich wie bei den Laubblättern, mehr oder weniger regelmäßig im Epidermisgewebe verteilt, isodiametrische Zellen, sogenannte Kurzzellen, auf.

Vergleicht man die verschiedenen Sippen hinsichtlich der eingangs erwähnten Epidermiszellen, so ergeben sich Unterschiede im Hinblick auf die Breite der Wellung. Die diploiden Arten innerhalb der Gattung *Triticum* zeichnen sich fast ausschließlich durch geringe Werte aus (meist unter 13 μm), während bei den tetraploiden Arten bereits mehr oder weniger stark auch hohe Werte (13–20 μm) vertreten sind. Die hexaploiden Weizen sind dagegen fast ausschließlich durch hohe Werte charakterisiert, was auch hier wieder den Einfluß der Gattung *Aegilops*, insbesondere der durch hohe Werte gekennzeichneten *Aegilops tauschii* auf die Merkmalsausprägung dieser Weizengruppe deutlich macht. Die weiteren Sektionen der Gattung *Aegilops* lassen auf der diploiden Stufe keine eindeutige Tendenz hinsichtlich der Ausprägung des untersuchten Merkmals erkennen. Eine Ausnahme bildet, wie bereits angedeutet, *Aegilops tauschii*, bei der ausschließlich hohe Werte festgestellt wurden, sowie die *Comopyrum*-Gruppe und einige Arten der *Sitopsis*-Gruppe, wie *A. longissima* und *A. sharonensis*, bei denen höhere Werte vorherrschen. Die einzige Art der *Amblyopyrum*-Gruppe, *Aegilops mutica*, zeichnet sich durch niedere Werte aus. Die polyploiden Arten der Sektionen *Aegilops* und *Vertebrata* sind entsprechend einiger an ihrer Entstehung beteiligten Ausgangssippen, wie z. B. die Sektion *Comopyrum* bzw. *Aegilops tauschii*, fast ausnahmslos durch höhere Wellungsbreiten gekennzeichnet. Ein abweichendes Bild zeigt die zur Sektion *Aegilops* gehörende Art *Aegilops triuncialis*, die statt des von der *Comopyrum*-Gruppe stammenden M-Genoms ein C-Genom enthält. Das C-Genom das auf die Art *Aegilops caudata* zurückgeht, die hinsichtlich des untersuchten Merkmals keine eindeutige Tendenz erkennen läßt, bedingt auch unterschiedlich hohe Werte bei *Aegilops triuncialis* sowie bei *Aegilops cylindrica.*

3.6.2 Größe der Kurzzellen

Hinsichtlich der Zellgröße der erwähnten Kurzzellen zeichnet sich bei der Vorspelze ebenfalls eine gewisse Differenzierung innerhalb des untersuchten Verwandtschaftskreises ab. Die diploiden Sippen der Gattung *Triticum* sind fast ausschließlich durch relativ geringe Zellgrößen (bis 23 μm) charakterisiert, während die Arten der tetraploiden Weizengruppe dagegen eine deutliche Zunahme der Sippe mit mittleren Zellgrößen (bis 28 μm) erkennen lassen, so daß bei den tetraploiden Arten beide Größengruppen zu annähernd gleichen Teilen vertreten sind. Ähnliches gilt für den durch das G-Genom gekennzeichneten Verwandtschaftskreis mit Ausnahme der octoploiden Arten, die ausschließlich niedere Werte aufweisen. Ein wesentlicher Anstieg der durchschnittlichen Größe der Kurzzellen ist bei den hexaploiden Weizen ausgeprägt, was – wie bei vielen anderen Merkmalen dieser Gruppe – auf das Vorhandensein des D-Genoms zurückzuführen ist. Die niederen Werte fehlen hier vollständig, so daß hauptsächlich mittlere Zellgrößen vorherrschen. Daneben konnte eine größere Anzahl höherer Werte (über 28 μm) gemessen werden.

Eine deutliche Differenzierung hinsichtlich dieses Merkmals läßt sich auch bei den diploiden Arten der Gattung *Aegilops* beobachten, indem unter den für die Evolution der Gattung wichtigen Ausgangsarten teils Arten mit niederen bis mittleren Werten auftreten (*A. caudata* und *A. umbellulata*), teils solche mit vorwiegend hohen Werten (*A. tauschii*) gefunden werden. Die Sektionen *Amblyopyrum*, *Comopyrum* und *Sitopsis* sind hauptsächlich durch Werte des mittleren Größenbereichs charakterisiert, wobei die bei der Sektion *Amblyopyrum* gemessenen Werte ausschließlich dem mittleren Bereich angehören, während die Sektion *Comopyrum* eine schwache Tendenz zu geringeren Werten erkennen läßt und die Sektion *Sitopsis* deutlich zu hohen Werten tendiert. Die der letzteren Sektion angehörende Art *Aegilops longissima* zeichnet sich ausnahmslos durch hohe Werte aus. Die deutliche Tendenz zur Vergrößerung der Vorspelzenkurzzellen, die durch das D-Genom von *Aegilops tauschii* bewirkt wird, tritt auch bei den polyploiden Gruppen in Erscheinung. Ähnlich wie bei den bereits erwähnten hexaploiden Weizen, bei denen der Einfluß des D-Genoms ebenfalls deutlich wird, lassen auch die durch dieses Genom beeinflußten polyploiden *Aegilops*-Sippen fast ausschließlich hohe Werte erkennen. So wurden bei den untersuchten polyploiden Arten der *Vertebrata*-Gruppe neben einem geringeren Anteil mittlerer Zellgrößen hauptsächlich höhere Werte gemessen. Sämtliche untersuchten Sippen der einzigen tetraploiden Art der Sektion Cylindropyrum, *Aegilops cylindrica*, zeichnen sich offenbar im Zusammenhang mit dem bei dieser Art ebenfalls auftretenden D-Genom ausschließlich durch hohe Werte aus.

Die Arten der Sektion *Aegilops* zeigen im Hinblick auf das untersuchte Merkmal ein unterschiedliches Verhalten. Jene Sippen, die durch die Genome C^u und M charakterisiert sind, zeichnen sich meist, entsprechend den Ausgangsarten, durch mittlere bis niedere Werte aus, wohingegen *Aegilops variabilis* und *Aegilops kotschyi*, die neben dem C^u-Genom das für die *Sitopsis*-Gruppe typische S-Genom enthalten, was auch bei den diploiden Arten eine deutlich erhöhte Tendenz erkennen läßt, ausschließlich hohe Werte aufweisen. Die ebenfalls zur Sektion *Aegilops* gehörende Art *Aegilops triuncialis*, die neben dem C^u-Genom, das durch niedere bis mittlere Werte charakterisierte C-Genom enthält, ist erwartungsgemäß durch mittlere Zellgrößen gekennzeichnet.

3.6.3 Anzahl der Kurzzellen

Auch die Anzahl der Kurzzellen einer vergleichbaren Flächeneinheit im mittleren Medianbereich der Vorspelzen ist bei den verschiedenen Sippen unterschiedlich. Ein Vergleich der beiden Gattungen zeigt, daß die erwähnten Kurzzellen bei der Gattung *Triticum* relativ gehäuft auftreten, wobei die Werte der diploiden und tetraploiden Gruppe am höchsten sind (vorwiegend 300–600 Kurzzellen pro mm²), während die Werte der hexaploiden Gruppe dagegen schwach absinken (vorwiegend 250–400 Kurzzellen pro mm^2). Durch besonders hohe Werte (800–1000) fallen die beiden untersuchten Sippen der diploiden Art *Triticum urartu* auf, während bei der hexaploiden Art *Triticum vavilovii* besonders geringe Werte (90–200) beobachtet wurden. Vergleicht man die diploiden Sippen der Gattung *Aegilops*, so ist eine hohe Konzentration von Kurzzellen (vorwiegend 200–600 Kurzzellen pro mm^2) fast ausschließlich auf die Sektion *Sitopsis* (Taf. 17, Abb. 1) beschränkt, während die Kurzzellen der übrigen diploiden Arten in dem untersuchten Organbereich nur in relativ geringer Zahl auftreten (Taf. 17, Abb. 2). Die meisten Werte der übrigen Sektionen umfaßt der Bereich von 150–300 Kurzzellen pro mm^2. Eine Ausnahme bildet die Sektion *Cylindropyrum*, deren Arten den Wert von 150 Kurzzellen pro mm^2 kaum überschreiten.

3.7 Lodiculae[8]

Die Lodiculae bieten teilweise wichtige Anhaltspunkte für die Beurteilung der Verwandtschaftsbeziehungen innerhalb der Gramineen, so daß diese Organe auch bei den vorliegenden Untersuchungen Berücksichtigung fanden. Der für den untersuchten Verwandtschaftskreis charakteristische ploide Formentyp, dem auch die Lodiculae der Gattungen *Triticum* und *Aegilops* angehören, zeichnet sich durch einen meist relativ stark verdickten Basalteil und einen in seiner Struktur relativ dünnen distalen Teil, der in einen Mittelteil und einen apikalen Teil unterteilt werden kann (Jirásek, 1969), aus. Bei unseren vergleichenden Untersuchungen dieses Merkmalskomplexes fanden insbesondere die Größenverhältnisse der Lodiculae sowie der relative Anteil der einzelnen Organteile an der Gesamtlänge des Organs Berücksichtigung.

3.7.1 Länge der Lodiculae

Vergleicht man die Lodiculae beider Gattungen miteinander, so ergibt sich ein sehr heterogenes Bild, wobei sich allgemein feststellen läßt, daß die Längenentwicklung dieser Organe bei der Gattung *Aegilops*, insbesondere den polyploiden Sippen, im Durchschnitt stärker gefördert ist als bei der Gattung *Triticum*.

Die diploiden Arten der Gattung *Triticum*, deren Lodiculae-Länge – mit Ausnahme weniger Sippen – 1600 μm nicht übersteigt, zeigen eine relativ einheitliche Ausprägung. Die tetra- und hexaploiden Artengruppen lassen dagegen insgesamt keine eindeutige Tendenz erkennen, so daß neben zahlreichen mittleren Werten (1700–1900 μm) nicht selten Sippen mit kleineren (bis 1600 μm) bzw. besonders großen Lodiculae (ab 2000 μm) beobachtet wurden. Einzelne Arten wie *Triticum*

8 Bearbeitet von J. Kruse

turanicum, T. polonicum, T. ispahanicum und *T. macha* zeichnen sich jedoch ausschließlich oder fast ausschließlich durch große Lodiculae aus. Letzteres gilt ebenso für die meisten der durch ein G-Genom charakterisierten *Triticum*-Sippen. Ähnlich wie bei der hexaploiden und der durch das AB-Genom gekennzeichneten tetraploiden Artengruppe ist es auch bei den diploiden Sippen der Gattung *Aegilops* kaum möglich, innerhalb der einzelnen Verwandtschaftskreise eine eindeutige Tendenz hinsichtlich der Längenentwicklung der Lodiculae zu erkennen. Auch hier herrschen mittlere bis niedere Werte vor; lediglich in der *Sitopsis*-Gruppe sind die beiden nahe verwandten Arten *Aegilops longissima* und *Aegilops sharonensis* fast ausschließlich durch hohe Werte charakterisiert. Unter den polyploiden Arten sind die Sektionen *Aegilops* und *Vertebrata* durch vorwiegend große Lodiculae gekennzeichnet, während die einzige zur Sektion *Cylindropyrum* gehörende polyploide Art, *Aegilops cylindrica*, nur mittelgroße bis kurze Lodiculae ausbildet.

3.7.2 Länge der Lodiculae-Basis

Betrachtet man die einzelnen Abschnitte der Lodiculae gesondert, so resultieren, abweichend von den aus der Lodiculaelänge sich ergebenden Befunden, teilweise andere Gruppenbeziehungen. Berücksichtigt man zunächst die absolute Länge der verdickten Lodiculae-Basis, so finden sich sowohl bei den diploiden wie auch bei den tetra- und hexaploiden Weizengruppen im Hinblick auf den gesamten Verwandtschaftskreis von *Aegilops* und *Triticum* fast ausschließlich mittlere Werte (1000–1100 μm). Eine Ausnahme bildet die durch das G-Genom gekennzeichnete Artengruppe einschließlich der zugehörigen octoploiden Arten, für die ausschließlich hohe Werte typisch sind (ab 1200 μm). Eine relativ lange Lodiculae-Basis wurde auch bei allen untersuchten Sippen der tetraploiden Art *Triticum turanicum* gefunden.

Die Basalabschnitte der Lodiculae sind bei den diploiden Arten der Gattung *Aegilops* fast durchgängig relativ kurz (bis 900 μm), nur die beiden durch relativ große Lodiculae gekennzeichneten Arten *Aegilops longissima* und *Aegilops sharonensis* zeichnen sich durch erhöhte Werte, die hier jedoch dem mittleren Bereich (1000–1100 μm) angehören, aus. Die Lodiculae-Basen der polyploiden Sippen weisen im wesentlichen mittlere bis niedere Werte auf, sind aber im Vergleich zu den diploiden Sippen durch das Vorherrschen mittlerer Werte deutlich gefördert, wobei sich jedoch in den einzelnen infragenerischen Gruppen keine eindeutig unterschiedlichen Entwicklungstendenzen abzeichnen.

3.7.3 Breite der Lodiculae-Basis

Vergleicht man die Breite der basalen Lodiculae-Abschnitte, so ergeben sich – im Gegensatz zur Länge dieser Organe – sehr deutliche Unterschiede zwischen der diploiden Weizengruppe einerseits sowie den polyploiden Gruppen der Gattung

Triticum andererseits, wobei die erstere durch eine relativ geringe Basisbreite gekennzeichnet ist (bis 700 μm), während bei den polyploiden Arten vorwiegend mittlere Werte vorherrschen (800–1000 μm). Hierbei läßt ein gewisser Teil der untersuchten tetraploiden und hexaploiden Weizensippen die deutliche Tendenz zur Ausbildung größerer Basisbreiten (ab 1100 μm) erkennen, wobei diese Tendenz in der durch das G-Genom charakterisierten Weizengruppe nur bei den octoploiden Arten angedeutet ist. Ähnlich wie die Länge der Lodiculae-Basis ist auch die Breite dieses Organabschnittes bei den diploiden Sippen der Gattung *Aegilops* relativ gering (bis 700 μm). Eine Ausnahme bildet *Aegilops tauschii*, die durch mittlere Werte charakterisiert ist. Entsprechend ist auch die durch diese Art in vielen Merkmalen beeinflußte polyploide Sektion *Vertebrata* fast vollständig durch eine deutliche Förderung der Basisbreite gekennzeichnet (800–1000 μm). Die Lodiculae-Basis der einzigen tetraploiden Art der *Cylindropyrum*-Gruppe, *Aegilops cylindrica*, besitzt, ähnlich wie die der diploiden *Aegilops*-Arten, nur eine geringe Breite, während die polyploiden Arten der Sektion *Aegilops* eine Mittelstellung einnehmen, indem die untersuchten Sippen mittlere bis niedere Werte aufweisen.

3.7.4 Längen-Breiten-Verhältnis der Lodiculae-Basis

Betrachtet man die verschiedenen Formen der Lodiculae-Basis, so können – unabhängig von der absoluten Länge dieses Organabschnittes – sowohl länglich verschmälerte wie auch alle Übergänge zu relativ kurzen, verbreiterten Formentypen beobachtet werden. Als vergleichbarer Wert für dieses Merkmal dient das Längen-Breiten-Verhältnis der Lodiculae-Basis. Danach zeichnen sich innerhalb der Gattung *Triticum* besonders die diploiden Weizen durch eine relativ schmale Lodiculae-Basis aus, deren Werte sich hier im Bereich von 1,6–2,4 bewegen, d. h., deren Länge fast das 2,5-fache der Breite betragen kann. Eindeutige Unterschiede hierzu ergeben sich durch die tetra- und hexaploide Weizengruppe, indem die Werte, die hier dem mittleren (1,2–1,5) bzw. dem unteren Bewertungsbereich (bis 1, 1) zuzurechnen sind, eine relative Verbreiterung erkennen lassen. Eine Ausnahme bildet die durch das G-Genom charakterisierte tetra- und hexaploide Weizengruppe, die auch hier unter den polyploiden Sippen eine gewisse Sonderstellung einnimmt, indem das Längen-Breiten-Verhältnis fast nur mittlere bis hohe Werte umfaßt, d. h., daß sich diese Gruppe durch relativ längliche Lodiculae-Basen auszeichnet.

Der Vergleich der diploiden Arten der Gattung *Aegilops* macht deutlich, daß die der Sektion *Vertebrata* angehörende *Aegilops tauschii* das geringste Längen-Breiten-Verhältnis dieser Ploidiestufe aufweist. Die am stärksten verlängerten Formen der diploiden Stufe, die hier hauptsächlich durch mittlere und hohe Werte gekennzeichnet sind, können dagegen bei der zur Sektion *Cylindropyrum* gehörenden Art *Aegilops caudata* sowie den Sektionen *Amblyopyrum* und *Sitopsis* beobachtet werden. Bei der letzteren Gruppe weisen die beiden nahe verwandten Arten *Aegilops longissima* und *Aegilops sharonensis* ausschließlich hohe Werte auf. Die diploide Ausgangsart der Sektion *Aegilops*, *Aegilops umbellulata*, wie auch die Sektion *Comopyrum* umfassen die gesamte Variationsbreite dieses Merkmals, so daß hier keine eindeutige Charakterisierung möglich ist. Erwartungsgemäß zeichnet sich die Sektion *Vertebrata* unter den polyploiden *Aegilops*-Sippen durch die stärkste relative Verbreiterung der Lodiculae-Basen aus, deren Werte sich ausnahmslos im Bereich von 1,0–1,1 bewegen, d. h., die eine annähernd quadratische Form besitzen. Ebenso kommt der Einfluß der vorwiegend durch hohe Werte gekennzeichneten *Aegilops caudata* bei den tetraploiden Arten *Aegilops cylindrica* und *Aegilops triuncialis* deutlich zum Ausdruck. Die übrigen polyploiden Arten der Sektion *Aegilops* zeigen wie ihre diploiden Ausgangssippen, *Aegilops umbellulata* sowie die *Comopyrum*-Gruppe, keine eindeutige Tendenz.

3.7.5 Länge des distalen Lodiculae-Abschnittes

Eine relativ große Einheitlichkeit konnte allgemein bei der Untersuchung der Länge des distalen Lodiculae-Abschnittes festgestellt werden. Dennoch ergibt sich ein wesentlicher Unterschied innerhalb der Gattung *Triticum* durch die relativ kurzen Lodiculae-Abschnitte der diploiden Arten, deren Länge 600 µm nicht überschreitet, gegenüber allen anderen Weizengruppen höherer Ploidiestufe. Die untersuchten Sippen der übrigen Weizengruppen lassen sich hinsichtlich ihrer Längenentwicklung mit Ausnahme einer Art ausschließlich in den mittleren Bereich von 700–1000 µm einordnen oder zeigen eine schwache Tendenz zu geringeren, Werten. Eine besondere Förderung wurde bei der tetraploiden Art *Triticum turanicum* beobachtet, deren Werte 1200–1400 µm betragen. Bei der durch das G-Genom gekennzeichneten Gruppe treten ausschließlich mittlere Werte auf.

Ähnlich wie bei der Gattung *Triticum* herrschen auch bei *Aegilops* mittlere Werte vor, jedoch wird bei der letzteren Gattung insgesamt eine wesentlich stärker ausgeprägte Tendenz zur Verlängerung des distalen Lodiculae-Abschnittes deutlich. Während die meisten diploiden Arten fast ausschließlich mittlere Werte (700–1000 µm) erkennen lassen, zeichnet sich bei *Aegilops umbellulata*, *A. mutica* und *A. caudata* eine mehr oder weniger deutliche Tendenz zu hohen Werten ab. Die beiden bereits in anderem Zusammenhang hervorgehobenen Arten der *Sitopsis*-Gruppe, *Aegilops longissima* und *Aegilops sharonensis*, die durch eine relativ verlängerte und verschmälerte Lodiculae-Basis auffielen, tendieren ebenfalls zu einer Förderung des distalen Lodiculae-Abschnittes. Unter den polyploiden Sippen sind jene Arten der Sektion *Aegilops*, die die Genome C^u und M enthalten, überwiegend durch hohe Werte (>1000 µm) charakterisiert, während die zur selben Sektion gehörenden Arten *Aegilops variabilis* und *Aegilops kotschyi* sowie *Aegilops triuncialis*, die statt des M-Genoms ein S- bzw. C-Genom besitzen, hauptsächlich mittlere Werte aufweisen. Auch bei der *Vertebrata*-Gruppe ist nur ein Teil der Arten durch eine Förderung des untersuchten Organabschnitts charakterisiert, indem

Aegilops juvenalis, die neben dem D-Genom ebenfalls ein C^u- und M-Genom aufweist, sowie teilweise auch *Aegilops crassa* durch hohe Werte ausgezeichnet sind.

3.7.6 Längenverhältnis des basalen und distalen Lodiculae-Abschnittes

Die basalen und distalen Lodiculae-Abschnitte können bei den verschiedenen Sippen durch ein unterschiedliches Längenverhältnis gekennzeichnet sein. Als Vergleichsgrundlage diente hier der aus der Länge des basalen und distalen Abschnittes gebildete Quotient. Betrachtet man die untersuchten Sippen der Gattung *Triticum*, so fällt auf, daß der basale Teil gegenüber dem distalen mehr oder weniger stark gefördert ist. Ein besonders auffälliger Unterschied zu anderen Weizensippen konnte bei den diploiden Arten beobachtet werden, deren Werte sich vorwiegend im Bereich von 2,0–3,7 bewegen, d. h., bei denen der distale Abschnitt der Lodiculae nur 1/2 bis annähernd 1/4 der Länge des Basalabschnitts erreicht. Hauptsächlich mittlere Werte (1,2–1,9) sowie eine gewisse Tendenz zu hohen Werten (>1,9) wurden bei der durch das G-Genom charakterisierten Weizen-Gruppe festgestellt. Eine weitere Angleichung beider Lodiculae-Abschnitte kann bei der durch das B-Genom gekennzeichneten tetra- und hexaploiden Weizen-Gruppe beobachtet werden, wo neben zahlreichen mittleren und wenigen hohen Werten zunehmend auch niedere Werte (<1,2) auftreten.

Im Gegensatz zu *Triticum* zeichnet sich die Gattung *Aegilops* fast ausschließlich durch Werte <1,2 aus, d. h., der distale Lodiculae-Abschnitt hat hier eine wesentliche relative Förderung erfahren. Innerhalb der diploiden Arten hebt sich lediglich die durch das C^u-Genom gekennzeichnete *Aegilops umbellulata* heraus. Die extrem niederen Werte dieser Art (<0,9) machen deutlich, daß hier der distale Abschnitt gegenüber dem Basalteil deutlich gefördert ist. Betrachtet man die polyploiden Sippen der Gattung *Aegilops*, so finden sich Häufungen extrem niederer Werte ausschließlich bei jenen Sippen, die durch die Kombination der Genome C^u und M charakterisiert sind. Dieses trifft vor allem für die Sektion *Aegilops* mit Ausnahme der Arten *Aegilops triuncialis*, *A. variabilis* und *A. kotschyi* zu, die zwar ebenfalls das offenbar für diese Merkmalsausprägung verantwortliche C^u-Genom enthalten, jedoch nur in der Kombination mit dem C- bzw. dem S-Genom. Die zur *Vertebrata*-Gruppe gerechnete hexaploide Art *Aegilops juvenalis*, die auch die Genome C^u und M enthält, ist ebenfalls durch besonders niedere Werte gekennzeichnet.

3.7.7 Behaarung der Lodiculae

Bestimmte Differenzierungen innerhalb des untersuchten Verwandtschaftskreises konnten auch im Hinblick auf die Behaarung der Lodiculae beobachtet werden. Während der seitliche und obere Rand des distalen Lodiculae-Abschnittes sich bei allen Arten durch eine lange Behaarung auszeichnet, ist die Behaarung der Fläche dieses Abschnittes bei den einzelnen Sippen unterschiedlich entwickelt. Eine deutliche Flächenbehaarung des distalen Lodiculae-Abschnittes konnte sowohl bei den diploiden wie den durch ein B-Genom bestimmten tetraploiden *Triticum*-Arten und darüber hinaus bei den durch ein G-Genom charakterisierten Sippen beobachtet werden. Betrachtet man die diploiden Sippen der Gattung *Aegilops*, so findet sich dieser Behaarungstyp ausschließlich bei *Aegilops umbellulata* und bei den Arten der *Comopyrum-Gruppe*, während bei den übrigen diploiden Arten keine Flächenbehaarung beobachtet werden konnte oder eine solche nur durch wenige Einzelhaare angedeutet ist. Zu der zweiten Gruppe gehört auch *Aegilops tauschii*, deren Einfluß auf die hexaploiden Weizen auch hier wieder deutlich wird, indem bei diesen eine derartige Behaarung ebenfalls weitgehend fehlt oder nur äußerst selten zu beobachten ist. Eine Flächenbehaarung der Lodiculae ist bei den polyploiden Sippen der Gattung *Aegilops* hauptsächlich bei der Sektion *Aegilops* anzutreffen, wo sie sich insbesondere auf jene Arten beschränkt, die durch die Kombination der Genome C^u und M gekennzeichnet sind, d. h. auf jene Sippen, die in ihrer Entstehung auf die *Comopyrum*-Gruppe und *Aegilops umbellulata* zurückgehen. Die drei übrigen Arten der Sektion *Aegilops*, *A. triuncialis*, *A. variabilis* und *A. kotschyi*, die sich durch eine abweichende Genomkombination auszeichnen, lassen eine derartige Behaarung vermissen. Den polyploiden Arten der Sektionen *Cylindropyrum* und *Vertebrata* fehlt im allgemeinen die erwähnte Behaarung. Eine Ausnahme bildet die zur letzteren Sektion gehörende *Aegilops ventricosa*, bei der sich sämtliche untersuchten Sippen durch eine entsprechende Behaarung der Lodiculae auszeichnen.

3.8 Pollen[9]

3.8.1 Größe der Pollenkörner

Die Pollenkörner der untersuchten Arten sind im Umriß eiförmig. Pro Sippe wurden 100 Pollenkörner gemessen. Ihre Länge reicht von 35,0–50,9 μm (siehe Tab. 5 und 6). Die durchschnittliche Größe der Pollenkörner bei Einbeziehung aller Arten von der diploiden bis zur hexaploiden Stufe ergibt für die Gattung *Aegilops* den Wert 41,0 μm und für *Triticum* 43,7 μm. Betrachtet man die Durchschnittswerte der einzelnen Ploidiestufen, so ergeben sich bei *Aegilops* die Werte 38,7 μm für die diploiden, 42,1 μm für die tetraploiden und 47,1 μm für die hexaploiden Arten. Bezogen auf die diploide Stufe, entspricht dies einem Verhältnis von 1 : 1, 09 : 1,22. Ähnlich verhält es sich in der Gattung *Triticum*. Hier beträgt die Durchschnittsgröße bei zunehmender Chromosomenzahl 37,6 μm, 43,2 μm, 46,9 μm und 48,7 μm, wodurch sich ein Verhältnis von 1 : 1, 15 : 1, 25 : 1, 30 ergibt. Somit wird ersichtlich, daß die Werte in beiden Gattungen um etwa den gleichen Betrag mit der Ploidiestufe ansteigen.

9 Bearbeitet von H. I. SCHÄFER

Unsere Untersuchungen ergaben durchweg niedrigere Werte als die Angaben von CETL (1960) ausweisen, der 8 Weizenarten untersuchte. Dieses Ergebnis dürfte in der unterschiedlichen Präparationstechnik begründet sein. Errechnet man jedoch aus den von CETL angegebenen Werten das Verhältnis der Durchschnittswerte der einzelnen Ploidiestufen, zeigt sich eine erstaunlich gute Übereinstimmung. Das Verhältnis beträgt 1 : 1, 16 : 1, 25. Aus den angegebenen Werten bei FIRBAS (1937), der 7 Weizenarten geprüft hat, ergibt sich das Verhältnis 1 : 1, 20 : 1, 25. Jedoch die Beobachtung von CETL, daß *T. turgidum* innerhalb der tetraploiden Sippen die größten Pollenkörner aufweist, konnte von uns nicht bestätigt werden. Dies könnte mit der geringen Anzahl der geprüften Sippen zusammenhängen. Nach unseren Messungen weist *T. turanicum* den höchsten Wert innerhalb der tetraploiden Weizen auf.

3.9 Karyopse[10]

Die für die Gräser charakteristische Fruchtform wird als Karyopse bezeichnet. Sie ist eine trockenhäutige Schließfrucht, deren dünnes Perikarp einen einzigen Samen mit einem seitlich gelagerten Embryo umschließt. Als Nährgewebe hat sich ein Endosperm ausgebildet.

Zunächst soll die anatomische Struktur der Karyopse kurz dargestellt werden (Taf. 18). Am Querschnitt aus dem Mittelbereich eines reifen, eingequollenen Kornes lassen sich von außen nach innen folgende Gewebe unterscheiden: Die äußere Epidermis, subepidermale Zellschichten und die Chlorophyllschicht, welche zusammen das Perikarp bilden, sowie die Testa, der Nuzellus, die Aleuronschicht und das Stärke-Endosperm, welche zum Samen gehören.

Die epidermalen und subepidermalen Zellen sind im trockenen Zustand stark zusammengedrückt und weisen verdickte Zellwände auf. Im Frühstadium der Entwicklung findet man unterhalb der Epidermis ein mehrschichtiges Parenchym, das sich jedoch kurz nach der Befruchtung von innen her aufzulösen beginnt, so daß keine zusammenhängende Fruchtwand mehr besteht. Bei gequollenen Körnern läßt sich infolgedessen dieser äußere Teil leicht abziehen, wohingegen die Chlorophyllschicht am Korn verbleibt. Die großen, schmalen Chlorophyllzellen, die allein bis zur Grünreife des Kornes funktionsfähige Chloroplasten enthalten, fixieren nach JENNINGS und MORTON (1963) das Atmungs-CO_2 aus den aktiv synthetisierenden Endospermzellen. Auf die Chlorophyllschicht folgt in der jungen Karpellwand die innere Epidermis, die aber zur Reifezeit fehlt. Deshalb grenzt die Chlorophyllschicht unmittelbar an die Testa, ohne jedoch mit ihr zu verwachsen.

Die Testa des reifen Kornes besteht nur noch aus den beiden Zellagen des inneren Integuments, da das äußere Integument, welches nach KRAUSS (1933) wie die innere Epidermis als Pollenschlauchgleitmedium dient, frühzeitig resorbiert

10 Bearbeitet von H. I. SCHÄFER

wurde. Die Einzelzellen sind nicht mehr zu erkennen, es verbleiben nur zwei dünne Häutchen, ein pigmentiertes und ein ungefärbtes. Die vielfach in der Literatur als kennzeichnendes Merkmal für eine Karyopse angegebene Verwachsung von Perikarp und Testa tritt jedoch bei Weizen und *Aegilops* nicht ein. Eingehende Untersuchungen zu dieser Frage haben folgende Autoren vorgelegt: Krauss (1933), Rovenská (1963) und Morrison (1975).

An die Testa schließt eine etwas breitere Haut an, die sich aus der äußersten Schicht des Nuzellus herleitet. Von ihren Lumina sind höchstens noch schmale, tangentiale Streifen erkennbar, da sich die Zellwände, vor allem die äußeren und inneren, stark verdickt haben. Nach innen zu folgt das Endosperm, welches aus einem eiweißreicheren sowie aus einem stärkereicheren Anteil besteht; ersterer wird als Aleuronschicht, letzterer als Mehlkörper oder Stärke-Endosperm bezeichnet. Wie Evers (1970) festgestellt hat, bleiben die Endospermzellen nur bis zum 16. Tag nach der Anthese teilungsfähig.

Die Aleuronzellen, die unmittelbar an den Nuzellus angrenzen, sind etwas dickwandiger als die Stärke-Endospermzellen und sind mit vielen kleinen Aleuronkörpern angefüllt, die zu 30–35% aus Eiweiß bestehen. Dieses Eiweiß ist im Gegensatz zu dem der Stärke-Endospermzellen kleberfrei. Beim Mahlen des Kornes bleibt die Aleuronschicht in der Kleie zurück. Die Aleuronzellen können sich periklin und antiklin teilen; durch perikline Teilungen entstehen sog. Doppelzellen. Die jeweils untere Zelle speichert entweder nur Aleuronkörner oder zusätzlich auch Stärke. Ihr Entstehen aus dem Aleurongewebe erklärt ihren relativ hohen Proteingehalt. Durch Anfärben bestimmter Eiweißkomponenten lassen sich die Doppelzellen gut nachweisen. Sie sind jedoch sehr selten bei Weizen und *Aegilops*, für die eine einschichtige Aleuronschicht charakteristisch ist.

Die Stärke-Endospermzellen sind im rechten Winkel zur Kornoberfläche angeordnet. Man unterteilt sie in 3 Typen: Periphere, prismatische und zentrale Zellen. Sie enthalten Stärkekörner unterschiedlicher Größe sowie die zum Backen wichtigen teigbildenden Proteine, die als Kleber bezeichnet werden.

Der Embryo liegt schräg im unteren Teil des Kornes dem Endosperm an und berührt ihn mit dem Scutellum, das während der Keimung Diastase freisetzt und den Abbau sowie die Resorption der im Nährgewebe gespeicherten Reservestoffe vermittelt.

Nach Hinton et al. (1953) bestehen die Karyopsen von Saatweizen zu 8,2 Gew.-% aus Perikarp incl. Testa, zu 88,2 Gew.-% aus Endosperm, wobei 6,7 Gew.-% auf die Aleuronschicht entfallen, sowie zu 3,6 Gew.-% aus Embryo und Scutellum. Sie enthalten neben Kohlenhydraten und Eiweiß eine relativ große Anzahl von wichtigen Inhaltsstoffen, wie Mineralstoffe, Spurenelemente, Vitamine, ungesättigte Fettsäuren, Quell- und Schleimstoffe u. a., so daß sie für die Ernährung von Mensch und Haustier eine große Bedeutung besitzen. Den Hauptanteil bilden die Kohlenhydrate, die in Form von Stärke im Mehlkörper gespeichert sind. Für *T. aestivum* wurden im Durchschnitt 68% Kohlenhydrate, 11,5% Eiweiß und 1,9% Fett ermittelt, bezogen auf einen Feuchtigkeitsgehalt des Kornes von 15%.

Folgende Merkmale, die für die Einschätzung der Kornqualität besonders wichtig erschienen, wurden genauer untersucht: Die Tausendkornmasse, der gewichtsmäßige Anteil des Embryos am Gesamtkorn, die Länge und die Breite der Aleuronzellen sowie der Rohprotein- und Lysingehalt (vgl. Tab. 5 und 6).

3.9.1 Die Tausendkornmasse

Sowohl bei *Aegilops* als auch bei *Triticum* verlief die Evolution bis zur hexaploiden Stufe und ließ eine große Artenmannigfaltigkeit entstehen. Wenn man die Tausendkornmasse beider Gattungen miteinander vergleicht (Taf. 19), wird der selektive Einfluß des Menschen sichtbar. Während *Aegilops* in dieser Untersuchung einen Gesamtdurchschnitt von 15 g erreicht, beträgt der Durchschnittswert bei Weizen (unter Ausschluß der octoploiden Sippen) 39 g. Das entspricht einem Verhältnis von 1 : 2,6. Die geringste Tausendkornmasse wurde bei *A. mutica* mit 2,9 g ermittelt, die höchste bei *T. turanicum* mit 67,1 g.

Vergleicht man die Diploiden beider Gattungen, zeigt sich, daß einige *Aegilops*-Arten, wie *A. umbellulata, A. uniaristata* und *A. tauschii,* den Wildsippen von *Triticum* hinsichtlich der Tausendkornmasse äquivalent sind. Bei den Tetraploiden übertreffen jedoch die Wildweizen (*T. dicoccoides* und *T. araraticum*) die *Aegilops*-Arten deutlich. Innerhalb der Hexaploiden vermindert sich der Abstand wiederum. So erreicht *A. triaristata* fast den Wert von *T. sphaerococcum.*

In der Gattung *Aegilops* nimmt der Durchschnittswert der Arten gleicher Chromosomenzahl (Gruppendurchschnitt) mit steigender Ploidiestufe im Verhältnis von 1 : 1,97 : 2,85 zu, bei Weizen ergibt sich ein Verhältnis von 1 : 2,05 : 1,86 : 2,36. Beim Vergleich der Gruppendurchschnittswerte von *Aegilops* fällt auf, daß mit der Erhöhung der Ploidiestufe auch fast eine Verdopplung bzw. Verdreifachung der Tausenkornmasse einhergeht. Die Gattung *Triticum* zeigt dagegen nur beim Vergleich der diploiden mit den tetraploiden Wildsippen (*T. urartu* und *T. boeoticum* sowie *T. dicoccoides* und *T. araraticum*) eine Entsprechung. Hier beträgt das Verhältnis 1 : 1,95. Vergleicht man jedoch die diploiden Wildsippen mit den tetraploiden Kulturarten, erhöht sich das Verhältnis auf 1 : 2,80. Diese bedeutende Steigerung des Kornertrages dürfte hauptsächlich eine Folge der seit Jahrtausenden andauernden Auslese sein.

Analog zu *Aegilops* müßte man erwarten, daß die Tausendkornmasse der hexaploiden Weizen auf annähernd den dreifachen Betrag ansteigt, zumal auch *A. tauschii* als der Donor des dritten Genoms bereits ein entsprechend großes Korn aufweist. Das ist aber nicht der Fall. Die hexaploiden *Triticum*-Arten mit einem ABD-Genom, die alle Kulturformen sind, ergeben einen Gruppendurchschnitt von 39 g, das entspricht gegenüber den diploiden Wildsippen einem Verhältnis von 1 : 2,4. Selbst wenn man davon ausgeht, daß es innerhalb von *T. aestivum* Hochleistungssorten gibt, die hierbei keine Berücksichtigung fanden, könnten deren Tausendkornmassen dieses Verhältnis nicht wesentlich beeinflussen. Als Gruppe bleiben die hexaploiden Weizen hinter den tetraploiden im Kornertrag zurück.

In der octoploiden Stufe zeigt sich ebenfalls, daß die Erhöhung der Chromosomenzahl nicht parallel eine Vergrößerung der Tausendkornmasse auf den vierfachen Betrag bedingt. Bezogen auf die diploiden Wildsippen, ergibt sich noch ein relativ günstiges Verhältnis von 1 : 3,04. Vergleicht man jedoch die Tausendkornmasse des autoctoploiden *T. timonovum* mit der der tetraploiden Ausgangsform, dann übertrifft erstere Art den Wert von *T. timopheevi* nur um ein Drittel.

3.9.2 Embryoanteil der Karyopse

Da man den Embryo gut vom Korn abtrennen kann, läßt sich das Verhältnis von Embryo zu Korn am genauesten durch Wägen feststellen. In einer orientierenden Untersuchung wurden jeweils 10 Körner pro Sippe präpariert. Wie in Taf. 20 dargestellt, nimmt der Embryo im Mittel 3,71 bzw. 3,79 Gewichtsprozent des Kornes ein. Die nahezu völlige Übereinstimmung der Gesamtdurchschnittswerte beider Gattungen ist bemerkenswert. Alle Gruppendurchschnittswerte der diploiden bis hexaploiden Arten liegen im mittleren Bereich, somit besteht keine Abhängigkeit von der Ploidiestufe. Verallgemeinernd kann man sagen, daß sich die meisten Sippen durch einen mittelgroßen Embryo auszeichnen.

Zu den Taxa mit einem kleinen Embryo (<3 Gew.-%) gehören *T. araraticum*, *T. timopheevi* und *T. spelta* sowie *A. uniaristata* und *A. tauschii*, wobei die letztgenannte Art mit 2 Gewichtsprozent Embryoanteil die untere Grenze darstellt. Dagegen findet man bei *T. carthlicum* sowie *A. mutica*, *A. comosa* und *A. bicornis* einen relativ großen Embryo (>4,6 Gew.-%). Es muß jedoch beachtet werden, daß diese drei *Aegilops*-Arten extrem kleine Körner besitzen; ihre Tausendkornmassen liegen zwischen 2,9–6,4 g.

3.9.3 Größe der Aleuronzellen

Da die Aleuronzellen als Eiweißspeicher von Interesse sind, wurden jeweils 1000 Zellen pro Sippe, die sich auf Querschnitte des mittleren Kornbereichs beziehen, ausgemessen, um repräsentative Werte zu erhalten.

Die Zellänge reicht von 23–50 μm und die Zellbreite von 22–41 μm. In ihrer Form sind die Zellen der meisten Arten etwas länger als breit. Errechnet man den Quotienten aus Länge und Breite, erhält man für *Aegilops* einen Gesamtdurchschnitt von 1,12 und für Weizen (mit Ausnahme der Octoploiden) einen Wert von 1,23. Das bedeutet, daß eine durchschnittliche Aleuronzelle im ersten Fall um rund ein Achtel und im zweiten um etwa ein Viertel länger als breit ist. Die Arten, die in ihren Zellgrößen am weitesten von den Durchschnittswerten abweichen, sind die diploiden Sippen *A. bicornis* und *A. uniaristata* (siehe Taf. 18). Die erste (mit einem Quotienten von 0,86) ist breiter als lang, die zweite dagegen um die Hälfte länger als breit.

Betrachtet man die Gruppendurchschnittswerte (Tab. 5 und 6), vergrößert sich die Aleuronzelle mit der Chromosomenzahl. Das betrifft sowohl die Längen- als auch die Breitenausdehnung. Am klarsten kann man diese Zunahme durch die Berechnung des Flächeninhaltes erkennen. Wenn man den Durchschnittswert der Diploiden als den Bezugspunkt wählt, ergibt sich für *Triticum* ein Verhältnis von 1 : 1,39 : 1,65 : 2,04 und für *Aegilops* eines von 1 : 1,23 : 1,77. Somit differieren die Gruppendurchschnittswerte der Tetra- und Hexaploiden gegenüber den Diploiden beider Gattungen um rund ein bzw. zwei Drittel des Ausgangswertes. Folglich vergrößert sich der Flächeninhalt analog zur Pollenkorngröße und zur Tausendkornmasse (in der Gattung *Aegilops*) mit jeder weiteren Ploidiestufe um jeweils annähernd den gleichen Betrag. Allen 3 Merkmalen ist ferner gemeinsam, daß der Gesamtdurchschnitt von *Aegilops* stets niedriger liegt als der Durchschnitt der entsprechenden Weizengruppen. Für die erstgenannte Gattung wurde ein Gesamtdurchschnitt von 890 μm^2 Flächeninhalt errechnet, für Weizen (jedoch ohne die octoploiden Sippen) ein Wert von 1300 μm^2. Daraus resultiert ein Verhältnis von 1 : 1,47.

Im Hinblick auf den Eiweißgehalt der Aleuronzellen ist vor allem ihre Länge wichtig, da sie die Schichtdicke kennzeichnet. Der Gesamtdurchschnitt (Taf. 21) beträgt bei *Aegilops* 31,5 µm und bei *Triticum* 40,9 µm. Vergleicht man die Gruppendurchschnittswerte miteinander, so stimmen die hexaploiden *Aegilops*-Arten mit den tetraploiden und hexaploiden Weizen überein. Auch bei den diploiden und tetraploiden Sippen entsprechen einzelne Arten wie *A. uniaristata*, *A. tauschii* und *A. ventricosa* einigen Weizen der gleichen Ploidiestufe. Beim Vergleichen der Werte von *T. monococcum*, *T. dicoccon* und *T. timopheevi* mit denen ihrer Wildarten zeigt sich, daß das Kultureinkorn das Wildeinkorn parallel zu seiner höheren Tausendkornmasse auch in der Schichtdicke übertrifft. Bei den tetraploiden Sippen jedoch ist das Gegenteil der Fall. Hier bilden die kleinkörnigeren Wildarten *T. dicoccoides* und *T. araraticum* etwas längere Zellen als die eng mit ihnen verwandten Kulturarten.

3.9.4 Rohproteingehalt

Da bekanntlich die Wildweizen einen höheren Rohproteingehalt als die Kulturweizen haben, wurde erwartet, daß sich die *Aegilops*-Arten ebenfalls durch hohe Werte auszeichnen. Die Analysen haben dies bestätigt. Der Rohproteingehalt ($N \times 6{,}25$) der lufttrockenen, entspelzten Karyopsen (Taf. 22) ergibt für *Aegilops* einen Gesamtdurchschnitt von 25,9% gegenüber Weizen mit 19,4%. Das entspricht einer Differenz von 6,5%. In diesem Merkmal weist also *Aegilops*, im Gegensatz zu den Merkmalen Pollenkorngröße, Tausendkornmasse und Aleuronschichtdicke, höhere Werte auf als *Triticum*.

Läßt man die octoploiden Weizen außer Betracht, nehmen in beiden Gattungen die Gruppendurchschnittswerte von der diploiden zur hexaploiden Stufe ab, wobei die der *Aegilops*-Gruppen stets um rund ein Drittel höher ausfallen als die der *Triticum*-Gruppen gleichen Ploidiegrades. Bezogen auf die Diploiden, beträgt das Verhältnis der Werte von Weizen 1 : 0,89 : 0,80 : 1 und von *Aegilops* 1 : 0,93 : 0,91. Insgesamt betrachtet kann man sagen, daß der Rohproteingehalt bei den diploiden *Aegilops*-Arten hoch, bei den diploiden und octoploiden Weizen sowie den tetraploiden und hexaploiden *Aegilops*-Arten mittelgroß und bei den tetraploiden und hexaploiden Weizen niedrig ist.

Vergleicht man die sich entsprechenden Gruppendurchschnittswerte bei den Merkmalen Rohproteingehalt und Tausendkornmasse miteinander, die von Körnern des gleichen Erntegutes stammen, stehen diese in einem umgekehrten Verhältnis. (Die sehr hohen Tausendkornmassen einiger tetraploider Weizen sowie der Rohproteingehalt der Octoploiden werden dabei als Ausnahmen gewertet).

Wie bereits angeführt, übertreffen die Wildweizen (*T. urartu*, *T. boeoticum*, *T. dicoccoides* und *T. araraticum*) die von ihnen abstammenden Kulturweizen (*T. monococcum*, *T. dicoccon* und *T. timopheevi*) im Rohproteingehalt. Innerhalb der Wildsippen fallen jedoch Unterschiede auf, obwohl sich die Arten in der Tausendkornmasse mehr oder weniger gleichen. So stimmen die Werte von *T. urartu* und *T. araraticum* mit den Durchschnittswerten der diploiden und tetraploiden *Aegilops*-Gruppen gut überein, während *T. boeoticum* und *T. dicoccoides* nur mit solchen *Aegilops*-Arten, die einen relativ niedrigen Eiweißgehalt besitzen, zu vergleichen wären.

Auf Grund der negativen Korrelation zwischen Eiweißgehalt und Tausendkornmasse war bei den octoploiden Weizen ein extrem geringer Rohproteingehalt zu erwarten. Die Analysen ergaben jedoch den gleichen Gruppendurchschnitt wie bei den diploiden Weizen. Somit trifft diese Korrelation hier offensichtlich nicht zu. Sehr wahrscheinlich liegen die Ursachen in den Veränderungen des Genombestandes begründet, die für ein bestimmtes Gen oder Genom neue Möglichkeiten bieten. Jede der 3 synthetischen octoploiden Sippen besitzt wenigstens ein G-Genom, welches von *T. timopheevi* abstammt. Diese Art unterscheidet sich in ihrem Rohproteingehalt nicht von den Sippen mit einem AB-Genom. Innerhalb der Hexaploiden weist *T. zhukovskyi*, die Art, welche sich durch ein AAG-Genom auszeichnet, einen Wert von 22,2 % auf. Die übrigen hexaploiden Weizen erreichen dagegen nur 16,8 % im Durchschnitt. Somit könnte es das G-Genom sein, das den relativ hohen Rohproteingehalt der hexa- und octoploiden Sippen bewirkt.

In der Gattung *Aegilops* fallen *A. mutica*, *A. comosa* und *A. longissima* durch einen sehr hohen Rohproteingehalt (>29 %) sowie *A. tauschii* und *A. cylindrica* durch einen vergleichsweise geringen Rohproteingehalt (<22 %) auf. Bezüglich ihrer Tausendkornmasse sind die Verhältnisse umgekehrt. Wenn man in Betracht zieht, daß die kleinkörnigen Arten einen gewissen Mindestgehalt an Protein für die Entwicklung der jungen Pflanzen benötigen, der nicht unterschritten werden kann, wird der hohe Rohproteingehalt verständlich.

Unterschiede, die vermutlich auf einen Einfluß des Genoms zurückzuführen sind, lassen sich auch bei *Aegilops* feststellen. Zum Vergleich dienen die Sektion

Aegilops sowie die Sektion *Vertebrata* zuzüglich *A. cylindrica.* Beide Gruppen enthalten außer jeweils einer diploiden Art auch tetraploide und hexaploide Arten. Vergleicht man die durchschnittlichen Tausendkornmassen miteinander, so stimmen beide Werte nahezu überein. Bezüglich des Rohproteingehaltes gibt es jedoch einen merklichen Unterschied. Die Sippen mit einem C^u-Genom liegen im Durchschnitt um 14% höher als die mit einem D-Genom. Es wäre daher denkbar, daß das D-Genom auch den Rohproteingehalt der hexaploiden Weizen beeinflußt hat.

3.9.5 Lysingehalt

Der durchschnittliche Lysingehalt (in mg/g Mehl, siehe Taf. 23) von *Aegilops* beträgt 5,42 mg und von Weizen 4,21 mg. Somit liegen die Werte der erstgenannten Gattung wie beim vorherigen Merkmal um etwa ein Drittel höher als bei *Triticum.* Weiterhin verringert sich der Lysingehalt ebenfalls von der diploiden zur hexaploiden Stufe und steigt (bei Weizen) in der octoploiden Stufe wieder an. Der Rohproteingehalt und der Lysinanteil (in mg/g Mehl) sind positiv korreliert (*Aegilops* : r = +0,67; *Triticum* : r = +0,75). Bezogen auf die Diploiden, ergibt sich ein Verhältnis der Gruppendurchschnittswerte von 1 : 0,92 : 0,89 bei *Aegilops* und von 1 : 0,94 : 0,84 : 1,13 bei *Triticum.* In einigen Fällen sind die Wildsippen den mit ihnen eng verwandten Kulturarten im Lysingehalt überlegen, so z. B. *Triticum araraticum* im Vergleich zu *T. timopheevi.*

Werte von >5 mg wurden bei *T. urartu, T. fungicidum* und *T. timonovum* sowie bei der Mehrzahl der *Aegilops*-Arten ermittelt, die niedrigsten Werte (<3,4 mg) dagegen bei *T. timopheevi, T. macha* und *T. spelta.* Parallel zum Rohproteingehalt liegt der Lysinanteil bei *T. zhukovskyi* (4,7 mg) deutlich höher als bei den übrigen hexaploiden Weizen, für die ein Mittelwert von 3,6 mg errechnet wurde. Den geringsten Lysinanteil innerhalb der Gattung *Aegilops* findet man erwartungsgemäß bei Sippen mit einem D-Genom, diese sind *A. tauschii, A. crassa* (4×) und *A. cylindrica.*

Bezieht man dagegen den Lysingehalt nicht auf das Trockengewicht, sondern auf das Rohprotein (in %, siehe Taf. 24), ergibt sich ein Gesamtdurchschnitt von 2,1% für die Gattung *Aegilops* bzw. von 2,2% für die Gattung *Triticum.* Die Gruppendurchschnittswerte lassen, wie beim Anteil des Embryos am Gesamtkorn, keine Abhängigkeit von der Ploidiestufe erkennen. Die beiden Merkmale Rohprotein- und prozentualer Lysingehalt sind negativ korreliert, jedoch nicht signifikant (*Aegilops* : r = –0,17; *Triticum* : r = –0,36).

Die höchsten Werte (um 2,5 %) wurden bei den tetraploiden Sippen *T. durum, T. turgidum* und *T. carthlicum* ermittelt, während die Werte bei *T. araraticum, T. timopheevi* und *T. macha* sowie *A. heldreichii, A. longissima, A. mutica, A. tauschii, A. lorentii* und *A. crassa* sogar unter 2,0% lagen. Sogenannte „Plusabweicher" mit Werten von > 3,1 % wurden in diesen Populationen nicht festgestellt.

IV. Diskussion

Die nahe Verwandtschaft der untersuchten Sippen erklärt das weitgehende Fehlen von qualitativen und das Überwiegen von quantitativen Merkmalsunterschieden im anatomischen Bereich. Bedingt durch die große infraspezifische Variationsbreite vieler dieser Merkmale sind die Arten oftmals nur durch eine bestimmte Häufung gewisser Merkmalsausprägungen gekennzeichnet. Manche Merkmale variieren in einem solchen Maße, daß ihre statistische Sicherung einen praktisch nicht mehr vertretbaren Aufwand erfordert. Viele Merkmale im Wurzelbereich hängen überdies direkt von der ontogenetischen Entwicklungsphase der Pflanze und der jeweiligen Wurzel selbst ab. Im folgenden sollen einige allgemeine Gesichtspunkte erörtert werden, die sich aus der Betrachtung der anatomischen Befunde im Zusammenhang mit dem Verwandtschaftsgefüge der untersuchten Gattungen ergeben.

Am häufigsten findet man Unterschiede in den Zellgrößen sowie den Anteilen verschiedener Gewebe an bestimmten Organbereichen, die teilweise ihren Ausdruck in charakteristischen Gewebemustern finden. Andere untersuchte Merkmalsgruppen erfassen Gewichtsunterschiede bzw. die Anzahl bestimmter Gewebekomplexe sowie biochemische Charakteristika.

Ein Teil der beobachteten Merkmalsunterschiede des untersuchten Verwandtschaftskreises, insbesondere auch morphologische Merkmale, ergeben sich aus der verschiedenen Struktur der beiden Gattungen und stehen mit der unterschiedlichen Wuchshöhe, die vielfach mit der Größe der einzelnen Organe und deren Gewebestruktur korreliert ist, in engem Zusammenhang. So zeichnet sich die Gattung *Aegilops* im Vergleich zu *Triticum* durch eine geringere Länge der obersten Halminternodien, dünnere Halme, schmalere und kürzere Blattspreiten sowie kleinere Karyopsen aus. Diese Tendenz wird auch im zellulären Bereich deutlich, wo sich z. B. die Querschnittsflächen der Aleuronzellen im Mittel durch geringere Werte auszeichnen. Auch bei anderen Strukturen ergeben sich für *Aegilops* kleinere Werte, wie der Vergleich beider Gattungen hinsichtlich der Zahl von Embryonalwurzeln (Fritsch, 1977b) sowie von Leitbündeln des Halmes und der Blattspreite zeigt. Die stark ausgeprägte Kielbildung der Hüllspelzen ist in der Gattung *Triticum* mit einer größeren Anzahl von Zellschichten sowie höheren Werten im Durchmesser des Hauptleitbündels dieser Spelzenorgane verbunden. Positiv beeinflußt die Kielbildung auch das Dickenverhältnis des medianen zum seitlichen Hüllspelzenabschnitt. Ebenso sind die Länge der Lodiculaebasis sowie die Werte für das Längenverhältnis des basalen und distalen Lodiculae-Abschnittes gegenüber der Gattung *Aegilops* deutlich erhöht. Auch der Verholzungsgrad, die Sklerenchymrippenbildung sowie die Anzahl der Kurzzellen pro Flächeneinheit sind beim Laubblatt der Gattung *Triticum* gesteigert. Das Verhältnis der Spreitenfläche des Fahnenblattes zur Chlorenchymfläche bestimmter Halmabschnitte ist gegenüber *Aegilops* ebenfalls meist erhöht. Die Unterschiedlichkeit der beiden Gattungen kann aber auch in einer umgekehrten Tendenz zum Ausdruck kommen. So weist sich *Triticum* auf Grund seiner zarteren Spelzenstruktur im lateralen Hüllspelzenabschnitt meist durch eine wesentlich geringere Spelzendicke und eine geringere Anzahl von Zellschichten aus, als dies bei der Gattung *Aegilops* der Fall ist. Ebenso wurden bei den Hüllspelzen von *Aegilops* höhere Extremwerte der Sklerenchymwandverdickungen als bei den Weizen beobachtet. Der Zerfall des zentralen Gewebes der unteren Ährenspindelinternodien ist bei der Gattung *Triticum* – mit Ausnahme der hexaploiden Gruppe – wesentlich seltener festzustellen als bei der Gattung *Aegilops*.

Sehr oft sind die Merkmalsausprägungen mit der Ploidiestufe korreliert. Derartige Differenzierungen finden sich bei nahezu allen untersuchten Organen. Jedoch ist die Polyploidisierung in dem untersuchten Verwandtschaftskreis meist mit einer Zuordnung anderer Genomtypen verbunden, wodurch die Merkmalsausprägung teilweise ebenfalls wesentlich beeinflußt wird. Häufig ist der höhere Ploidiegrad mit einer quantitativen Veränderung bestimmter Organbereiche verbunden. Die polyploiden Sippen der Gattung *Aegilops* zeichnen sich gegenüber den diploiden durch eine allgemeine Zunahme der Hüllspelzendicke, eine Erhöhung der Anzahl der Zellschichten im lateralen Hüllspelzenbereich sowie durch eine größere Tausendkornmasse aus. Die polyploiden Sippen der Gattung *Triticum* sind durch eine Zunahme der Breite der basalen sowie der Länge des distalen Lodiculae-Abschnittes charakterisiert, während nur die Lodiculae-Basis der polyploiden *Aegilops*-Sippen durch größere Längen- und Breitenwerte gekennzeichnet ist. Auch die Zunahme der Anzahl bestimmter Gewebekomplexe wurde beobachtet. So zeigt sich bei der Gattung *Triticum* eine Steigerung der Leitbündelzahl des obersten Halminternodiums mit der Erhöhung des Ploidiegrades.

Die gleichen Beziehungen finden sich im zellulären Bereich. Die Untersuchungen der Karyopse ergaben, daß sowohl die Höhe als auch die Breite und damit die Querschnittsfläche der Aleuronzellen bei beiden Gattungen im Durchschnitt eine mit der Ploidiestufe korrelierte Steigerung erfahren. Eine ähnliche Abhängigkeit konnte auch für die Größe der Pollenkörner und der Stomata festgestellt werden. Weitere positive Korrelationen zwischen der Ploidiestufe und der Zellgröße finden sich bei der Gattung *Triticum* im Hinblick auf die Breite der Palisadenzellen und bei *Aegilops* für die Länge und Breite der Rhizodermiszellen. Im Bereich der Vorspelze nimmt auch die Zellwandwellung der Epidermiszellen und die Größe der Kurzzellen mit der Ploidiestufe zu.

In einigen Fällen sind die höheren Ploidiestufen auch durch eine fortgesetzte Verringerung der Werte charakterisiert. Dies trifft bei beiden Gattungen, wenn man teils von den octoploiden *Triticum*-Sippen absieht, sowohl für den durchschnittlichen Lysin- und Rohproteingehalt der Karyopse als auch für die Stomatazahl pro Flächeneinheit der Laubblätter zu.

Nicht selten kann bei der Gattung *Triticum* ein Anstieg der ermittelten Merkmalswerte von der diploiden zur tetraploiden Stufe beobachtet werden, dem dann jedoch ein Absinken der Werte auf hexaploider Stufe folgt. Ein derartiges

Muster ergibt sich z. B. für die Tausendkornmasse wie auch für Merkmale des Halmchlorenchyms. Ebenso ist im Spreitenbereich der Laubblätter die Anzahl der Kurzzellen bei den hexaploiden Weizen gegenüber einem Teil der tetraploiden Arten verringert. Eine Abnahme von der tetraploiden zur hexaploiden Stufe ergibt sich – zumindest bei den züchterisch kaum bearbeiteten Sippen – auch hinsichtlich der Anzahl der Embryonalwurzeln (Fritsch, 1977b). Insgesamt könnte dieses Verhalten, zumindest teilweise, auf dem Einfluß des D-Genoms beruhen.

Wie bereits angedeutet, kann man die Merkmalsausprägung bestimmter Sippen als charakteristisch für einzelne Genome oder auch Genomgruppen bezeichnen. Sehr gut umgrenzt ist z. B. die *Vertebrata*-Gruppe, die durch *Aegilops tauschii* an der Entstehung der hexaploiden Weizen beteiligt ist und die Merkmale dieser Weizengruppe mitbestimmt, wobei hier neben den speziellen Charakteristika der Sektion *Vertebrata* natürlich auch der allgemeine Merkmalseinfluß der Gattung *Aegilops* wirksam wird. Das zentrale Ährenachsengewebe zerfällt bei der Sektion *Vertebrata* in ähnlicher Weise wie bei den hexaploiden Weizen, während diese Erscheinung bei den übrigen Weizengruppen kaum ausgeprägt ist. Bei beiden Gruppen findet man im Bereich der Vorspelze stärker gewellte Epidermiszellen und einen größeren Durchmesser der Kurzzellen. Die bei den di- und tetraploiden Weizensippen stark ausgeprägten Spelzenkiele fehlen bei der Art *Aegilops tauschii* vollständig und sind demzufolge bei den hexaploiden Weizen auch nur schwach ausgebildet. Im Zusammenhang damit verringert sich auch die Anzahl der Zellschichten im Kielbereich der Hüllspelze. Entsprechend der Ausprägung bei *Aegilops tauschii* ist die Spelzendicke im Interkostalbereich der Hüllspelzen bei den hexaploiden Weizen besonders gefördert. Ein sehr auffälliges Merkmal ist die Flächenbehaarung des distalen Lodiculae-Abschnittes, die bei den meisten Weizengruppen vorhanden ist, bei den hexaploiden Weizen wie auch bei *Aegilops tauschii* jedoch weitgehend fehlt. Auch im Halmbereich sind derartige Einflüsse nachzuweisen, denn beide Gruppen haben innerhalb ihrer Gattungen jeweils die höchsten Leitbündelzahlen.

Ähnlich wie bei der *Vertebrata*-Gruppe läßt sich auch in anderen Sektionen der Gattung *Aegilops* oft der Einfluß bestimmter diploider Arten auf den Merkmalsbestand der polyploiden Sippen deutlich nachweisen. Besonders im Ährenbereich sind dafür zahlreiche Anhaltspunkte zu erkennen. So läßt sich der Anteil der diploiden Art *Aegilops umbellulata*, die sich hinsichtlich des relativen Durchmessers des medianen Hüllspelzenbereichs durch mittlere Werte auszeichnet, an ganz ähnlichen Werten bei den polyploiden Arten der Sektion *Aegilops* nachweisen. Ein entsprechender Einfluß zeigt sich auch beim Vergleich der in diesem Merkmal durch geringere Werte charakterisierten Arten *Aegilops tauschii* und *Aegilops caudata* auf die polyploiden Taxa ihrer jeweiligen Sektionen. Die starke Zellwandwellung der Vorspelzen von *Aegilops tauschii* und der *Comopyrum*-Gruppe kann man auch bei den polyploiden Arten der Sektionen *Vertebrata* und *Aegilops* wiederfinden, die das D- oder M-Genom der beiden eben genannten Sippen haben, während z. B. *Aegilops triuncialis*, entsprechend ihren Ausgangsarten, geringere

Werte besitzt. Wie bei den hexaploiden Weizen tritt die durch den Einfluß des D-Genoms bewirkte Vergrößerung der Vorspelzenkurzzellen auch bei den polyploiden Arten der Sektionen *Vertebrata* und *Cylindropyrum* in Erscheinung. Einen ähnlichen Einfluß übt das S-Genom auf die Art *Aegilops variabilis* und *Aegilops kotschyi* aus.

Die durch zahlreiche Besonderheiten hervortretende *Aegilops tauschii* zeigt auch im Hinblick auf die Lodiculae-Form eine charakteristische Ausprägung. Die hier beobachtete absolute und relative Verbreiterung der Lodiculae-Basis ist auch bei den übrigen Arten der Sektion *Vertebrata* anzutreffen. Im Gegensatz dazu bedingt das C-Genom von *Aegilops caudata* eine längliche Form der Lodiculae-Basis, die sich auch bei den dieses Genom enthaltenden Arten *Aegilops cylindrica* und *Aegilops triuncialis* andeutet. Der aus der Länge der beiden Lodiculae-Abschnitte gebildete Quotient nimmt bei den durch das C^u- oder M-Genom charakterisierten diploiden Arten besonders geringe Werte an, die auch bei sämtlichen polyploiden Arten mit dieser Genomkombination einschließlich *Aegilops juvenalis* beobachtet wurden. Einen ähnlichen Einfluß zeigen die beiden Genome hinsichtlich der Flächenbehaarung der Lodiculae, die bei den diploiden Arten beider Genomgruppen anzutreffen ist. Bei den polyploiden Arten tritt diese Behaarung nur dann in Erscheinung, wenn ausschließlich diese beiden Genome kombiniert vorkommen. Das bedeutet, daß hier ebenfalls nur ein Teil der Sektion *Aegilops* diese Ausprägung zeigt, während bereits das Fehlen nur eines der beiden Genome bei *Aegilops triuncialis*, *A. variabilis* und *A. kotschyi* zum Verlust dieser Behaarung führt.

Betrachtet man die beiden Gattungen im Hinblick auf die hier untersuchten Merkmale, so ergeben sich besonders enge Beziehungen zahlreicher Sippen der Gattung *Triticum* mit der Sektion *Sitopsis* sowie teilweise mit der Sektion *Amblyopyrum*. Beide Sektionen der Gattung *Aegilops* wurden bereits in früherer Zeit auf Grund anderer Merkmale als mögliche Donoren des B-Genoms der tetra- und hexaploiden Weizen in Betracht gezogen (Taf. 1), was von anderer Seite aber bestritten wurde. Jedoch bieten auch die vorliegenden anatomischen Befunde kaum Anhaltspunkte für eine Entscheidung der Frage, von welcher Art das B-Genom stammt, da alle oben erwähnten Sippen in einer Reihe wichtiger Merkmale übereinstimmen. So ist die für die gesamten Weizen charakteristische Ausbildung des Hüllspelzenkieles bei der Gattung *Aegilops* am deutlichsten bei der *Sitopsis*- und *Amblyopyrum*-Gruppe ausgeprägt und fehlt bei vielen anderen Arten völlig. Ähnliche Übereinstimmungen ergeben sich hinsichtlich des Interkostalbereichs der Hüllspelzen, d. h. einer relativ dünnen Spelzenstruktur. Ebenso ist die Anzahl der Vorspelzenkurzzellen bei der *Sitopsis*-Gruppe in gleicher Weise erhöht wie bei den Weizen. Eine deutliche Beziehung ergibt sich auch zwischen der Sektion *Amblyopyrum* und den diploiden Weizen durch die geringe Zellwandwellung der Vorspelzenepidermis.

Auffallend ist die Ähnlichkeit der Sektionen *Sitopsis* und *Amblyopyrum*. Wie die vorliegenden Untersuchungen zeigen, ergeben sich Entsprechungen in der Anzahl der Leitbündel des obersten Internodiums sowie im Verhältnis der Spreitenfläche des Fahnenblattes zur Chlorenchymfläche des obersten Halmabschnittes. Darüber hinaus zeichnen sich beide durch eine mehr oder minder stark tangential gestreckte Querschnittsfläche des Halmchlorenchyms (*Sitopsis*-Typ) aus, die im Gegensatz zu den annähernd breitrundlichen Typen der übrigen *Triticum*- und *Aegilops*-Arten steht.

Besondere Merkmalsausprägungen liegen bei jenen Weizenarten vor, die das G-Genom besitzen. Bereits die beobachtete Verbreiterung des Hüllspelzenkieles und die Verlängerung der Lodiculae-Basis lassen den Unterschied zu den Arten ohne G-Genom deutlich werden. Eine größere Anzahl von Merkmalen läßt aber enge Beziehungen zu den diploiden Weizen erkennen und weist damit auf eine relativ ursprüngliche Merkmalsstruktur gegenüber den tetraploiden Sippen mit dem AB-Genom hin. Die Anzahl der Parenchymleitbündel im oberen Halmbereich, die Form der Kurzzellen der Laubblätter, die fehlende Verholzung der unteren Blattepidermis und auch die in der Tendenz erkennbare Ausbildung länglicher Lodiculae-Basen sowie die getrennt entwickelten Chlorenchymbänder der Hüllspelzen zeigen annähernd die gleiche Ausprägung wie bei den diploiden Weizen. Ein weiteres Merkmal ist die allseitige Verdickung der Endodermiszellwände, die außer bei den diploiden Weizenarten nur noch – wenn auch in einer gewissen Abwandlung – bei den Sippen mit einem G-Genom entwickelt ist. Nur selten deuten sich jedoch Verwandtschaftsbeziehungen zu einer bestimmten Art der diploiden Weizen an. Ein Merkmal im Halmbereich stützt die von Dhaliwal and Johnson (1976) vertretene Ansicht, daß auch die diploide Wildweizenart *T. urartu* an der Evolution der polyploiden Weizen beteiligt war, denn *T. urartu* hat – im Gegensatz zu den beiden übrigen diploiden Weizenarten – sehr charakteristische, kreisrunde bis schwach tangential verbreiterte Parenchym-Leitbündel, die in dieser Form hauptsächlich wiederum bei den Arten mit dem AG-Genom vorkommen. Dagegen trifft man bei den übrigen *Triticum*-Sippen meist mehr oder minder stark radial gestreckte Leitbündelquerschnitte an.

Neben den genombedingten Merkmalsunterschieden innerhalb der tetraploiden Weizen zeichnen sich vor allem unter den Sippen der Genomgruppe AB weitere Differenzierungen ab, die – abhängig vom betrachteten Merkmal – zu unterschiedlichen Gruppierungen der Arten führen. Dennoch läßt sich durch eine Reihe anatomischer Merkmale, insbesondere der Laubblätter und Hüllspelzen, ein Teil dieser Arten zwei verschiedenen Gruppen zuordnen. Dabei zeichnen sich einerseits *Triticum carthlicum, T. karamyschevii* und *T. ispahanicum*, zu denen oft auch *T. polonicum* gestellt werden kann, durch eine ähnliche Merkmalsausprägung aus, sowie andererseits *T. durum, T. turgidum* und *T. turanicum. Triticum dicoccoides* und *T. dicoccon* lassen sich keiner dieser beiden Gruppen eindeutig zuweisen und können auch nicht als selbständige Gruppe abgetrennt werden.

Bereits im Zusammenhang mit dem AG-Genom wurde darauf hingewiesen, daß sich die diploiden Weizen von der Mehrzahl der polyploiden Sippen durch die anatomischen Strukturen verschiedener Organe unterscheiden, wobei die Differenzierungsmerkmale der diploiden Arten auf Grund der phylogenetischen Stellung dieser Gruppe als relativ ursprünglich anzusehen sind. Vielfach zeichnen sich die Merkmale der diploiden Arten durch eine weniger differenzierte Form oder besonders geringe Werte aus. So sind zum Beispiel die Werte für die Zellwandwellung der Epidermis wie auch für den Durchmesser der Kurzzellen bei den Vorspelzen relativ niedrig. Auch die Lodiculae sind relativ klein, wobei die geringe Breite der Lodiculae-Basis die Gesamtform dieses Organabschnittes prägt. Darüber hinaus ist der distale Lodiculae-Abschnitt – im Vergleich mit dem Basalteil – bei den diploiden Weizen auffallend schwach entwickelt. Weiterhin besitzen die Hüllspelzen in dieser Weizengruppe eine besonders stark ausgeprägte Kielung und einen relativ geringen Chlorenchymanteil, der in Form getrennter Chlorenchymbänder vorliegt. Der Chlorenchymbandquerschnitt des obersten Halminternodiums zeichnet sich durch mehr oder weniger rundliche Formen aus, wobei die einzelnen Chlorenchymbänder – ähnlich wie bei den Hüllspelzen – untereinander nicht verwachsen. Die Anzahl der Parenchymleitbündel ist in dem erwähnten Halmabschnitt bei diesen Sippen besonders gering. Die Blattspreite entwickelt ober- und unterseits pro Flächeneinheit eine sehr große Zahl von Kurzzellen, was möglicherweise mit einer geringeren Zellgröße der Blattorgane im Zusammenhang steht.

Wie die vorliegenden Untersuchungen zeigen, ergeben sich in einigen Fällen Unterschiede zwischen den Wild- und den unmittelbar damit verwandten Kultursippen, wie das beim Rohproteingehalt der Karyopse deutlich wird. Hier weisen die untersuchten Sippen der Kulturarten geringere Werte auf als die entsprechenden Wildsippen. Bei den tetraploiden Weizen zeichnet sich *Triticum timopheevi* gegenüber *T. araraticum* durch eine höhere Anzahl von Embryonalwurzeln (FRITSCH, 1977b) aus. In vielen anderen Fällen sind zwischen den Wild- und primitiven Kultursippen jedoch keine eindeutigen Merkmalsdifferenzierungen ausgeprägt, oder diese bestehen hauptsächlich in dem für die Anbaueignung besonders bedeutenden Unterschied der Spindelbrüchigkeit der Ähre.

Relativ selten wurden Merkmalsausprägungen gefunden, die nur eine einzelne Art oder Gruppe innerhalb des gesamten Verwandtschaftskreises von *Aegilops* und *Triticum* kennzeichnen. Als Beispiel wäre *Aegilops mutica* zu nennen, bei der eine einzige Embryonalwurzel auswächst (FRITSCH, 1977b) oder *A. tauschii*, dessen Embryo relativ zur Masse des Korns sehr klein ist. Hierzu gehört auch die extreme Förderung der Chlorenchymentwicklung in den Hüllspelzen von *Triticum polonicum*, die ausschließlich bei dieser Art zu beobachten ist.

Etwas zahlreicher als die arttypischen sind die gruppentypischen Merkmalsausprägungen. Im Bereich der Wurzel zeichnen sich z. B. die diploiden *Aegilops*-Arten durch eine besonders geringe und die octoploiden Weizen durch eine besonders große Zellbreite der Rhizodermis aus. Wie bereits erwähnt, treten nur bei den diploiden und den durch ein G-Genom gekennzeichneten Weizen die charakteristischen, allseitig verdickten Zellwände der Wurzelendodermis auf. Darüber hinaus ist bei den tetraploiden AG-Weizen eine spezielle Form des Hüllspelzenkieles ausgeprägt. In manchen Fällen ergeben sich innerhalb bestimmter Gruppen Merkmalsabweichungen einer einzelnen oder weniger Arten, wobei die veränderten Verhältnisse nicht allein für die entsprechende Art typisch sind, sondern auch bei anderen Gruppen vorkommen und teilweise auch vorherrschen können. So zeichnet sich *Aegilops variabilis* innerhalb der Sektion *Aegilops* durch besonders hohe Werte im Durchmesser der verschiedenen Hüllspelzenabschnitte und durch eine besonders hohe Anzahl von Zellschichten im Interkostalbereich dieser Spelzenorgane aus. Ähnlich unterscheiden sich die Arten *Aegilops longissima* und *A. sharonensis* durch längere Lodiculae und eine verlängerte Lodiculae-Basis von den übrigen Arten der *Sitopsis*-Gruppe. Innerhalb der durch das AB-Genom charakterisierten Weizen fällt *Triticum turanicum* durch eine besondere Verlängerung der Lodiculae-Basis und des distalen Teiles der Lodiculae auf. Im Gegensatz zu den meisten Arten der Sektion *Vertebrata* ist bei *Aegilops ventricosa* eine Behaarung der Fläche des distalen Lodiculae-Abschnittes zu beobachten. Wie bereits früher erwähnt, unterscheidet sich *Triticum urartu* von den übrigen diploiden *Triticum*-Arten durch einen in der Form abweichenden Leitbündelquerschnitt. Auch unter den hexaploiden Weizen gibt es eine entsprechende Ausnahme. Hier ist *Triticum sphaerococcum* durch eine besonders geringe Anzahl von Embryonalwurzeln (FRITSCH, 1977b) gekennzeichnet.

V. Zusammenfassung

Bei 46 Arten der Gattungen *Triticum* und *Aegilops* wurden anatomische Untersuchungen im Bereich der Organe Wurzel, Halm, Blattspreite, Ährenspindel, Spelzen, Blüte und Karyopse mittels gefärbter Hand- bzw. Mikrotomschnitte vorgenommen. Bedingt durch die kleineren Sproßorgane von *Aegilops* ergaben sich dort oft geringere Zellgrößen. Häufig waren auch mit der Ploidiestufe korrelierte Merkmale anzutreffen. In einigen Fällen ließ sich der Einfluß bestimmter Arten bzw. Genome auf die Merkmalsausprägung der allopolyploiden Sippen deutlich nachweisen, wofür als besonders klares Beispiel *Aegilops tauschii* mit seinem Einfluß auf die hexaploiden Weizenarten und auf die Sektion *Vertebrata* der Gattung *Aegilops* zu nennen ist. Innerhalb der Gattung *Triticum* konnte eine Beziehung der Weizenarten mit einem G-Genom zu den diploiden Arten dieser Gattung durch Merkmale aller Organe belegt werden, während mit den übrigen Weizenarten weniger Ähnlichkeit besteht. Ein Merkmal im Halmbereich gibt sogar einen Hinweis auf die mögliche Beteiligung von *Triticum urartu* an der Evolution der Weizenarten mit dem G-Genom. Nach Blatt- und Spelzenmerkmalen lassen sich die meisten tetraploiden *Triticum*-Sippen mit einem AB-Genom zwei verschiedenen Gruppen zuordnen. Die diploiden Weizenarten erwiesen sich als gut charakterisierbare Gruppe. Echte anatomische Unterschiede zwischen Wild- und Kulturweizen bestehen nur in Bezug auf die Brüchigkeit der Ährenspindel. Innerhalb der Gattung *Aegilops* stehen sich die Sektionen *Sitopsis* und *Amblyopyrum* sehr nahe und sind auch den *Triticum*-Sippen viel ähnlicher als die übrigen Vertreter ihrer Gattung. Ein genauerer Hinweis auf den möglichen Donor des B-Genoms läßt sich aber anhand der anatomischen Merkmale nicht geben. Im gesamten Verwandtschaftskreis von *Triticum* und *Aegilops* nur einmal auftretende Merkmale sind sehr selten, jedoch gibt es in mehreren Gruppen relativ isoliert stehende Arten. Zahlreiche anatomische Merkmale sind durch eine so große infraspezifische Variationsbreite gekennzeichnet, daß sie keine phylogenetische Aussage erlauben.

Summary

Anatomical Studies Within the Genera *Triticum* L. and *Aegilops* L. (*Gramineae*)

The anatomical characters of the root, culm, leaf lamina, ear rhachis, glume, palea, flower and caryopsis of 46 *Triticum* and *Aegilops* species were examined on the basis of coloured sections, made by hand or by microtome. Due to the smaller organ sizes of *Aegilops* also the cell sizes are mostly reduced in this genus. Often distinct character proved to be correlated with distinct ploidy levels. In some instances we were able to find a clear influence of distinct species or genomes on the characters of their alloploid taxa, e. g. an influence of *Aegilops tauschii* on the characters of the hexaploid wheat species and on the remaining species of section *Vertebrata* of *Aegilops*. We found characters in all organs which point to a connection between *Triticum* species with genome G and the diploid wheats. The degree of similiarity to the other wheat species is much less strongly. One anatomical character of the culm indicates even a possible contribution of *Triticum urartu* to the evolution of the wheat species with genome G. Most of the tetraploid species of *Triticum*, genome AB, can be arranged into two different groups by means of leaf and glume characters. The diploid wheat species are a well characterized group. We were not able to find real anatomical differences between wild and cultivated wheat species besides the brittle ear rhachis. Within the genus *Aegilops* the species of the sections *Sitopsis* and *Amblyopyrum* resemble one another and the *Triticum* species much more than the other species of *Aegilops*. By anatomical characters it is not possible to indicate exactly the donor of genome B. Characters, which can be found only one time within the genera studied, are very seldom, but rather isolated species occur in several groups. Many anatomical characters are so variable even within the same species, that these characters can not be evaluated in phylogenetic respect.

Краткое содержание

Сравнительно-анатомические исследования родов *Triticum* L. и *Aegilops* L. (Gramineae)

У 46 видов *Triticum* и *Aegilops* на окрашенных ручных и микротомных срезах проводились анатомические исследования корней, стеблей, листовых пластинок, колосовых стержней, плёнок, цветков и зерновок. Более мелкие размеры клеток у *Aegilops* были часто обусловлены более мелкими размерами побеговых органов. Часто встречались также признаки, коррелирующие со степенью плоидности. В некоторых случаях можно было показать влияние определенных видов или геномов на выражение признака аллополиплоидных форм; особенно хорошим примером здесь может служить *Aegilops tauschii* с его четким влиянием на гексаплоидные виды пшениц и на секцию *Vertebrata* рода *Aegilops*. Внутри рода *Triticum* связь видов пшеницы, несущих геном G, с диплоидными видами этого рода могла быть показана на признаках всех органов, в то время как с прочими видами пшеницы они имеют мало сходства. Один из признаков стебля может даже служить указанием на участие *Triticum urartu* в эволюции видов пшеницы, обладающих геномом G. По признакам листа и плёнок большинство тетраплоидных форм *Triticum*, несущих геном AB, можно отнести к двум различным группам. Диплоидные виды пшеницы оказались группой, которую можно хорошо охарактеризовать. Настоящие анатомические различия между дикорастущими и культурными пшеницами наблюдаются только по признаку ломкости колосового стержня. Внутри рода *Aegilops* особенно близки друг другу секции *Sitopsis* и *Amblyopyrum*; эти секции имеют также значительно большее сходство с формами *Triticum*, чем прочие представители их рода. Сколько-нибудь точного указания на возможного донора генома B, при помощи анатомических признаков, сделать не удается. Признаки, встречающиеся только один раз во всем многообразии родственных форм *Triticum* и *Aegilops* – очень редки, однако, во многих группах существуют виды, относительно хорошо изолированные. Очень большое число анатомических признаков отличается настолько сильной внутривидовой изменчивостью, что о них нельзя сделать никаких филогенетических заключений.

VI. Literatur

Aleksandrov, V. G., 1943: O stroenii plodovoj oboločki zernovki pšenicy. – Doklady Akad. Nauk SSSR, *40*, 93–96.

Aleksandrov, V. G. i A. V. Dobrotvorskaja, 1959: Fiziologičeskaja anatomija epidermy listopodobnych organov kolosa pšenicy. – Bot. Žurnal *44*, 759–771.

ALEXANDROV, W. G. und ALEXANDROVA, O. G., 1935: Über den anatomischen Bau des Endosperms im Weizenkorn. – Flora (Jena) *130*, 21–38.

ANDELIĆ, M., V. JANJATOVIĆ and S. BOROJEVIĆ, 1970: Number and Size of Stomata in Different Wheat Genotypes. – Contemporary Agriculture *18*/10, 55–58.

ANDREWS, A. C., 1964: The Genetic Origin of Spelt and Related Wheats. – Züchter *34*, 17–22.

ANIOŁ, A., 1974: A Serological Investigation of Wheat Evolution. – Z. Pflanzenzüchtg. *73*, 194–203.

APEL, P., 1972: Über Wechselbeziehungen zwischen Assimilatbildung und -speicherung. – Tag.-Ber. Akad. Landwirtschaftswiss. DDR, Nr. 119, 41–46.

APEL, P., M. PEISKER und M. TSCHÄPE, 1972: Beiträge der Photosyntheseforschung zur Ertragsbildung, speziell bei Getreide. – Kulturpflanze *20*, 43–62.

ASANA, R. D. and V. S. MANI, 1950: Studies in physiological analysis of yield. I. Varietal differences in photosynthesis in the leaf, stem, and ear of wheat. – Physiol. Plant 3, 22–39.

– 1955: Studies in the physiological analysis of yield. II. Further obervations on varietal differences in photosynthesis in the leaf, stem, and ear of wheat. – Physiol. Plant *8*, 8–19.

ATHWAL, R. S. and G. KIMBER, 1972: The pairing of an alien chromosome with homoeologous chromosomes of wheat. – Canad. J. Genet. Cytol. *14*, 325–333.

AZIZ, P., 1972: Histogenesis of the carpel in *Triticum aestivum* L. – Bot. Gaz. *133*, 376–386.

AZPIAZU, A. and J. R. LACADENA, 1970: Introduction of alien variation into wheat by gene recombination. III. Possible interaction between the 5B and 3D genetic systems on the meiotic behaviour of the hybrids *Triticum aestivum* L. x *Aegilops cylindrica* Host. – Genet. Iberica *22*, 121–127.

BANERJEE, U. C. and E. S. BARGHOORN, 1970: The Palynology of *Triticum*: Importance of Size. – Ref. in: Amer. J. Bot. *57*, 753.

BARABÁS, Z., 1959: An Induced Mutant in *Triticum carthlicum* with the Diagnostic Feature of *Tr. vavilovi*. – Nature *183*, 1349.

BARBER, H. N., C. J. DRISCOLL, P. M. LONG and R. S. VICKERY, 1968: Protein Genetics of Wheat and Homoeologous Relationships of Chromosomes. – Nature *218*, 450–452.

BARBER, H. N., C. J. DRISCOLL and R. S. VICKERY, 1968: Enzymic Markers for Wheat and Rye Chromosomes, pp. 116–122. In: FINLAY, K. W. and K. W. SHEPHERD (Editors): Proceedings of the Third International Wheat Genetics Symposium. – Canberra.

BELEA, A., 1971: Are there other possibilities for the origin of *T. spelta* or *T. aestivum*? – Acta Agron. Acad. Sci. Hung. *20*, 227–229.

BELL, G. D. H., 1965: The Comparative Phylogeny of the Temperate Cereals, pp. 70–102. In: HUTCHINSON, J. (Edit.): Essays on Crop Plant Evolution. – London.

BENDICH, A. J. and B. J. MCCARTHY, 1970: DNA comparisons among some biotypes of wheat. – Genetics *65*, 567–573.

BERCHIN, Ju. I., 1963: Anatomija vegetativnych organov dvuch tetraploidnych vidov pšenic. – Bot. Žurnal *48*, 1368–1373.

BERIDZE, R. K. i A. D. GORGIDZE, 1970: Ob eksperimental'nom polučenii komponenta populjacii Zanduri – *Triticum timopheevi* ZHUK. – Genetika (Moskva) *6*/12, 5–12.

BERRIE, A. M. and B. A. KNIGHTS, 1972: Sterols in the genus *Triticum*. – Phytochemistry *11*, 2363–2365.

BHATIA, C. R., 1968: Electrophoresis of Analogous Enzymes in *Triticinae*, pp. 111–115. In: FINLAY, K. W. and K. W. SHEPHERD (Editors): Proceedings of the Third International Wheat Genetics Symposium. – Canberra.

BOONSTRA, A. E. H. R., 1937: Der Einfluß der verschiedenen assimilierenden Teile auf den Samenertrag von Weizen. – Z. Pflanzenzüchtg. *21*, 115–147.

BOWDEN, W. M., 1959: The taxonomy and nomenclature of wheats, barleys, and ryes and their relatives. – Canad. J. Bot. *37*, 657–684.

BOZZINI, A. and B. GIORGI, 1969: Karyotype analysis in Triticum. II. Analysis of *T. ararraticum* JAKUBZ. and *T. timopheevi* ZHUK. and their relationships with other tetraploid wheats. – Caryologia *22*, 261–268.

BOZZINI, A., P. CANTAGALLI, S. E. PIAZZI and S. SORDI, 1970: An Immunochemical Approach to Species Relationship in *Triticum* and Some Related Species. – Theor. Appl. Genet. *40*, 300–304.

BRADBURY, D., I. M. CULL and M. M. MACMASTERS, 1956: Structure of the mature wheat kernel. I. –IV. – Cereal Chem. *33*, 329–391.

BREWER, G. J., CH. F. SING and E. R. SEARS, 1969: Studies of isozyme patterns in nullisomic – tetrasomic combinations of hexaploid wheat. – Proc. Nat. Acad. Sci. USA *64*, 1224–1229.

BRIGGLE, L. W., 1967: Morphologie of the Wheat Plant, pp. 89–116. In: QUISENBERRY, K. S. and L. P. REITZ (Editors): Wheat and Wheat Improvement. – Madison, Wisc.

BURSTRÖM, H. and B. HANSEN, 1956: Root growth effects of indan, indene and thionaphtene derivatives. – Physiol. Plant *9*, 502–514.

BUTTROSE, M. S., 1963: Ultrastructure of the developing wheat endosperm. – Austr. J. biol. Sci. *16*, 305–317.

CAMARA, A., 1935: Efeitos dos Raios-X nos cromosomas do *Triticum monococcum*. Sua analise na apreciacav da filogenia do Trigo. – Ann. Inst. Super. Agron. (Lisboa) *7*, 29–61 (non vidi).

CETL, I., 1960: The size of pollen grain of the genus *Triticum*. – Biol. Plant. *2*, 287–291.

CHAPMAN, V., T. E. MILLER and R. RILEY, 1976: Equivalence of the A genome of bread wheat and that of *Triticum urartu*. – Genet. Res. *27*, 69–76.

CHEN, K., J. C. GRAY and S. G. WILDMAN, 1975: Fraction 1 Protein and the origin of polyploid Wheats. – Science *190*, 1304–1306.

CHENNAVEERAIAH, M. S., 1960: Karyomorphologic and cytotaxonomic studies in *Aegilops*. – Acta Horti Gotoburgensis *23*, 85–178.

CRAIG, S. and T. P. O'BRIEN, 1975: The Lodicules of Wheat: Pre- and Post-anthesis. – Austr. J. Bot. *23*, 451–458.

CUBADDA, R., A. BOZZINI and E. QUATTRUCCI, 1975: Genetic Control of Esterases in Common Wheat. – Theor. Appl. Genet. *45*, 290–293.

DAGAN, J. and D. ZOHARY, 1970: Wild tetraploid wheats from West Iran cytogenetically identical with Israeli *T. dicoccoides*. – Wheat Inf. Serv., No. 31, 15–17.

DAMISCH, W., 1974: Photosynthese und Ertragsbildung – ein Problem der modernen Züchtungsforschung. – Tag.-Ber. Akad. Landwirtschaftswiss. DDR, Nr. 127, 143–151.

DASS, H. C., 1972: Phylogenetic Affinities in *Triticinae* Studied by Thin-Layer Chromatography. – Canad. J. Genet. Cytol. *14*, 703–712.

DEKAPRELEVICH, L. L., 1961: Die Art *Triticum macha* DEK. et MEN. im Lichte neuester Untersuchungen über die Herkunft der hexaploiden Weizen. – Z. Pflanzenzüchtg. *45*, 17–30.

– 1971: Has West Georgia particular position in the Transcaucasian breeding ground? – Acta Agr. Acad. Sci. Hung. *20*, 208–211.

DENNELL, R. W., 1973: The Phylogenesis of *Triticum dicoccum*. A Reconsideration. – Econ. Bot. *27*, 329–331.

DHALIWAL, H. S. and B. L. JOHNSON, 1976: Anther morphology and the origin of the tetraploid wheats. – Amer. J. Bot. *63*, 363–368.

DOODSON, J. K., J. G. MANNERS and A. MYERS, 1964: The distribution of ^{14}carbon assimilated by the third leaf of wheat. – J. exp. Bot. *15*, 96–103.

DOROFEEV, V. F., 1969: Die Weizen Transkaukasiens und ihre Bedeutung in der Evolution der Gattung *Triticum* L.

I. Die Formenmannigfaltigkeit der Weizen Transkaukasiens. – Z. Pflanzenzüchtg. *61*, 1–28.

DOROFEEV, V. F., 1969: Die Weizen Transkaukasiens und ihre Bedeutung in der Evolution der Gattung *Triticum* L.
II. Formenbildung in Populationen der Weizen Transkaukasiens. – Z. Pflanzenzüchtg. *62*, 201–230.
– 1971: Die Weizen Transkaukasiens und ihre Bedeutung in der Evolution der Gattung *Triticum* L.
III. Die Spelzweizen Transkaukasiens (*T. macha* DEK. et MEN., *T. spelta* L. ssp. *spelta* DOROF., ssp. *kuckuckianum* GÖKG. und ssp. *vavilovii* SEARS). – Z. Pflanzenzüchtg. *66*, 335–360.
– 1972: Pšenicy Zakavkaz'ja. – Trudy prikl. bot. genet. selekc. *47*/1, 1–202.

DOROFEEV, V. F. i O. D. GRADČANINOVA, 1971: Anatomičeskoe izučenie steblja i lista pšenicy. – Trudy prikl. bot. genet. selekc. *44*/1, 57–75.

DOVER, G. A. and R. RILEY, 1972: Variation at Two Loci affecting Homoeologous Meiotic Chromosome Pairing in *Triticum aestivum* x *Aegilops mutica* Hybrids. – Nature, New Biology *235*, No. 54, 61–62.

DRISCOLL, C. J. and C. J. QUINN, 1968: Wheat alien hybrids involving a chromosome 5B translocation. – Canad. J. Genet. Cytol. *10*, 217–220.

DROZD, D., 1970: Studies on the inheritance of total protein level in wheat grain. – Genetica Polonica *11*, 321–339.

DUNSTONE, R. L. and L. T. EVANS, 1974: Role of Changes in Cell Size in the Evolution of Wheat. – Austr. J. Plant Physiol. *1*, 157–165.

DUNSTONE, R. L., R. M. GIFFORD and L. T. EVANS, 1973: Photosynthetic characteristics of modern and primitive wheat species in relation to ontogeny and adaptation to light. – Austr. J. biol. Sci. *26*, 295–307.

DVOŘÁK, J., 1972: Genetic variability in *Aegilops speltoides* affecting homoeologous pairing in wheat. – Canad. J. Genet. Cytol. 14, 371–380.

DVOŘÁK, J., 1976: The relationship between the genome of *Triticum urartu* and the A and B genomes of *Triticum aestivum*. – Canad. J. Genet. Cytol. *18* (1976) 371–377.

EIG, A., 1929: Monographisch-Kritische Uebersicht der Gattung *Aegilops*. – Repert. spec. nov. reg. veg., Beih. *55*, 1–228.

ELLERTON, S., 1939: The origin and geographical distribution of *Triticum sphaerococcum* PERC. and its cytogenetical behaviour in crosses with *T. vulgare* VILL. – J. Genet. *38*, 307–324.

ERDTMAN, G., 1954: An Introduction to Pollen Analysis. – Waltham, Mass.

EVANS, L. T. and R. L. DUNSTONE, 1970: Some physiological aspects of evolution in wheat. – Austr. J. biol. Sci. *23*, 725–741.

EVANS, L. T., R. L. DUNSTONE, H. M. RAWSON and R. F. WILLIAMS, 1970: The phloem of the wheat stem in relation to requirements for assimilate by the ear. – Austr. J. biol. Sci. *23*, 743–752.

EVANS, L. T. and H. M. RAWSON, 1970: Photosynthesis and respiration by the flag leaf and components of the ear during grain development in wheat. – Austr. J. biol. Sci. *23*, 245–254.

EVERS, A. D., 1970: Development of the Endosperm of Wheat. – Ann. Bot. *34*, 547–555.

FELDMAN, M., 1966: Effect of Chromosomes 5B, 5D and 5A on Chromosomal Pairing in *Triticum aestivum*. – Proc. Nat. Acad. Sci. USA *55*, 1447–1453.
– The mechanism regulating pairing in *Triticum timopheevi*. – Wheat Inf. Serv., No. 21, 1–2.
– Identification of unpaired chromosomes in F_1 hybrids involving *Triticum aestivum* and *T. timopheevi*. – Canad. J. Genet. Cytol. *8*, 144–151.

FILATENKO, A. A. i U. KURKIEV, 1975: Pšenica sinskoj (novyj vid – *Triticum sinskajae* A. FILAT. et KURK.). – Trudy prikl. bot. genet. selekc. *54*/1, 239–241.

FIRBAS, F., 1937: Der pollenanalytische Nachweis des Getreidebaus. – Z. Botanik *31*, 447–478.

FLAKSBERGER, C., 1930: Ursprungszentrum und geographische Verbreitung des Spelzes (*Triticum spelta*). – Angew. Botanik *12*, 86–99.

FREIDENFELT, T., 1904: Der anatomische Bau der Wurzel in seinem Zusammenhange mit dem Wassergehalt des Bodens. – Bibl. Bot. (Stuttgart) *61*, 1–118.

FRITSCH, R., 1976: Anatomisch-morphologische Untersuchungen an Wurzeln der Gattungen *Triticum* L. und *Aegilops* L. – Diss. Halle.

– 1977a: Über die Anatomie der Wurzeln von *Triticum* L. und *Aegilops* L. (Gramineae). – Flora (Jena) *166*, 289–326.

FRITSCH, R., 1977b: Über morphologische Wurzelmerkmale bei *Triticum* L. und *Aegilops* L. (Gramineae). – Kulturpflanze *25*, 45–70.

FULCHER, R. G., T. P. O'BRIEN and J. W. LEE, 1972: Studies on the aleurone layer. I. Conventional and fluorescence microscopy of the cell wall with emphasis on phenol-carbohydrate complexes in wheat. – Austr. J. biol. Sci. *25*, 23–34.

FURUTA, Y., K. NISHIKAWA and T. TANINO, 1974: Stability in DNA content of AB genome component of common wheat during the past seven thousand years. – Japan J. Genet. *49*, 179–187.

GANDILJAN, P. A., 1972: On the wild growing *Triticum* species of the Armenian SSR. – Bot. Žurnal *57*, 173–181.

– 1972: Spontannaja gibridizacija, mutacii i voprosy filogenii pšenicy. – Genetika (Moskva) *8/8*, 4–19.

GARCIA-OLMEDO, F. and P. CARBONERO, 1970: Homoeologous proteins synthesis controlled by homoeologous chromosomes in wheat. – Phytochemistry *9*, 1495–1497.

GENDEL'S, T. V., 1974: Anatomičeskoe stroenie lista r. *Aegilops* L. – Vestnik Leningradskogo Univ., Biol. *29/3*, 66–74.

GERVAIS, C., 1968: Sur un critère anatomique nouveau, utilisable dans la taxionomie des Avoines vivaces. – Bull. Soc. bot. suisse *78*, 369–372.

GILL, B. S., 1974: Giemsa C-Banding and the Evolution of Wheat. – Proc. Nat. Acad. Sci. USA *71*, 4086–4090.

GIORGI, B. and A. BOZZINI, 1969: Karyotype analysis in *Triticum*.
I. Analysis of *Triticum turgidum* (L.) THELL. and some related tetraploid wheats.
III. Analysis of the presumed diploid progenitors of polyploid wheats.
IV. Analysis of (*Aegilops speltoides* x *Triticum boeoticum*) amphiploid and a hypothesis on the evolution of tetraploid wheat. – Caryologia *22*, 249–259; 279–288; 289–306.

GÖBÖ, A., F. KUBJATKO and A. DROBA, 1971: A study of the anatomical structure of the stem in some lines of winter wheat. II. Number of vascular bundles. – Pol'nohospodarstvo (Bratislava) *17*, 939–946.

GÖKGÖL, M., 1961: Die iranischen Weizen. – Z. Pflanzenzüchtg. *45*, 315–333.

– 1963: Das Ursprungsgebiet des Weizens. – Getreide und Mehl *13*, 80–84.

GORA, B., 1968: Forschungsergebnisse zum Einfluß von CCC auf Weizenerträge. – Intern. Z. Landwirtsch. *1968*, 423–427.

GORGIDZE, A. D., 1974: K évoljucii pšenicy. – Soobšč. Akad. Nauk Gruz SSR 75/3, 689–692.

GOSS, J. A., 1968: Development, physiology and biochemistry of corn and wheat pollen. – Bot. Rev. *34*, 333–354.

GRADČANINOVA, O. D., 1971: Stroenie épidermy koloskovych češuj različnych vidov pšenicy. – Bjull. VIR (Leningrad), vyp. *18*, 11–18.

GUBAREVA, N. K., I. P. GAVRILJUK, T. I. PENEVA and A. V. KONAREV, 1975: Wheat genome origination on the data of biochemical and serological studies of seed proteins. – Abstracts of the papers presented at the XII International Botanical Congress (Leningrad) II, 507.

HADLACZKY, GY. and A. BELEA, 1975: C-Banding in wheat evolutionary cytogenetics. – Plant Sci. Letters *4*, 85–88.

HANIF, M. und R. H. M. LANGER, 1972: Das Gefäßsystem der Ährchen beim Weizen (*Triticum aestivum*). – Ann. Bot. *36*, 721–727.

HANSSEN, E. und G. OTTO, 1962: Über Aleuronzellen. – Naturwissenschaften *49*, 70.

HARLAN, J. R., 1967: A Wild Wheat Harvest in Turkey. – Archaeology *20*, 197–201.

HARLAN, J. R. and D. ZOHARY, 1966: Distribution of Wild Wheats and Barley. – Science *153*, 1074–1080.

HART, G. E., 1970: Evidence for triplicate genes for alcohol dehydrogenase in hexaploid wheat. – Proc. Nat. Acad. Sci. USA *66*, 1136–1141.

HELBAEK, H., 1959: Domestication of Food Plants in the Old World. – Science *130*, 365–372.

HESLOT, H., 1958: *Triticum hispahanicum*: une nouvelle espèce de Blé cultivé originaire d'Iran. – Compt. Rend. Acad. Sci. *247*, 2477–2479.

HESLOT, H. et R. FERRARY, 1959: Obtention expérimentale d'un autotétraploide aberrant (*Triticum timonovum*) à partir de *Triticum timopheevi* ZHUK. – Compt. Rend. Acad. Sci. *248*, 452–455.

HINTON, J. J. C., F. G. PEERS and B. SHAW, 1953: The B-Vitamins in Wheat: the Unique Aleurone Layer. – Nature *172*, 993–995.

HLYNKA, I. (Edit.), 1964: Wheat. Chemistry and Technology. – St. Paul, Minn. (Amer. Ass. Cereal Chem.).

HOPF, M., 1954: Anatomische Untersuchungen an Weizenspelzen und -körnern verschiedener Polyploidiestufen als Vorarbeit für die Bestimmung prähistorischer Funde. – Züchter *24*, 174–180.

HRISTROVA, J. und R. BAEVA, 1972: Untersuchungen zur Natur der Proteinphaenotypen bei *Triticale*. – Z. Pflanzenzüchtg. *67*, 327–336.

HUNT, L. A. and B. R. CHRISTIE, 1969: Determination of stomatal numbers, stomatal lengths, and dry weight increments of detached Bromegrass leaves. – Canad. J. Plant Sci. *49*, 597–602.

JAASKA, V., 1974: Proischoždenie tetraploidnych pšenic po dannym elektroforetičeskogo izučenija fermentov. – Eesti NSV Teaduste Akadeemia Toimetised, Bioloogia *23*, 201–220.

JACKSON, V. G., 1922: Anatomical Structure of the Roots of Barley. – Ann. Bot. (London) *36*, 21–39.

JAKUBZINER, M. M., 1959: New Wheat Species, pp. 207–220. In: JENKINS, B. CH. (Edit.): Proceedings of the First International Wheat Genetics Symposium. – Winnipeg.

– 1971: Is *T. carthlicum* the product of *T. durum* x *T. aestivum*? – Acta Agron. Acad. Sci. Hung. *20*, 203.

JENKINS, J. A., 1929: Chromosome homologies in wheat and *Aegilops*. – Amer. J. Bot. *16*, 238–245.

JENNINGS, A. C. and R. K. MORTON, 1963: Changes in carbohydrate, protein, and non-protein nitrogenous compound of developing wheat grain. – Austr. J. biol. Sci. *16*, 318–331.

JIRÁSEK, V., 1969: Morphologie der Schüppchen (Lodiculae) von Gräsern und ihre Terminologie. Ein weiterer Beitrag zur Kenntnis des Baues der Lodiculae. – Acta Universitatis Carolinae, Biologica *1968*, 321–344.

JÖRGENSEN, J. H. and C. J. JENSEN, 1972: Genes for resistance to wheat powdery mildew in derivatives of *T. timopheevi* and *T. carthlicum*. – Euphytica *21*, 121–128.

JOHNSON, B. L., 1967: Tetraploid wheats: Seed protein electophoretic patterns of the Emmer and Timopheevi groups. – Science *158*, 131–132.

– 1968: Electrophoretic Evidence on the Origin of *Triticum zhukovskyi*, pp. 105–110. In: FINLAY, K. W. and K. W. SHEPHERD (Editors): Proceedings of the Third International Wheat Genetics Symposium. – Canberra.

– 1972: Protein Electrophoretic Profiles and the Origin of the B Genome of Wheat. – Proc. Nat. Acad. Sci. USA *69*, 1398–1402.

JOHNSON, B. L., 1972: Seed protein profiles and the origin of the hexaploid wheats. – Amer. J. Bot. *59*, 952–960.

– 1973: Protein elctrophoretic patterns and the evolution of *Triticum*. – Genetics *74*, s128.

– 1973: Seed protein patterns and the gene resources of wheat, pp. 153–164. In: Scarascia Mugnozza, G. T. (Edit.): Proceedings of the symposium on genetics and breeding of durum wheat. – Bari.

– 1975: Identification of the apparent B-genome donor of wheat. – Canad. J. Genet. Cytol. *17*, 21–39.

– 1976: Polyploid wheats and fraction 1 protein. – Science *192*, 1252.

JOHNSON, B. L., D. BARNHART and O. HALL, 1967: Analysis of genome and species relationship in the polyploid wheats by protein electrophoresis. – Amer. J. Bot. *54*, 1089–1098.

JOHNSON, B. L. and O. HALL, 1965: Analysis of phylogenetic affinities in the *Triticinae* by protein electrophoresis. – Amer. J. Bot. *52*, 506–513.

– 1966: Electrophoretic studies of species relationships in *Triticum*. – Acta Agric. Scand. *16* (Suppl.), 222–224.

JOHNSON, R. and G. KIMBER, 1967: Homoeologous pairing of a chromosome from *Agropyron elongatum* with those of *Triticum aestivum* and *Aegilops speltoides*. – Genet. Res. *10*, 63–71.

JOHNSON, V. A., P. J. MATTER, J. W. SCHMIDT and J. E. STROIKE, 1973: Genetic advances in wheat protein quantity and composition, pp. 547–556. In: SEARS, E. R. and L. M. S. SEARS (Editors): Proceedings of the Fourth International Wheat Genetics Symposium. – Columbia, Mo.

JONEAS, J. K. and B. N. MAJISU, 1968: The homoeology of *Aegilops mutica* chromosomes. – Canad. J. Genet. Cytol. *10*, 620–626.

JOSHI, M. G., 1973: Assessement of Relationship among Tetraploid *Triticum* Species through Diallel Cross Analysis. – Z. Pflanzenzüchtg. *69*, 231–238.

KAISER, B., 1975: Untersuchungen zur Blattanatomie bei Arten der Gattungen *Triticum* L. und *Aegilops* L. – Abschlußarbeit (Manuskr.), Agraringenieurschule Quedlinburg.

KASHIRI, M., 1974: Kreuzungsexperimente zwischen Weizen der Emmerreihe und *Aegilops*-Formen der *Sitopsis*-Gruppe sowie cytologische Analysen triploider $A_{Em.}$ $B_{Em.}$ $S_{Sit.}$-Bastarde. I. Ein Beitrag zur Phylogenie des Weizens. – Z. Pflanzenzüchtg. *73*, 217–232.

– 1974: Bedeutung von Weizen-*Aegilops*-Kreuzungen für die Verbesserung des Saatweizens. – Angew. Botanik *48*, 161–174.

KENT, N. L., 1966: Subaleurone endosperm cells of high protein content. – Cereal Chem. *43*, 585–601.

KENT, N. L. and C. R. JONES, 1952: The cellular structure of wheat flour. – Cereal Chem. *29*, 383–398.

KERBER, E. R., 1964: Wheat: reconstitution of the tetraploid component (AABB) of hexaploids. – Science *143*, 253–255.

KERBER, E. R. and P. L. DYCK, 1973: Inheritance of stem rust resistance transferred from diploid wheat (*Triticum monococcum*) to tetraploid and hexaploid wheat and chromosome location of the gene involved. – Canad. J. Genet. Cytol. *15*, 397–409.

KERBER, E. R. and G. G. ROWLAND, 1974: Origin of the three free threshing characters in hexaploid wheat. – Canad. J. Genet. Cytol. *16*, 145–154.

KERBER, E. R. and K. H. TIPPLES, 1969: Effects of the D-genome on milling and baking properties of wheat. – Canad. J. Plant Sci. *49*, 255–263.

KHAN, M. A. and S. TSUNODA, 1970: Classification of wild and cultivated wheat strains based on their leaf structures. – Tohoku J. agric. Res. *21*/3–4, 118–125.

– 1971: Comparative leaf anatomy of cultivated wheats and wild relatives with reference to their leaf photosynthetic rates. – Japan. J. Breed. *21*, 143–150.

KIHARA, H., 1924: Cytologische und genetische Studien bei wichtigen Getreidearten mit besonderer Rücksicht auf das Verhalten der Chromosomen und die Sterilität in den Bastarden. – Mem. Coll. Sci. Kyoto Imp. Univ., Ser. B, *1*, 1–200.

KIHARA, H., 1940: Verwandtschaft der *Aegilops*-Arten im Lichte der Genomanalyse. Ein Überblick. – Züchter *12*, 49–62.

– 1944: Die Entstehung der DD-Analysatoren beim Weizen. – Agr. Hort. Japan *19*, 889–890.

– 1945: Genomanalyse bei *Triticum* und *Aegilops*. IX. Systematischer Aufbau der Gattung *Aegilops* auf genomanalytischer Grundlage. – Cytologia *14*, 135–144.

– 1954: Considerations on the Evolution and Distribution of *Aegilops* Species Based on the Analyser-method. – Cytologia *19*, 336–357.

– 1965: The origin of wheat in the light of comparative genetics. – Japan J. Genet. *40*, 45–54.

– 1966: Factors affecting the evolution of common wheat. – Indian J. Genet. Plant Breed. *26* A (Symp. no.), 14–28.

– 1970: Considerations on the Cytoplasmatic Relationships among the *Triticum* Species. – Seiken Zihô *22*, 107–111.

– 1973: Characteristics of *Aegilops squarrosa* cytoplasm. – Seiken Zihô *24*, 5–9.

– 1975: Origin of cultivated plants with special reference to wheat. – Seiken Zihô *25/26*, 1–24.

KIHARA, H. and F. LILIENFELD, 1949: A new synthesis 6 x-wheat. – Proc. VIII. Intern. Congr. Genet., 1948, Stockholm. In: Hereditas, Suppl. *1*, 307–319.

KIHARA, H. and K. YAMASHITA, 1956: Wheat and its Relatives. – Wheat Inf. Serv., No. 4, Suppl. II, 16–24.

KIHARA, H., K. YAMASHITA and M. TANAKA, 1959: Genomes of 6 x species of *Aegilops*. – Wheat Inf. Serv., No. 8, 3–5.

KIMBER, G., 1966: Estimate of the Number of Genes involved in the Genetic Suppression of the Cytological Diploidisation of Wheat. – Nature *212*, 317–318.

– 1971: The evolution of chromosome-arm ratio in wheat. – Canad. J. Genet. Cytol. *13*, 404–409.

– 1973: The relationships of the S-genome diploids to polyploid wheats, pp. 81–85. In: SEARS, E. R. and L. M. S. SEARS (Editors): Proceedings of the Fourth International Wheat Genetics Symposium. – Columbia, Mo.

– 1974: A reassessment of the origin of the polyploid wheats. – Genetics *78*, 487–492.

KIMBER, G. and R. S. ATHWAL, 1972: A reassessment of the course of evolution of wheat. – Proc. Nat. Acad. Sci. USA *69*, 912–915.

KIMBER, G. and J. LARSEN, 1973: The B-genome of polyploid wheat. – Cereal Res. Comm. *1*, 17–26.

KISS, Á., 1971: How did wheat originate? – Acta Agron. Acad. Sci. Hung. *20*, 219–221.

KLEIN, G., 1974: Zur Nutzung der quantitativen Histochemie bei der Charakterisierung züchterisch bedeutsamer Genotypen des Getreides. – Arch. Züchtungsforsch. *4*, 179–190.

KOBREHEL, K. and M.-F. GAUTLER, 1974: Variability in peroxydase isozymes in wheat and related species. – Canad. J. Bot. *52*, 755–759.

KOKKONEN, P., 1931: Untersuchungen über die Wurzeln der Getreidepflanzen. – Acta Forestalia Fennica *37*, 1–144.

KONAREV, V. G. i T. I. PENEVA, 1975: Gliadiny égilopsov sekcii *Sitopsis* (Jaub. et Spach.) Zhuk. i struktura genoma S (B). – Sel'skochoz. biol. *10*, 211–219.

KONAREV, V. G., I. P. GAVRILJUK, T. I. PENEVA, A. V. KONAREV, A. G. CHAKIMOVA i É. F. MIGUŠOVA, 1976: O prirode i proischoždenii genomov pšenicy po dannym biochimii i immunochimii belkov zerna. – Sel'skochoz. biol. *11*, 656–665.

KOSTOFF, D., 1936: The genoms of *Triticum Timopheevi* ZHUK., *Secale cereale* L., and *Haynaldia villosa* SCHUR – Z. induktive Abstammungs-Vererbungslehre *72*, 115–118.

KOSTOFF, D., 1937: Studies on the polyploid plants. XI. Amphidiploid *Triticum Timopheevi* ZHUK. x *Triticum monococcum* L. – Z. Pflanzenzüchtg. *21*, 41–45.

KRANZ, A. R., 1966: Stoffproduktion und Assimilationsleistung in der Evolution der Kulturpflanzen. II. Versuchsergebnisse und zusammenfassende Diskussion. – Biol. Zbl. *85*, 681–734.

– 1967: Assimilationsleistung und Evolution des Weizens. – Ber. Dt. Bot. Ges. *80*, 119–123.

KRAUSS, L., 1933: Entwicklungsgeschichte der Früchte von *Hordeum, Triticum, Bromus* und *Poa* mit besonderer Berücksichtigung ihrer Samenschalen. – PRINGSHEIM's Jb. wiss. Bot. *77*, 733–808.

KUCKUCK, H., 1959: Neuere Arbeiten zur Entstehung der hexaploiden Kulturweizen. – Z. Pflanzenzüchtg. *41*, 205–226.

– 1964: Experimentelle Untersuchungen zur Entstehung der Kulturweizen. I. – Z. Pflanzenzüchtg. *51*, 97–140.

– 1971: *T. carthlicum* – direct progenitor of vulgare? – Acta Agron. Acad. Sci. Hung. *20*, 223–224.

KUCKUCK, H. und R. PETERS, 1964: Experimentelle Untersuchungen zur Entstehung der Kulturweizen. II. – Z. Pflanzenzüchtg. *51*, 215–228.

KUCKUCK, H. und E. SCHIEMANN, 1957: Über das Vorkommen von Spelz und Emmer (*Triticum spelta* L. und *Tr. dicoccum* SCHÜBL.) im Iran. – Z. Pflanzenzüchtg. *38*, 383–396.

LARSEN, J. and G. KIMBER, 1973: The effect of the genotype of Triticum speltoides on the pairing of homolog chromosomes. – Canad. J. Genet. Cytol. *15*, 233–236.

LAWRENCE, J. M., K. M. DAY, E. HUEY and B. LEE, 1958: Lysine content of wheat varieties, species, and related genera. – Cereal Chem. *35*, 169–178.

LILIENFELD, F. A., 1952: H. KIHARA: Genome Analysis in *Triticum* and *Aegilops*. X. Concluding Review. – Cytologia *16*, 101–123.

LILIENFELD, F. A. und H. KIHARA, 1934: Genomanalyse bei *Triticum* und *Aegilops*. V. *Triticum timopheevi* ZHUK. – Cytologia *6*, 87–122.

LINSER, H. und H. KÜHN, 1964: Die Wirkung von Chlorcholinchlorid (CCC) auf Halmverkürzung, Ertrag und Stickstoffaufnahme bei verschiedenen Winterweizensorten im Gefäßversuch. – Z. Acker-Pflanzenbau *120*, 1–16.

LUPTON, F. G. H. and M. J. PINTHUS, 1969: Carbohydrate Translocation from Small Tillers to Spike-producing Shoots in Wheat. – Nature *221*, 483–484.

MAAN, S. S., 1973: Cytoplasmatic and cytogenetic relationships among tetraploid *Triticum* species. – Euphytica *22*, 287–300.

MAAN, S. S. and K. A. LUCKEN, 1968: Cytoplasmatic Male Sterility and Fertility Restoration in *Triticum* L., pp. 135–140. In: FINLAY, K. W. and K. W. SHEPHERD (Editors): Proceedings of the Third Internationale Wheat Genetics Symposium. – Canberra.

– 1971: Nucleo-Cytoplasmic Interactions Involving *Aegilops* Cytoplasm and *Triticum* Genomes. – J. Heredity *62*, 149–152.

MAC KEY, J., 1954: Neutron and X-ray experiments in wheat and a revision of the speltoid problem. – Hereditas *40*, 65–180.

– 1954: The taxonomy of hexaploid wheat. – Svensk Bot. Tidskr. *48*, 579–590.

– 1966: Species relationship in *Triticum*. – Hereditas, Suppl. *2*, 237–276.

– 1968: Relationships in the *Triticinae*, pp. 39–50. In: FINLAY, K. W. and K. W. SHEPHERD (Editors): Proceedings of the Third International Wheat Genetics Symposium. – Canberra.

– 1971: Is *T. dicoccoides* different from *T. dicoccum*?. – Acta Agron. Acad. Sci. Hung. *20*, 211–212.

MÁNDY, GY., 1970: New concept of the origin of *Triticum* L. – Acta Agron. Acad. Sci. Hung. *19*, 413–417.

MATSUMURA, S., M. NEZU and Y. KOSHIBA, 1956: Genome analysis of *Triticum georgicum*. – Wheat Inf. Serv., No. 7, 7–8.

MCFADDEN, E. S. and E. R. SEARS, 1944: The artificial synthesis of *Triticum spelta*. – Rec. Genet. Soc. Amer. *13*, 26–27.

– 1946: The Origin of *Triticum Spelta* and its Free-Threshing Hexaploid Relatives. – J. Heredity *37*, 81–89, 107–116.

MCINTOSH, R. A., 1973: A catalogue of gene symbols for wheat, pp. 893–937. In: SEARS, E. R. and L. M. S. SEARS (Editors): Proceedings of the Fourth International Wheat Genetics Symposium. – Columbia, Mo.

MCNEAL, F. H. and D. J. DAVIS, 1966: Protein content of wheat kernels from different parts of the spike. – Agronomy J. *58*, 635–636.

MELLO-SAMPAYO, T., 1971: Promotion of homoeologous pairing in hybrids of *Triticum aestivum* x *Aegilops longissima*. – Genet. Iberica *23*, 1–9.

MENABDE, V., 1971: Has only *Ae. squarrosa* monopoly role in the formation of hexaploid wheats?. – Acta Agr. Acad. Sci. Hung. *20*, 212–219.

METCALFE, C. R., 1960: Anatomy of the monocotyledons. I. Gramineae. – Oxford.

METTIN, D., 1964: On the intraspecific variability of baking quality components in Einkorn-wheats, *Aegilops speltoides* and *Aegilops squarrosa*. – Wheat Inf. Serv., No. 17–18, 17–19.

MIGUŠOVA, Ė. F. i L. A. SMEL'COVA, 1970: Pšenicy s genom Ġ v uslovijach orošenija. – Trudy prikl. bot., genet. selekc. *41*/3, 154–165.

MIGUŠOVA, Ė. F. i P. M. ŽUKOVSKIJ, 1969: K poznaniju pšenicy *Triticum ispahanicum* Heslot. – Trudy prikl. bot., genet. selekc. *39*/3, 71–90.

MITRA, R. and C. R. BHATIA, 1973: Repeated and non-repeated nucleotide sequences in diploid and polyploid species. – Heredity *31*, 251–262.

MORITZ, C., 1970: Die Bedeutung einzelner Pflanzenorgane für die Ertragsbildung bei Weizen. – Ber. Pflanzenzüchter *3*, 11–18.

MORRIS, R. and E. R. SEARS, 1967: The Cytogenetics of Wheat and Its Relatives, pp. 19–87. In: QUISENBERRY, K. S. and L. P. REITZ (Editors): Wheat and Wheat Improvement. – Madison, Wisc.

MORRISON, I. N., 1975: Ultrastructure of the cuticular membranes of the developing wheat grain. – Canad. J. Bot. *53*, 2077–2087.

MOLDENHAVER, K., 1914: Die Gefäßbündelzahl und ihre Bedeutung für die Lagerung des Getreides. – Z. landw. Versuchsw. Österr. *17*, 886–891.

MURAMATSU, M., 1963: Dosage effect of the spelta gene q of hexaploid wheat. – Genetics *48*, 469–482.

NAINAWATEE, H. S. and N. B. DAS, 1972: Species relationship in *Triticum* by protein electrophoresis. – Curr. Sci. *41*, 778–779.

NAKAI, Y., 1972: Isozymes of Ae. triuncialis and its parental species. – Wheat Inf. Serv., No. 33–34, 15–19.

– 1973: Isozyme variations in *Aegilops* and *Triticum*. II. Esterase and acid phosphatase isozymes studied by the gel isoelectrofocusing method. – Seiken Zihô *24*, 45–73.

NATARAJAN, A. T. and N. P. SARMA, 1974: Chromosome banding pattern and the origin of the B genome in wheat. – Genet. Res. *24*, 103–108.

NIKOLAEVSKIJ, V. G., 1972: Puti specializacii struktury lista u zlakov triby *Triticeae* DUM. – Bjull. Moskovsk. obščestva isp. prirody otd. biol. *77*/5, 103–114.

OKAMOTO, M., 1962: Identification of the chromosomes of common wheat belonging to the A and B genomes. – Canad. J. Genet. Cytol. *4*, 31–37.

PATHAK, G. N., 1940: Studies in the cytology of cereals. J. Genet. *39*, 437–467.

PATRICK, J. W., 1972: Vascular system of the stem of the wheat plant. I. –II. – Austr. J. Bot. *20*, 49–78.

PATRICK, J. W. 1972: Distribution of assimilate during stem elongation in wheat. – Austr. J. biol. Sci. *25*, 455–467.

PEDINGTON, C. and H. REES, 1970: Chromosome weights and measures in the *Triticinae*. – Heredity *25*, 195–205.

PERCIVAL, J., 1921: The wheat plant. – London.

PENEVA, T. I., 1973: Komponentnyj sostav gliadinov égilopsov gruppy *Sitopsis* v sopostavlenii s gliadinami pšenic. – Bjull. VIR (Leningrad), vyp. 32,81–85.

PETROVA, L. P., 1958: Razvitie i anatomo-morfologičeskie osobennosti cvetkovych češuj u *Triticum*. – Bot. Žurnal *43*, 1160–1169.

PISSAREK, H.-P., 1971: Untersuchungen über Bau und Funktion der Gramineen-Lodiculae. – Beitr. Biol. Pflanzen *47*, 313–370.

POMERANZ, Y. and J. A. SHELLENBERGER, 1961: Histochemical Characterizations of Wheat and Wheat Products. II. Mapping of Protein Distribution in the Wheat Kernel. – Cereal Chem. *38*, 109–113.

PRASAD, M. V. R., 1972: Studies on induced mutants with reference to species relationships on some tetraploid Triticums. – Theor. Appl. Genet. *42*, 160–167.

RAWSON, H. M. and L. T. EVANS, 1970: The pattern of grain growth within the ear of wheat. – Austral. J. biol. Sci. *23*, 753–764.

RAWSON, H. M. and G. HOFSTRA, 1969: Translocation and remobilization of ^{14}C assimilated at different stages by each leaf of the wheat plant. – Austral. J. biol. Sci. *22*, 321–333.

REEDER, J. R. and K. von MALTZAHN, 1953: Taxonomic significance of root hair development in the *Gramineae*. – Proc. Nat. Acad. Sci. USA *39*, 593–598.

REES, H. and M. R. WALTERS, 1965: Nuclear DNA and the evolution of wheat. – Heredity *20*, 73–82.

RILEY, R., 1965: Cytogenetics and Evolution of Wheat, pp. 103–122. In: HUTCHINSON, J. (Edit.): Essays on Crop Plant Evolution. – London.

RILEY, R. and V. CHAPMAN, 1960: The D genome of hexaploid wheat. – Wheat Inf. Serv., No. 11, 18–19.

– 1966: Estimates of the homoeology of wheat chromosomes by measurement of differential affinity at meiosis, pp. 46–58. In: RILEY, R. and K. R. LEWIS (Editors): Chromosome Manipulations and Plant Genetics. – Edinburgh.

RILEY, R., V. CHAPMAN and G. KIMBER, 1960: Position of the gene determining the diploid-like meiotic behaviour of wheat. – Nature *183*, 1244–1246.

RILEY, R., H. COUCOLI and V. CHAPMAN, 1967: Chromosomal interchanges and the phylogeny of wheat. – Heredity *22*, 233–247.

RILEY, R., J. UNRAU and V. CHAPMAN, 1958: Evidence on the Origin of the B-Genome of Wheat. – J. Heredity *49*, 91–98.

ROHRLICH, M. und K. FRIEDEL, 1972: Das Eiweiß der Aleuronzellen des Weizens. – Naturwissenschaften *59*, 216–217.

ROTH, I., 1956: Histogenese und Entwicklungsgeschichte des *Triticum*-Embryos. – Flora (Jena) *144*, 163–212.

ROTHMALER, W., 1955: Zur Fruchtmorphologie der Weizen-Arten (*Triticum* L.). – Feddes Repert. *57*, 209–216.

ROVENSKÁ, B.,1963: Zur Frage des Verwachsens der Fruchthülle und der Samenschale in den Getreidekörnern des Weizens. – Biol. Plant. *5*, 161–165.

– 1968: Anatomický atlas pšenice. – Praha.

– 1973a: A comparison of anatomical features of different wheat and rye varieties. – Acta Agrobot. *26*, 311–320.

– 1973b: Anatomický atlas žita. – Praha.

ROW, H. C. and J. R. REEDER, 1957: Root hair development as evidence of relationships among genera of Gramineae. – Amer. J. Bot. *44*, 596–601.

RUDOLPH, A., P. HANELT, CH. LEHMANN, K. MÜNTZ und F. SCHOLZ, 1975: Protein-screening am Weizen- und Ackerbohnen-Sortiment in Gatersleben. – Nahrung *19*, 793–807.

SACHS, L., 1953: The occurrence of hybrid semi-lethals and the cytology of *Triticum macha* and *Triticum vavilovi*. – J. agric. Sci. *43*, 204–213.

– 1953: Chromosome behaviour in species hybrid with *Triticum timopheevi*. – Heredity *7*, 49–58.

SAKAMURA, T., 1918: Kurze Mitteilungen über die Chromosomenzahlen und die Verwandtschaftsverhältnisse der *Triticum*-Arten. – Bot. Mag. (Tokyo) *32*.

SANDSTEDT, R. M., 1946: Photomicrographic studies of wheat starch. I. Development of the starch granules. – Cereal Chem. *23*, 337–359.

SARKAR, P. and G. L. STEBBINS, 1956: Morphological Evidence concerning the Origin of the B-Genome in Wheat. – Amer. J. Bot. *43*, 297–304.

SASS, J. E., 1961: Botanical Microtechnique. – Iowa (3. Aufl).

SAX, K., 1918: The behaviour of the chromosomes in fertilization. – Genetics *3*, 309–327.

SCHIEMANN, E., 1932: Pfahlbauweizen – Historisches und Phylogenetisches. – Z. Pflanzenzüchtg. *17*, 36–54.

– 1940: Weizenstammbäume. – Engler's bot. Jb. *71*, 1–31.

– 1947: Über MCFADDEN-SEARS's Theorie zur Phylogenie des Weizens. – Züchter *17/18*, 385–391.

– 1951: New results on the history of cultivated cereals. – Heredity *5*, 305–320.

SCHMALZ, H., 1969: Die Reaktion von Winterweizensorten bzw. -stämmen auf eine Chlorcholinchlorid (CCC)-Behandlung hinsichtlich Halmlängenreduktion, Standfestigkeitsverbesserung, Ertrag und Ertragsaufbau. – Ber. Pflanzenzüchter *1968*, 48–52.

SCHMALZ, H., C. GRUMMT, G. JERUZEL und S. STOLBERG, 1971: Die Reaktion von chlorophyllhaltigen bzw. chlorophyllfreien Weizenkeimpflanzen auf eine Chlorcholinchlorid (CCC)-Applikation. – Arch. Züchtungsforsch. *1*, 163–166.

SCHRÖDER, E., 1931: Anatomische Untersuchungen an den Spindeln der *Triticum*- und *Aegilops*arten zur Gewinnung neuer Gesichtspunkte für die Abstammung und Systematik der *Triticum*arten. – Beih. Bot. Zentralbl., Abt. 2, *48*, 333–403.

SCHULZ, A., 1913: Die Geschichte der kultivierten Getreide. – Halle.

SEARS, E. R., 1941 a: Amphidiploids in the seven-chromosome *Triticinae*. – Mo. Agr. Exp. Sta., Bull. No. 336, 1–46.

– 1941 b: Chromosome pairing and fertility in hybrids and amphidiploids in the *Triticinae*. – Mo. Agr. Exp. Sta., Bull. No. 337, 1–20.

– 1944: Inviability of intergeneric hybrids involving *Triticum monococcum* and *T. aegilopoides*. – Genetics *29*, 113–127.

– 1948: The cytology and genetics of the wheats and their relatives. – Adv. Genet. *2*, 239–270.

– 1956: The B genome of *Triticum*. – Wheat Inf. Serv., No. 4, 8–10.

– 1959: The Systematics, Cytology and Genetics of Wheat, pp. 164–187. In: ROEMER, TH. und W. RUDORF: Handbuch der Pflanzenzüchtung *2*. – Berlin, Hamburg (2. Aufl.).

– 1966: Nullisomic-tetrasomic Combinations in Hexaploid Wheat, pp. 29–45. In: RILEY, R. and K. R. LEWIS (Editors): Chromosome Manipulations and Plant Genetics. – New York.

– 1969: Wheat cytogenetics. – Ann. Rev. Genet. *3*, 451–468.

– 1975: A *Triticum timopheevi* chromosome homoeologous to *T. aestivum* chromosome 6B. – Abstracts of the papers presented at the XII International Botanical Congress (Leningrad) II, 512.

SEHNALOVA, J., 1973: Klič k určeni pestovaných i planých druhů pšenic (*Triticum* L.). – Gen. šlechtění *9*, 303–310.

SEMENOVA, L. V., É. F. MIGUŠOVA i É. P. DEVJATKINA, 1973: Kačestvo zerna sorodiča pšenicy – égilopsa. – Trudy prikl. bot. genet. selekc. *50*/1, 216–226.

SHANDS, H. L. and G. KIMBER, 1973: Reallocation of the genomes of *Triticum timopheevi* ZHUK., pp. 101–108. In: SEARS, E. R. and L. M. S. SEARS (Editors): Proceedings of the Fourth International Wheat Genetics Symposium. – Columbia, Mo.

SIDDIQUI, K. A. and J. K. JONES, 1968: Chromosome pairing in pentaploid hybrids involving *T. durum*, *Ae. squarrosa* and *Ae. bicornis*. – Caryologia *21*, 339–342.

SING, C. F. and G. J. BREWER, 1969: Isozymes of a polyploid series of wheat. – Genetics *61*, 391–398.

SINSKAJA, E. N., 1955: Proischoždenie pšenicy, pp. 5–72. In: ŽUKOVSKIJ, P. M. (Edit.): Problemy botaniki *2*. – Moskva, Leningrad.

– 1969: Istoričeskaja geografija kul'turnoj flory. – Lenigrad.

SMITH, D. B. and R. B. FLAVELL, 1975: Characterization of the wheat genome by renaturation kinetics. – Chromosoma *50*, 223–242.

STÅLFELT, M. G., 1935: Die Transpiration und Kohlensäureassimilation bei Blättern und Stroh des Hafers. – Angew. Botanik *17*, 157–190.

STEVENS, D. J., 1973: The Aleurone Layer of Wheat. III. Isolation and scanning electron microscope examination of the layer and of its component parts. – J. Sci. Food Agric. *24*, 307–317.

STIEBER, J., 1972: Comparative analysis of wheat straw by the method of quantitative anatomy. – Acta Agron. Acad. Sci. Hung. *21*, 345–357.

STOY, V., 1963: The translocation of C^{14}-labelled photosynthetic products from the leaf to the ear in wheat. – Physiol. Plant. *16*, 851–866.

SUEMOTO, H., 1968: The Origin of the Cytoplasm of Tetraploid Wheats, pp. 141–152. In: FINLAY, K. W. and K. W. SHEPHERD (Editors): Proceedings of the Third International Wheat Genetics Symposium. – Canberra.

SWAMINATHAN, M. S. and M. V. P. RAO, 1961: Macro-mutations and subspecific differentiation in *Triticum*. – Wheat Inf. Serv., No. 13. 9–11.

SZYNAL, T., 1963: Delsze badania morfologiczne i anatomiczne nad systemem korzeniowym roslin jednoliściennych. – Ann. Univ. MARIAE CURIE-SKŁODOWSKA Sect. E *18*, 165–195.

TANAKA, M., 1965: Phylogenetic relationship and species differentiation in genus *Triticum*. – Mem. Coll. Agric., Kyoto Univ., Japan, No. 87, 1–30.

TANAKA, M. and H. ISHII, 1973: Cytogenetical evidence on the speciation of wild tetraploid wheats collected in Iraq, Turkey, and Iran, pp. 115–121. In: SEARS, E. R. and L. M. S. SEARS (Editors): Proceedings of the Fourth International Wheat Genetics Symposium. – Columbia, Mo.

TANAKA, M. and S. ISHIKAWA, 1972: Cytogenetical relationships of two types of *Triticum araraticum* JAKUBZ. to other tetraploid wheat species. – Japan J. Genet. *47*, 103–114.

TAVČAR, A. i V. KENDELIĆ, 1966: Svojstva korjenja sijanaca uzgojenih u platnenim smocina-indikatori rasta biljaka u poljskim uvjetima. – Arhiv poljopr. nauke (Beograd) *66*, 151–157.

– 1969: Development of root in 14–day–old wheat plants in relation to some useful characters of the adult plants. – Contemporary Agriculture *17*/11–12, 53–58.

TAVRIN, Ė. V., 1964: K proischoždeniju vida *Triticum zhukovskyi* MEN. et Er. – Trudy prikl. bot. genet. selekc. *36*/1, 89–96.

TEARE, I. D., C. J. PETERSON and A. G. LAW, 1971: Size and frequency of leaf stomata in cultivars of *Triticum aestivum* and other *Triticum* species. – Crop Sci. *11*, 496–498.

TJUTEREV, S. L., Z. V. ČMELEVA, I. I. MOJSA i V. F. DOROFEEV, 1973: Isučenie soderžanija belka i nezamenimych aminokislot v zerne vidov pšenicy i ee dikich sorodičej. – Trudy prikl. bot. genet. selekc. *52*/1, 22–241.

TORRENS, M. A. and G. E. HART, 1974: Developmental specifity and evolution of the acid phosphatase isozymes of *Triticum aestivum* and its progenitor species. – Genetics *77*, Suppl., No. 1/2, s66.

TROLL, W., 1949: Über die Grundbegriffe der Wurzelmorphologie. – Österr. Bot. Z. *96*, 444–452.

TSCHERMAK, E. VON, 1914: Die Verwertung der Bastardierung für phylogenetische Fragen in der Getreidegruppe. – Z. Pflanzenzüchtg. *2*, 291–312.

TSUNEWAKI, K., 1968: Origin and Phylogenetic Differentiation of Common Wheat Revealed by Comparative Gene Analysis, pp. 71–85. In: FINLAY, K. W. and K. W. SHEPHERD (Editors): Proceedings of the Third International Wheat Genetics Symposium. – Canberra.

TUAN, H.-C., L. C. HSU, P.-Y. TSO and W.-L. HUNG, 1974: Studies on the leaf cells of wheat. The ontogeny of winter wheat and variations in the structure of the mesophyll and many other types of cells. – Acta Bot. Sinica *16*/3, 262 (Abstracts).

TUMANJAN, M. G., 1937: The occurrence in nature of polyploid mutations in wild monococcal wheat. – Doklady Akad. Nauk SSSR *16*, 325–327.

TZVELEV, N. N., 1973: Conspectus specierum tribus *Triticinae* Dum. familiae Poaceae in flora URSS. – Novosti sistematiki vysšich rastenij *10*, 19–59.

UDAČIN, R. A. i Ė. F. MIGUŠOVA, 1970: Novoe v poznanii roda *Triticum* L. – Vestnik sel'-skochoz. nauki *15*/9, 20–24.

UDAČIN, R. A. i I. S. ŠACHMEDOV, 1974: K poznaniju vida *Triticum sphaerococcum* PERC. – Bjull. VIR (Leningrad), vyp. 46, 19–25.

UPADHYA, M. D., 1967: Genomic constitution of *Triticum ispahanicum* HESLOT. – Wheat Inf. Serv., No. 23–24, 1–2.

UPADHYA, M. and M. S. SWAMINATHAN, 1961: Karyotype of *Triticum zhukovskyi* MEN. et ER. – Wheat Inf. Serv., No. 13, 9.

– 1963: Genome analysis in *Triticum zhukovskyi*, a new hexaploid wheat. – Chromosoma *14*, 589–600.

– 1963: Desoxyribonucleic acid and the ancestry of wheat. – Nature *200*, 713–714.

VARDI, A., 1974: Introgression from tetraploid durum wheat to diploid *Aegilops longissima* and *Aegilops speltoides*. – Heredity *32*, 171–181.

VAVILOV, N., 1925: Studies on the origin of cultivated plants. – Trudy prikl. bot. genet. *15*, 139–245.

VOLDENG, H. D. and G. M. SIMPSON, 1967: The relationship between photosynthetic area and grain yield per plant in wheat. – Canad. J. Plant Sci. *47*, 359–365.

WAGENAAR, E. B., 1961: Studies on the genome constitution of *Triticum timopheevi* ZHUK. I. Evidence for genetic control of meiotic irregularities in tetraploid hybrids. – Canad. J. Genet. Cytol. *3*, 47–60.

– 1966: Studies on the genome constitution of *Triticum timopheevi* ZHUK. II. The *Triticum timopheevi* complex and its origin. – Evolution *20*, 150–164.

– 1970: Studies on the genome constitution of *Triticum timopheevi* ZHUK. III. Segregation of meiotic chromosome behaviour in backcross generations. – Canad. J. Genet. Cytol. *12*, 347–355.

WAINES, J. G., 1969: Electrophoretic-systematic studies in *Aegilops*. – Ph. D. Thesis, University of California, Riverside, Calif.

– 1971: What do we not know about wheat evolution?. – Acta Agric. Acad. Sci. Hung. *20*, 204–207.

WAINES, J. G. and B. L. JOHNSON, 1971: New protein bands in an amphiploid of *Aegilops caudata* and *Ae. umbellulata*. – Wheat Inf. Serv., No. 32, 22–24.

– 1972: Genetic differences between *Aegilops longissima, A. sharonensis* and *A. bicornis*. – Canad. J. Genet. Cytol. *14*, 411–416.

– 1975: Incomplete concurrence of evidence from protein electrophoresis and genome analysis regarding the origin of *Aegilops ovata*. – Canad. J. Genet. Cytol. *17*, 1–8.

WAINES, J. G. and G. KIMBER, 1973: Satellite number and size in *Triticum monococcum* L. and the evolution of the polyploid wheats. – Canad. J. Genet. Cytol. *15*, 117–122.

Washington, W. J., 1971: Homoeoallelism in *Triticum aestivum*. – Canad. J. Genet. Cytol. *13*, 169–172.

Williams, D. B., 1971: Protein Heterogeneity and Polyploid Evolution in *Aegilops* L. – Ph. D. Thesis, University of California Riverside, Calif.

Woessner, E., 1970: Astrablau – Safranin – noch einfacher. – Mikrokosmos *59*, 31–32.

Wolf, G. and B. Lerch, 1974: Genome analysis in the *Triticinae* using isoenzymes of phosphordiesterase. – Wheat Inf. Serv., No. 38, 17–19.

Yakubtsiner, M. siehe Jakubziner, M. M.

Yamashita, K., 1965: Origin of Cultivated Wheats, pp. 305–313. In: Livermore, A. H. (Edit.): Science in Japan (Symp. 1963). – Washington, D. C.

Zade, A., 1914: Serologische Studien von Leguminosen und Gramineen – Z. Pflanzenzüchtg. *2*, 101.

Zee, S.-Y. and T. P. O'Brien, 1970: Studies on the ontogeny of the pigment strand in the caryopsis of wheat. – Austr. J. biol. Sci. *23*, 1153–1171.

Zhebrak, A., 1944: Synthesis of new species of wheats. – Nature *153*, 549–551.

Zohary, D. and M. Feldman, 1962: Hybridization between amphidiploids and the evolution of polyploids in the wheat (*Aegilops – Triticum*) group. – Evolution *16*, 44–61.

Zoz, N. N., A. G. Chakimova and V. K. Ščerbakov, 1975: Sferokokkoidnye mutanty mjagkoj pšenicy o svjazi s voprosami taksonomii i evoljucii. – Sel'skochoz. biol. *10*, 703–709.

Žukovskij, P. M., 1928: Kritiko-sistematičeskij obzor vidov roda *Aegilops* L. – Trudy prikl. bot., genet. selekc. *18*, 417–609.

– 1944: Ėtjudy v oblasti gibridizacii, immuniteta i transplantacii rastenij. – Trudy Sel'skochoz. akad. im. K. A. Timirjazeva *6*.

– 1971: Kul'turnye rastenija i ich sorodiči. – Leningrad.

Žukovskij, P. M. i Ė. F. Migušova, 1969: Naibolee vysokoimmunyj ėndemičnyj genofond dlja vyvedenija ustojčivych sortov pšenicy putem otdalennoj gibridizacii. – Vestnik sel'skochoz. nauki *14*/2, 9–20.

Tabelle 1 Wurzelmerkmale

A. *Triticum*	A *boeo*	*urar*	*mono*	AAGG *timm*	AABG *sovi*	*fung*
1. Typ Endodermis-verdick.	O	O	O	G	G	G
2. Auftreten radial gestreckter Endod.zellen	meist	meist	meist	selten	selten	selten
3. Tendenz zur allseitigen Endodermiswand-verdick.						
4. Vorkommen mehrf. Zentr.gefäße proximal	selten	manchm.	manchm.	selten	manchm.	manchm.
5. Mittl. Zentralgefäße im prox. Wurzelteil	s. selt.	–	–	–	–	–
6. Zentrales Grundgew. d. Z.zylinders unverdickt	manchm.	oft	oft	–	–	–
7. Vorkommen periendodermaler Sklerenchymring	–	–	–	–	–	–
8. Anzahl Perizykelzelllagen extrem proximal	2 – 3	2 – 3	2	2 – 3	2 – 3	2 – 4
9. Anzahl Perizykelzelllagen distal	1	1	1	1	1	1
10. Leitzylinderdurchm. extrem proximal (μm)	360 – 430	290 – 530	310 – 520	(490)	(405)	(495)
11. Leitzylinderdurchmesser 5–20 cm von Ansatz der Wurzel am Sproß (μm)	210 – 305	290 – 365	195 – 250	(290)	(290)	(280)

A. *Triticum*	AG *arar*	*timi*	AAG *zhuk*	AB *turg*	*dics*	*tura*
1. Typ Endodermis-verdick.	G	G	G	C	C	C
2. Auftreten radial gestreckter Endod.zellen	manchm.	meist	selten	selten	manchm.	manchm.
3. Tendenz zur allseitigen Endodermiswand-verdick.				selten	manchm.	selten
4. Vorkommen mehrf. Zentr.gefäße proximal	oft	manchm.	selten	oft	oft	meist
5. Mittl. Zentralgefäße im prox. Wurzelteil	–	–	–	–	–	–
6. Zentrales Grundgew. d. Z.zylinders unverdickt	–	selten	–	–	–	–
7. Vorkommen periendodermaler Sklerenchymring	–	–	–	–	–	–
8. Anzahl Perizykelzelllagen extrem proximal	2 – 3	2 – 3	1	2 – 3	2 – 3	2 – 4
9. Anzahl Perizykelzelllagen distal	1	1	1	1	1	1

A. *Triticum*	AG *arar*	*timi*	AAG *zhuk*	AB *turg*	*dics*	*tura*
10. Leitzylinderdurchm. extrem proximal (µm)	330 – 370	400 – 600	(430)	340 – 510	250 – 510	380 – 485
11. Leitzylinderdurchmesser 5–20 cm von Ansatz der Wurzel am Sproß (µm)	220 – 280	280 – 390	(340)	210 – 310	170 – 265	215 – 310

A. *Triticum*	*polo*	*ispa*	*dicn*	*cart*	*duru*	*kara*
1. Typ Endodermisverdick.	C	C	C	C	C	C
2. Auftreten radial gestreckter Endod.zellen	selten	manchm.	manchm.	selten	oft	manchm.
3. Tendenz zur allseitigen Endodermiswandverdick.	manchm.	manchm.	manchm.	manchm.	selten	manchm.
4. Vorkommen mehrf. Zentr.gefäße proximal	manchm.	selten	oft	selten	meist	oft
5. Mittl. Zentralgefäße im prox. Wurzelteil	–	s. selten	–	–	–	–
6. Zentrales Grundgew. d. Z.zylinders unverdickt	–	–	–	–	selten	–
7. Vorkommen periendodermaler Sklerenchymring	–	–	–	–	–	–
8. Anzahl Perizykelzelllagen extrem proximal	2	2 – 3	2	1 – 2	2 – 3	1
9. Anzahl Perizykelzelllagen distal	1	1	1	1	1	1
10. Leitzylinderdurchm. extrem proximal (µm)	300 – 475	250 – 450	300 – 470	290 – 430	325 – 485	360 – 430
11. Leitzylinderdurchmesser 5–20 cm von Ansatz der Wurzel am Sproß (µm)	200 – 260	200 – 330	215 – 310	160 – 240	175 – 290	220 – 270

A. *Triticum*	ABD *spha*	*mach*	*ampl*	*vavi*	*spea*	*aest*
1. Typ Endodermisverdick.	C	C	C	C	C	C
2. Auftreten radial gestreckter Endod.zellen	manchm.	selten	manchm.	selten	selten	manchm.
3. Tendenz zur allseitigen Endodermiswandverdick.	–	selten	s. selten	selten	selten	selten
4. Vorkommen mehrf. Zentr.gefäße proximal	manchm.	manchm.	manchm.	selten	manchm.	selten
5. Mittl. Zentralgefäße im prox. Wurzelteil	s. selten	–	–	–	–	–
6. Zentrales Grundgew. d. Z.zylinders unverdickt	–	–	–	–	s. selten	–

A. *Triticum*	ABD *spha*	*mach*	*ampl*	*vavi*	*spea*	*aest*
7. Vorkommen periendodermaler Sklerenchymring	–	–	–	–	–	–
8. Anzahl Perizykelzelllagen extrem proximal	2	2–3	2–3	2–3	2–3	2–3
9. Anzahl Perizykelzelllagen distal	1	1	1	1	1	1
10. Leitzylinderdurchm. extrem proximal (µm)	230–485	425–550	495–650	(315–330)	310–400	320–440
11. Leitzylinderdurchmesser 5–20 cm von Ansatz der Wurzel am Sproß (µm)	185–320	230–320	230–340	(210–220)	250–270	185–290

B. *Aegilops*	*Comopyrum* Mᵘ *unia*	 M *como*	 M *held*	*Cylindropyrum* C *caud*	 CD *cyli*	*Amblyop.* Mt *muti*
1. Typ Endodermisverdick.	C	C	C	C	C	C
2. Tendenz zur allseitigen Endodermiswandverdick.	oft	oft	meist	oft	manchm.	s. selten
3. Auftreten radial gestreckter Endod.zellen	oft	manchm.	manchm.	oft	oft	selten
4. Vorkommen mehrf. Zentr.gefäße proximal	oft	–	selten	oft	manchm.	meist
5. Mittlere Zentralgefäße im proxim. Wurzelteil	s. selten	–	–	selten	–	–
6. Zentrales Grundgewebe d. Z.zylinders unverdickt	–	–	–	–	–	–
7. Vorkommen periendodermaler Sklerenchymring	–	–	–	–	–	–
8. Anzahl Perizykelzelllagen extrem proximal	2–3	2	2–3	2–3	2	2
9. Anzahl Perizykelzelllagen distal	1	1	1	1	1	1
10. Leitzylinderdurchmesser extrem proximal (µm)	280–390	(320)	(360)	270–430	310–340	300–320
11. Leitzylinderdurchmesser 5–20 cm von Ansatz der Wurzel am Sproß (µm)	170–280	(285)	(220–250)	240–340	160–320	260

B. *Aegilops*	*Vertebrata* D *taus*	DM^u *vent*	DM^cr *cras* 4x	DD^2M^cr *cras* 6x	DC^uM^j *juve*	*Aegilops* C^u *umbe*
1. Typ Endodermis-verdick.	C	C	C	C	C	C
2. Tendenz zur allseitigen Endodermiswand-verdick.	selten	selten	s. selt.	s. selt.	selten	manchm.
3. Auftreten radial gestreckter Endod.zellen	selten	oft	manchm.	selten	manchm.	oft
4. Vorkommen mehrf. Zentr.gefäße proximal	meist	manchm.	oft	oft	meist	oft
5. Mittlere Zentralgefäße in prox. Wurzelteil	–	–	–	s. selten	–	selten
6. Zentrales Grundgewebe d. Z.zylinders unverdickt	–	–	–	–	–	–
7. Vorkommen periendodermaler Sklerenchymring	–	–	–	–	–	–
8. Anzahl Perizykelzelllagen extrem proximal	2	2 – 3	2	1 – 2	2	1 – 2
9. Anzahl Perizykelzelllagen distal	1	1	1	1	1	1
10. Leitzylinderdurchm. extrem proximal (μm)	220 – 440	350 – 460	(320 – 400)	300 – 410	380 – 420	260 – 390
11. Leitzylinderdurchmesser 5–20 cm von Ansatz der Wurzel am Sproß (μm)	220 – 350	130 – 360	(250 – 270)	195 – 250	210 – 260	250 – 320

B. *Aegilops*	C^uM^c *ovat*	C^uC *triu*	C^uS^v *vari*	C^uS^v *kots*	C^uM^c *colu*	C^uM^b *lore*
1. Typ Endodermis-verdick.	C	C	C	C	C	C
2. Tendenz zur allseitigen Endodermiswand-verdick.	selten	–	selten	manchm.	selten	selten
3. Auftreten radial gestreckter Endod.zellen	manchm.	selten	selten	manchm.	selten	oft
4. Vorkommen mehrf. Zentr.gefäße proximal	selten	oft	oft	manchm.	manchm.	oft
5. Mittlere Zentralgefäße im proxim. Wurzelteil	selten	–	selten	–	–	–
6. Zentrales Grundgewebe d. Z.zylinders unverdickt	–	–	–	–	–	–
7. Vorkommen periendodermaler Sklerenchymring	–	–	–	–	–	–
8. Anzahl Perizykelzelllagen extrem proximal	1 – 2	2	2	1 – 2	1 – 2	2

B. *Aegilops*	C^uM^c *ovat*	C^uC *triu*	C^uS^v *vari*	C^uS^v *kots*	C^uM^c *colu*	C^uM^b *lore*
9. Anzahl Perizykelzelllagen distal	1	1	1	1	1	1
10. Leitzylinderdurchmesser extrem proximal (μm)	350–410	330–390	300–410	280–340	220–390	–
11. Leitzylinderdurchmesser 5–20 cm von Ansatz der Wurzel am Sproß (μm)	220–300	230–290	220–380	190–240	170–270	–

B. *Aegilops*	C^uM^t *tria* 4x	$C^uM^{t1}M^{t2}$ *tria* 6x	*Sitopsis* S *spes*	S *auch*	S^b *bico*	S^l *long*	S^l *shar*
1. Typ Endodermisverdick.	C	C	C	C	C	C	C
2. Tendenz zur allseitigen Endodermisverdick.	selten	oft	s. selten	–	–	selten	s. selt.
3. Auftreten radial gestreckter Endod.-zellen	manchm.	oft	selten	manchm.	manchm.	oft	oft
4. Vorkommen mehrf. Zentr.gefäße proximal	oft	manchm.	oft	oft	–	selten	oft
5. Mittlere Zentralgefäße im proxim. Wurzelteil	–	selten	selten	oft	selten	–	s. selt.
6. Zentrales Grundgewebe d. Z.zylinders unverdickt	–	–	–	–	–	–	–
7. Vorkommen periendodermaler Sklerenchymring	–	–	–	–	–	–	–
8. Anzahl Perizykelzellagen extrem proximal	1–2	1–2	2	2	2	1–2	2–3
9. Anzahl Perizykelzellagen distal	1	1	1	1	1	1	1
10. Leitzylinderdurchmesser extrem proximal (μm)	310–360	320–400	200–380	260–330	230–320	270–440	290–350
11. Leitzylinderdurchmesser 5–20 cm von Ansatz der Wurzel am Sproß (μm)	200–310	185–310	250–380	250–320	200–230	220–300	210–230

Abstufung bei den Zeilen 2–7: Regelmäßig (+)/meist/oft/manchmal/selten/sehr selten/nicht (–) beobachtet. In den Zeilen 10 und 11 wurden nur jeweils Minimal- und Maximalwert angegeben, eingeklammerte Werte beruhen auf nur einer oder zwei Messungen.

Tabelle 2

Länge und Breite der Rhizodermiszellen (μm)

Aegilops	diploid	tetraploid	hexaploid	*Polyeides*	*Vertebrata*
Stichprobenumfang	290	300	100	190	80
Länge					
Mittelwert	210,7	234,4	286,1	245,7	232,4
Standardabw.	40,28	46,71	47,00	57,36	26,84
Breite					
Mittelwert	15,36	17,28	17,94	17,28	17,58
Standardabw.	2,12	2,21	2,47	2,34	2,08

Triticum	diploid	tetraploid AB-Genom	AG-Genom	hexaploid ABD-Genom	oktoploid
Stichprobenumfang	50	120	50	140	80
Länge					
Mittelwert	191,2	201,8	192,8	199,5	254,9
Standardabw.	26,84	53,04	19,67	44,57	66,65
Breite					
Mittelwert	17,94	19,02	17,94	20,88	22,38
Standardabw.	2,84	3,67	2,57	2,88	4,38

Die Unterschiede zwischen den Werten innerhalb der Gattungen sind nicht signifikant (5% Irrtumswahrscheinlichkeit).

Tabelle 3 Zahl der Parenchymleitbündel im obersten Halminternodium

Triticum			Lb-Werte		
Art	Genom	Pr.Zahl	Zahl-Varia	$\bar{x}$-Lbz/Art	Grup.- $\bar{x}$
urar	A A	12	14 – 20	17	
boeo	A A	15	14 – 19	16	17
mono	A A	16	15 – 22	17	
ispa	AA BB	16	12 – 19	15	15
dics	AA BB	16	14 – 20	17	
dicn	AA BB	11	13 – 20	18	
cart	AA BB	16	16 – 22	19	
kara	AA BB	12	17 – 21	19	19
turg	AA BB	20	15 – 24	20	
duru	AA BB	20	14 – 27	20	
tura	AA BB	16	18 – 24	21	
polo	AA BB	15	18 – 25	21	

Fortsetzung Tab. 3

Triticum			Lb-Werte		
Art	Genom	Pr.Zahl	Zahl-Varia	$\bar{x}$-Lbz/Art	Grup.- $\bar{x}$
arar	AA GG	8	13 – 15	14	16
timi	AA GG	11	15 – 20	17	
zhuk	AAAA GG	4	15 – 17	16	
timm	AAAA GGGG	4	14 – 18	16	
fung	AAAA BB GG	4	13 – 16	14	
sovi	AAAA BB GG	4	18 – 23	22	22
spha	AA BB DD	16	15 – 22	18	
mach	AA BB DD	16	15 – 27	20	
vavi	AA BB DD	8	16 – 26	20	21
spea	AA BB DD	15	19 – 24	21	
ampl	AA BB DD	4	19 – 27	22	
aest	AA BB DD	16	18 – 27	24	

Aegilops-Gruppe 1			Lb-Werte		
Art	Genom	Pr. Zahl	Zahl-varia	$\bar{x}$-Lbz/Art	Grup.-$\bar{x}$
caud	C C	16	9 – 11	9	
umbe	C^uC^u	16	8 – 11	9	
triu	C^uC^uC C	16	8 – 9	8	
kots	$C^uC^uS^vS^v$	16	8 – 11	9	9
lore	$C^uC^uM^bM^b$	4	8 – 9	9	
colu	$C^uC^uM^cM^c$	16	7 – 10	9	
held	M M	8	9 – 10	9	
como	M M	4	7 – 8	8	
unia	M^uM^u	16	9 – 12	10	10
tria	$C^uC^uM^{tr}M^{tr}M^{tr}M^{tr}$	24	8 – 11	10	

Aegilops-Gruppe 2			Lb-Werte		
Art	Genom	Pr.Zahl	Zahl-varia	$\bar{x}$-Lbz/Art	Grup.-$\bar{x}$
muti	Mt Mt	12	9 – 13	11	11
vari	$C^uC^uS^vS^v$	16	8 – 15	11	
spes	S S	16	9 – 13	13	
auch	S S	16	11 – 14	12	
bico	S^bS^b	12	8 – 12	10	11
long	S^lS^l	16	9 – 11	10	
shar	S^lS^l	16	8 – 11	9	

Aegilops-Gruppe 3			Lb-Werte		
Art	hapl. Genom	Pr.Zahl	Zahl-varia	$\bar{x}$-Lbz/Art	Grup.-$\bar{x}$
cras	D D^2M^{cr}	16	13 – 19	16	
taus	D	16	10 – 20	15	
juve	D C^uM^j	12	9 – 17	13	13
vent	D M^v	16	10 – 14	12	
cras	D M^{cr}	8	8 – 15	11	
cyli	D C	16	9 – 12	11	
ovat	C^uM^o	16	9 – 14	13	

Pr.-Zahl: Präparatezahl
Zahl-varia: Zahlenvariabilität
$\bar{x}$-Lbz/Art: Mittelwert d. Leitbündelzahl/Art
Grup.-$\bar{x}$: Gruppen-Mittelwert

Tabelle 4 Blattmerkmale

A. *Triticum*	A *boeo*	A *urar*	A *mono*	AB *dics*	AB *dicn*	AB *duru*
1. Oberseite: Kurzzellen:						
1.1 Anzahl	216,5	202,0	174,4	122,8	101,1	44,0
1.2 Haardichte	dicht	dicht	s. dicht	mittel	mittel	selten
1.3 Haarlänge	2 – 5	2 – 3/6 – 12	2–5/6–10	2–5/6–10	2–5/7–12	2 – 3
1.4 Form	rund	rund	rund	rund	rund	(rund) oval
2. Nervenbehaarung	selten	selten	selten	selten	selten	–
3. Unterseite: Kurzzellen:						
3.1 Anzahl	204,8	215,3	201,0	137,2	119,0	66,6
3.2 Haardichte	dicht	dicht	dicht	± locker	mittel	–
3.3 Haarlänge	1 – 3	2–3/4–8	2 – 3	6 – 9	4 – 11	–
3.4 Form	rund	rund	rund	(rund) oval	rund	oval
4. Nervenbehaarung	selten	selten	selten	selten	selten	–
5. Wellung d. Zellw.	schwach	schwach	schwach	(schwach) stark	schwach	schwach/ stark
6. Leitbündelanzahl	41,1	44,5	43,7	47,6	53,9	57,0
7. Verholz. unt. Epid.	–	–	–	schwach	schwach	±stark
8. Typ Mittelnerv	1,(2)	1,2	1,(2)	1,(2)	1	1,4

A. *Triticum*	AB *turg*	AB *tura*	AB *cart*	AB *polo*	AB *ispa*	AB *kara*
1. Oberseite: Kurzzellen:						
1.1 Anzahl	81,6	35,7	106,8	63,8	102,3	143,4
1.2 Haardichte	selten	–	±mittel	locker	dicht	dicht

A. *Triticum*	AB *turg*	AB *tura*	AB *cart*	AB *polo*	AB *ispa*	AB *kara*
1.3 Haarlänge	2/6–8	–	4 – 10	2 – 5	6 – 15	3 – 10
1.4 Form	(rund) oval	(rund) oval	rund	rund (oval)	rund	rund
2. Nervenbehaarung	selten	selten	oft	selten	oft	–
3. Unterseite: Kurzzellen:						
3.1 Anzahl	116,5	80,5	112,0	92,2	113,1	149,7
3.2 Haardichte	–	–	mittel	s. selten	dicht	± mittel
3.3 Haarlänge	–	–	3 – 7	3 – 5	6 – 12	5 – 8
3.4 Form	oval	oval	rund/ oval	(rund) oval	rund	(rund) oval
4. Nervenbehaarung	–	–	selten	–	s. selten	–
5. Wellung d. Zellw.	schwach/ stark	(schwach) stark	schwach (stark)	schwach/ stark	schwach/ stark	schwach stark
6. Leitbündelanzahl	56,3	55,4	42,7	55,3	42,4	62,3
7. Verholz. unt. Epid.	variabel	± stark	–	–	variabel	(stark)
8. Typ Mittelnerv	1	1,(3)	1,(2,4)	1,(2,4)	1,(2)	1,(2)

A. *Triticum*	AG *arar*	AG *timi*	AAG *zhuk*	AAGG *timm*	ABD *mach*	ABD *spea*
1. Oberseite: Kurzzellen:						
1.1 Anzahl	60,8	115,0	70,0	69,3	37,0	56,7
1.2 Haardichte	locker	± mittel	± dicht	dicht	s. selten	selten
1.3 Haarlänge	1 – 3	2 – 3	2 – 4	8 – 12	1 – 3	1 – 2
1.4 Form	rund	rund	rund	rund	rund	rund/ oval
2. Nervenbehaarung	öfter	selten	selten	mittel	selten	s. selten
3. Unterseite: Kurzzellen:						
3.1 Anzahl	93,5	120,0	86,7	71,3	95,1	101,7
3.2 Haardichte	± locker	mittel	± dicht	dicht	–	–
3.3 Haarlänge	1 – 3	2 – 3	2 – 4	6 – 10	–	–
3.4 Form	rund (oval)	rund	rund	rund	oval	oval
4. Nervenbehaarung	–	–	selten	–	selten	–
5. Wellung d. Zellw.	schwach	schwach/ stark	schwach	schwach	stark	(schwach) stark
6. Leitbündelanzahl	33,8	42,4	50,6	47,0	54,2	49,6
7. Verholz. unt. Epid.	–	–	–	–	stark	variabel
8. Typ Mittelnerv	1	1	1	1,(2)	1,(2)	1,2

A. *Triticum*	ABD *vavi*	ABD *spha*	ABD *aest*	ABD *ampl*	AABG *sovi*
1. Oberseite: Kurzzellen:					
1.1 Anzahl	78,0	58,1	56,0	49,3	93,7
1.2 Haardichte	mittel	locker	locker	locker	mittel
1.3 Haarlänge	1 – 3	2 – 3	1 – 2	2 – 3	2 – 5

A. *Triticum*	ABD *vavi*	ABD *spha*	ABD *aest*	ABD *ampl*	AABG *sovi*
1.4 Form	rund (oval)	rund (oval)	rund (oval)	rund	rund
2. Nervenbehaarung	öfter	öfter	–	selten	selten
3. Unterseite: Kurzzellen:					
3.1 Anzahl	91,2	94,8	104,1	64,0	94,0
3.2 Haardichte	–	s. selten	–	–	locker
3.3 Haarlänge	–	2	–	–	–
3.4 Form	oval	(rund) oval	oval	oval	rund
4. Nervenbehaarung	öfter	–	s. selten	selten	–
5. Wellung d. Zellw.	schwach/ stark	schwach/ stark	(schwach) stark	stark	schwach
6. Leitbündelanzahl	64,3	41,3	58,1	66,0	41,0
7. Verholz. unt. Epid.	variabel	stark/ schwach	variabel	–	–
8. Typ Mittelnerv	1,(2)	1,(2)	1,(4)	1	1,3

B. *Aegilops*	*Amblyop.* *muti*	*Sitopsis* *bico*	*long*	*shar*	*auch*	*spes*
1. Oberseite: Kurzzellen:						
1.1 Anzahl	1,1	1,8	5,0	6,2	21,5	6,1
1.2 Haardichte	–	–	–	–	s. selten	–
1.3 Haarlänge	–	–	–	–	2–3	–
1.4 Form	rund	rund	rund	rund	rund	rund (oval)
2. Nervenbehaarung	s. selten	selten	öfter	selten	oft	öfter
3. Unterseite: Kurzzellen:						
3.1 Anzahl	7,6	1,8	67,4	19,1	21,5	4,0
3.2 Haardichte	–	–	–	–	s. selten	–
3.3 Haarlänge	–	–	–	–	2–3	–
3.4 Form	(rund) oval	rund (oval)	(rund) oval	(rund) oval	rund (oval)	rund (oval)
4. Nervenbehaarung	–	selten	s. selten	selten	öfter	selten
5. Wellung d. Zellw.	schwach	–	schwach/ stark	schwach/ stark	–	–
6. Leitbündelanzahl	29,3	15,2	22,6	25,1	27,8	30,2
7. Verholz. unt. Epid.	schwach	–	–	–	–	–
8. Typ Mittelnerv	1,4	1,4	1,(3),4	1,4	1,3,(4)	1,3

B. *Aegilops*	*Cylindropyrum* *caud*	*cyli*	*Comopyrum* *unia*	*held*	*Vertebrata* *taus*	*vent*
1. Oberseite: Kurzzellen:						
1.1 Anzahl	23,8	9,8	30	140,6	76,6	25,3
1.2 Haardichte	–	–	selten	selten	locker	s. selten
1.3 Haarlänge	–	–	2–4	1–3	3–5	2–3
1.4 Form	rund (oval)	rund	rund	rund	rund	rund (oval)

B. *Aegilops*	*Cylindropyrum* *caud*	*cyli*	*Comopyrum* *unia*	*held*	*Vertebrata* *taus*	*vent*
2. Nervenbehaarung	variabel	öfter	öfter	öfter	± oft	öfter
3. Unterseite: Kurzzellen:						
3.1 Anzahl	65,2	63,7	103,1	340,9	123,8	76,3
3.2 Haardichte	–	–	–	–	selten	–
3.3 Haarlänge	–	–	–	–	2 – 3	–
3.4 Form	oval	(rund) oval	oval	oval	rund/ oval	rund/ oval
4. Nervenbehaarung	selten	selten	selten	selten	öfter	selten
5. Wellung d. Zellw.	stark/ schwach	stark/ schwach	stark	stark	schwach	stark
6. Leitbündelanzahl	27,9	29,7	25,7	17	42	32,7
7. Verholz. unt. Epid.	variabel	variabel	stark	stark	–	–
8. Typ Mittelnerv	1	1,3	3,1,(2)	1,(4)	1,(4)	1,(2)

B. *Aegilops*	*cras* 4x	*cras* 6x	*juve*	*Aegilops* *umbe*	*lore*	*ovat*
1. Oberseite Kurzzellen:						
1.1 Anzahl	22,5	22,3	5,8	17,9	52,7	14,6
1.2 Haardichte	–	s. selten	–	selten	selten	s. selten
1.3 Haarlänge	–	2 – 4	–	2 – 3	2 – 3	2 – 4
1.4 Form	rund	rund	rund	rund	rund	rund
2. Nervenbehaarung	öfter	öfter	selten	selten	selten	öfter
3. Unterseite: Kurzzellen:						
3.1 Anzahl	96,7	45,1	22,3	24,0	69,7	9,17
3.2 Haardichte	–	–	–	selten	locker	s. selten
3.3 Haarlänge	–	–	–	2 – 5	2 – 3	2 – 4
3.4 Form	rund/ oval	rund/ oval	(rund) oval	rund	rund	rund/ oval
4. Nervenbehaarung	s. selten	öfter	–	selten	selten	± selten
5. Wellung d. Zellw.	stark	stark/ schwach	(stark) schwach	–	–	–
6. Leitbündelanzahl	30,7	39,9	29,8	19,0	19,0	26,3
7. Verholz. unt. Epid.	–	–	schwach	–	–	–
8. Typ Mittelnerv	1	1,2	4,1	4,(3)	3	3,(1)

B. *Aegilops*	*colu*	*triu*	*vari*	*kots*	*tria* 4x	*tria* 6x
1. Oberseite: Kurzzellen:						
1.1 Anzahl	26,7	8,7	11,3	1,6	12,9	28,8
1.2 Haardichte	s. selten	–	s. selten	–	–	selten
1.3 Haarlänge	2 – 4	–	2 – 4	–	–	2 – 3
1.4 Form	rund	rund	rund	rund	rund	rund
2. Nervenbehaarung	öfter	selten	öfter	öfter	selten	selten
3. Unterseite: Kurzzellen:						
3.1 Anzahl	32,7	10,3	27,5	1,3	33,2	43,6
3.2 Haardichte	±	±	s. selten	–	–	s. selten
3.3 Haarlänge	–	–	2 – 4	–	–	2 – 4

B. *Aegilops*	*colu*	*triu*	*vari*	*kots*	*tria* 4x	*tria* 6x
3.4 Form	rund	rund (oval)	rund/ oval	rund	rund (oval)	rund/ oval
4. Nervenbehaarung	selten	selten	öfter	–	selten	selten
5. Wellung d. Zellw.	–	schwach	schwach	–	–	–
6. Leitbündelanzahl	23,5	23,8	20,1	17,3	25,6	21,8
7. Verholz. unt. Epid.	–	–	–	–	–	–
8. Typ Mittelnerv	1,4	1,(4)	1,(3,4)	4,(1)	1,(4)	1,(2)

Abstufung bei den Merkmalen 1.2 und 3.2: s(ehr) dicht/dicht/mittel(dicht)/locker/selten/s. selten/fehlend (– – –), bei den Merkmalen 2. und 4.: oft/öfter/selten/s. selten/fehlend (– – –). Die Werte der Merkmale 1.1 und 3.1 beziehen sich auf 1 mm² Blattfläche, des Merkmals 6 pro Blattquerschnitt und der Merkmale 1.3 und 3.3 auf Einheiten zu 10 µm. Eingeklammerte Bezeichungen weisen auf eine Tendenz in Richtung auf die eingeklammerte Stufe hin.

Tabelle 5

Triticum	Anzahl der Sippen	Pollen in µm	TKM in g	Embryo in Gew.-%	Aleuronzelle Länge in µm	Aleuronzelle Breite in µm	Flächeninhalt in µm²	Rohprotein in %	Lysin in mg/g	Lysin/ Rohprotein in %
urartu	2	36,7	18,7	3,37	34,0	25,8	877	25,9	5,33	2,07
boeoticum	4	38,2	13,9	3,63	34,0	25,4	864	21,1	4,28	2,04
monococcum	4	38,0	30,3	3,15	37,4	26,9	1006	18,6	3,79	2,05
dicoccoides	4	42,6	31,5	4,26	41,6	29,9	1244	20,8	4,24	2,04
dicoccon	3	44,1	41,3	3,71	39,5	32,5	1284	20,3	4,51	2,24
durum	4	43,4	56,7	4,22	41,7	29,6	1234	17,2	4,32	2,50
polonicum	4	42,0	54,7	4,44	44,5	32,6	1451	19,5	4,26	2,19
turgidum	4	42,4	42,7	4,06	40,0	29,9	1196	16,3	4,07	2,54
turanicum	4	45,4	67,1	3,63	45,1	30,6	1380	18,9	4,45	2,35
carthlicum	4	44,4	32,3	4,64	40,0	31,0	1240	17,6	4,43	2,55
ispahanicum	4	42,8	36,8	4,16	36,8	30,0	1104	20,9	4,38	2,10
karamyschevii	4	43,4	38,8	3,09	42,8	34,3	1468	17,8	3,82	2,17
araraticum	2	42,2	32,0	2,99	40,4	30,4	1228	24,8	4,70	1,96
timopheevi	3	42,6	40,2	2,98	36,8	34,9	1284	19,0	3,24	1,70
macha	4	49,2	42,3	3,15	40,0	37,6	1504	17,4	3,26	1,88
spelta	4	46,6	41,7	2,98	38,6	36,0	1390	16,5	3,37	2,12
vavilovii	2	43,8	41,5	3,20	38,7	38,9	1505	18,1	3,93	2,18
aestivum	4	47,8	41,0	3,65	40,2	36,3	1459	14,6	3,53	2,42
amplissifolium	1	46,7	34,7	4,03	44,9	37,8	1697	15,3	3,52	2,30
sphaerococcum	4	46,9	33,2	4,26	40,2	35,8	1439	18,7	3,93	2,12
zhukovskyi	2	47,3	39,2	3,34	42,2	39,3	1658	22,2	4,68	2,11
fungicidum	1	45,5	50,7	4,09	47,5	41,2	1957	23,4	5,28	2,26
sovieticum	1	50,9	44,3	4,41	49,7	38,4	1909	19,3	4,60	2,39
timonovum	1	49,8	53,7	3,70	45,2	38,5	1740	22,9	5,26	2,30
Gruppendurchschnitt	2×	37,6	21,0	3,38	35,1	26,0	916	21,9	4,47	2,05
"	4×	43,2	43,1	3,83	40,8	31,4	1283	19,4	4,22	2,21
"	6×	46,9	39,1	3,52	40,7	37,4	1522	17,5	3,75	2,16
"	8×	48,7	49,6	4,07	47,5	39,4	1869	21,9	5,05	2,32
Gesamtdurchschnitt		44,3	40,0	3,71	40,9	33,5	1379	19,4	4,21	2,19

Tabelle 6

Aegilops	Anzahl der Sippen	Pollen in µm	TKM in g	Embryo in Gew.-%	Aleuronzelle Länge in µm	Breite in µm	Flächeninhalt in µm²	Rohprotein in %	Lysin in mg/g	Lysin/ Rohprotein in %
aucheri	4	39,8	5,0	3,59	26,6	27,7	737	–	–	–
speltoides	4	40,2	6,7	3,42	23,6	25,9	611	26,3	5,27	2,01
bicornis	3	38,9	3,6	4,88	27,9	32,6	910	22,4	5,45	2,43
longissima	4	40,4	8,9	4,18	27,4	26,0	712	29,3	5,59	1,92
sharonensis	4	38,4	9,3	4,22	31,8	30,5	970	24,1	5,51	2,29
caudata	4	39,8	8,1	3,25	26,8	23,1	619	28,9	6,33	2,17
umbellulata	4	39,5	14,1	4,47	31,7	23,2	735	28,4	6,61	2,33
comosa	1	38,4	6,4	4,94	25,0	27,4	685	29,6	6,66	2,25
heldreichii	2	40,4	12,4	3,74	30,3	24,9	755	28,6	4,91	1,72
uniaristata	4	35,0	18,7	2,98	34,1	22,8	777	25,7	6,25	2,43
tauschii	4	35,9	19,6	2,05	32,8	24,9	817	21,8	4,14	1,91
mutica	3	37,7	2,9	5,38	27,2	25,9	705	30,8	5,67	1,84
cylindrica	4	44,8	16,4	3,24	30,8	30,1	927	21,0	4,24	2,02
triuncialis	4	43,0	20,2	3,85	31,1	29,1	905	26,3	5,95	2,27
variabilis	4	43,0	14,8	4,04	30,8	33,8	1041	27,0	5,50	2,04
kotschyi	4	40,5	11,2	4,45	28,6	31,7	907	27,8	5,87	2,11
lorentii	1	43,7	21,1	3,15	30,6	28,5	872	27,3	5,20	1,90
columnaris	4	43,5	25,5	3,51	34,6	25,7	889	24,4	5,37	2,23
ovata	4	37,9	23,4	3,16	35,7	27,5	982	25,9	5,46	2,11
crassa 4×	1	42,4	22,6	4,13	29,1	28,2	821	23,2	4,09	1,76
ventricosa	4	39,9	14,9	3,25	38,0	27,0	1026	23,1	5,26	2,28
triaristata	4	46,9	32,2	3,04	34,1	30,3	1033	24,4	5,31	2,18
crassa 6×	4	46,7	26,7	3,54	41,4	33,7	1395	25,6	4,98	1,94
juvenalis	3	47,7	23,2	4,39	45,0	34,8	1566	23,6	4,93	2,09
Gruppendurchschnitt 2×		38,7	9,6	3,93	28,8	26,2	753	26,9	5,67	2,12
" 4×		42,1	18,9	3,64	32,1	29,1	930	25,1	5,22	2,08
" 6×		47,1	27,4	3,66	40,2	32,9	1331	24,5	5,07	2,07
Gesamtdurchschnitt		41,0	15,3	3,79	31,5	28,1	892	25,9	5,42	2,10

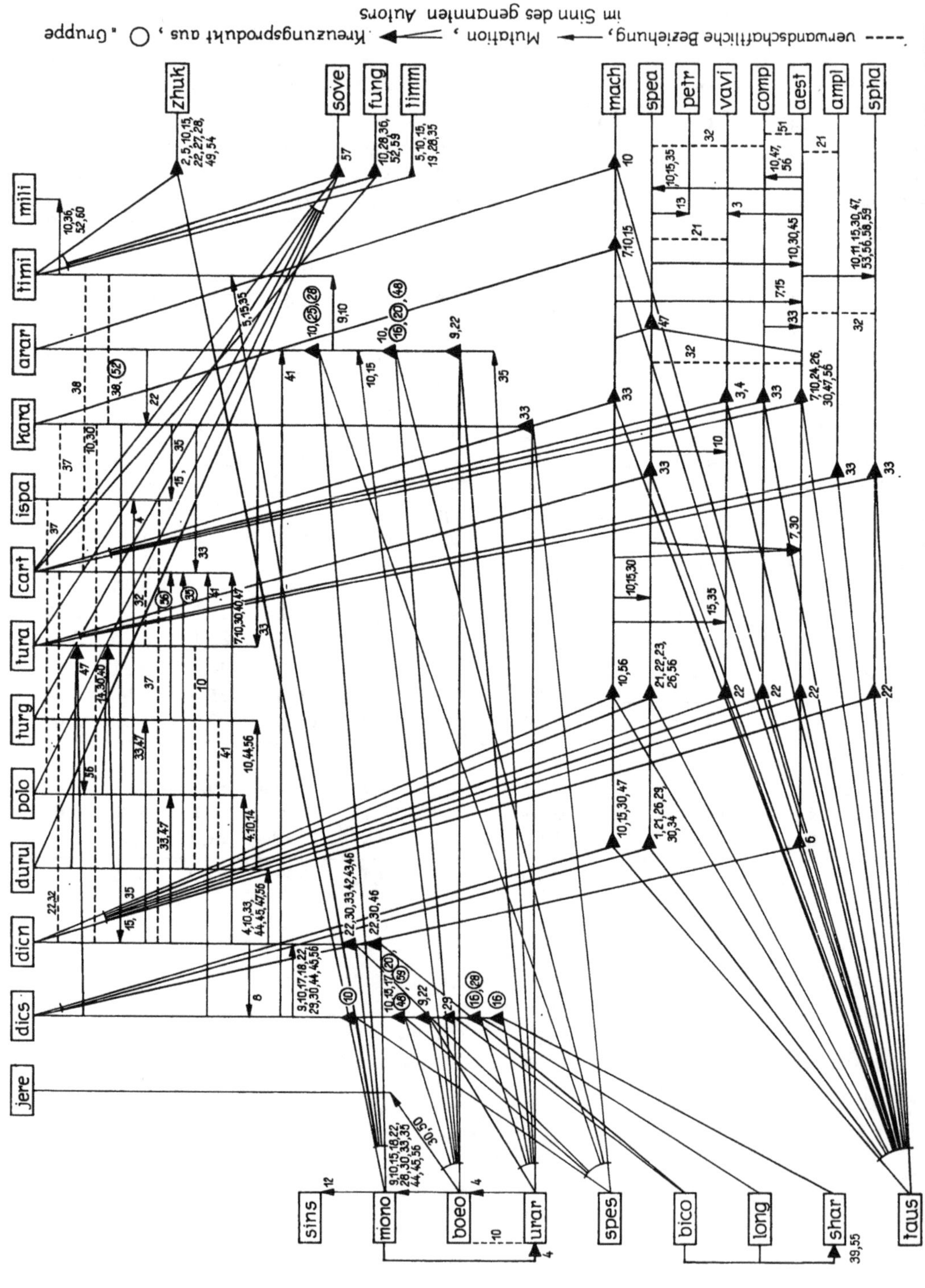

---- verwandschaftliche Beziehung, ← Mutation, ⇐ Kreuzungsprodukt aus, ○ Gruppe im Sinn des genannten Autors
jere
dics
dicn
duru
polo
turg
tura
cart
ispa
kara
arar
timi
mili
zhuk
sove
fung
timm
mach
spea
petr
vavi
comp
aest
ampl
spha
sins
mono
boeo
urar
spes
bico
long
shar
taus

Tafel 1

1 Andrews, 1964 (philologische Argumente) – 2 Anioł, 1974 (Immunreaktion) – 3 Barabás, 1959 (Röntgenbestrahlung) – 4 Belea, 1971 (Kreuzung) – 5 Beridze und Gorgidze, 1970 (Bestrahlung) – 6 Chen, Gray und Wildman, 1975 (Blattproteine) – 7 Dekaprelevich, 1971 – 8 Dennell, 1973 (prähistorische Befunde) – 9 Dhaliwal und Johnson, 1976 (Blütenmorphologie) – 10 Dorofeev, 1972 – 11 Ellerton, 1939 (Kreuzung, Zytogenetik) – 12 Filatenko und Kurkiev, 1975 (Spontanmutation) – 13 Gandiljan, 1972 – 14 Gökgöl, 1963 (Verbreitung) – 15 Gorgidze, 1974 (Kreuzung, Bestrahlung) – 16 Gubareva, Gavriljuk, Peneva und Konarev, 1975 (Immunreaktion) – 17 Harlan, 1967 (Verbreitung) – 18 Helbaek, 1959 (prähistorische Befunde) – 19 Heslot und Ferrary, 1959 (Colchicin-Octoploide) – 20 Jaaska, 1974 (Isoenzym) – 21 Jakubciner, 1959, 1971 – 22 Johnson, 1968, 1972, 1975 (Samenproteine) – 23 Kihara, 1970 (Zytoplasma) – 24 Kihara und Lilienfeld, 1949 (Kreuzung) – 25 Kimber, 1974 (Zytogenetik) – 26 Kiss, 1971 – 27 Kostoff, 1937 (Kreuzung) – 28 Konarev, Gavriljuk, Peneva, Konarev, Chakimova und Migušova, 1976 (Immunreaktion) – 29 Kranz, 1967 (Assimilationsleistung) – 30 Kuckuck, 1959, 1964, 1971 (Kreuzung) – 31 Kuckuck und Peters, 1964 (Röntgenbestrahlung) – 32 Mac Key, 1971 – 33 Mandy, 1970 – 34 McFadden und Sears, 1946 (Kreuzung) – 35 Menabde, 1971 – 36 Migušova und Smel'cova, 1970 – 37 Migušova und Žukovskij, 1969 (Kreuzung) – 38 Nakai, 1973 (Isoenzym) – 39 Peneva, 1973 (Samenproteine) – 40 Percival, 1921 – 41 Prasad, 1972 (Mutagene) – 42 Riley, Unrau und Chapman, 1958 (Karyotyp) – 43 Sarkar und Stebbins, 1956 (Morphologie) – 44 Schiemann, 1940 – 45 Schröder, 1931 (Anatomie) – 46 Sears, 1941 (Kreuzung) – 47 Tanaka, 1965 – 48 Tanaka und Ishii, 1973 (Zytogenetik) – 49 Tavrin, 1964 (Kreuzung) – 50 Tumanjan, 1937 (Spontanmutation) – 51 Tsunewaki, 1968 (Genanalyse) – 52 Tzvelev, 1973 – 53 Udačin und Šachmedov, 1974 (Kreuzung) – 54 Upadhya und Swaminathan, 1963 (Karyotyp) – 55 Waines und Johnson, 1972 (Samenproteine) – 56 Yamashita, 1965 – 57 Zhebrak, 1944 (Kreuzung) – 58 Zoz, Chakimova und Ščerbakov, 1975 (Samenproteine) – 59 Žukovskij, 1944, 1971 (Kreuzung) – 60 Žukovskij und Migušova, 1969 (Spontanmutation).

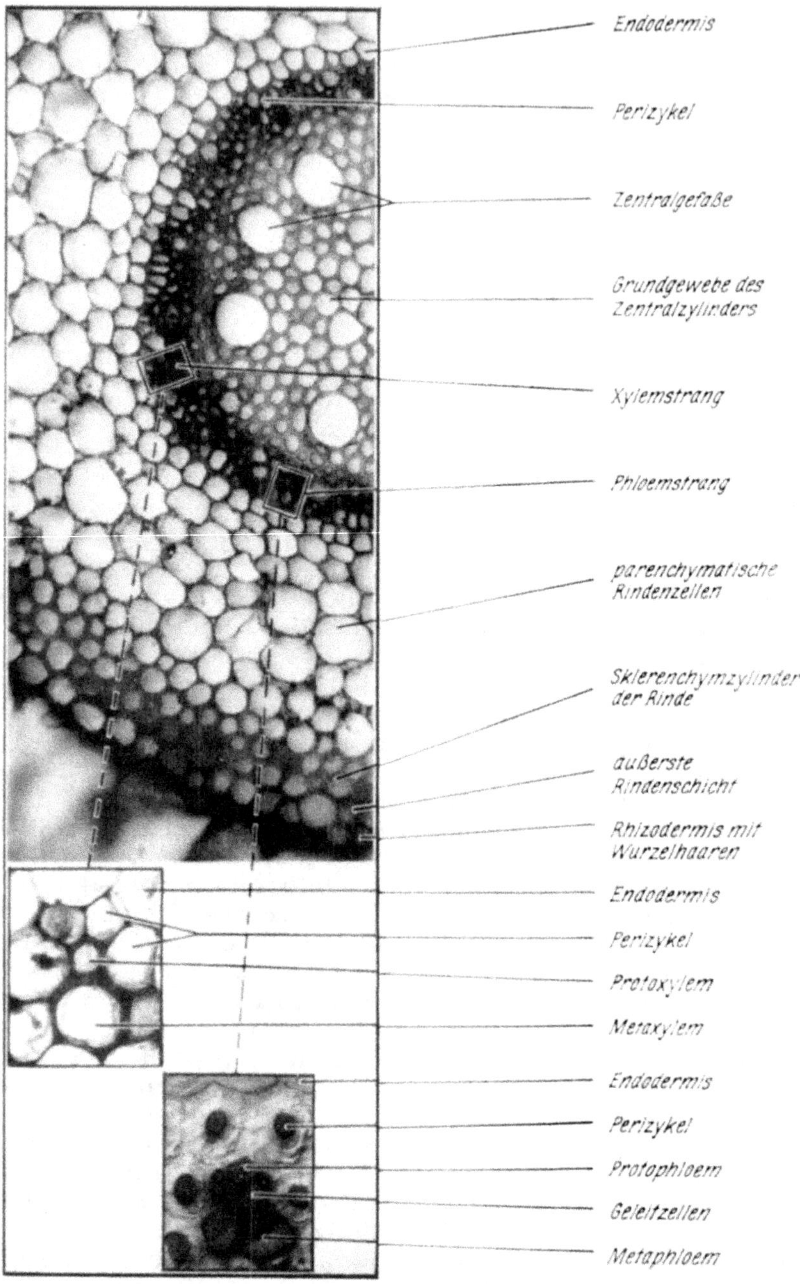

Tafel 2

Erläuterung der Wurzelanatomie

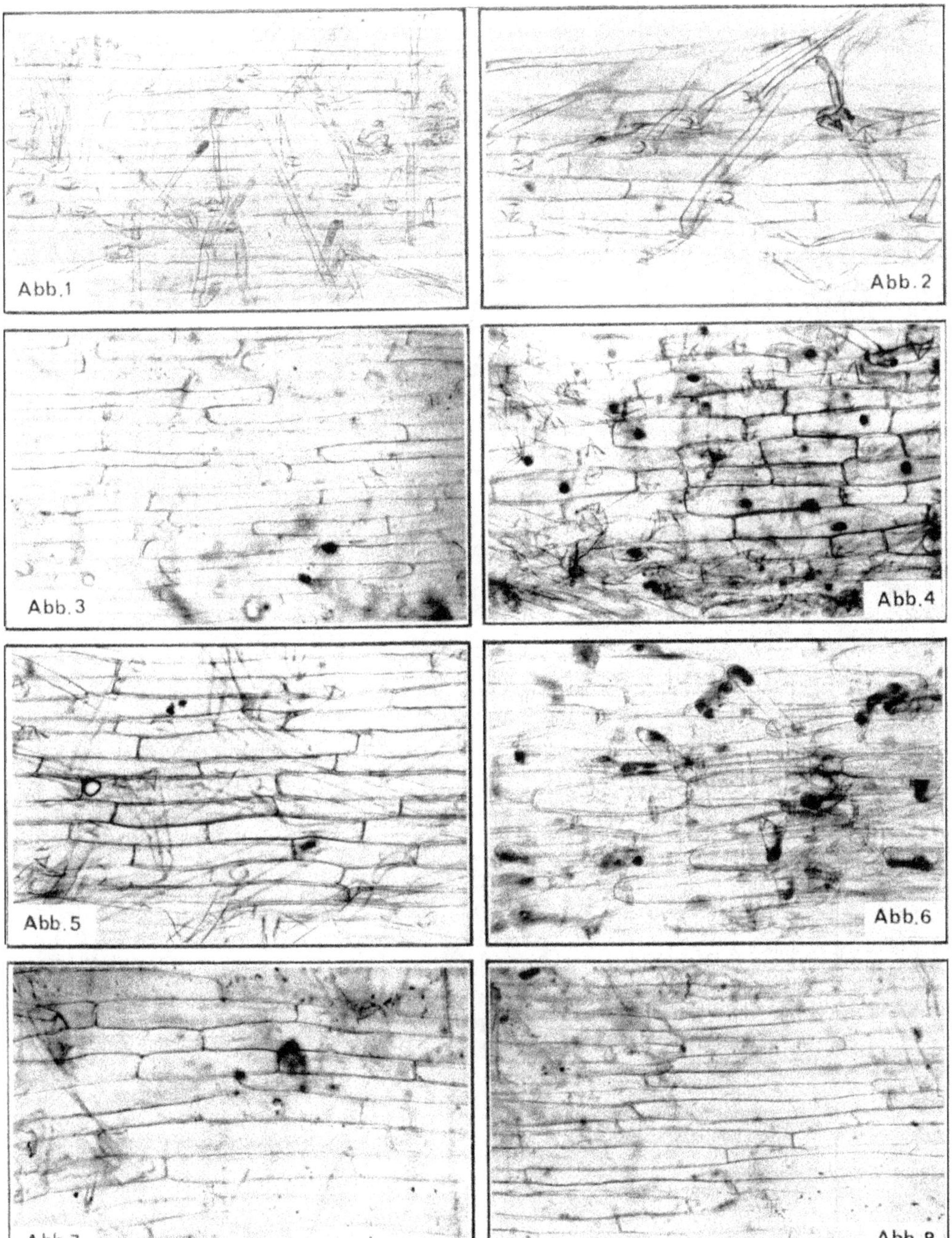

Tafel 3

Form der Rhizodermiszellen in der Gattung *Triticum*. Abb. 1 und 2 diploide Stufe (*T. urartu*), Abb. 3 und 4 tetraploide Stufe (*T. durum*), Abb. 5 und 6 hexaploide Stufe (*T. aestivum*), Abb. 7 und 8 octoploide Stufe (*T. fungicidum*). Maßstrich = 0,1 mm

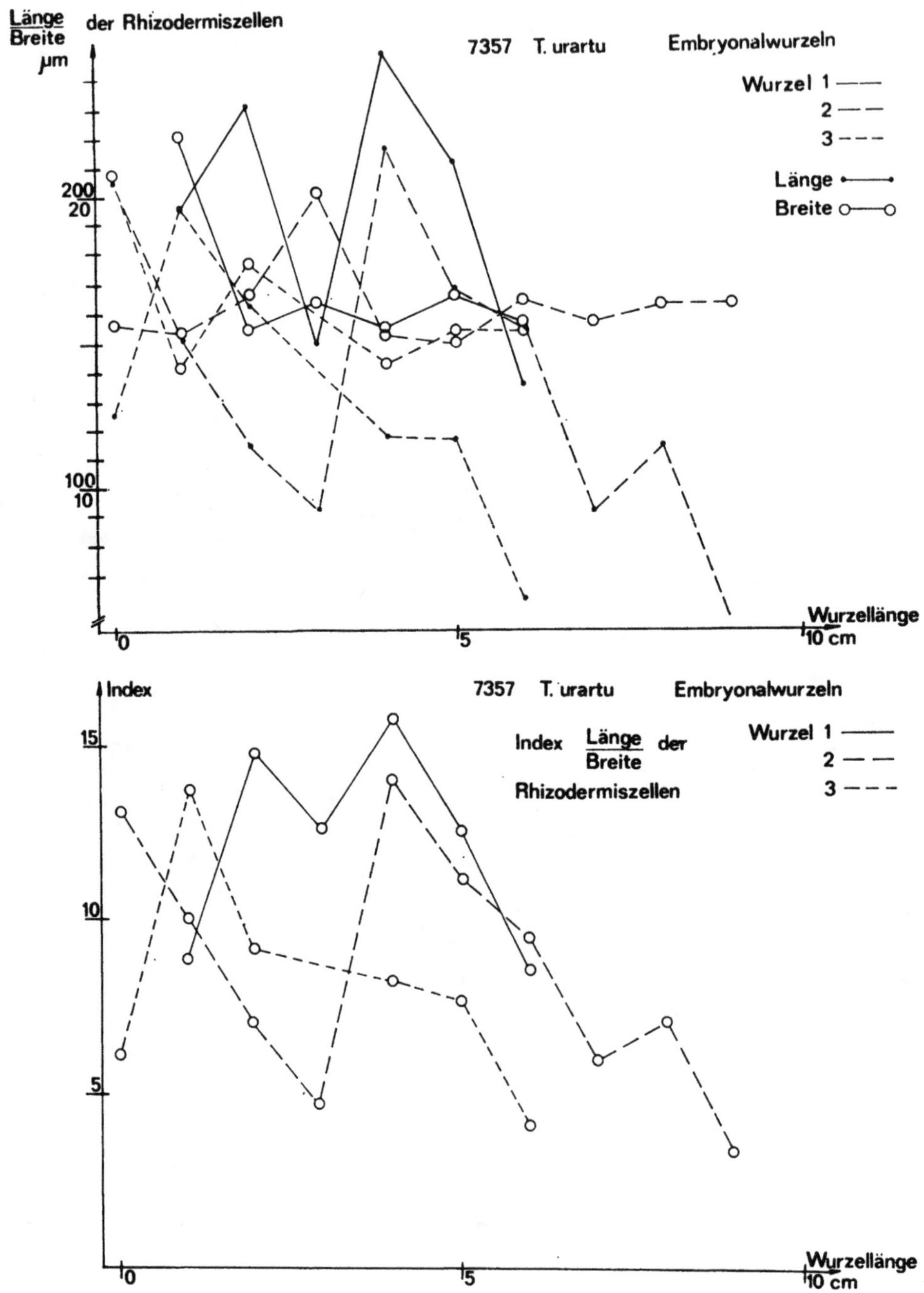

Tafel 4

Schwankung der Rhizodermiszellgröße in der Ontogenese.

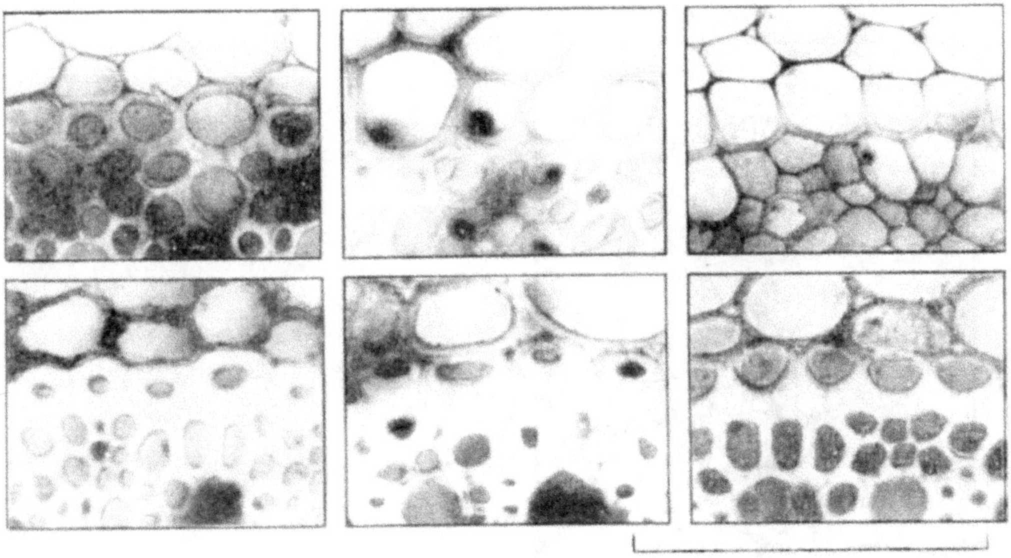

Tafel 5

Typen der Endodermis-Wandverdickung. Linke Reihe: O-Typ (*T. monococcum*/*T. boeoticum*), mittlere Reihe G-Typ (*T. fungicidum*/*T. timonovum*), rechte Reihe C-Typ (*T. turgidum*). Oben jeweils schwächer, unten stärker ausgeprägte Verdickungen. Maßstrich = 0,1 mm

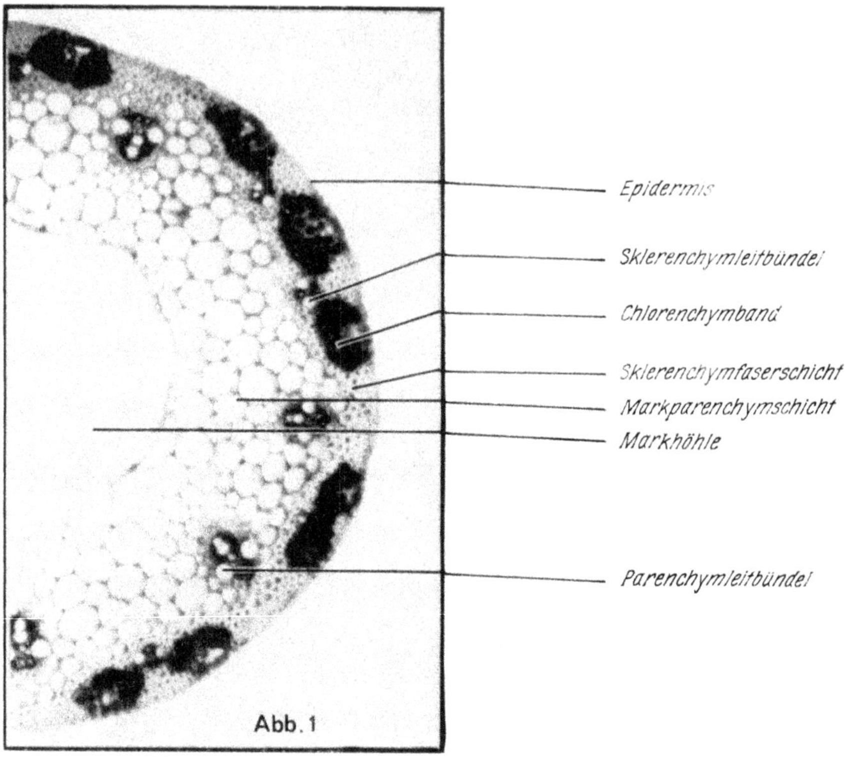

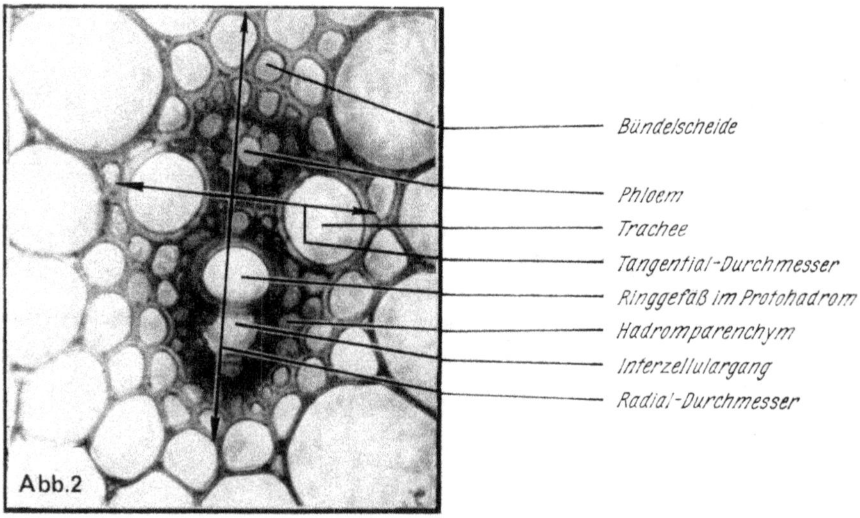

Tafel 6

Abb. 1 Querschnitt des obersten Halminternodiums im medianen Bereich,
Abb. 2 Querschnitt eines Parenchymleitbündels.

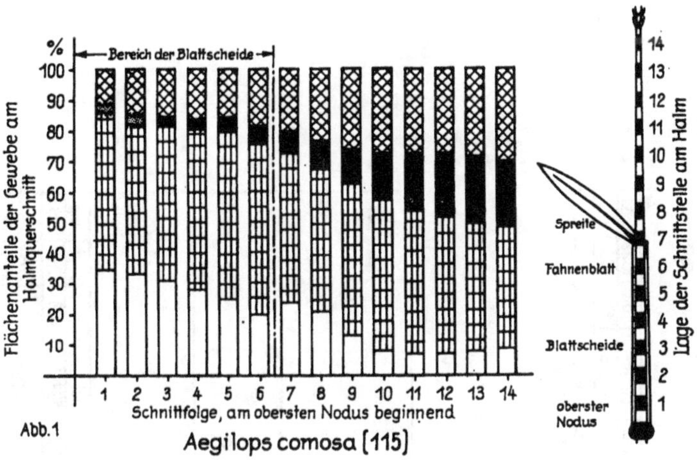

Abb. 1

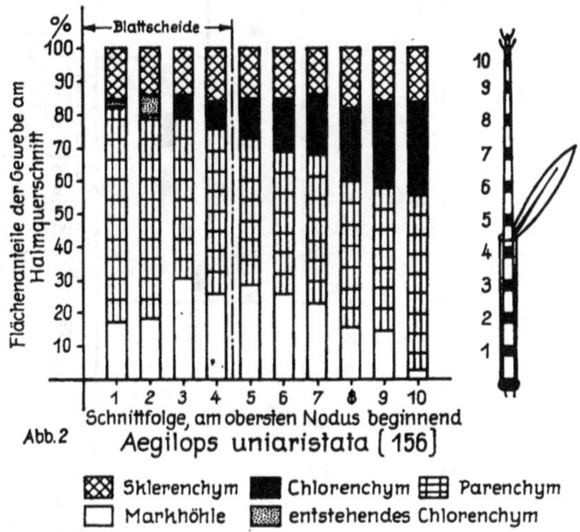

Abb. 2

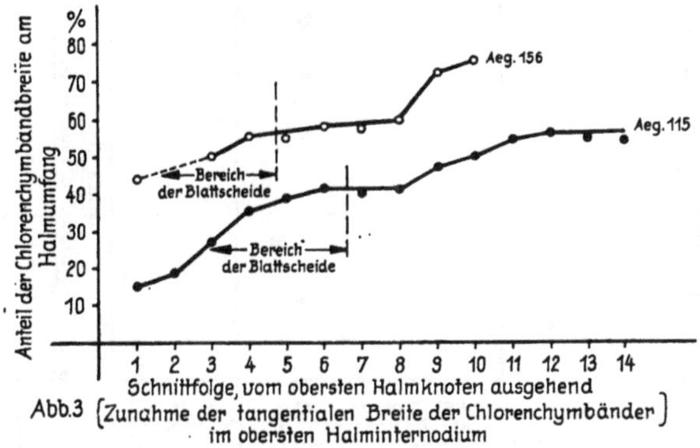

Abb. 3 [Zunahme der tangentialen Breite der Chlorenchymbänder im obersten Halminternodium]

Tafel 7

Gewebedifferenzierung im obersten Halminternodium, vom obersten Halmnodus ausgehend.

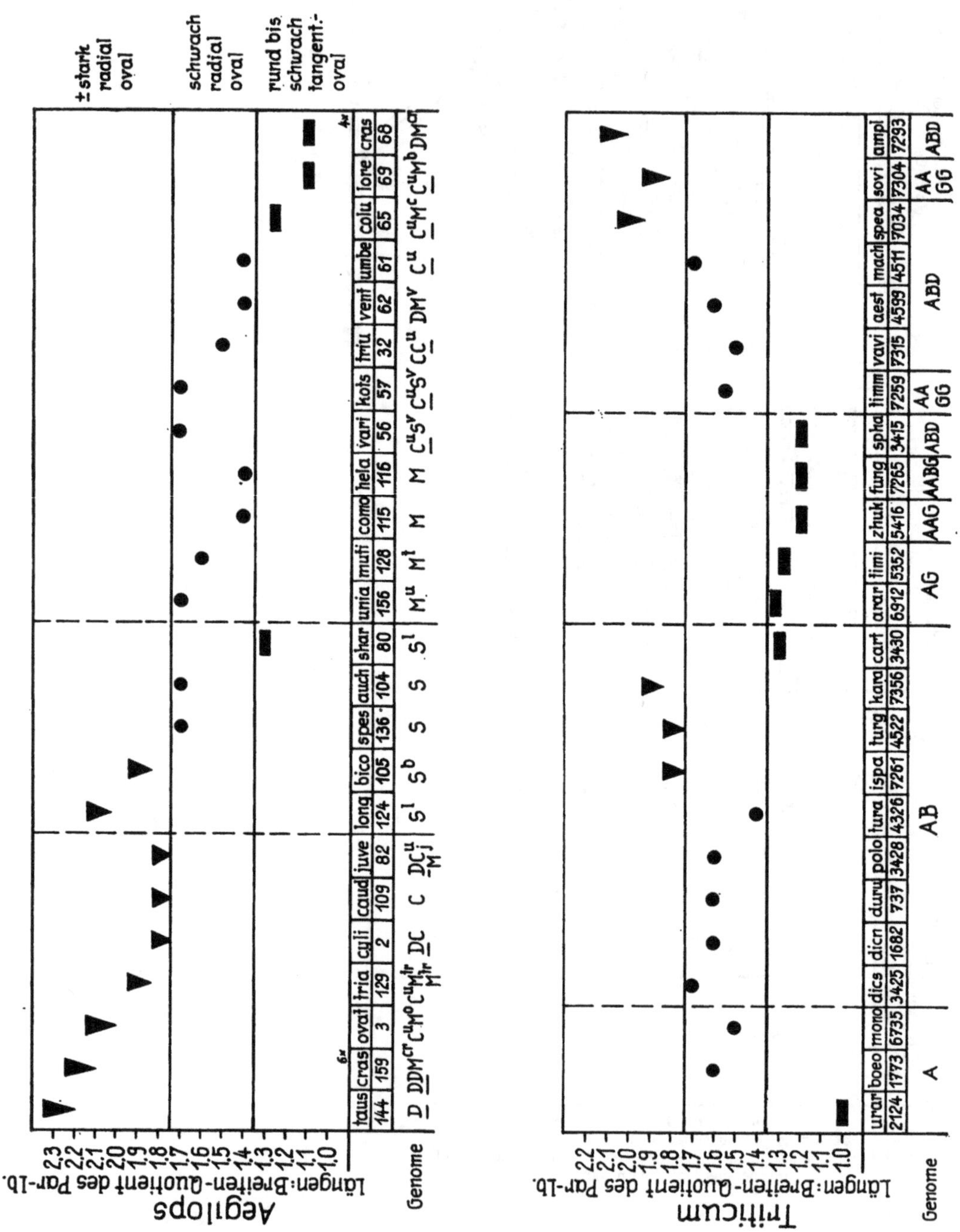

Tafel 8

Längen-Breiten-Quotienten der Parenchymleitbündel.

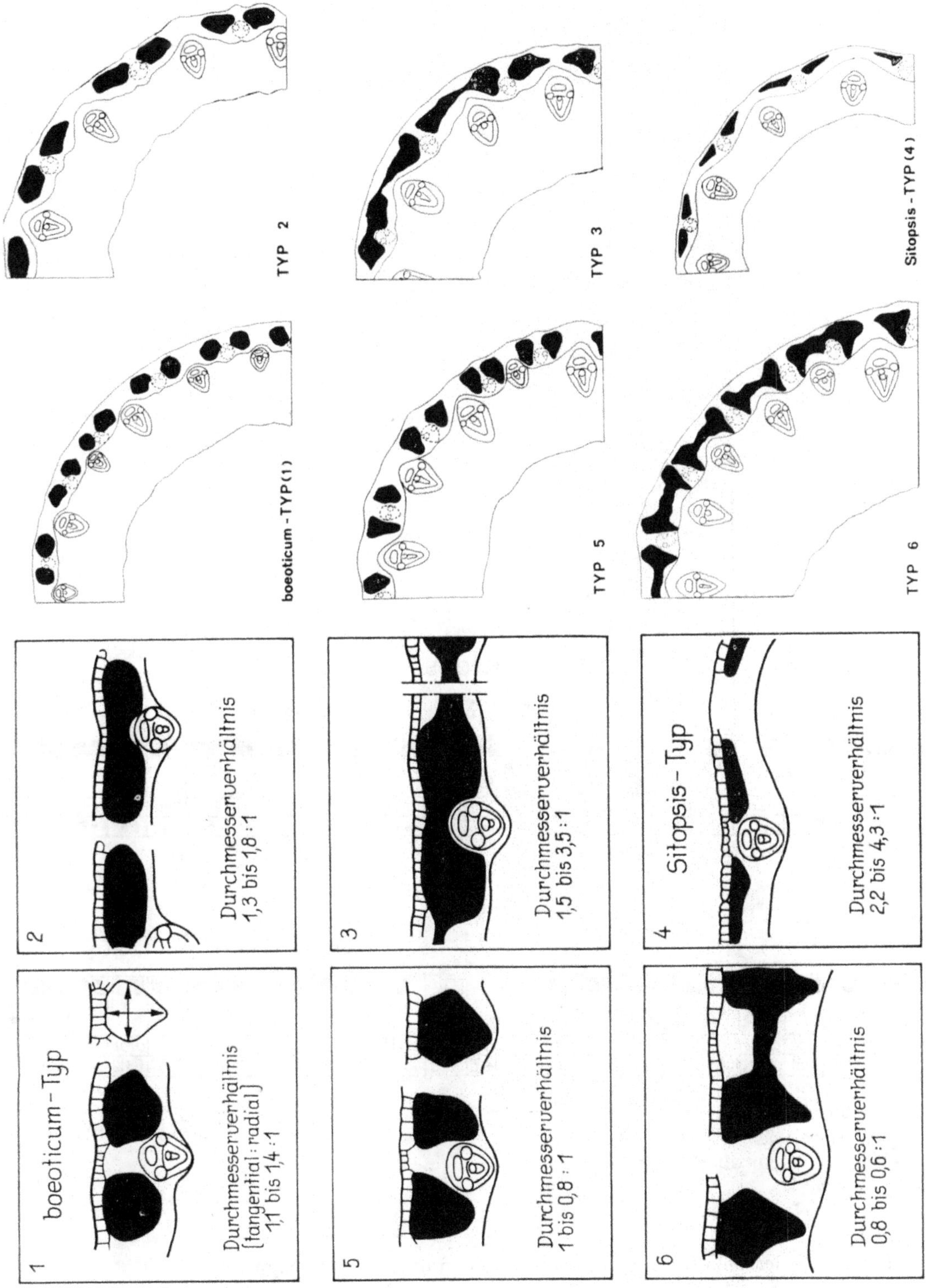

Tafel 9 Querschnittsformen der Chlorenchymbänder im obersten Halminternodium.

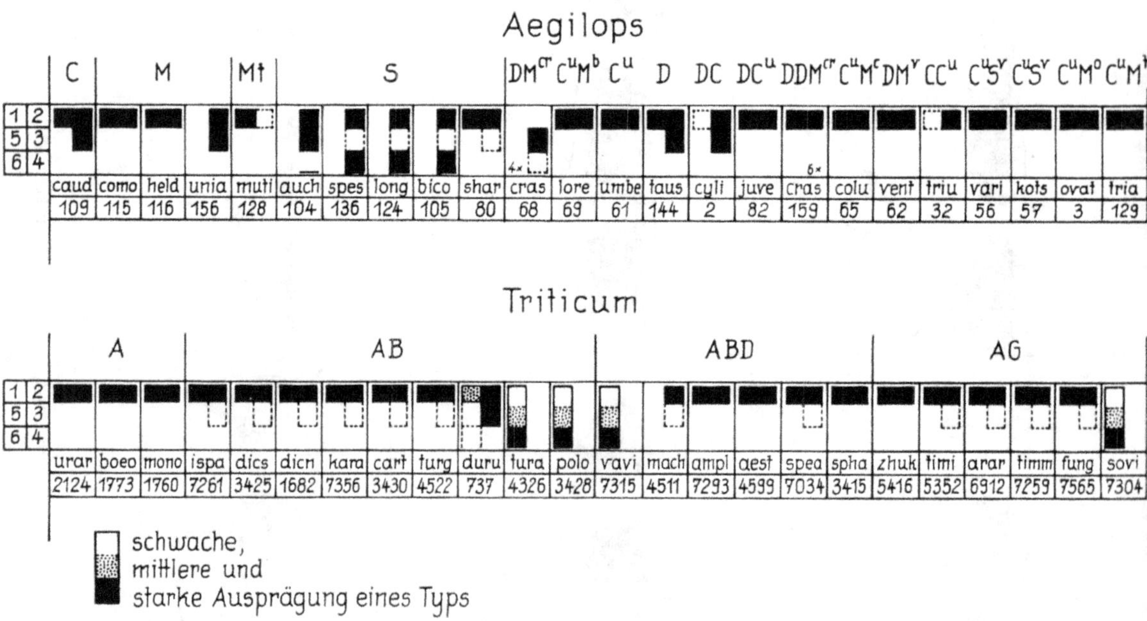

Tafel 10
Verbreitung der Chlorenchymbandformen in den untersuchten Sippen.

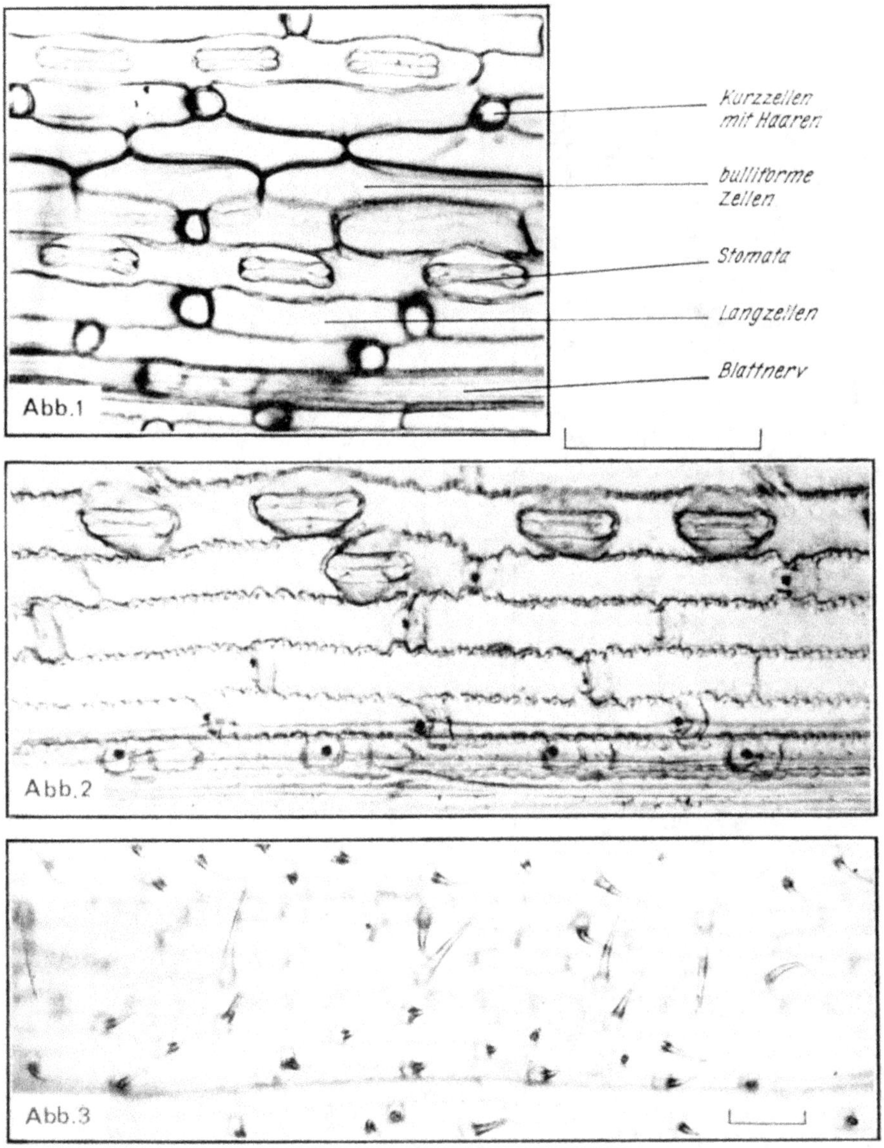

Tafel 11

Erläuterung des anatomischen Baus der Blattepidermis (Flächenschnitte). Abb. 1 obere Epidermis (*T. urartu*); Abb. 2 untere Epidermis mit stark gewellten Zellwänden (*T. dicoccoides*); Abb. 3 Haare der Kurzzellen (*T. timonovum*), obere Epidermis. Maßstriche = 0,1 mm

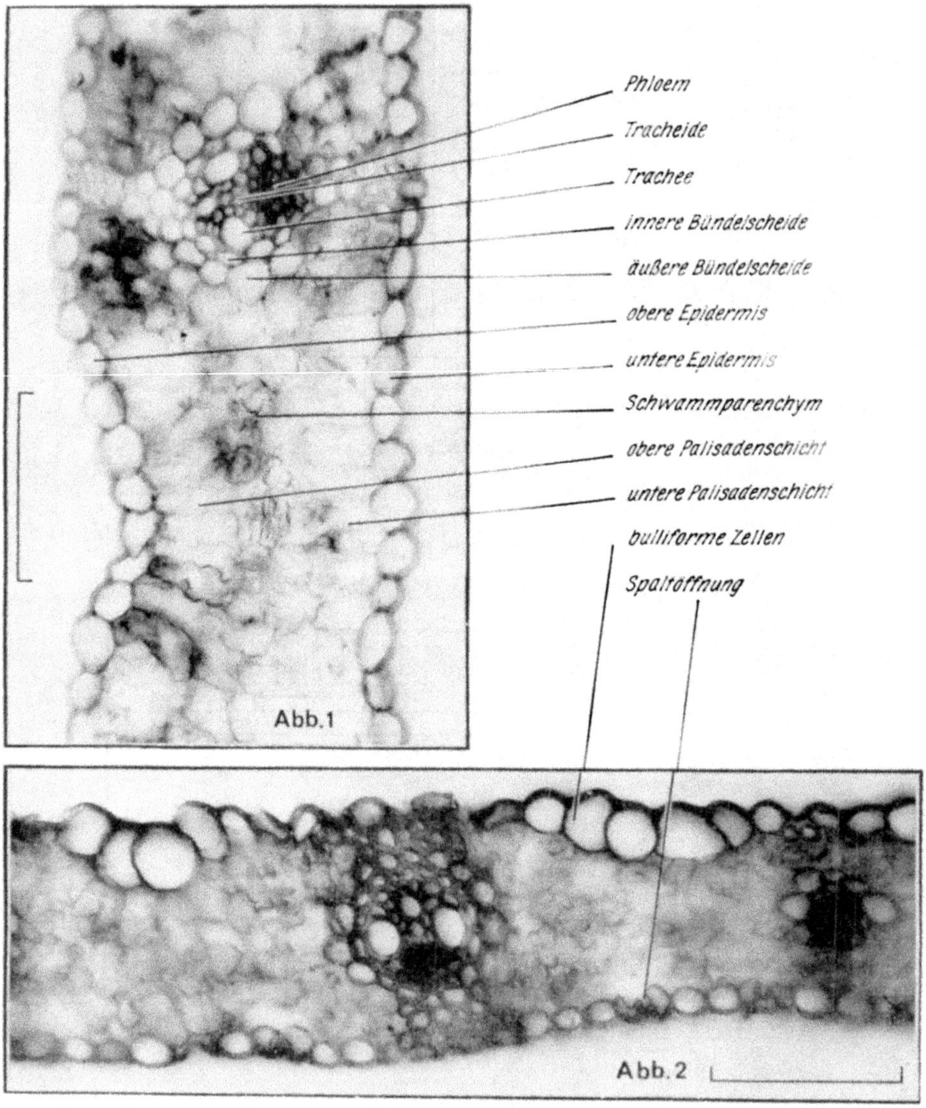

Tafel 12

Erläuterung des anatomischen Baus des Blattes (Querschnitte). Abb. 1 Mittelnervtyp 4 (*A. bicornis*); Abb. 2 Mittelnervtyp 3, (*A. caudata*). Maßstriche = 0,1 mm

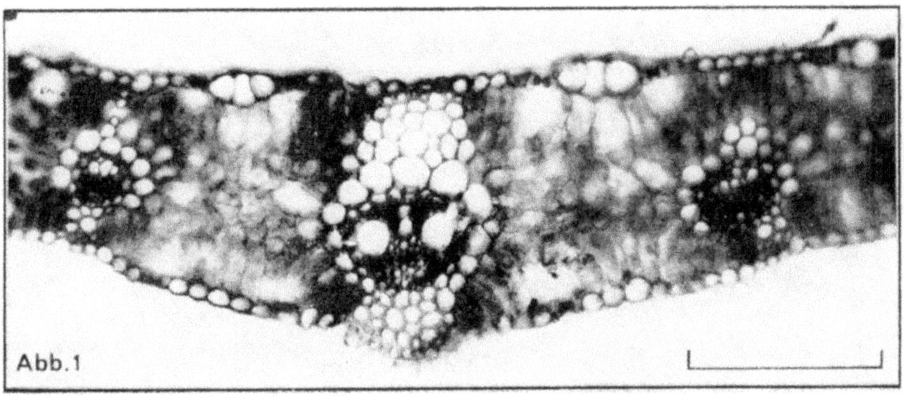

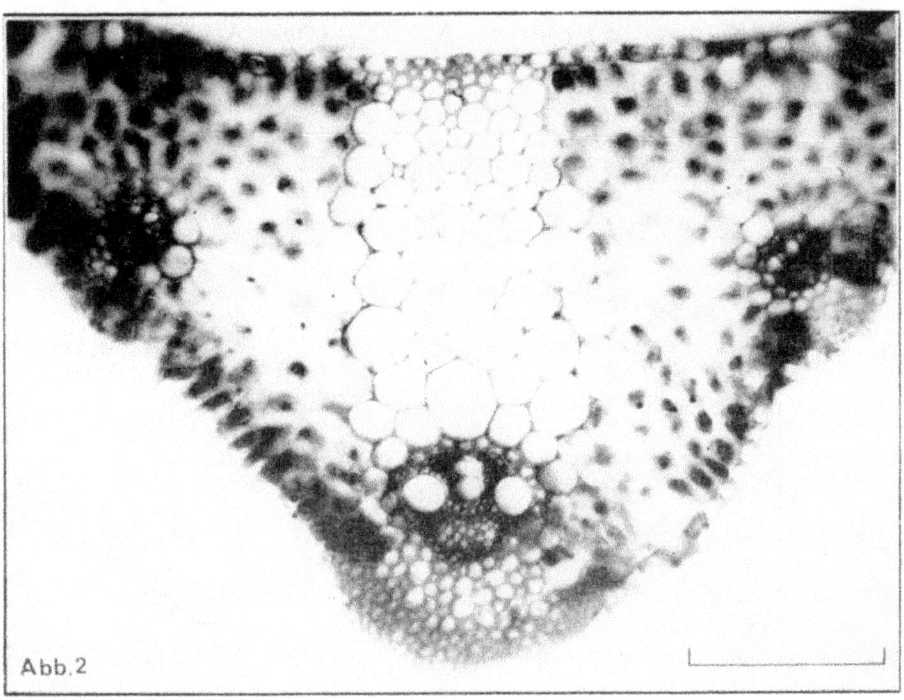

Tafel 13

Mittelnervtypen. Abb. 1 Typ 1 (*T. fungicidum*); Abb. 2 Typ 2 (*T. sphaerococcum*). Maßstriche = 0,25 mm

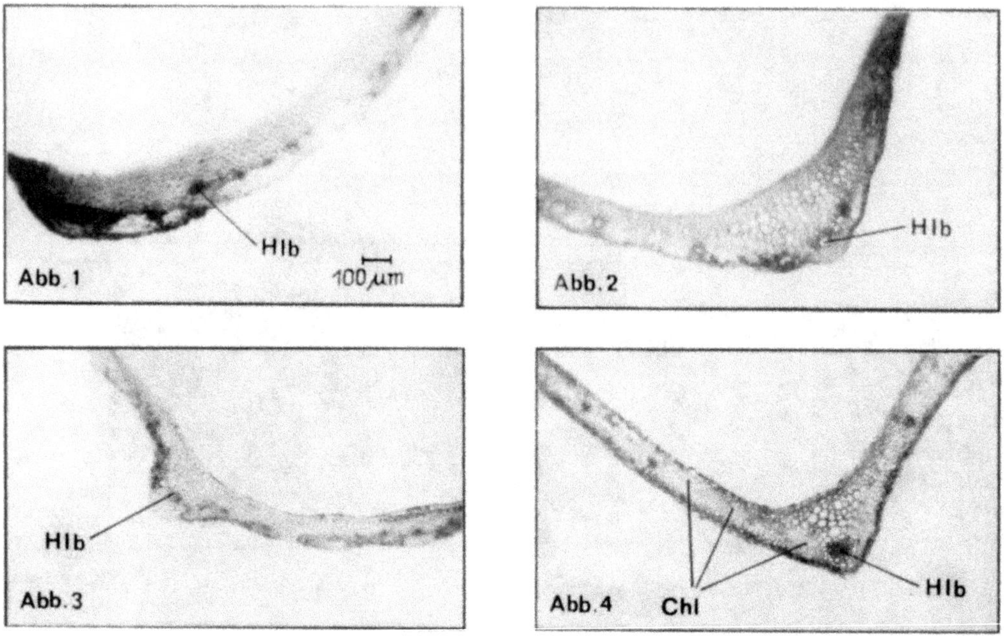

Tafel 14
Hüllspelzen-Querschnitte. Abb. 1 *A. squarrosa*; Abb. 2 *T. spelta*; Abb. 3 *A. speltoides*; Abb. 4 *T. aestivum*.
Chl. = Chlorenchym Hlb. = Hauptleitbündel

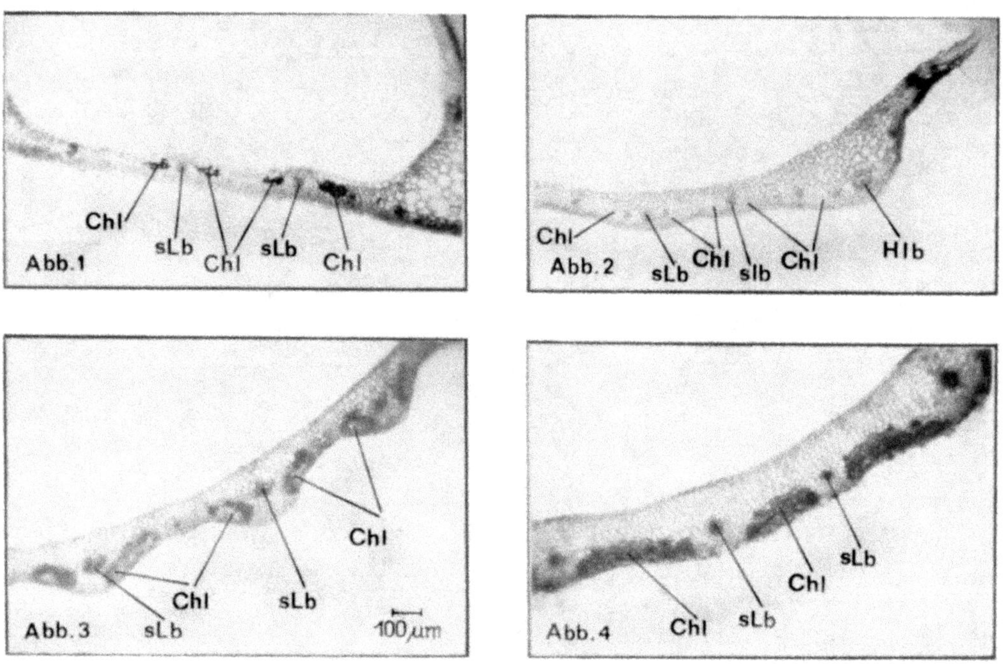

Tafel 15
Hüllspelzen-Querschnitte. Abb. 1 *T. boeoticum*; Abb. 2 *T. timopheevi*; Abb. 3 *A. columnaris*; Abb. 4 *A. columnaris*.
Chl. = Chlorenchym Hlb. = Hauptleitbündel sLb. = seitliches Leitbündel

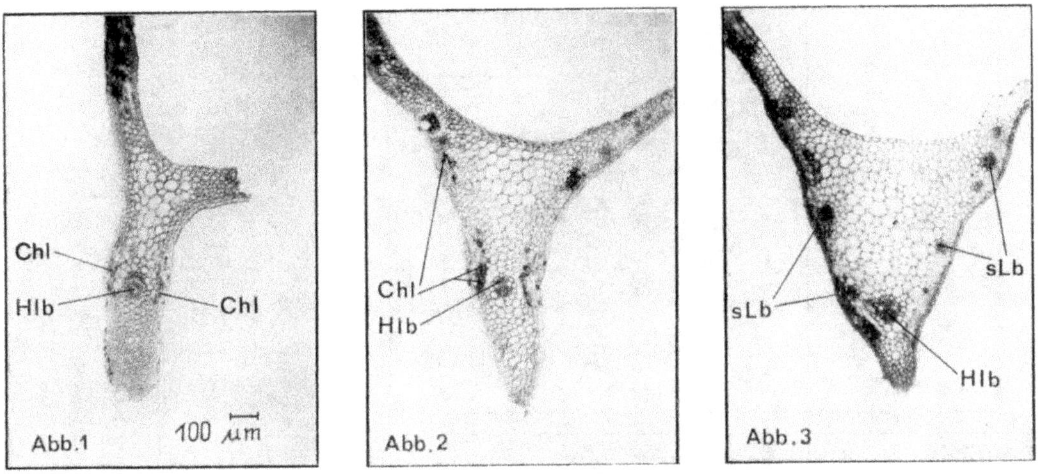

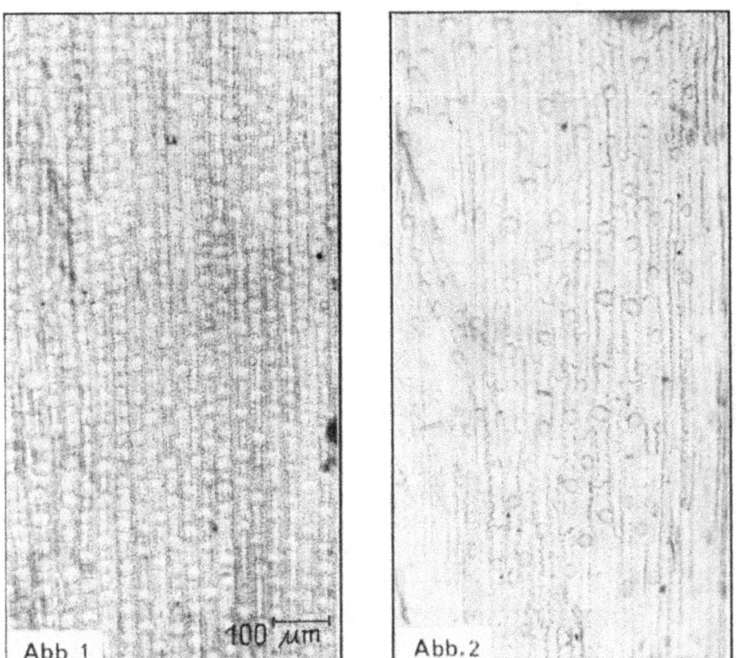

Tafel 17
Epidermis der Vorspelzen in Aufsicht. Abb. 1 *A. longissima*; Abb. 2 *A. cylindrica*

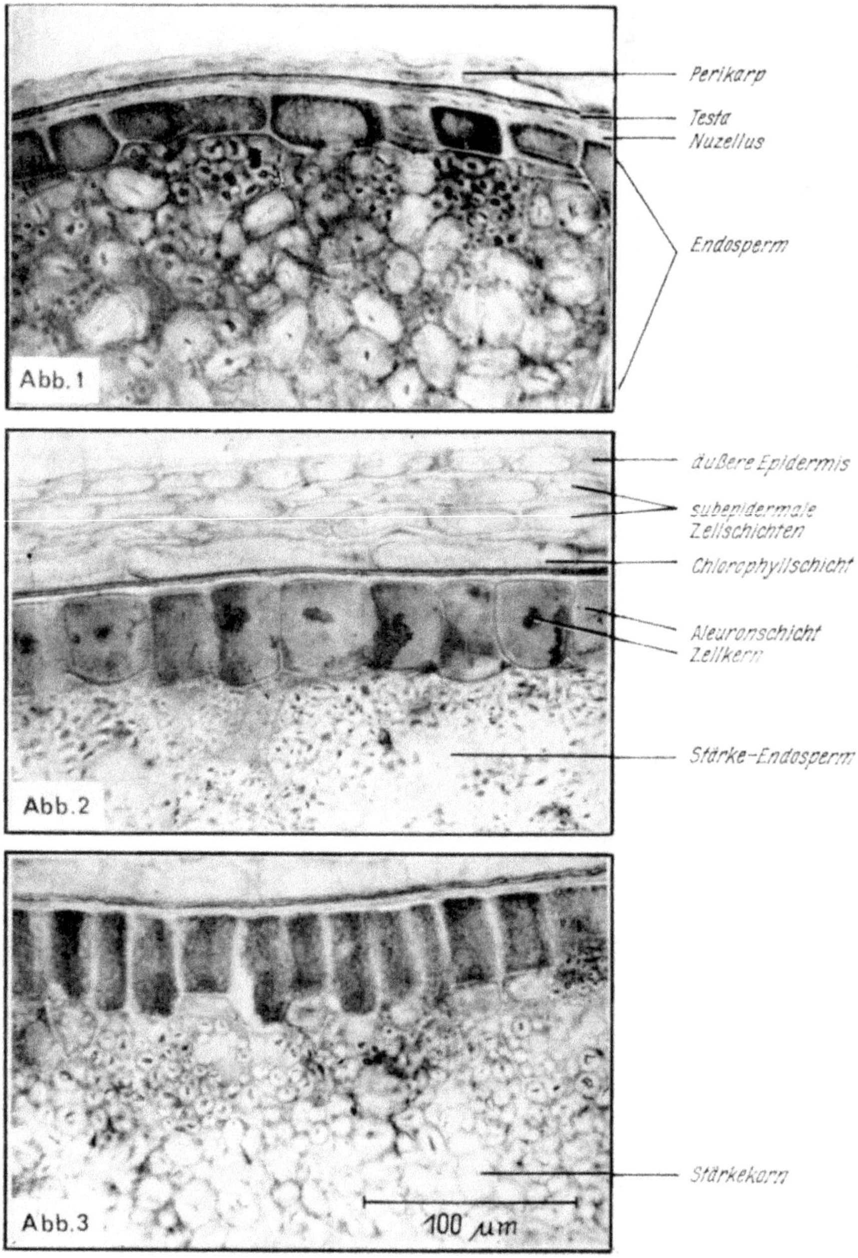

Tafel 18

Anatomische Struktur der Karyopsen. Abb. 1 *A. bicornis*, Abb. 2 *T. turanicum*, Abb. 3 *A. uniaristata*.

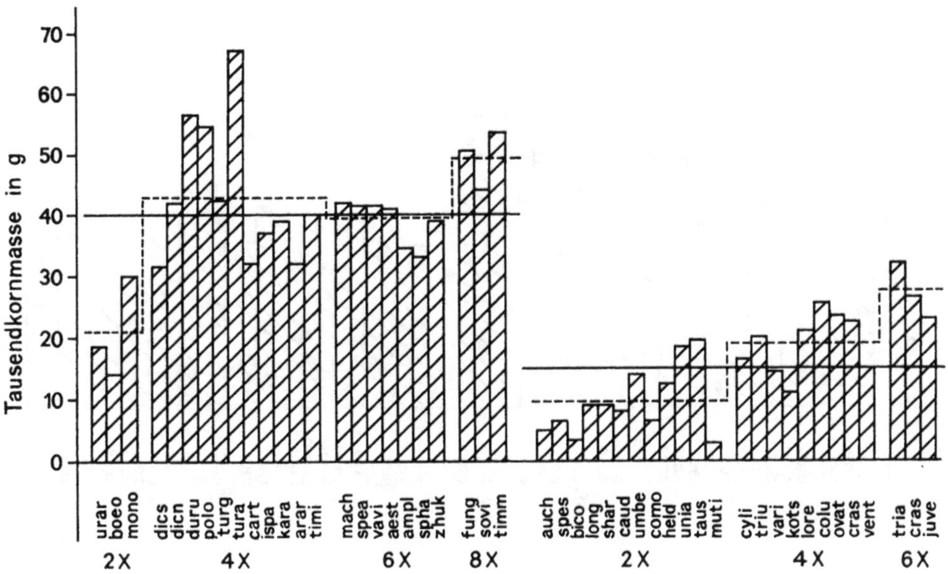

Tafel 19

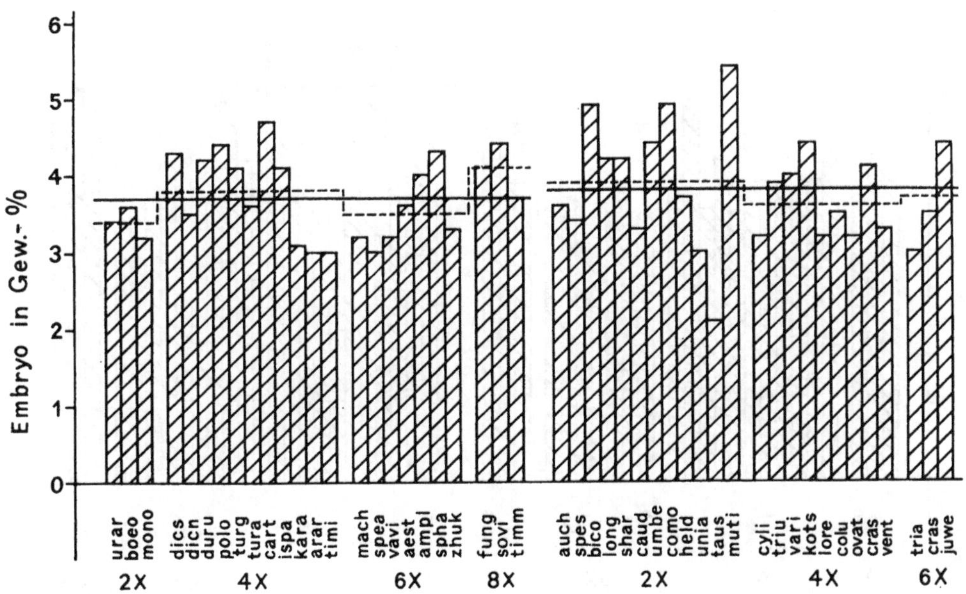

Tafel 20

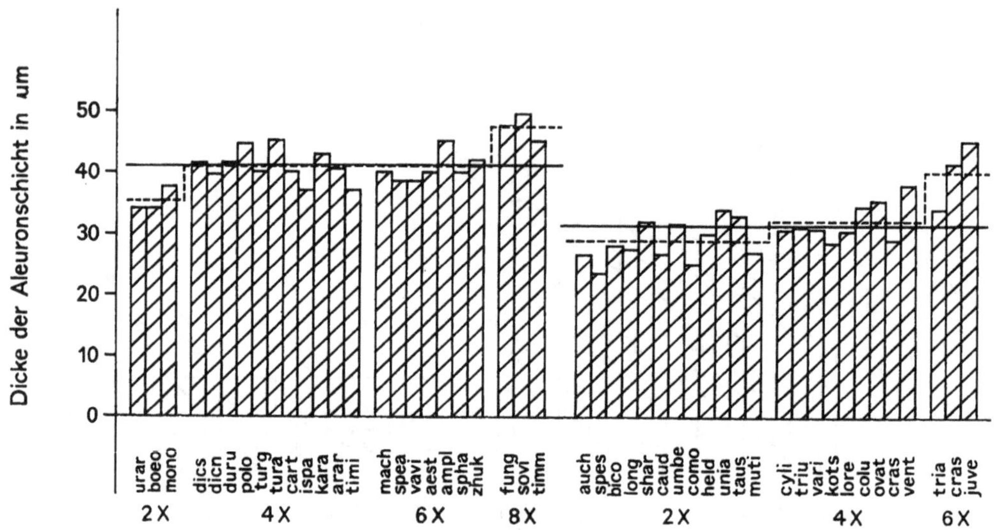

Tafel 21

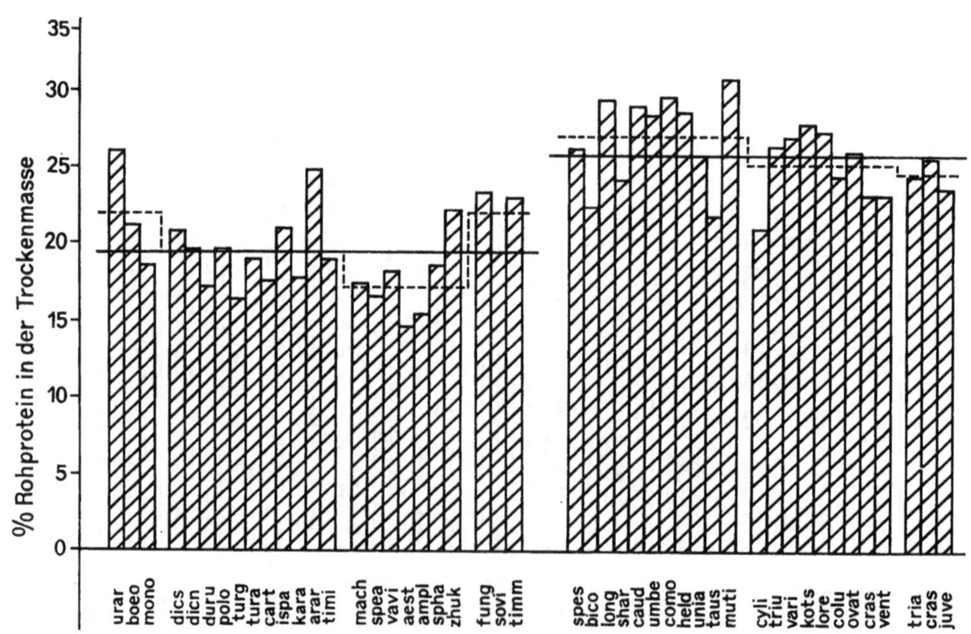

Tafel 22

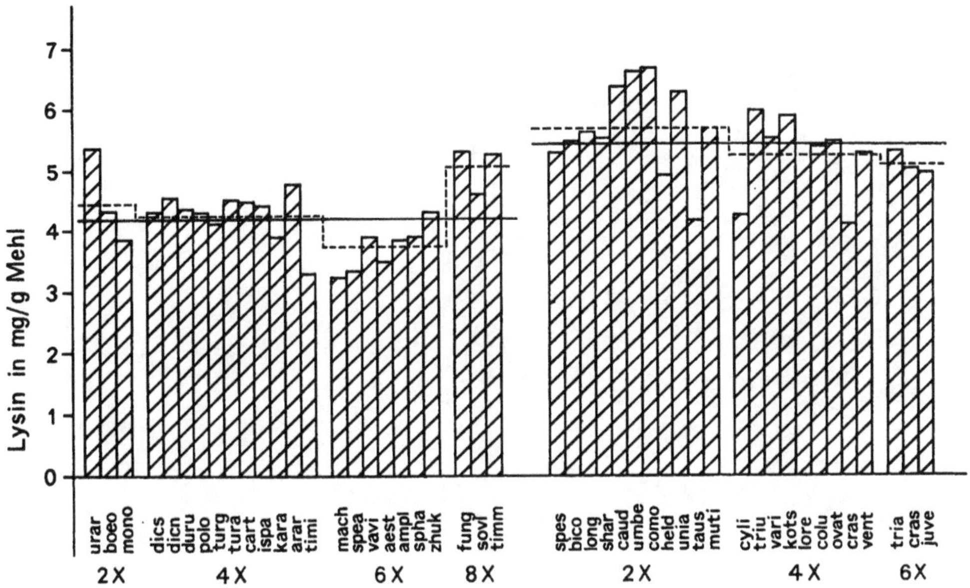

Tafel 23

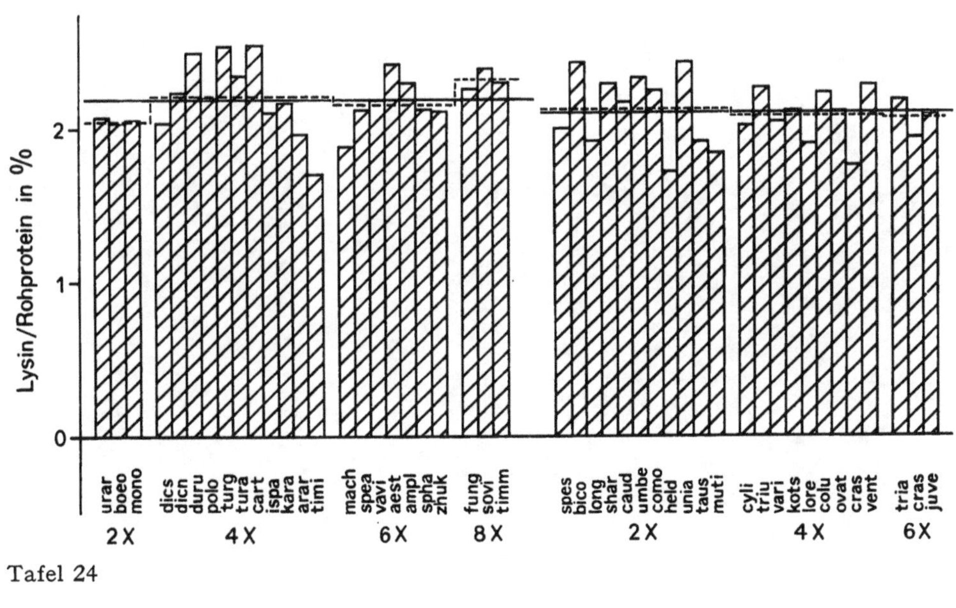

Tafel 24

Kulturpflanze XXV · 1977 · S. 267–277

Mathematische Auswertung von Dichtegradienten zur Molekulargewichtsbestimmung von DNS mit Hilfe der EDV[1]

HANS-WOLFGANG JANK und JÜRGEN HOFEMEISTER

(Eingegangen am 2. Februar 1977)

Einleitung

Die Molekulargewichtsbestimmung hochmolekularer Desoxyribonucleinsäure (DNS) in einem linearen Saccharosegradienten gehört zu den Standardmethoden der Molekularbiologie seit Entwicklung der Ultrazentrifugation (siehe BOWEN, 1970; SYKES, 1971). Die theoretischen Grundlagen der Methode beruhen auf Überlegungen und Experimenten von DOTY, MCGILL und RICE (1958), BURGI und HERSHEY (1963) sowie STUDIER (1965).

Besonders häufig wird die Methode für die Bestimmung des Molekulargewichtes von DNS aus Bakterien nach einem von MCGRATH und WILLIAMS (1966) beschriebenen Verfahren angewendet. Die Freisetzung der radioaktiv markierten DNS aus den Zellen erfolgt dabei durch Lyse ganzer Zellen oder von Sphaeroblasten direkt auf einen 5 bis 20%igen alkalischen Saccharosegradienten und anschließender Zentrifugation unter Standardbedingungen. Dieses Verfahren ermöglicht die vergleichsweise Analyse von Versuchsserien, wie sie z. B. in Untersuchungen zum Nachweis von DNS-Reparaturvorgängen nach DNS-Schädigung erforderlich sind.

Die Auswertung der Sedimentationsprofile ist jedoch von allgemeiner Bedeutung. Insbesondere bei der Analyse von Versuchsreihen ist der rechnerische Aufwand manuell nicht mehr zu bewältigen. In der vorliegenden Arbeit wird ein EDV-Programm für die Berechnung wichtiger Kennzahlen vergleichbarer Sedimentationsprofile beschrieben. Die als Meßergebnisse anfallenden Daten können danach als Ausdruck oder/und zusätzlich als graphische Darstellung mittels rechnergesteuerten x-y-Schreibern ausgewertet werden. Besonderer Wert wurde auf die Möglichkeit gelegt, Versuchsreihen in unterschiedlicher Normierung, d. h. bezogen auf das Maximum der absoluten, prozentualen oder flächenmäßigen Zählwerte, graphisch darstellen zu können. Das beschriebene Verfahren beruht prinzipiell auf einem bereits für die Auswertung von Radioaktivitätsverteilungen in Elektrophoresegelen beschriebenen EDV-Programm (JANK und ADLER, 1976).

1 Herrn Prof. Dr. Drs. h. c. HANS STUBBE zum 75. Geburtstag gewidmet.

Problemstellung und Ansatz

Es sollte ein Verfahren zur Berechnung und Auswertung experimentell gewonnener Radioaktivitätsprofile nach Zentrifugation von DNS in alkalischen Saccharosegradienten erstellt werden, mit dessen Hilfe einerseits durch graphische Darstellung und andererseits durch rechnerischen Ausdruck möglichst objektive Kennzahlen über die DNS der zentrifugierten Probe gewonnen werden können.

Es war notwendig, eine Beziehung zwischen der Radioaktivität einer Fraktion sowie dem Gewicht und der Anzahl der in ihr enthaltenen radioaktiv-markierten Bruchstücke herzustellen. Daraus ergibt sich die Möglichkeit, aus der Verteilung der Bruchstücke nach Zentrifugation im (alkalischen) Saccharosegradienten Angaben über die durchschnittlichen Molekulargewichte (Mw und Mn) von DNS in der Probe sowie über die durchschnittlichen Bruchhäufigkeiten (Nw und Nn) pro DNS-Einzelstrang, bezogen auf eine Standard-DNS, zu errechnen. Außerdem sollte aus dem rechnerischen Ausdruck das Molekulargewicht und die Bruchhäufigkeit pro Fraktion bzw. im Bereich von Fraktionen mit der Signifikanz von ca. 74 % (der Gesamtaktivität) zu entnehmen sein.

Das EDV-Programm ist speziell für die Auswertung von Experimenten zum Einfluß von DNS-schädigenden Noxen (UV-Bestrahlung) auf den Prozeß der DNS-Replikation und die Erfassung prä- bzw. post-replikativer Reparaturvorgänge bei Bakterien abgestimmt (HOFEMEISTER, in Vorbereitung).

Die Beziehung zwischen Molekulargewicht und Sedimentationsstrecke (der relativen Position (d) der Radioaktivität im Gradienten) ist bei vergleichbarer Zentrifugationszeit und Schwerefeld eine Funktion des Dichteverlaufes im Saccharosegradienten und wird unter den verwendeten Zentrifugationsbedingungen hinreichend genau durch die Formel (9) approximiert (BURGI und HERSHEY, 1963).

Diese Formel hat den Charakter einer empirisch ermittelten Eichkurve. Ihre Genauigkeit hat unmittelbaren Einfluß auf die Genauigkeit aller Größen, in die das Molekulargewicht eingeht (Formeln 10–14).

Verwendete Bezeichnungen

counts	– Radioaktivität in Zählwerten
Ms	– Molekulargewicht des Standards
ds	– relative Lage des Standards im Eichgradienten
countsi	– experimentell gefundene Radioaktivität (in counts) der i-ten Fraktion
MAX	– maximale counts
MIN	– minimale counts
N	– Anzahl der Fraktionen im Gradienten
Sc	– Gesamtsumme der countsi
Max	– korrigiertes Maximum
Sci	– korrigierte Gesamtsumme der countsi
Nr	– laufende Nummer der Fraktion

di	– relative Lage der i-ten Fraktion im Gradienten
ci	– korrigierte countsi
ci %	– prozentualer Anteil der ci
cirel	– relativer Anteil der ci
ckum	– kumulative Summe der ci
Mi	– Molekulargewicht in der i-te Fraktion
Ni	– Anzahl der DNS-Strangbrüche für die i-te Fraktion
Mw	– mittleres gewichtetes Molekulargewicht, gewichtet nach der gewichtsmäßigen Verteilung
Mn	– mittleres gewichtetes Molekulargewicht, gewichtet nach der anzahlmäßigen Verteilung
Nw	– mittlere gewichtete Bruchzahl, gewichtet nach der gewichtsmäßigen Verteilung
Nn	– mittlere gewichtete Bruchzahl, gewichtet nach der anzahlmäßigen Verteilung
Mnat	– Molekulargewicht der Kontroll-DNS

Formeln

(1) $\mathrm{Sc} = \sum_{i=1}^{N} \mathrm{countsi}$

(2) $\mathrm{Max} = \mathrm{MAX} - \mathrm{MIN}$

(3) $\mathrm{Sci} = \mathrm{Sc} - \mathrm{N} \cdot \mathrm{MIN}$

(4) $\mathrm{di} = (i - 0{,}5)/\mathrm{N}$

(5) $\mathrm{ci} = \mathrm{countsi} - \mathrm{MIN}$

(6) $\mathrm{ci\%} = 100 \cdot \mathrm{ci}/\mathrm{Sci}$

(7) $\mathrm{cirel} = \mathrm{ci}/\mathrm{Max}$

(8) $\mathrm{ckum} = \sum_{i=1}^{k} \mathrm{ci}$

(9) $\mathrm{Mi} = \mathrm{Ms} \cdot (\mathrm{di}/\mathrm{ds})^{1/\mathrm{K}}$

(10) $\mathrm{Ni} = \mathrm{Mnat}/\mathrm{Mi} - 1$

(11) $\mathrm{Mw} = \sum_{i=1}^{N} (\mathrm{ci} \cdot \mathrm{Mi}) / \sum_{i=1}^{N} \mathrm{ci}$

(12) $\mathrm{Mn} = \sum_{i=1}^{N} \mathrm{ci} / \sum_{i=1}^{N} (\mathrm{ci}/\mathrm{Mi})$

(13) $\mathrm{Nw} = \sum_{i=1}^{N} (\mathrm{ci} \cdot \mathrm{Ni}) / \sum_{i=1}^{N} \mathrm{ci}$

(14) $\mathrm{Nn} = \sum_{i=1}^{N} (\mathrm{ci} \cdot \mathrm{Ni}/\mathrm{Mi}) / \sum_{i=1}^{N} (\mathrm{ci}/\mathrm{Mi})$

(15) $\mathrm{K} = (\ln(\mathrm{ds1}) - \ln(\mathrm{ds2}))/(\ln(\mathrm{Ms1}) - \ln(\mathrm{Ms2}))$

Theoretische Überlegungen

Wir machen folgende Annahmen:

– Die zur Markierung benutzte Radioaktivität ist gleichmäßig über die gesamte Länge des DNS-Stranges verteilt.

- Der DNS-Strang ist bezüglich des Molekulargewichts im Bereich der für die Messung verwertbaren Molekülgrößen homogen.
- Die einzelnen Bruchstücke sedimentieren unter den gegebenen Versuchsbedingungen unabhängig voneinander.
- Die Bruchstücke in jeder Fraktion sind gleich schwer (siehe auch EHMANN und LETT, 1973; Ho und Ho, 1972).

Aus der ersten Annahme folgt, daß zwischen der Radioaktivität ri und der Anzahl der Atome ni eines Bruchstücks der i-ten Fraktion eine Proportionalität mit dem Proportionalitätsfaktor a besteht:

$$ri = \mathrm{a} \cdot ni \tag{16}$$

Bezeichnet man mit *fi* die Anzahl der Bruchstücke in der *i*-ten Fraktion, so folgt aus (16) unmittelbar, daß sich die Radioaktivität dieser Fraktion nach folgender Formel berechnet:

$$ci = fi \cdot ri = a \cdot fi \cdot ni \tag{17}$$

Aus der zweiten Annahme folgt die Proportionalität zwischen dem Molekulargewicht *Mi* und der Anzahl der Atome *ni* eines Bruchstückes der *i*-ten Fraktion mit dem Proportionalitätsfaktor β:

$$ni = \beta \cdot Mi \tag{18}$$

Kombiniert man (17) und (18), so folgt:

$$ci = a \cdot fi \cdot \beta \cdot Mi = (a \cdot \beta) \cdot fi \cdot Mi \tag{19}$$

aber auch

$$\frac{ci}{Mi} = (a \cdot \beta) \cdot fi \tag{20}$$

Die Radioaktivität einer Fraktion ist also proportional zum Gewicht der in dieser Fraktion enthaltenen Stoffmenge, während das Verhältnis (20) proportional zu der in dieser Fraktion enthaltenen Anzahl von Molekülen ist.

Hat man eine Reihe von Meßwerten $(x_1, \ldots, x_N)$ und eine Reihe von mathematischen Gewichten $(h_1, \ldots, n_N)$, so läßt sich ein gewichteter Mittelwert *xh* der Meßwerte (*xi*) bezüglich der Verteilung der Gewichte (*hi*) nach folgender Formel berechnen:

$$xh = \frac{\sum_{i=1}^{N} hi \cdot xi}{\sum_{i=1}^{N} hi} \tag{21}$$

Werden alle Gewichte mit dem gleichen Faktor multipliziert, so bleibt dieser jedoch ohne Einfluß auf den Wert von *xh*. *xh* hängt also nur von den konkreten Meßwerten (*xi*) und von der Verteilung der Gewichte (*hi*) ab. Daraus folgt, daß sich für festliegende Meßwerte (*xi*) das gewichtete Mittel *xh* nur mit der Verteilung der Gewichte *hi* verändert – es also ein Charakteristikum für diese Verteilung ist.

Die Bruchzahl Ni

Für die Berechnung der Bruchzahl Ni einer Fraktion (Formel 10) gilt folgende Überlegung:

Ist ein Körper in k (nicht notwendig gleiche) Teile zerlegt worden, so waren dazu k–1 Teilungen (Brüche) notwendig.

Ist eine Substanz mit dem Gewicht G in k gleiche Stücke mit dem Gewicht g zerlegt worden, so muß gelten: $k \cdot g = G$.

Sind dagegen aber G und g bekannt, so kann man k berechnen zu $k = G/g$.
Damit ist die Bruchzahl

$$Ni = \frac{G}{g} - 1.$$

(Ehmann und Lett, 1973)

Das gewichtsmäßig gewichtete mittlere Molekulargewicht Mw

Setzt man in der Formel (21) für die mathematischen Gewichte (hi) die Radioaktivitäten (ci) und für die Meßwerte (xi) die Molekulargewichte (Mi) ein, so erhält man Formel (11).

$$Mw = \frac{\sum_{i=1}^{N} ci \cdot Mi}{\sum_{i=1}^{N} ci} \tag{11}$$

Mw ist also ein gewichtetes mittleres Molekulargewicht.

Da die Ci nach Formel (19) proportional der Gewichtsverteilung sind, ist Mw somit ein gewichtsmäßig gewichtetes mittleres Molekulargewicht (weight-average molecular weight).

Das anzahlmäßig gewichtete mittlere Molekulargewicht Mn

Analog erhält man für $hi = ci/Mi$ und $xi = Mi$ die Formel (12)

$$Mn = \frac{\sum_{i=1}^{N} \frac{ci}{Mi} \cdot Mi}{\sum_{i=1}^{N} \frac{ci}{Mi}} = \frac{\sum_{i=1}^{N} ci}{\sum_{i=1}^{N} \frac{ci}{Mi}} \tag{12}$$

Da die ci/Mi nach Formel (20) proportional zu der Anzahl der Moleküle pro Fraktion sind, stellt Mn ein anzahlmäßig gewichtetes mittleres Molekulargewicht (number-average molecular weight) dar.

Die gewichtsmäßig gewichtete mittlere Bruchzahl Nw

Genauso, wie wir die Molekulargewichte, die zu einer Fraktion gehören, kennen, sind uns auch nach Formel (10) die Bruchzahlen der betreffenden Fraktionen bekannt.

Wir können also in der Formel (21) wieder für die mathematischen Gewichte (hi) die Radioaktivitäten (Ci) und für die Meßwerte (xi) die Bruchzahlen (Ni) einsetzen und erhalten so die Formel (13).

$$Nw = \frac{\sum_{i=1}^{N} ci \cdot Ni}{\sum_{i=1}^{N} ci}$$

Analog zu Mw ist Nw also die gewichtsmäßig gewichtete mittlere Bruchzahl (weight-average break number).

Die anzahlmäßig gewichtete mittlere Bruchzahl Nn

Analog erhalten wir für $hi = Ci/Mi$ und $xi = Ni$ die Formel (14)

$$Nn = \frac{\sum_{i=1}^{N} \frac{ci}{Mi} \cdot Ni}{\sum_{i=1}^{N} \frac{ci}{Mi}}$$

Damit ist Nn analog zu Mn die anzahlmäßig gewichtete mittlere Bruchzahl (number-average break number).

Die repräsentative Gruppe

Zur Diskussion von Radioaktivitätsprofilen, die das Vorliegen mehrerer Molekülgruppen mit unterschiedlichem Sedimentationsverhalten erkennen lassen, ist für uns die Definition repräsentativer Gruppen von Fraktionen in einer Probe vorteilhaft. – Als repräsentative Gruppen definieren wir jeweils zusammenhängende Fraktionen eines Gradienten, in denen jede einzelne relative Aktivität cirel (Formel 7) größer als eine gewisse Zahl z (<1) ist.

Wir haben in unserem Programm $z = 2/e$ gesetzt.

Läßt man in der Formel (21) den Index i nicht von 1 bis N, sondern von j bis k laufen, wobei j = Nummer der ersten Fraktion und k = Nummer der letzten Fraktion einer repräsentativen Gruppe ist, so erhält man die Größen Mw, Mn, Nw und Nn für diese repräsentative Gruppe.

Anwendungsbeispiel

Rechnerischer Ausdruck

Der Ausdruck von Parametern, Eingabedaten und Ergebnissen erfolgt in Tabellenform über die rechnergesteuerte Ausgabeschreibmaschine 9861 A (Tab. 1).

Eingabewerte sind dabei die *counts* der einzelnen Fraktionen der Gradienten einer Versuchsserie.

Tabelle 1

Auszug aus einem rechnerischen Ausdruck

Molekulargewichtsbestimmung

Standardwerte

Exponent K	0.352950220
Positionsnummer	13
Fraktionen	35
Ms 1	6.00000000007
Ms 2	1.26000000007
M nat	1.40000000009

Gradient	2
MAX	6047
MIN	52
Sc	39014
N	35

Nr.	di	counts	ci	ci%	cirel	c kum	*Mi*	*Ni*
1	0.014	75	23	0.06	0.0038	23	6.567842246 03	213159
12	0.329	3363	3311	8.90	0.5523	8803	4.737538185 07	29
13	0.357	6047	5995	16.12	1.0000	14798	6.000000000 07	22*
14	0.386	4915	4863	13.07	0.8112	19661	7.461900685 07	18*
Mw =	6.654745168 07		*Mn* =	6.577109043 07				
Nw =		20	*Nn* =		21			
15	0.414	3706	3654	9.82	0.6095	23315	9.136451231 07	14
35	0.986	195	143	0.38	0.0239	37194	1.065029508 09	0
Mw =	1.175128868 08		*Mn* =	5.331032767 07				
Nw =		25	*Nn* =		117			
Max	5995							
Sci	37194							

Es werden folgende Parameter ausgedruckt:

- der Exponent K,
- die Positionsnummer des Standards 1,
- die Anzahl der Fraktionen des Standards 1,
- das Molekulargewicht des Standards 1,
- das Molekulargewicht des Standards 2 und
- das Molekulargewicht der nativen DNS.

Diese Parameter sind im Programm fest eingebaut, können aber bei Bedarf leicht geändert werden.

Pro Gradient werden folgende globale Kenngrößen ermittelt und ausgedruckt:

- die laufende Gradientennummer innerhalb dieser Versuchsserie,
- die maximalen counts MAX,
- die minimalen counts MIN,
- die Gesamtsumme Sc der counts,

– die Anzahl der Fraktionen N in diesem Gradienten,
– Mw, Mn, Nw und Nn für den gesamten Gradienten,
– die korrigierten maximalen counts Max und
– die korrigierte Gesamtsumme Sci.

Für die Berechnung der korrigierten Größen wird angenommen, daß der Background der Radioaktivität gleich den minimalen counts MIN ist. Bei der Berechnung von Mw, Mn, Nw und Nn für den Gesamtgradienten werden jeweils die ersten und letzten drei Fraktionen nicht berücksichtigt. Wir haben (empirisch) festgestellt, daß bei Berücksichtigung der Randfraktionen diese Kennwerte starken Schwankungen unterworfen sind. Das resultiert höchstwahrscheinlich für die kleinen Molekulargewichte aus dem Approximationscharakter von Formel (9) und für die hohen Molekulargewichte aus dem Sedimentieren in einem nach unten abgeschlossenen Gradienten.

Die Tabelle, die die Auswertung des eigentlichen Radioaktivitätsprofils darstellt, enthält folgende Angaben:

– die Fraktionsnummer,
– die relative Position di dieser Fraktion,
– die eingegebenen counts als Kontrolle der Eingabedaten,
– die korrigierten counts ci,
– den prozentualen Anteil ci %,
– den relativen Anteil cirel,
– die kumulative Summe ckum der ci,
– das Molekulargewicht Mi der in dieser Fraktion enthaltenen Bruchstücke und
– die Bruchzahl Ni für die betreffende Fraktion.

Gehört die betreffende Fraktion zu einer repräsentativen Gruppe (cirel $> 2/e$), so wird sie zusätzlich durch ein * markiert.

Am Schluß jeder repräsentativen Gruppe wird der tabellarische Ausdruck durch die Angabe von Mw, Mn, Nw und Nn für diese repräsentative Gruppe unterbrochen.

Durch die Einführung der repräsentativen Gruppe werden die oben erwähnten Randfehler weitgehend unwirksam gemacht.

Weiterhin bestehen im Programm die Möglichkeiten, sich sowohl eine Gesamtübersicht der globalen Kenngrößen aller Gradienten ausdrucken zu lassen, als auch die Auswertung ohne Background-Subtraktion vorzunehmen.

Graphische Darstellung

Die graphische Darstellung der Gradienten erfolgt über den rechnergesteuerten Plotter 9862A (Abb. 1). Dadurch ist es möglich, bei Bedarf mit minimalem manuellem Aufwand innerhalb kürzester Zeit eine ganze Serie verschiedenster Darstellungsformen ein- und derselben Versuchsserie herzustellen, aus der dann die für die Auswertung des Experiments geeignetste Zeichnung ausgewählt werden kann. Auf der X-Achse ist die relative Länge abgetragen. Darunter befindet sich die Skala der zugehörigen Molekulargewichte, auf der zusätzlich die Lage der zwei Standards markiert ist. Diese Skala ist logarithmisch geteilt. Die Darstellung der Gradienten erfolgt grundsätzlich als Säulendiagramm, jedoch können sie bei Bedarf in unterschiedlicher Normierung aufgetragen werden.

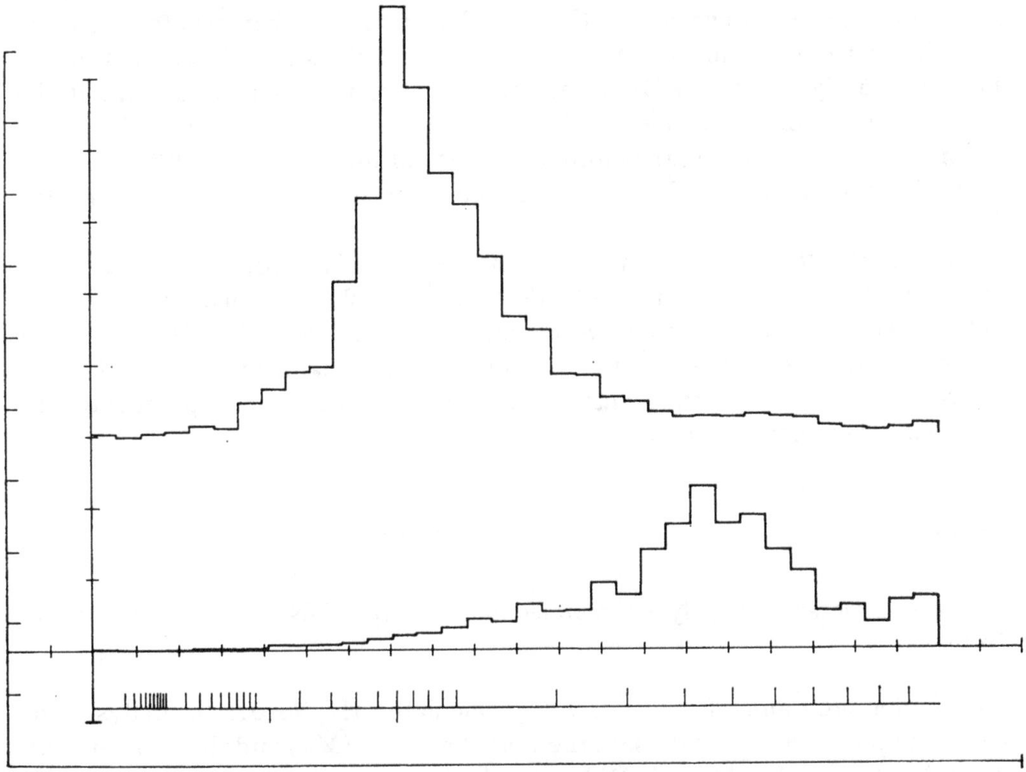

Abb. 1 Beispiel für eine Zeichnung von Sedimentationsprofilen mit Normierung auf absolute Zählwerte. Auf der Abszisse sind die counts abgetragen (1 Teilstrich = 1000 counts). Auf der Ordinate ist die relative Position im Gradienten (1 Teilstrich = 0,05) und darunter in logarithmischer Teilung die Molekulargewichtsskala eingezeichnet. Darauf ist auch das Molekulargewicht der Standard-DNS markiert.

Im Normalfall wird auf die in der gesamten Versuchsserie höchste Radioaktivität normiert. Zusätzlich stehen zur Auswahl die Normierung auf die höchste prozentuale Aktivität und auf die größte „flächenmäßige" Aktivität (d. h. auf das größte Produkt $c_{max} \cdot$ Sci)! Bei der Darstellung erhöht folgendes Vorgehen, welches durch das Programm unterstützt wird, die Übersichtlichkeit der Zeichnungen: Die Achsen werden nur einmal gezeichnet. Alle Gradienten werden in dieses Achsenkreuz eingezeichnet, wobei jeder Gradient gegenüber seinem Vorgänger manuell um einen Betrag nach oben verschoben wird, so daß keine Überschneidungen entstehen. Es besteht jedoch auch die Möglichkeit, jeden Gradienten in ein eigenes Achsenkreuz einzuzeichnen.

Zusammenfassung

Es wird ein EDV-Programm für den HP 9810 A zur rationellen Auswertung des Sedimentationsverhaltens von DNS im alkalischen Saccharosegradienten, insbesondere zur Berechnung wichtiger Kennzahlen für das Molekulargewicht und für die Bruchhäufigkeiten von DNS beschrieben. Voraussetzung dafür sind Radioaktivitätsprofile und Eichung des Gradienten mit Hilfe von Standard-DNS ausgehend von der Approximationsformel von BURGI und HERSHEY (1963).

Im Programm hat der Exponent K den in unseren Eichläufen ermittelten Wert 0,353.

Die Ausgabe der Daten und der Ergebnisse erfolgt als Ausdruck über eine rechnergesteuerte Schreibmaschine. Außerdem ist die graphische Wiedergabe über den rechnergesteuerten x-y-Schreiber vorgesehen. Der graphische Teil des Programms erlaubt es, die Versuchsvarianten (Gradienten) in quantitativer Relation mit unterschiedlicher Normierung auszuwerten, wie es speziell in Experimenten zur DNS-Reparatur notwendig ist.

Summary

Computer Program to Analyse the Molecular Weight of DNA from Sedimentation Profiles

A computer programm for the desk-top calculator HP 9810 A to analyse sedimentation profiles and to calculate the weight average (Mw) and the number-average molecular weight (Mn) of DNA as well as of their breakage parameters (Nw and Nn) is presented. The calculations are based on the radioactivity profiles of tritium-labelled DNA sedimented in alkaline sucrose gradients using a liquid scintillation spectrometer.

With the aim of the approximation formula from BURGI und HERSHEY (1963) the exponent K has been estimated from the sedimentation of standard DNA with standard conditions and yields to 0.353.

The data are printed out by mean of a computer-controlled typewriter or as a plot by mean of a computer-controlled X-Y plotter. The drawing program is adapted for different modes of standardisation. The most significant capabilities of the program are the estimation of the molecular weight and breakage number of any fraction or region of the sedimentation profile. In addition the graphic plot permits by use of different standardisation the estimation of quantitative changes under the experimental conditions.

Краткое содержание

Математическая обработка градиентов плотности для определения молекулярного веса ДНК с помощью ЭВМ

Описывается программа эффективной обработки опытных данных для ЭВМ *HP 9810A*. Вычисляются характеристики (*Mw*, *Mn* и дополнительно *Nw*, *Nn*) для седиментации ДНК в (щелочном) градиенте сахарозы. Предпосылкой этому являются, с одной стороны, профили радиоактивности, полученные при помощи сцинтилляционного счётчика, с другой – нормирование градиента с помощью стандартных ДНК на основе приближенной формулы Бурги и Хершей (1963). В качестве показателя K в программе взята полученная в нашей нормировке величина 0,353.

Вывод данных и результатов осуществляется на автоматическом печатающем устройстве. Кроме того предусмотрено графическое изображение с помощью автоматического рисующего устройства. Графическая часть программы позволяет сопоставить в количественном отношении варианты опыта с различной нормировкой, что требуется для экспериментов по репарации ДНК.

Literatur

Bowen, T. J., 1970: An introduction to ultracentrifugation. – London-New York-Sydney-Toronto, 1970.

Burgi, E. and A. D. Hershey, 1973: Sedimentation rate as a measure of molecular weight of DNA. – Biophys. J. *3*, 309–321.

Doty, P., McGill, B. B. and S. A. Rice, 1958: The properties of sonic fragments of deoxyribose nucleic acid. – Proc. Nat. Acad. Sci. (Wash.) *44*, 432–438.

Ehmann, V. K. and J. T. Lett, 1973: Review and evaluation of molecular weight calculations from the sedimentation profiles of irradiated DNA. – Rad. Research *54*, 152–162.

Ho, S. K. and Y. L. Ho, 1972: The modification of the yields of single strand breaks in DNA of gamma-irradiated *Escherichia coli*. Rad. Research *51*, 142–154.

Jank, H. W. and K. Adler, 1976: Programme zur teilautomatischen Auswertung von Radioaktivitätsverteilungen in Elektrophoresegelen mittels EDV. – Z. med. Labortechnik *17*, 111–115.

McGrath, R. A. and R. W. Williams, 1966: Reconstruction *in vivo* of irradiated *Escherichia coli* deoxyribonucleic acid, the rejoining of broken pieces. – Nature *212*, 534–535.

Studier, F. W., 1965: Sedimentation studies of the size and shape of DNA. – J. Mol. Biol. *11*, 373–390.

Sykes, J., 1971: Centrifugation techniques for the isolation and characterisation of sub-cellular components from bacteria. – Methods in Microbiology *5B*, edit. by J. R. Norris and D. W. Ribbons, London and New York, 55–207, 1971.

Kulturpflanze XXV · 1977 · S. 279–296

Untersuchungen zur physiologischen Bedeutung von Chlorophyll *b*, eine Literaturübersicht[1,2]

HERTA SAGROMSKY

(Eingegangen am 7. Februar 1977)

Fast alle höheren Pflanzen, Farne, Moose und Grünalgen haben in ihren Chloroplasten neben Chlorophyll *a* auch Chlorophyll *b*. Diese beiden grünen Farbstoffe unterscheiden sich nur wenig voneinander. Ihre Struktur ist sehr ähnlich. Chlorophyll *b* hat im zweiten Pyrrolring eine Formylgruppe, da, wo Chlorophyll *a* eine Methylgruppe besitzt. Die Absorptionsbanden von Chlorophyll *b* sind im Vergleich zu denen von Chlorophyll *a* im blauen sowie im roten Spektralbereich zum Grün hin verschoben.

Es erhebt sich die Frage, wozu benötigen grüne Pflanzen zwei sehr ähnliche Pigmente und worin besteht ihre Funktion? Da es Formen gibt, die zur Photosynthese fähig sind und nur Chlorophyll *a* besitzen, jedoch keine, die Chlorophyll *b* alleine führen, ist das Chlorophyll *a* schon lange als das eigentliche Photosynthesepigment angesehen worden. Über die mögliche Rolle des Chlorophyll *b* gibt es verschiedene Vorstellungen.

Im folgenden soll ein Überblick über Untersuchungen zur Aufhellung der physiologischen Bedeutung von Chlorophyll *b* gegeben werden. Es handelt sich nicht um eine Gesamtdarstellung aller Publikationen zu diesem Thema, sondern nur um eine Auswahl von Beobachtungen, die zu charakteristischen Auffassungen von der Funktion von Chlorophyll *b* geführt haben.

Schon lange nicht mehr tragbar, jedoch von historischem Wert sind die Vorstellungen von WILLSTÄTTER und STOLL (1913, 1918), nach denen Chlorophyll *b* ein Produkt des Photosyntheseprozesses ist. Während des Assimilationsvorganges wird Chlorophyll *a* in Chlorophyll *b* oxydiert, welches aber nicht ständig erhalten bleibt, sondern unter Sauerstoffabspaltung wieder in Chlorophyll *a* zurückverwandelt wird, wobei sich zwischen den beiden Komponenten ein Gleichgewichtszustand einstellt. Eine eventuelle Beteiligung der Carotinoide an der Rückbildung von Chlorophyll *b* zu Chlorophyll *a* wird erwogen. Gegen diese Hypothese von der Chlorophyll *b*-Entstehung wendet sich SEYBOLD (1941), indem er auf Messungen

1 Herrn Prof. Dr. Drs. h. c. HANS STUBBE zum 75. Geburtstag gewidmet.

2 Zwei während der Drucklegung erschienene Arbeiten konnten nicht mehr berücksichtigt werden: ALBERTE, R. S., MCCLURE, P. R. and THORNBER, J. P.: Organization of chlorophyll and photosynthetic unit size in isolated gymnosperm chloroplasts. Plant Physiol. *58* (1976): 341–344. ARMONT, P. A. and ARNTZEN, CH. J.: Localization and characterization of photosystem II in grana and stroma lamellae. Plant Physiol. *59* (1977): 398–404.

von SEYBOLD und EGLE (1938) hinweist, nach denen Coniferenkeimlinge, die in vollkommener Dunkelheit gewachsen waren, also keine Möglichkeit zur Photosynthese besaßen, Chlorophyll *a* und Chlorophyll *b* gebildet hatten. Ferner argumentiert SEYBOLD, gemäß der Theorie von WILLSTÄTTER und STOLL müßten nach längeren Dunkelzeiten, zum Beispiel nach Nachtperioden, in normalgrünen Blättern das Photosyntheseprodukt Chlorophyll *b* verknappt sein und infolgedessen eine starke Erhöhung des Verhältnisses von Chlorophyll *a* zu Chlorophyll *b* am Morgen auftreten. SEYBOLD und EGLE konnten in ausgewachsenen Blättern jedoch keine erheblichen Tagesschwankungen der Quotienten aus Chlorophyll *a* und Chlorophyll *b* messen.

Die Beobachtung, daß innerhalb gewisser genetisch bedingter Grenzen die Pigmentzusammensetzung in Blättern stark variieren kann, vor allem durch die Lichtbedingungen am Standort beeinflußt wird, führte zu der Annahme, daß Chlorophyll *b*-haltige Pflanzen in bestimmtem Milieu zu besserer Ausnutzung des Lichtes befähigt sind, da Chlorophyll *b* ihr Absorptionsspektrum erweitert. Eine stärkere Bildung von Chlorophyll *b* in ungünstigen Lichtklimata wurde in der Tat bei zahlreichen Pigmentanalysen von Pflanzen, die sich in verschiedenen Lichtbedingungen entwickelt hatten (Starklicht, Schwachlicht, Grünschatten, Blauschatten u. a., EGLE 1937, SEYBOLD und EGLE 1937), gefunden. So hatten zum Beispiel Schattenblätter in der Regel einen höheren Chlorophyll *b*-Anteil als Sonnenblätter. In Wäldern, in denen der grüne Spektralbereich im Vergleich zu anderen Wellenlängenbezirken stärker vertreten war als im Freien, im sogenannten Grünschatten, war der Chlorophyll *b*-Gehalt relativ zu dem von Chlorophyll *a* vermehrt. EGLE (1937) betrachtet daher das Chlorophyll *b* als Schwachlichtpigment mit bevorzugter Absorption des Grünschattens. In Übereinstimmung mit diesen Beobachtungen fanden SEYBOLD und WEISSWEILER (1943) in horizontal wachsenden Blättern von 11 verschiedenen Pflanzenarten, die sie durch Flächenschnitte in 2 Teile zerlegten, immer in den Chloroplasten der oberen Blatthälfte, also in der, die am Standort höherer Strahlung ausgesetzt ist, einen etwas größeren Chlorophyll *a*- zu Chlorophyll *b*-Quotienten als in denen des unteren Parenchymteils. Dieser Unterschied war in Schwimmblättern von Wasserpflanzen besonders ausgeprägt (Die Chloroplasten von der Oberseite der Blätter von *Nymphaea alba* hatten zum Beispiel einen $Q\,\frac{a}{b}$ von 5,8, während der der Chloroplasten der Blattunterseite 3,4 betrug.). Dennoch wendeten sich SEYBOLD und WEISSWEILER (1943) gegen die Annahme von einer verbesserten Lichtabsorption durch einen vermehrten Chlorophyll *b*-Anteil. Sie zeichneten Absorptionsspektren von Sonnen- und Schattenblättern auf (1942) und fanden, daß beide Blattypen trotz veränderten Pigmentgehalts und abgewandelter Pigmentzusammensetzung sehr ähnliche Absorptionsspektren aufweisen. Durch Messung der Absorption einzelner Blattschichten konnten SEYBOLD und WEISSWEILER (1943) darüber hinaus zeigen, daß die oberen Bereiche des grünen Blattes soviel Licht absorbieren, daß zu den unteren Zonen kaum noch Licht eindringen kann, daß daher das Chlorophyll im normalen Blatt im Überschuß vorhanden ist. Die unteren Blattschichten werden von den oberen so beschattet, daß zu ihnen fast kein Licht kommt und hier unbeschäftigte Chlorophyllmoleküle zu finden sind. Geringfügige Veränderungen in der Komponentenzusammensetzung können sich daher bei der Gesamtabsorption des Blattes nicht auswirken.

SEYBOLD vermutet, daß dem Chlorophyll *b* eine andere physiologische Bedeutung zukommt. Er untersuchte die Pigmentzusammensetzung in Plastiden verschiedener Algenklassen, verglich deren Inhaltsstoffe und fand, daß bei allen Formen, die kein Chlorophyll *b* führen (wie Rhodophyceen, Phaeophyceen, Diatomeen, Xanthophyceen), in den Chloroplasten keine Stärke zu finden ist. Er schreibt daher dem Chlorophyll *b* die Rolle zur Polymerisierung der mittels Chlorophyll *a* photosynthetisch gebildeten Monosaccharide zu Stärke zu. Diese Hypothese wird noch durch Beobachtungen gestützt, nach denen saccharophile Blätter einiger Monokotylen wie Species von *Allium*, *Asphodelus lutens*, *Leucojum vernum*, *Crocus vernus* u. a. sehr hohe Quotienten Chlorophyll *a* : Chlorophyll *b* aufweisen, also einen geringen Anteil von Chlorophyll *b* haben. – RÖBBELEN (1957) beschreibt eine durch Röntgenstrahlen induzierte Mutante von *Arabidopsis thaliana* ohne Chlorophyll *b*. Sie bildete keine Stärke, war auch nicht imstande, solche zu synthetisieren, wenn den Blättern Lösungen von Monosacchariden zugeführt wurden. RÖBBELEN kommt daher auch zu der Auffassung von SEYBOLD, daß das Chlorophyll *b* in irgendeiner Weise mit dem Prozeß der Stärkebildung zu tun haben muß. – Kritischer sind in diesem Zusammenhang jedoch die Befunde von MÜLLER (1964) zu sehen. Seine Mutante von *Pisum sativum*, die kein Chlorophyll *b* führt, hat zwar auch nie Stärke in den Parenchymzellen, jedoch welche in den Schließzellen der Spaltöffnungen. Die Stärke in den Schließzellen konnte durch Gaben von Monosacchariden vermehrt werden, doch nie war eine Stärkebildung in den Parenchymzellen zu erreichen. Damit war gezeigt worden, daß eine Chlorophyll *b*-freie Form im Prinzip Stärke bilden kann, allerdings nur in einem speziellen Teil ihres Gewebes, in der Epidermis.

In einer durch Röntgenstrahleneinfluß hervorgegangenen Mutante von *Chlorella pyrenoidosa*, in deren Chloroplasten Chlorophyll *b* nicht nachzuweisen war, fand ALLEN (1958) Stärke. Sie wendet sich daher gegen die SEYBOLD'sche Theorie, nach der Chlorophyll *b* zur Stärkebildung notwendig ist, da in dieser Mutante ohne Chlorophyll *b* Stärke synthetisiert werden kann. Ferner erscheint ihr eine von Chlorophyll *b* getriebene Polymerisierung der Monosaccharide als unwahrscheinlich, da die photosynthetischen Primärreaktionen von den Vorgängen des CO_2-Einbaus, dem Kohlehydrat-synthetisierenden System, bei grünen Pflanzen vollkommen getrennt werden können.

Auch in den drei Chlorophyll *b*-freien Mutanten der Sorte 'Donaria' von *Hordeum vulgare* (SAGROMSKY 1974) konnte Stärke in Chloroplasten der Schließzellen sowie in denen von Parenchymzellen des Blattinnern nachgewiesen werden. Damit war ein weiterer Befund dafür erbracht worden, daß die Umwandlung von Monosacchariden zu Stärke nicht an das Vorhandensein von Chlorophyll *b* gebunden ist.

Die Chlorophyll *b*-freie Mutante von *Chlorella pyrenoidosa* (Allen 1954) war zwar zur Photosynthese fähig, enthielt jedoch so wenig Chlorophyll, daß sie sich nicht phototroph ernähren konnte, sondern photoheterotroph kultiviert werden mußte. Bei 860 Lux bildete sie nur etwa 1/25 der Chlorophyllmenge der Elternform bei gleichen Licht- und Ernährungsbedingungen. Bei 9000 Lux besaß sie fast gar kein Chlorophyll und wies im Vergleich zur Normalform nur sehr geringe Wachstumsraten auf. Allen folgert, daß eine Funktion von Chlorophyll *b* darin besteht, den photosynthetischen Apparat gegen den Einfluß hoher Lichtintensitäten zu stabilisieren. – Nun braucht die Lichtempfindlichkeit hier nicht eine Folge des Mangels an Chlorophyll *b* zu sein. Es handelt sich um eine Mutante mit sehr wenig Chlorophyll *a*, und Chlorophyllarmut an sich bewirkt stets eine Photosensibilität auch bei höheren Pflanzen. Xanthophyceen, wie Arten von *Vaucheria*, zum Beispiel *Vaucheria dichotoma*, und *Botrydium granulatum* haben kein Chlorophyll *b* (Sagromsky und Rieth 1974), sind stark grün gefärbt und können in vollem Tageslicht an Seerändern und auf feuchten Erdkrusten gut gedeihen, ohne daß sie durch intensives Licht zerstört werden. Die geringen Mengen an Chlorophyll *c*, die diese *Vaucheria*-Formen besitzen, die aber bei *Botrydium* nicht vorhanden sind, absorbieren im Rot kaum, und rote Strahlung ist in hellen Ufergebieten stark vertreten. Im Vergleich zu den untersuchten Mutanten haben diese Xanthophyceen einen normalen Pigmentgehalt, der vermutlich die größere Stabilität ihres photosynthetischen Apparates gegenüber Licht bewirkt, ohne daß das Chlorophyll *b* dazu notwendig ist.

Die drei Mutanten der Sorte 'Donaria' von *Hordeum vulgare* (Sagromsky 1974) hatten auch einen geringeren Chlorophyll *a*-Gehalt als die Normalform, er war, bezogen auf mg Frischgewicht, bis fast zur Hälfte reduziert. Die Mutanten wuchsen unter normalen Anzuchtbedingungen etwas schwächer als die Ausgangsform und waren fertil. Ihre Chloroplasten waren gegenüber chemischen Einflüssen sensibler als die der Sorte 'Donaria' (Sagromsky 1974). Wurden Chloroplastensuspensionen 30 Minuten lang mit 0,48% SDS-Lösungen behandelt (0,48% SDS in Suspensionslösungen), so war zum Beispiel bei der Mutante 2800 nach 30 Minuten etwa 70% des Chlorophyll *a* zu Phäophytin umgebildet, während das Chlorophyll in Chloroplasten der Form 'Donaria' unter den gleichen Bedingungen nur zu etwa 30% zerstört worden war (Abb. 1). Auch hier soll in Frage gestellt werden, ob die größere Empfindlichkeit des photosynthetischen Apparates auf die starke Reduktion des Pigmentgehaltes oder auf das Fehlen von Chlorophyll *b* beziehungsweise auf durch andere Mutations-bedingte Abänderungen in den Chloroplasten zurückzuführen ist.

Nachdem gezeigt worden war, daß eine sehr gute Energieübertragung von Chlorophyll *b* auf Chlorophyll *a* im lebenden Chloroplasten möglich ist (Duysens fand 1952, daß die von Chlorophyll *b* bei 650 nm absorbierte Lichtenergie mit fast 100%iger Ausbeute auf Chlorophyll *a* übertragen wird), wurde dem Chlorophyll *b* die Rolle eines Antennenpigmentes zur Energiesammlung und zur Weiterleitung zum Chlorophyll *a* zugeschrieben (French 1960).

1964 fand RUMBURG Absorptionsänderungen bei 475/515/648 nm. Er ordnete diese Reaktion dem Chlorophyll *b* zu. WITT und Mitarbeiter machten eine Assoziation dieser Änderungen mit dem Photosystem II wahrscheinlich und nahmen die Absorptionsänderungen als Indikator für die Plastochinonreaktion. WITT

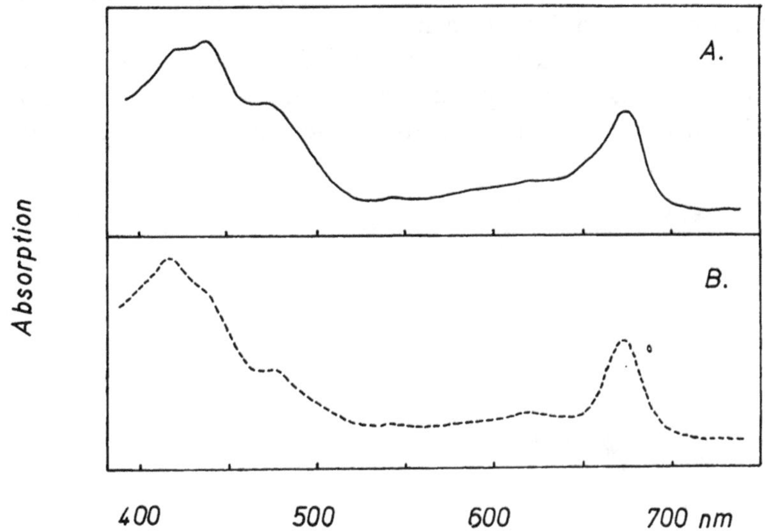

Abb. 1 Einfluß von SDS auf Chloroplasten
A. der Stammform 'Donaria'
B. der Chlorophyll b-freien Mutante 2800

(1966) schreibt: „Chlorophyll *b* nimmt eine Sonderstellung ein. Es ist nicht Mitglied der Elektronenkette, aber im Bereich der Lichtreaktion II an diese gekoppelt. In dieser Stellung ist es ein unmittelbarer Indikator der Lichtreaktion II. Neuere Untersuchungen von uns zeigen, daß das Chlorophyll *b* in diesem Bereich auch mit der ATP-Bildung im engsten Zusammenhang steht.“ Nach WITT und Mitarbeiter überträgt daher Chlorophyll *b* neben anderen Chloroplastenpigmenten Energie an die Chlorophyll *a*-Moleküle in den Reaktionszentren. Darüber hinaus ist jedoch ein kleiner Teil von Chlorophyll *b* an die photosynthetischen Primärreaktionen gekoppelt.

Gegen eine solche Beteiligung von Chlorophyll *b* an den photosynthetischen Primärreaktionen wenden sich WILD und EGLE (1967). Sie kultivierten verschiedene Stämme und Mutanten von *Chlorella* autotroph und mixotroph bei unterschiedlichen Lichtintensitäten und erhielten Algensuspensionen mit stark veränderter Pigmentzusammensetzung, vor allem hinsichtlich des Gehaltes an Chlorophyll *b*. Photosynthesemessungen (mg CO_2/h · 1000 mg Chlorophyll $(a+b)$) zeigten, daß Chlorophyllmangelformen eine sehr hohe Assimilationsleistung aufweisen, vor allem solche, bei denen der Chlorophyll *b*-Anteil besonders stark reduziert ist. Sie schlossen daraus, daß ein starker Mangel an Chlorophyll *b* die Photosyntheseintensität nicht sichtbar beeinflußt, so daß dem Chlorophyll *b* neben der

Energielieferung für die photolytisch wirksamen Chlorophyll *a*-Moleküle keine wesentliche Funktion in den Photosynthesereaktionen zukommen kann.

Die Arbeiten zum Studium der physiologischen Bedeutung von Chlorophyll *b* erhielten neue Impulse durch Untersuchungen von Chlorophyll-Eiweiß-Komplexen in Chloroplastenmembranen normaler Pflanzen und von solchen aus Chlorophyll *b*-freien Formen.

HILLER, PILGER und GENGE (1973) verschafften sich Chlorophyll *b*-freie beziehungsweise Chlorophyll *b*-arme Blätter indem sie etiolierte Bohnenblätter alternierendem Licht-Dunkel-Wechsel aussetzten, wobei die Lichtgaben im Ver-

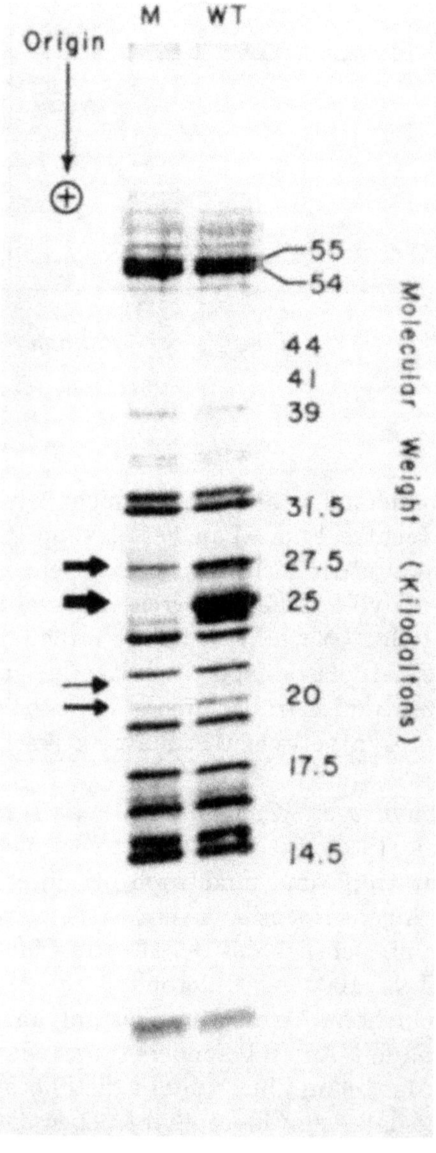

Abb. 2 Verteilungsmuster der Membran-Proteine von Chloroplasten. M. der Chlorophyll *b*-freien Mutante, WT. der Wildform. Nach HENRIQUES und PARK

gleich zur Dunkelzeit sehr kurz waren (2 min Licht – 118 min Dunkelheit). Diese Pflanzen bildeten nur Chlorophyll *a*, Acrylamid-Gel-Elektrophorese von Chloroplastenextrakten mittels Natriumdodecylbenzolsulphonat, zeigten Banden, die dem Pigment-Protein-Komplex I entsprechen, aber keine solchen, die dem Pigment-Protein-Komplex II zugeordnet sind. Trotz des Fehlens von Pigment-Protein-Komplex II konnte gute Photosystem I- und Photosystem II-Aktivität durch Ferricyanid- und Dichlorphenolindophenol-Reduktion gemessen werden. – Wenn die Dunkelphasen bei der Ankultur der Pflanzen kürzer wurden, begann die Biosynthese von Chlorophyll *b*, die Aktivitäten von Photosystem I und Photosystem II blieben unverändert, aber der Pigment-Protein-Komplex II wurde sichtbar. Es bestand eine Korrelation zwischen der Chlorophyll *b*-Entwicklung und dem Erkennbarwerden des Pigment-Protein-Komplexes II. – THORNBER und HIGHKIN (1973) benutzten zur Isolierung von Pigment-Protein-Komplexen die Chlorophyll *b*-freie Gerstenmutante von HIGHKIN (1950), die nach BOARDMAN und HIGHKIN (1966) sehr starke Hill-Reaktionen mit 2,3,6-Trichlorphenolindophenol, Ferricyanid und NADP hat, also ein gut funktionierendes Photosystem II besitzt. Sie fanden auch keinen Chlorophyll-Protein-Komplex II trotz starker Photosystem II-Aktivität. HENRIQUES und PARK (1975) analysierten die Chloroplastenmembranen dieser Mutante mit einer spezialisierten Natriumdodecylsulphat-acrylamid-Gel-Elektrophoresetechnik und erhielten eine besonders gute Auflösung (Abb. 2). Im Profil des Polypeptidmusters der Mutante schien die Bande bei 25 Kilodalton, die eine Gruppe einzelner Peptide mit ähnlicher Beweglichkeit umfaßt, vollkommen zu fehlen. Ferner war eine starke Abschwächung der Bande bei 27,5 Kilodalton und eine gewisse Reduzierung derjenigen bei 20 Kilodalton und der unmittelbar darüberliegenden zu beobachten. Im Gegensatz zu Untersuchungen von ANDERSON und LEWINE (1974) an Chlorophyll *b*-Mangelmutanten, konnten keine zusätzlichen Polypeptide sowie andere Veränderungen im Polypeptid-Verteilungsmuster gefunden werden. Somit war gezeigt worden, daß im Pigment-Protein-Komplex II – nach THORNBER auch Licht-sammelndes Pigment-Protein-Komplex *a*/*b* genannt – bei fehlendem Chlorophyll *b* eine starke Reduktion von Polypeptiden stattfindet. Trotz der Polypeptidverminderung in der Chlorophyll *b*-freien Mutante war in elektronenmikroskopischen Aufnahmen von durch Gefrierätzung freigelegten Chloroplastenmembranstücken keine Veränderung gegenüber der Wildform zu erkennen (Abb. 3).

In unseren Chlorophyll *b*-Mangelmutanten der Sorte 'Donaria' von *Hordeum vulgare* war, wie in der Mutante von HIGHKIN, gute Hill-Aktivität zu messen (SAGROMSKY 1974). Die Reduktion von Ferricyanid sowie von Dichlorphenolindophenol durch Chloroplasten der drei Mutanten, bezogen auf Chlorophyll *a*, stieg über die bei der Normalform (Abb. 4 und 5) und erreichte bei den verwendeten Lichtintensitäten im Gegensatz zur Stammform Donaria keine Lichtsättigung. – Die Polypeptid-Zusammensetzung von Stroma-freien Thylakoid-Membranen dieser drei Chlorophyll *b*-freien Gerstenmutanten wurde von MACHOLD untersucht (MACHOLD, MEISTER, SAGROMSKY, HOEYER-HANSEN, v. WETTSTEIN 1977). Allen

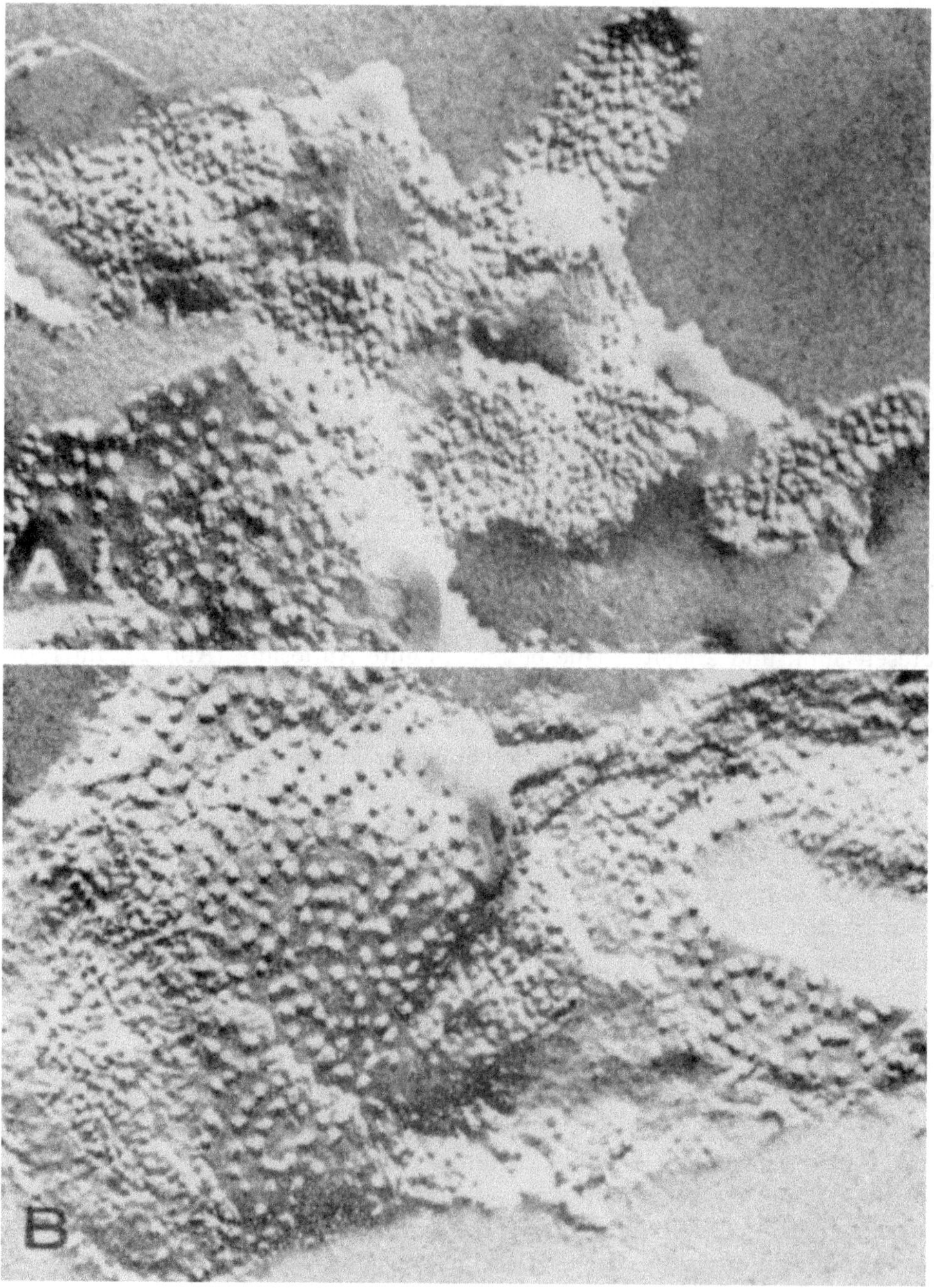

Abb. 3 Elektronenmikroskopische Aufnahmen von durch Gefrierätzung freigelegten Membranstücken von Chloroplasten. A. der Wildform, B. der Chlorophyll *b*-freien Mutante. Nach HENRIQUES und PARK

drei Mutanten fehlte der Chlorophyll-Protein-Komplex II. Im Vergleich zur Wildform war bei den drei Mutanten – wie auch bei der HIGHKIN'schen Form – von den Polypeptiden des Chlorophyll-Protein-Komplexes II das Hauptpolypeptid mit einem Molekulargewicht um 25 Kilodalton drastisch reduziert, eine zweite

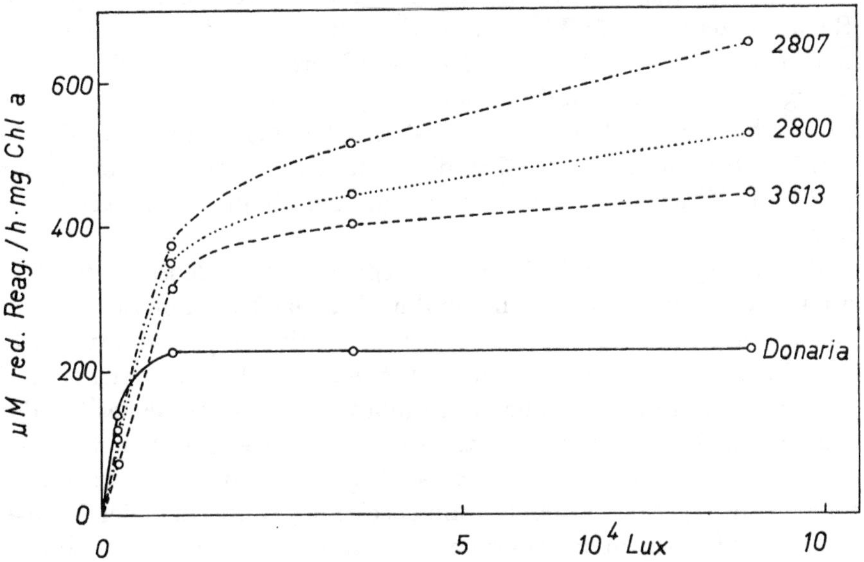

Abb. 4 Reduktion von Ferricyanid bei verschiedenen Lichtintensitäten durch Chloroplasten der Stammform 'Donaria' und der 3 Chlorophyll *b*-freien Mutanten 3613, 2807, 2800

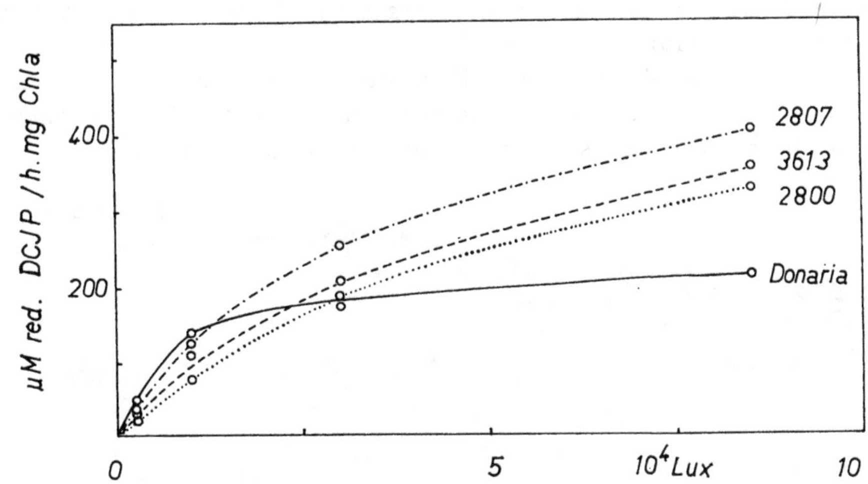

Abb. 5 Reduktion von 2,6-Dichlorphenolindophenol bei verschiedenen Lichtintensitäten durch Chloroplasten der Stammform 'Donaria' und der 3 Chlorophyll *b*-freien Mutanten 3613, 2807, 2800.

schwache Bande jedoch nicht verändert. Es kann daher angenommen werden, daß Chlorophyll *b* für die Synthese dieses Hauptpolypeptids und die Bildung des Chlorophyll-Protein-Komplexes II benötigt wird. Nach Vergleichen mit anderen Mutanten, die im Laboratorium von v. WETTSTEIN gut untersucht worden sind, kann angenommen werden, daß der Pigment-Protein-Komplex II nicht das Reaktionszentrum für Photosystem II enthält, sondern nur ein System mit Antennen-Pigmenten (Chlorophyll *a* und Chlorophyll *b*) zur Energiesammlung und Energieübertragung auf das Chlorophyll *a* der Reaktionszentren von Photosystem I und Photosystem II ist. Somit besteht Übereinstimmung mit den Vorstellungen von VERNON und KLEIN (1975), die nach den Ergebnissen von spektroskopischen (–196 °C) Untersuchungen von gereinigten Membranpartikeln gebildet worden waren.

Photosystem I-Protein-Komplex liegt an der Außenseite der Thylakoidmembran, enthält nur Chlorophyll *a* und umfaßt das Reaktionszentrum P_{700} sowie das dazugehörige Energie-einbringende System (mit Polypeptidpartikeln bevorzugt um 55 Kilodalton). – Zur Membraninnenseite hin befindet sich der Photosystem II-Protein-Komplex, der auch nur Chlorophyll *a*-Moleküle besitzt, das Reaktionszentrum für Photosystem II enthält (mit vorwiegend 44 Kilodalton) und das zum Photosystem II gehörige Energie-einbringende System (mit Polypeptiden um 62 Kilodalton). An der Membraninnenseite liegt außerdem der Licht-einbringende Chlorophyll *a*/*b*-Protein-Komplex. Er sammelt Lichtquanten zur Weiterleitung auf die Reaktionszentren von Photosystem I und Photosystem II und ist der einzige Komplex, der Chlorophyll *b* hat (Polypeptide mit Partikeln um 25 Kilodalton (22 und 24) herrschen vor). – Abbildung 6 zeigt schematisch die Darstellung dieser Vorstellung. Durch Detergentien können Pigment-Protein-Komplexe von der Membran getrennt werden.

Da Chlorophyll *b* in keinem Pigment-Protein-Komplex mit einem Reaktionszentrum für eines der beiden Photosysteme enthalten ist, kann dem Chlorophyll *b* nur die Funktion eines Antennenpigmentes zukommen.

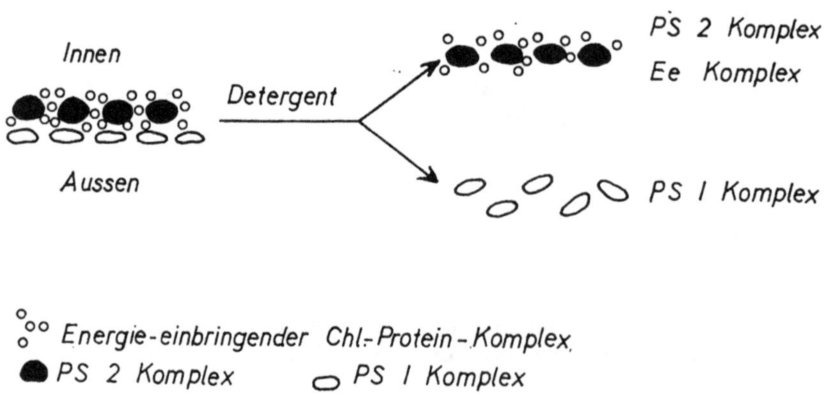

Abb. 6 Korrelation zwischen Chlorophyll *b*-Gehalt und -Menge verschiedener Chlorophyll *a*-Formen. Gezeichnet nach HAMMANS und THOMAS

Die vorgelegten Befunde waren zum größten Teil durch Untersuchungen an Mutanten gewonnen, die eventuell noch zusätzliche nicht kontrollierte Abänderungen vom Wildtyp haben. Ferner kann die Verwendung von Detergentien gewisse Schädigungen hervorrufen, deshalb wurde als Beitrag zur Aufklärung der Rolle von Chlorophyll *b* von HAMMANS und THOMAS (1976) ein Bericht über Untersuchungen an Chloroplastenfragmenten von Wildpflanzen ganz verschiedener systematischer Herkunft (die Algen *Vaucheria stellata* und *Tribonema aequale* ohne Chlorophyll *b*, *Euglena gracilis*, *Chlorella pyrenoidosa*, *Ulva lactuca* mit Chlorophyll *b* und 4 höhere Pflanzen mit Chlorophyll *b*: *Spinacia oleracea*, *Aspidistra elatior*, *Phaseolus vulgaris* und *Callitriche stagnalis*) gegeben, in denen mögliche Korrelationen zwischen dem Gehalt an Chlorophyll *a* aufgedeckt werden sollten. Die Pigmentgehaltsbestimmungen geschahen mittels Komputer-Analysen von Tieftemperatur-Absorptionsspektren. Es wurde Chlorophyll *a* mit Absorptionsmaxima bei 680, 670, 662, 695, 685 und 640 nm analysiert. Sie entsprachen den Chlorophyll *a*-Formen Ca 680, Ca 670, Ca 662, Ca 695 und Ca 685. Die Absorptionsgipfel bei 685 nm und 640 nm sind wohl ein- und derselben Chlorophyll *a*-Form zuzuschreiben. In Abbildung 7 (A, B und C) ist zu erkennen, daß mit steigendem Chlorophyll *b*-Gehalt der Chlorophyll *a*-Gehalt der Formen Ca 670 und Ca 680 sowie auch von Ca 670 + Ca 680 abnimmt, andererseits, daß mit wachsendem Chlorophyll *b* das Ca 685 zunimmt. Ca 685 fehlt, wenn Chlorophyll *b* nicht vorhanden ist. Da Ca 685 über 10% des Gesamtchlorophyllgehalts umfaßt, kann es nur ein Antennenpigment sein und wird daher wie Chlorophyll *b* dem von THORNBER (1975) sowie von VERNON und KLEIN (1975) beschriebenen energiesammelnden Chlorophyll *a*/*b*-Protein-Komplex zugeordnet. Man erkennt, daß, wenn Chlorophyll *b* und Ca 685

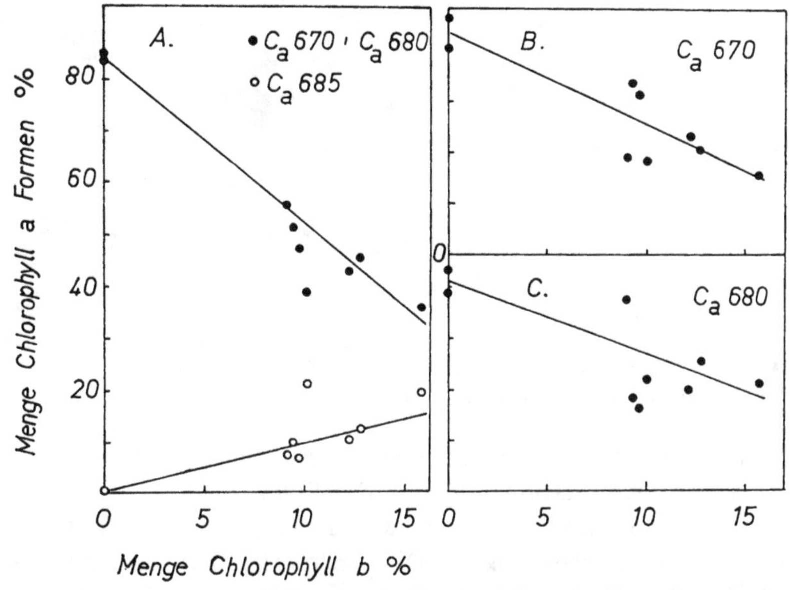

Abb. 7 Schematische Darstellung der Verteilung der Pigment-Protein-Komplexe in der Chloroplastenmembran. Gezeichnet nach VERNON und KLEIN

fehlen, diese Pigmente durch vermehrte Ca 670 und Ca 680, Antennenpigmente von Photosystem I und Photosystem II, ersetzt werden. Zwischen dem Gehalt an Chlorophyll *b* und der Menge der Chlorophyll *a*-Formen Ca 662 oder Ca 695 war keine Korrelation zu beobachten. – Damit war die Rolle von Chlorophyll *b* als Antennenpigment mit einer Material-schonenden Methode aufgezeigt.

Da bei der Plastidenentwicklung in wachsenden Pflanzen, besser zu erkennen in belichteten etiolierten Blättern, ferner auch in Pflanzen, die in Licht-Dunkel-

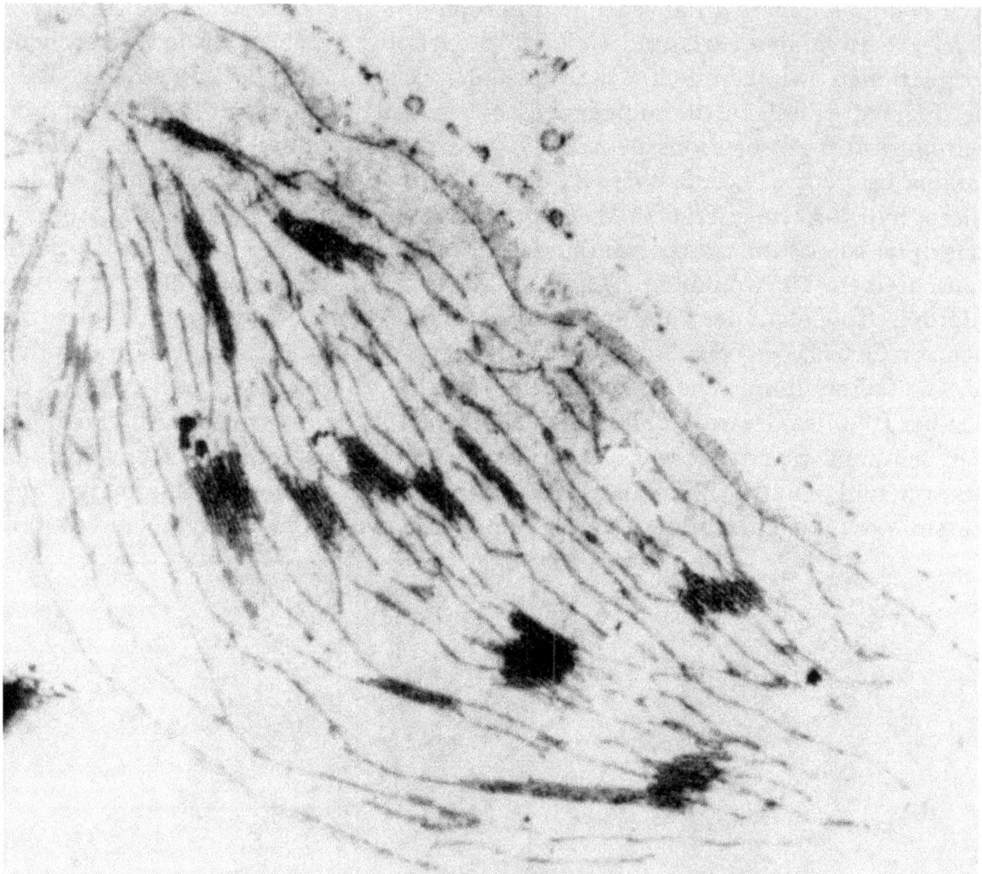

Abb. 8 Chloroplast einer Chlorophyll *b*-freien Mutante von *Arabidopsis thaliana* nach Veleminsky und Röbbelen

Rhythmen mit unterschiedlichen Phasenlängen kultiviert worden waren, in der Regel eine Korrelation zwischen der Chlorophyll *b*-Bildung und der Grana-Entstehung beobachtet wurde, entstand die Vorstellung, daß Chlorophyll *b* für die Granabildung notwendig ist. Diese Hypothese wurde durch den Befund gestützt, nach dem pigmentarme Mutanten (Highkin, Boardman und Goodchild 1969 sowie Veleminsky und Röbbelen 1966) in der Regel ein sehr schlecht entwickeltes oft desorganisiertes Thylakoid-System besitzen. 1966 fanden jedoch VELEMINSKY und RÖBBELEN in Chloroplasten von Chlorophyll *b*-freien Mutanten von *Arabidopsis thaliana* Grana. Die Chloroplastenfeinstruktur dieser Mutante unterschied sich nicht von der Wildform, die sich unter den gleichen Kulturbedingungen entwickelt hatte (Abb. 8). Auch die Plastiden unserer Mutanten von *Hordeum vulgare* (SAGROMSKY 1974) hatten Grana (Abb. 9). Damit war erwiesen, daß Grana auch ohne Chlorophyll *b* gebildet werden können, daß das Chlorophyll *b* für die Ausdifferenzierung von Grana nicht notwendig ist. Nach den Untersuchungen von VELEMINSKY und RÖBBELEN scheint eine gewisse Chlorophyllgesamtmenge, gleich, ob Chlorophyll *a* oder Chlorophyll $a+b$, Voraussetzung für gute Granabildung zu sein.

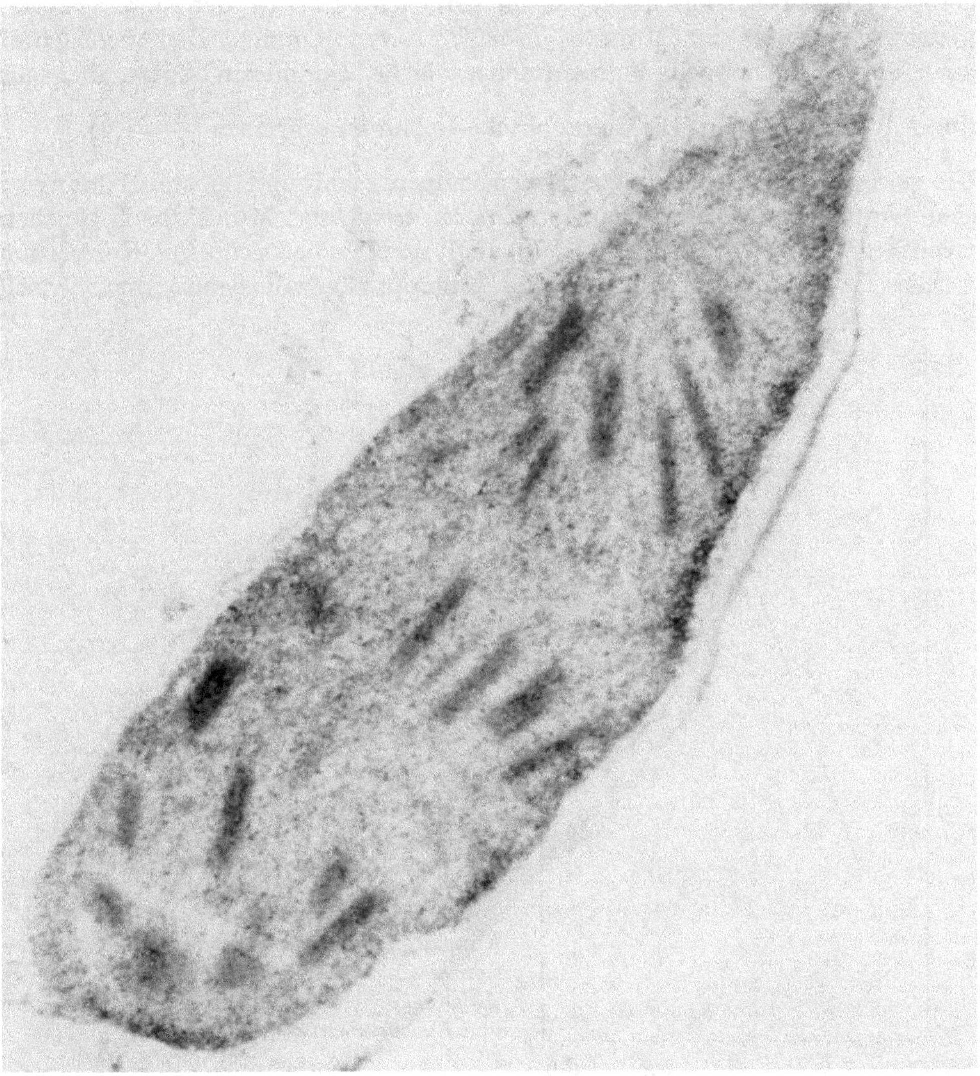

Abb. 9 Chloroplast einer Chlorophyll *b*-freien Mutante von *Hordeum vulgare*

HIGHKIN und FRENKEL beschrieben 1962 eine Chlorophyll *b*-freie Mutante von *Hordeum vulgare* mit gleichen Photosynthese- und Atmungsraten wie bei der Ausgangsform (bezogen auf Chlorophylleinheit). Doch die Mutante war nur etwa halb so groß wie ihre Stammpflanze, die bei denselben Kulturbedingungen gewachsen war. Diese Mutante wies allerdings einen reduzierten Chlorophyll *a*-Gehalt auf. Die Herabsetzung der Substanzbildung könnte daher nicht auf das Fehlen von Chlorophyll *b*, sondern auch auf den verringerten Chlorophyllgehalt zurückzuführen sein. Es gibt jedoch auch Beispiele für erhöhte Substanzproduktion bei herabgesetzter Chlorophyllmenge. Eine solche Pflanze ist die Tomatenmutante fulgens$_1{}^2$ von 'Rheinlands Ruhm' (SAGROMSKY 1963). Ihr Quotient Chlorophyll *a* zu Chlorophyll *b* ist besonders hoch, 4,2, im Vergleich zu 2,9 bei der Ausgangsform. Andererseits konnte eine Mutante $dwarf_1^{crispata}$ von 'Condine Red' beobachtet werden, die fast die doppelte Pigmentmenge wie die Stammform besitzt, aber sehr geringes Wachstum zeigt. Ihr Chlorophyll *b*-Gehalt ist sehr hoch $\left(\frac{a}{b}=1{,}9\right)$.

Um eine eventuelle Beziehung zwischen Pigmentgehalt und Substanzbildung zu finden, wurden 14 Mutanten von *Lycopersicon esculentum* MILLER nach gleichen Anzuchtbedingungen (SAGROMSKY 1970) analysiert. Es ließ sich keine Korrelation zwischen Trockenmasseproduktion und Chlorophyllgehalt beobachten, jedoch

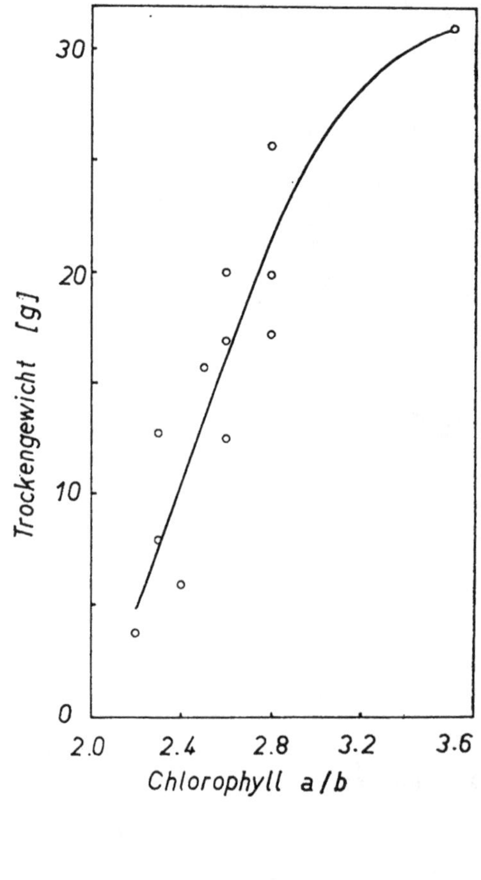

Abb. 10 Korrelation zwischen dem Quotienten Chlorophyll *a*: Chlorophyll *b* und der Trockengewichtsproduktion bei 14 Mutanten von *Lycopersicon esculentum*

eine solche zwischen Trockengewicht und dem Quotienten aus Chlorophyll *a* und Chlorophyll *b* (Abb. 10). Auch aus den Wachstumsversuchen von WILD und EGLE (1967) mit der *Chlorella*-Mutante C-1,1,10.36 kann eine Steigerung des Trockengewichtes/Liter Suspension mit wachsendem Chlorophyll *a*/Chlorophyll *b* erkannt werden. GOTTSCHALK und MÜLLER (1964) fanden ebenfalls in gewissen Grenzen bei Mutanten von *Pisum sativum* eine Zunahme der Substanzproduktion mit abnehmendem Chlorophyll *b*-Gehalt. Bei sehr stark herabgesetzem Chlorophyll *b*-Anteil jedoch oder beim Fehlen von Chlorophyll *b* tritt in der Regel eine Herabminderung der Trockengewichtsmasse ein. – Ob dieser Korrelation zwischen Chlorophyll *b*-Anteil und Trockengewichtsbildung irgendein direkter kausaler Zusammenhang zukommt, soll jetzt noch nicht beantwortet werden. WILD und EGLE (1967) halten die Möglichkeit offen, daß das Chlorophyll *b* noch auf andere Vorgänge außerhalb des Photosyntheseprozesses wirken kann. Eine solche wird nach den Ergebnissen der Versuche von WOLKEN und SHIN (1958) denkbar. Sie messen bei der Photo-

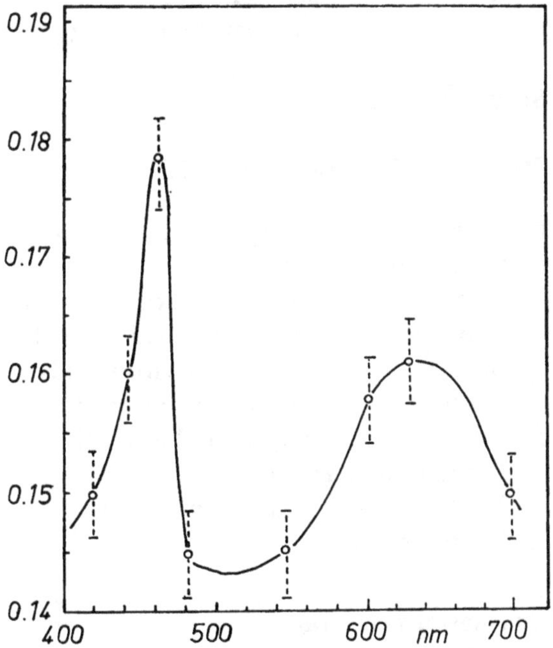

Abb. 11 Wirkungsspektrum der Photokinese bei *Euglena gracilis*. Gezeichnet nach WOLKEN und SHIN

kinese von *Euglena gracilis* ein Wirkungsspektrum, das im kurzwelligen Bereich ähnlich dem Absorptionsspektrum von Chlorophyll *b* ist (Abb. 11).

Aus dieser Literaturübersicht geht hervor, daß die physiologische Rolle von Chlorophyll *b* noch nicht vollkommen geklärt ist. Als sicher gilt, daß das Chlorophyll *b* nicht direkt an den photosynthetischen Primärreaktionen teilnimmt, sondern daß ihm die Rolle einer Lichtenergieaufnahme zur Übertragung auf das Chlorophyll *a* im Reaktionszentrum zukommt, daß ferner Chlorophyll *b* nicht zur Polymerisation von Monosacchariden zu Stärke benötigt wird, daß die Granabildung auch ohne Chlorophyll *b* vollzogen werden kann.

Zusammenfassung

Eine Übersicht über Literatur zur physiologischen Bedeutung von Chlorophyll *b* zeigt, daß die Rolle von Chlorophyll *b* in folgendem Zusammenhang diskutiert wird:

1. mit der Verbesserung der Lichtabsorption von grünen Pflanzen,
2. mit der Polymerisation von photosynthetisch gebildeten Monosacchariden zu Stärke,
3. mit der Stabilisierung des photosynthetischen Apparates,
4. mit den photosynthetischen Primärreaktionen selbst,
5. mit der Energiesammlung und Energieübertragung auf die photolytisch wirkenden Chlorophyll *a*-Moleküle,
6. mit der Granabildung,
7. mit der Substanzbildung von Pflanzen,
8. mit durch Licht induzierten Bewegungsreaktionen (Photokinese).

Summary

Studies on the Physiological Importance of Chlorophyll *b*

In the literature the importance of chlorophyll *b* is discussed in connection with following physiological events:

1. Improvement of the absorption spectrum of green plants,
2. Polymerisation of photolytical formed monosaccharids to starch,
3. Stabilization of the photosynthetical apparatus,
4. Photosynthetic primary reactions themselves,
5. Harvesting of energy for the reaction centers,
6. Formation of grana,
7. Production of plant dry matter,
8. Photokinese.

Краткое содержание

Исследования физиологического значения хлорофилла *b*

Значение хлорофилла *b* обсуждается в литературе со следующих точек зрения:

1. Улучшение абсорбции света зелеными растениями.
2. Полимеризация фотосинтетически возникших моносахаридов до крахмала.
3. Стабилизация фотосинтетического аппарата.
4. Первичная фотосинтетическая реакция как таковая.
5. Накопление и перенос энергии на фотосинтетически действующие молекулы хлорофилла *a*.

6. Образование гран.
7. Образование вещества растений.
8. Двигательные (фотокинетические) реакции, индуцированные светом.

Literatur

ALLEN, M. B., 1958: Possible functions of chlorophyll *b*. Studies with green algae that lack chlorophyll *b*. In: „The Photochemical Apparatus its Structure and Function". Report of Symposium held in Brookhaven. pp. 339–342. Upton, New York.

ANDERSON, J. M. and LEVINE, R. P., 1974: Membrane polypeptides of some higher plant chloroplasts. Biochem. Biophys. Acta *333*, 378–387.

ANDERSON, J. M. and LEVINE, R. P., 1974: The relationship between chlorophyll-protein complexes and chloroplast membrane polypeptides. Biochim. Biophys. Acta *357*, 118 bis 126.

ANDERSON, J. M., 1975: The molecular organisation of chloroplast thylakoids. Biochim. Biophys. Acta *416*, 191–235.

BOARDMAN, N. K. and HIGHKIN, H. R., 1966: Studies on a barley mutant lacking chlorophyll b. I. Photochemical activity of isolated chloroplasts. Biochim. Biophys. Acta *126*, 189–199.

DUYSENS, L. N. M., 1952: The transfer of excitation energy in photosynthesis. Thesis, Utrecht.

EGLE, K., 1937: Zur Kenntnis des Lichtfeldes der Pflanze und der Blattfarbstoffe. Planta *26*, 546–483.

EGLE, K., 1960: Menge und Verhältnis der Pigmente. In: Handbuch der Pflanzenphysiologie, Band V, Teil 1, 444–496, Berlin-Göttingen-Heidelberg.

FRENCH, C. S., 1960: The chlorophylls in vivo and in vitro. In: Handbuch der Pflanzenphysiologie, Band V, Teil 1, 252–297. Berlin-Göttingen-Heidelberg.

GOTTSCHALK, W. und MÜLLER, F., 1964: Quantitative Pigmentuntersuchungen an strahleninduzierten Chlorophyllmutanten von *Pisum sativum*. II. Die fertilen und sterilen Chlorophyllmutanten. Planta *62*, 1–21.

HAMMANS, J. W. and THOMAS, J. B., 1976: On the correlation between the amounts of chlorophyll b and chlorophyll a forms in various plants. Acta Bot. Neerl. *25*, 63–69.

HENRIQUES, F. and PARK, R. B., 1975: Further chemical and morphological characterization of chloroplast membranes from a chlorophyll *b*-less mutant of *Hordeum vulgare*. Plant Physiol. *55*, 763–767.

HIGHKIN, H. R., 1950: Chlorophyll studies on barley mutants. Plant Physiol. *25*, 294–306.

HIGHKIN, H. R. and FRENKEL, A. W., 1962: Studies of growth and metabolism of a mutant lacking chlorophyll *b*. Plant Physiol. *37*, 814–820.

HIGHKIN, H. R., BOARDMAN, N. K., and GOODCHILD, D. J., 1969: Photosynthetic studies on a pea-mutant deficient in chlorophyll. Plant Physiol. *44*, 1310–1320.

HILLER, R. G., PILGER, D., and GENGE, S., 1973: Photosystem II activity and pigment-protein complexes in flashed bean leaves. Plant Science Letters *1*, 81–88.

MACHOLD, O., MEISTER, A., SAGROMSKY, H., HOEYER-HANSEN, G., and WETTSTEIN, D. v., 1977: Composition of photosynthetic membranes of wild type barley and chlorophyll *b*-less mutants. Photosynthetica *11*, 200–206.

MUELLER, F., 1964: Untersuchungen über Chloroplastenfarbstoffe und Assimilationsstärke Chlorophyll *b*-freier durch Röntgenbestrahlung induzierter Mutanten von *Pisum sativum*. Planta *63*, 65–82.

NULTSCH, W., 1975: Phototaxis and Photokinesis. In: „Primitive Sensory and Communication Systems". CARLILE, M. J. (Ed.). London-New York-San Francisco.

RÖBBELEN, G., 1957: Untersuchungen an strahleninduzierten Blattfarbmutanten von *Arabidopsis thaliana* (L.) HEYNH. Z. indukt. Abstamm.- u. Vererb.-Lehre *88*, 189–252.

RÖBBELEN, G., 1957: Eine Blattfarbmutante ohne Chlorophyll *b* von *Arabidopsis thaliana* (L.) HEYNH. Naturw. *44*, 288–289.

RUMBERG, B., 1964: Evidence for the participation of chlorophyll *b* in the primary reaction of photosynthesis. Nature *28*, 860–862.

SAGROMSKY, H., 1963: Beziehungen zwischen Pigmentgehalt und Ertrag bei der Tomatenmutante $fulgens_1^2$ der Sorte 'Rheinlands Ruhm'. Kulturpflanze *11*, 563–568.

SAGROMSKY, H., 1967: Pigmentgehalt und Substanzproduktion bei der Tomatenmutante $dwarf_1^{crispata}$ der Sorte 'Condine Red'. Kulturpflanze *15*, 269–274.

SAGROMSKY, H., 1970: Zur Bedeutung von Chlorophyll *b* für die Substanzproduktion höherer Pflanzen. Photosynthetica *4*, 9–14.

SAGROMSKY, H. und RIETH, A., 1972: Chlorophyll *c* bei *Vaucheria woroniniana* HEERING 1907. Arch. Protistenk. *114*, 46–50.

SAGROMSKY, H., 1974: Zur physiologischen Bedeutung von Chlorophyll *b*. Biochem. Physiol. Pflanzen (BPP) *166*, 95–104.

SAGROMSKY, H., 1974: Further investigations with mutants from *Hordeum vulgare* cv. 'Donaria' that lack chlorophyll *b*. Symposium Pigment-Protein-Complexes in Photosynthesis, Poznan, 59–61.

SAGROMSKY, H. und DOEBEL, P., 1974: Zur Bedeutung von Chlorophyll *b* für die Chloroplastendifferenzierung. Biochem. Physiol. Pflanzen *166*, 371–376.

SEYBOLD, A. und EGLE, K., 1937: Lichtfeld und Blattfarbstoffe. I. Planta *26*, 491–515.

SEYBOLD, A. und EGLE, K., 1938: Lichtfeld und Blattfarbstoffe. II. Planta *28*, 87–123.

SEYBOLD, A., 1941: Über die physiologische Bedeutung der Chlorophyllkomponenten *a* und *b*. Bot. Archiv *42*, 254–288.

SEYBOLD, A. und WEISSWEILER, A., 1942: Spektrophotometrische Messungen an grünen Pflanzen und an Chlorophyll-Lösungen. Bot. Archiv *43*, 252–290.

SEYBOLD, A. und WEISSWEILER, A., 1943: Weitere spektrophotometrische Messungen an Laubblättern und an Chlorophyll-Lösungen sowie an Meeresalgen. Bot. Arch. *44*, 102 bis 153.

SEYBOLD, A. und WEISSWEILER, A., 1943: Zur Klärung einiger elementarer optischer Fragen der Photophysiologie. Bot. Archiv *44*, 456–520.

THORNBER, J. P. and HIGHKIN, H. R., 1973: Composition of photosynthetic apparatus of normal barley leaves and a mutant lacking chlorophyll b. Eur. J. Biochem. *41*, 109–116.

THORNBER, J. P., 1975: Chlorophyll-proteins: Light-harvesting and reaction center components of plants. Ann. Rev. Plant Physiol. *26*, 127–158.

VELEMINSKY, J. und RÖBBELEN, G., 1966: Beziehungen zwischen Chlorophyllgehalt und Chloroplastenstruktur in einer Chlorella-Mutante von *Arabidopsis thaliana* (L.) HEYNH. Planta *68*, 15–35.

VERNON, L. P. and KLEIN, S. M., 1975: Nature of plant chlorophylls in vivo and their associated proteins. Annals New York Acad. Sciences *244*, 281–296.

WILD, A. und EGLE, K., 1967: Die Größe der photosynthetischen Einheit bei normal grünen Pflanzen und bei chlorophyllarmen Mutanten. Beitr. Biol. Pflanzen *43*, 455–488.

WILD, A. und EGLE, K., 1967: Zur Bedeutung von Chlorophyll *b* für die Photosynthese. Biol. Zentralbl. *86*/Supplement, 495–508.

WILLSTÄTTER, R. und STOLL, A., 1913: Untersuchungen über Chlorophyll. Berlin.

WILLSTÄTTER, R. und STOLL, A., 1918: Untersuchungen über die Assimilation der Kohlensäure Berlin.

WITT, H. T., 1966: Neuere Ergebnisse über die Primärvorgänge der Photosynthese. Umschau *66*, 589–596.

Kulturpflanze XXV · 1977 · S. 297–311

Präferenzielle Paarung der Chromosomen autotetraploider Gerste – Mathematisches Modell[1]

ARMIN MEISTER und HERMANN BRETSCHNEIDER[2]

(Eingegangen am 2. Februar 1977)

I. Einleitung

Trotz gewisser Vorzüge, die induzierte autotetraploide Formen der Gerste gegenüber ihren diploiden Eltern aufweisen können, waren sie infolge ihrer partiellen Sterilität bisher einer landwirtschaftlichen Nutzung nicht zugänglich. Diese Fertilitätsreduktion wird, neben anderen Ursachen, zum großen Teil durch irreguläre Verteilungen der Chromosomen in der Meiose bedingt.

Eine gleichmäßigere Chromosomenverteilung wäre möglich, wenn es gelänge, die Frequenzen der zur Irregularität beitragenden multivalenten und univalenten Konfigurationstypen zu vermindern und eine Erhöhung der Bivalentfrequenz zu erreichen. Verschiedene Modellvorstellungen wurden entwickelt, um bei Autotetraploiden ein derartiges Chromosomenverhalten zu induzieren (SYBENGA 1966a, 1966b, 1969, 1973a; WAINES 1976). Das Ergebnis entspräche einer Diploidisierung (BENDER und GAUL 1966, WAINES 1976) oder Allopolyploidisierung (SYBENGA 1969).

Selektion auf Fertilität allein führte in der Regel nicht zum Erfolg (REINBERGS und SHEBESKI 1959, SMITH 1960). Günstiger erwies es sich, wenn nach möglichst umfangreichen Bastardierungen selektiert wurde. Hierdurch konnte in gewissen Grenzen die Häufigkeit von Fehlverteilungen in der Anaphase I gesenkt werden (BENDER und GAUL 1966, FEDAK 1975, GAUL und FRIEDT 1976, KAO et al. 1970, REINBERGS et al. 1970, SHEVTSOV 1974, 1976, SMITH 1960).

Solche Befunde weisen auf einen bestimmten Grad an chromosomaler Differenzierung hinsichtlich des Paarungsverhaltens hin. Chromosomale Differenzierung unter diesem Aspekt bewirkt, daß in den Autotetraploiden eine Änderung der vier ursprünglich völlig homologen Chromosomen in zwei homöologe Chromosomenpaare eintritt.

Über die hierbei möglichen Differenzierungsmechanismen wurden verschiedene hypothetische Vorstellungen entwickelt:

1 Herrn Prof. Dr. Drs. h. c. HANS STUBBE zum 75. Geburtstag gewidmet.

2 Forschungsstudent an der Martin-Luther-Universität Halle-Wittenberg.

1. Differenzierung im sogenannten Zygomerensystem der Chromosomen – eines Systems genanaloger Faktoren, das für die Paarungsinitiation und -spezifität verantwortlich gemacht wird (SYBENGA 1966c),
2. Differenzierung in der räumlichen Anordnung der Chromosomen in den prämeiotischen Stadien bzw. der meiotischen Prophase (AVIVI 1976, FELDMAN 1966, 1968, FELDMAN und AVIVI 1973),
3. Differenzierung im Zeitmuster der Chromosomenpaarungsprozesse (METTIN et al. 1976, SHKUTINA und KHVOSTOVA 1971, STUTZ 1962, WATANABE und SMITH-WHITE 1976),
4. Strukturelle Differenzierung der Chromosomen mit Hilfe von Chromosomenmutationen, z. B. Defizienzen, Duplikationen, Inversionen, Translokationen (STEBBINS 1950).

Sehr wahrscheinlich kann eine vollständige Allopolyploidisierung unter dem alleinigen Wirken eines der vier Mechanismen nicht erzielt werden. Aussichtsreicher erscheint es jedoch, eine Kombination von mehreren dieser Differenzierungsmechanismen anzustreben. Hinweise dafür liefern Befunde von DEVINE (1967), DOYLE (1963), ELCI und SYBENGA (1976), KASHA et al. 1976, OKA 1968, REINBERGS et a. (1970), STEBBINS (1956), SYBENGA (1966c, 1973b), WALTERS und GERSTEL (1948) und WIEBE (1976). Eine vollständige Bivalentpaarung zu induzieren, wird, wenn überhaupt, dann nur schrittweise zu erreichen sein. In den meisten Fällen werden lediglich graduelle Beschränkungen in der Paarung zwischen homologen und homöologen Chromosomen zu erwarten sein, d. h., eine mehr oder minder ausgeprägte Tendenz zur präferenziellen Paarung zwischen zwei bestimmten Chromosomen.

Damit stellt sich das schwierig zu lösende Problem, derartige Tendenzen zur präferenziellen Chromosomenpaarung experimentell möglichst sicher nachzuweisen. Kriterien hierfür bieten sich in der Abweichung von einer bei tetrasomer Vererbung erwarteten Spaltung von Markergenen (KAO et al. 1971, OKA 1968, REINBERGS et al. 1971), in Unterschieden zwischen berechneten und beobachteten Spaltungsverhältnissen strukturmarkierter Chromosomen in Gameten und Zygoten (ELCI und SYBENGA 1976, LINNERT 1962, SYBENGA 1973) oder in der Differenz zu einer erwarteten Frequenz bestimmter Konfigurationstypen der Chromosomen in der Metaphase I der Meiose (ELCI und SYBENGA 1976, LINNERT 1962, SYBENGA 1973).

In dieser Arbeit wird die Frage untersucht, inwieweit bei Gerste mit Hilfe von einfachen und multiplen Translokationen eine Differenzierung im Paarungsverhalten der Chromosomen auf tetraploider Stufe erreicht werden kann. Für den Nachweis möglicher präferenzieller Paarung der an den Strukturumbauten beteiligten Chromosomen ist es notwendig, in der Meiose I jene Chromosomenassoziationen, an denen translozierte Chromosomen beteiligt sind, von solchen des Restkaryotypen zu unterscheiden. Bei Autotetraploiden mit normalen Chromosomen sind maximal Quadrivalente möglich. Translokationen im duplex-heterozygoten Zustand verursachen hingegen Konfigurationen mit mehr als vier Chromosomen.

Unter Annahme von zufallsgemäßer Paarung der Chromosomen läßt sich die Frequenz von Konfigurationen, die größer als quadrivalent sind, berechnen. Abweichungen von den berechneten Werten geben Hinweise auf präferenzielle Paarung der translozierten Chromosomen. Da die Auszählungen dieser Frequenzen für multiple Translokationen zunehmend komplizierter werden, wird ein mathematisches Verfahren vorgeschlagen, mit dessen Hilfe alle Fälle von multiplen Translokationen berücksichtigt werden können. Die Anwendbarkeit dieses Verfahrens wird anhand experimenteller Untersuchungen an drei Translokationslinien der Gerste dargestellt.

II. Mathematisches Modell

Ausgehend von einer für eine einfache Translokation duplexheterozygoten autotetraploiden Gerste (Abb. 1) sei unterstellt, daß:

1. die Paarungsinitiation an den Chromosomenenden erfolgt (Kasha und Burnham, 1965, Sybenga, 1966b, Wiebe, 1976),
2. gleiche Wahrscheinlichkeit für mindestens ein Chiasma zwischen je zwei der vier homologen Enden der Chromosomenarme besteht,
3. jedes Chromosomenende durch mindestens ein Chiasma mit einem von den drei anderen vorliegenden homologen Enden assoziiert ist.

Die unter Punkt 3 gemachte Voraussetzung geht davon aus, daß in der Meta-

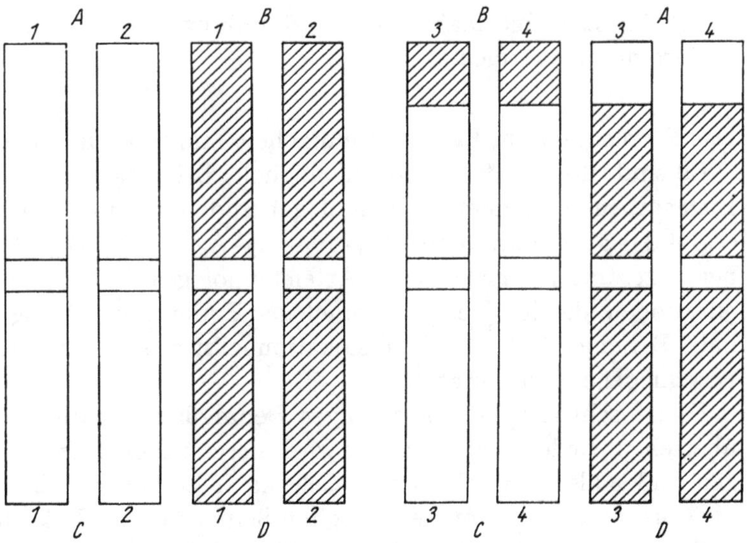

Abb. 1 Die acht potentiell paarungsfähigen Chromosomen beim Vorliegen einer einfachen duplex-heterozygoten Translokation bei Autotetraploidie. A1C1, A2C2, B1D1, B2D2: normale Chromosomen, A3D3, A4D4, B3C3, B4C4: translozierte Chromosomen (modifiziert nach Sybenga, 1973b)

phase I Chromosomenpaarungen nur erkannt werden können, wenn die Chromosomenarme durch Chiasmata assoziiert sind. Bei Gerste sind die Chiasmata in diesem Meiosestadium weitgehend terminalisiert und führen zu den im folgenden als Endbindungen bezeichneten Assoziationen.

Nach LINNERT (1962) und SYBENGA (1973b) sind bei Autotetraploiden mit einer einfachen duplex-heterozygoten Translokation bei zufälliger Paarung 81 Konfigurationstypen in der Metaphase I der Meiose zu erwarten; 56 davon sind größer als quadrivalent und damit eindeutig von den durch den übrigen Karyotyp gebildeten Konfigurationen (maximal quadrivalent) zu unterscheiden.

Das Verfahren beider Autoren beruht auf Auszählungen bzw. algebraischen Kalkulationen aller theoretisch möglichen Konfigurationen, die größer als quadrivalent sind; es ist für multiple Translokationen nur in den einfachsten Fällen anwendbar. Außerdem ist nach SYBENGA (1966a, 1970a, 1970b, 1973b) nicht zu erwarten, daß alle homologen Enden durch Chiasmata gebunden sind (Voraussetzung 3). Ausfall von Endbindungen reduziert die Konfigurationsgröße, so daß die Frequenz der Konfigurationen, die größer als quadrivalent sind, mit der Bindungswahrscheinlichkeit der Chromosomenenden sinkt.

Im folgenden werden Formeln bzw. Verfahren angegeben, mit deren Hilfe der Anteil von Pollenmutterzellen mit Konfigurationen, die größer als quadrivalent sind – sowohl für den Fall von vollständiger als auch von unvollständiger Chiasmabildung zwischen den gepaarten Chromosomenarmen bzw. -enden – für einfache sowie multiple Translokationen berechnet werden kann.

a) vollständige Chiasmabildung (Endbindung) zwischen den gepaarten Chromosomenarmen

Das Problem sei am Fall einer einfachen Translokation demonstriert (Abb. 1).

Es sind alle Konfigurationen möglich, bei denen sich je 2 mit dem gleichen Buchstaben bezeichnete (=homologe) Enden verbinden. Bei 4 homologen Enden ergibt das 3 Kombinationen (A_1–A_2+A_3–A_4, A_1–A_3+A_2–A_4, A_1–A_4+A_2–A_3) und bei insgesamt 4 verschiedenen Arten homologer Enden 3^4 unterschiedliche Konfigurationen, da sich jede Art homologer Enden unabhängig von den anderen verhält. Bei einer m-fachen Translokation gibt es somit für Autotetraploide $3^{2(m+1)}$ verschiedene Konfigurationen.

Es ist schwierig, die aus obiger Bedingung resultierenden Möglichkeiten zu übersehen. Bedeutend einfacher wird dieses Schema aber, wenn man die homologen Enden als Eckpunkte eines Vielecks (n-Eck mit $n = 2m + 2$) betrachtet, so daß die Chromosomenpaare die doppelten Seiten dieses n-Ecks darstellen (Abb. 2). Bei vollständiger Endbindung bilden alle möglichen Konfigurationen geschlossene Ringe. Diese lassen sich leicht aus dem Schema ableiten. Es sind entweder Parallelstränge, die in wenigstens einem Eckpunkt (im folgenden „Rückkehrpunkt" genannt) eine Bindung zwischen zwei Armen voll homologer Chromosomen (translozierter oder normaler) aufweisen (im folgenden als „Rückkehrringe" bezeichnet, (Abb. 3a) oder sie umlaufen ein- (Abb. 3b) bzw. zweimal (Abb. 3c) das n-Eck („Umlaufringe"). Bei nur einmaligen Umlauf treten entsprechend Abbildung 3b zwei getrennte Ringe auf.

Berücksichtigt man, daß an jedem Eckpunkt Bindungen zwischen den Enden voll homologer Chromosomen (Rückkehrpunkt) mit der Wahrscheinlichkeit 1/3,

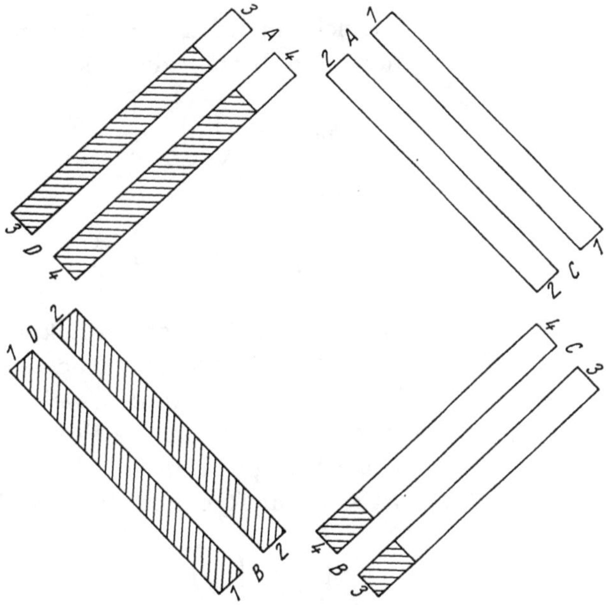

Abb. 2 Darstellung der an der Translokation beteiligten Chromosomen in Viereck-Form. Strukturgleiche Chromosomen liegen benachbart. Nur je zwei Chromosomenenden eines Eckpunktes können gepaart sein.

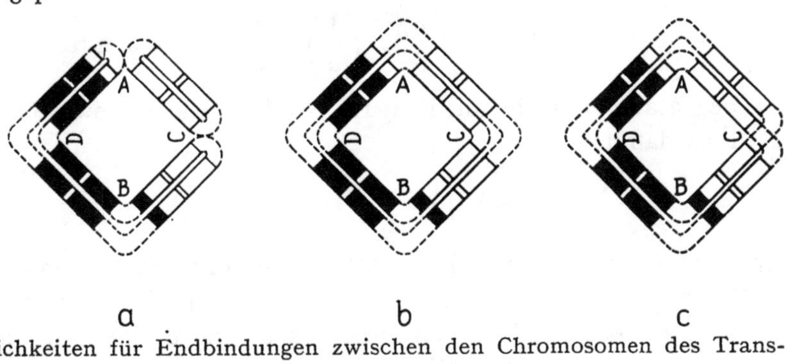

Abb. 3 Drei Möglichkeiten für Endbindungen zwischen den Chromosomen des Translokationskomplexes eines duplex-heterozygoten Autotetraploiden
a) Rückkehrring: 1 VI +1 II
„homozygote" Bindungen in A, C und D, „heterozygote" Bindung in B
b) Umlaufring: 2 IV
„homozygote" Bindungen in D und C, „heterozygote" Bindungen in A und B
c) Umlaufring: 1 VIII
„homozygote" Bindungen in D und C, „heterozygote" Bindungen in A und B.

Bindungen zwischen den Enden partiell homologer Chromosomen (bei einfacher Translokation = normal – transloziert) mit der Wahrscheinlichkeit 2/3 auftreten (Linnert 1962), kann man leicht den Anteil der Konfigurationen, die größer als quadrivalent sind, ermitteln. Für den Fall n = 4 ergibt sich damit:

Oktovalent: Rückkehrringe $p = \left(\frac{2}{3}\right)^3 \cdot \frac{1}{3}$

Da sich der Rückkehrpunkt an vier verschiedenen Ecken befinden kann, beträgt die Gesamtwahrscheinlichkeit

$$P(8,r) = 4 \cdot \left(\frac{2}{3}\right)^3 \cdot \frac{1}{3} = \frac{32}{81}$$

Umlaufringe:

$$P(8,u) = \left(\frac{2}{3}\right)^3 \cdot \frac{1}{3} = \frac{8}{81}$$

Obwohl an jedem der vier Eckpunkte hierfür eine Wahrscheinlichkeit von 2/3 vorliegt, darf an einem nur eine der beiden Möglichkeiten gerechnet werden, weil die andere zu 2 „Umlauf"-Quadrivalenten führt. Da alle Positionen gleichberechtigt sind, erfolgt keine Multiplikation mit 4.

Hexavalente: Es sind nur Rückkehrringe möglich:

$$p = \left(\frac{2}{3}\right)^2 \cdot \left(\frac{1}{3}\right)^2$$

Das verbleibende Bivalent kann jede Seite des Vierecks einnehmen. Aus diesem Grunde ergeben sich insgesamt

$$P_6 = 4 \cdot \left(\frac{2}{3}\right)^2 \cdot \left(\frac{1}{3}\right)^2 = \frac{16}{81} \text{ Hexavalente.}$$

Die Gesamtwahrscheinlichkeit für Konfigurationen, die größer als quadrivalent sind, ist damit

$$P(>\text{IV}) = \frac{56}{81}$$

und stimmt mit dem von Linnert und Sybenga angegebenen Wert überein.

Mit dieser Methode lassen sich auch mehrfache Translokationen relativ einfach berechnen, doch werden auch diese zunehmend unübersichtlicher, da grundsätzlich alle Gruppen größerer Konfigurationen einzeln betrachtet werden müssen.

Deshalb sei eine einfache Formel für die Summe der Konfigurationen hergeleitet, die nur Bi- und Quadrivalente umfassen. Dabei werden nur die Rückkehrringe betrachtet.

Ist z die Zahl der Bivalente, v die Zahl der Quadrivalente, so gilt

$n = z + 2v.$

Betrachtet man nur die Konfigurationen, die entstehen, wenn eine festgelegte Ecke des n-Ecks Rückkehrpunkt ist, so läßt sich die Zahl der möglichen Permutationen der Quadrivalente und Bivalente mit

$$\binom{v+z}{z}=\binom{v+z}{v}$$

berechnen.

Unter der Berücksichtigung der Tatsache, daß der Ausgangspunkt eines Bi- oder Quadrivalentes durch den Endpunkt der vorhergehenden festgelegt ist, tritt jedes Bivalent mit der Wahrscheinlichkeit 1/3 (=1 Rückkehrpunkt), jedes Quadrivalent mit der Wahrscheinlichkeit 2/3 · 1/3 = 2/9 (2 Eckpunkte, davon 1 Rückkehrpunkt) auf.

Für eine bestimmte Anzahl von Quadrivalenten (v) gilt somit

$$p=\binom{v+z}{z}\cdot\left(\frac{2}{9}\right)^{v}\cdot\left(\frac{1}{3}\right)^{z}$$

Alle möglichen Konfigurationen bis maximal Quadrivalentgröße erhält man als Summe über v zu

$$p_1(n)=\sum_{v=0}^{n/2}\left(\frac{2}{9}\right)^{v}\left(\frac{1}{3}\right)^{z}\binom{v+z}{v}$$
$$=\frac{1}{3^n}\sum_{v=0}^{n/2}\cdot 2^{v}\binom{n-v}{v}$$

Hinzu kommen noch die Konfigurationen, bei denen die oben zunächst als Rückkehrpunkt festgelegte Ecke des n-Ecks innerhalb eines Quadrivalentes liegt. Die Wahrscheinlichkeit dafür beträgt

$$p_2\,(n)=\frac{2}{9}\cdot p_1\,(n-2)\ .$$

Die Gesamtwahrscheinlichkeit ist damit

$$p(n)=p_1(n)+p_2(n)=p_1(n)+\frac{2}{9}\,p_1(n-2)\ .$$

Es läßt sich nun zeigen (siehe Anhang), daß für gerades n gilt

$$p_1(n)=\frac{2^{n+1}+1}{3^{n+1}}\ .$$

Damit ergibt sich

$$p(n)=\frac{2^{n+1}+1}{3^{n+1}}+\frac{2}{9}\cdot\frac{2^{n-1}+1}{3^{n-1}}=\frac{2^{n}+1}{3^{n}}\ .$$

Die Wahrscheinlichkeit für das Auftreten von Konfigurationen, die größer als quadrivalent sind, ist dann

$$q(n)=1-p(n)=\frac{3^{n}-2^{n}-1}{3^{n}}\ .$$

Da diese Formeln nur die Rückkehrringe berücksichtigen, liefern sie für $n=4$ einen falschen Wert, denn hier trägt auch ein einfacher Umlaufring $\left(p=\frac{8}{81}\right)$ zu $p(n)$ bei, der zu $p(n)$ addiert bzw. von $q(n)$ subtrahiert werden muß (siehe Tab. 1). Für $n>4$ trifft dies nicht mehr zu.

Tabelle 1 gibt eine Übersicht über die Aufteilung der Konfigurationen.

Tabelle 1

Zahl der theoretisch möglichen Konfigurationen (N), unterteilt in solche, die kleiner oder gleich ($P(n)$) bzw. größer ($Q(n)$) als quadrivalent sind, für m-fache Translokationen im duplex-heterozygoten Zustand

m	1	2	3	4	5	6
$n=2m+2$	4	6	8	10	12	14
$N=3^n$	81	729	6561	59049	531441	4782969
$P(n)=3^n\cdot p(n)$	17+8	65	257	1025	4097	16385
$Q(n)=3^n\cdot q(n)$	64−8	664	6304	58024	527344	4766584

b) unvollständige Chiasmabildung (Endbindung) zwischen den gepaarten Chromosomenenden

In diesem Zusammenhang sind die Endbindungen zwischen je zwei normalen bzw. translozierten Chromosomenarmen („homozygote" Bindung) und die zwischen einem normalen und einem translozierten Chromosomenarm („heterozygote" Bindung) differenziert zu betrachten (Abb. 3a–c). Für „homozygote" Bindungen ist anzunehmen, daß in der Regel mindestens ein Chiasma angelegt ist, d. h., die Wahrscheinlichkeit für die in der Metaphase I zu beobachtenden Endbindungen ist 1. Anders liegen die Verhältnisse bei den „heterozygoten" Paarungen. Hier sind die gepaarten Endsegmente in Abhängigkeit von der Lage des Translokationsbruchpunktes u. U. relativ kurz, d. h., die Wahrscheinlichkeit für die in der Metaphase I zu beobachtenden Endbindungen ist kleiner als 1 (Ausfall von Chiasmata).

Die nach Sybenga (1966d, 1970a, 1970b) zwar genaueren, aber relativ aufwendigen Methoden zur Schätzung solcher Wahrscheinlichkeiten für die einzelnen Segmente der Chromosomen wurden in dieser Arbeit vereinfacht. Es wird eine durchschnittliche Wahrscheinlichkeit für das Auftreten „heterozygoter" Bindungen auf der Grundlage von Auswertungen an entsprechendem translokationsheterozygotem diploidem Material geschätzt. Dabei ist die Zahl der im Translokationskomplex insgesamt möglichen Endbindungen zwischen einem translozierten und einem normalen Chromosomenarm zu der beobachteten Häufigkeit von Endbindungsausfällen in Relation gesetzt worden. Die Wahrscheinlichkeit von Endbindungen zwischen zwei normalen Chromosomenarmen wurde mit 1 festgelegt.

Sybenga (1973b) hat diesen Fall für $n=4$ durchgerechnet und entsprechende Formeln angegeben. Diese Berechnungen vereinfachen sich erheblich unter Verwendung der n-Eck-Anordnung der Chromosomenpaare, werden aber ab $n \geqq 6$ zu unübersichtlich, so daß ein Simulationsverfahren zur Anwendung kam.

Folgende Annahmen gelten:

1. „Homozygote“ Bindungen treten mit einer Wahrscheinlichkeit von $a=1$ auf.
2. „Heterozygote“ Bindungen werden beeinträchtigt ($a \leqq 1$).

Für $n=4$ und $n=6$ führt die Berechnung zu folgenden Formeln:

$n=4$ (einfache Translokation)

$$p(a)=\frac{1}{81}(24a^4-96a^3+64a^2+64a)$$

$n=6$ (zweifache Translokation)

$$p(a)=\frac{1}{729}(-144a^8+512a^6-216a^4-1216a^3+864a^2+864a)$$

Für größere n wurden mit dem programmierbaren Tischrechner „Hewlett-Packard HP 9810A“ unter Verwendung von Zufallszahlen je 2000 zufällige Konfigurationen erzeugt und ausgezählt. Das dazu entwickelte Programm basiert darauf, daß jedem Eckpunkt des Chromosomen-n-Ecks 2 Speicherplätze entsprechen, die mit einer Zufallszahl mit $0 \leqq k \leqq 3$ zu füllen sind.

$0 \leqq k < 1$ entspricht einem Rückkehrpunkt und damit einer „homozygoten“ Bindung,

$1 \leqq k < 2$ entspricht einer Bindung („homozygot“ oder „heterozygot“), bei der der Ring entweder auf der Innenseite oder Außenseite des n-Ecks fortgesetzt wird,

$2 \leqq k < 3$ entspricht einer Bindung („homozygot“ oder „heterozygot“), bei der der Ring von der Innen- und die Außenseite bzw. umgekehrt wechselt.

Die beiden einem Eckpunkt zugeordneten Speicherplätze sind dabei zunächst gleich belegt.

Mit weiteren Zufallszahlen l ($0 \leqq l < 1$) wird dann festgelegt, ob die jeweilige Bindung offen oder geschlossen ist.

$l \leqq a$ geschlossen
$l > a$ offen

Im letzteren Fall wird der entsprechende Speicherplatzinhalt k negiert ($k := -k$). Außerdem wird berücksichtigt, daß bei „homozygoter“ Bindung $a=1$ ist.

Nun sind alle Eckpunkte (Chromosomenenden) eindeutig charakterisiert und der Rechner kann die Größe der sich daraus ergebenden Ringe und Ketten abzählen. Tabelle 2 gibt die Ergebnisse an, die teils durch exakte Berechnung, teils durch Simulation (2000 Fälle) erhalten wurden. An den Fällen, bei denen beide Verfahren angewandt wurden, zeigt sich, daß die simulierten Werte innerhalb des sich aus der Binomialverteilung ergebenden Vertrauensintervall liegen.

Tabelle 2

Wahrscheinlichkeiten für das Auftreten von Konfigurationstypen, die größer als quadrivalent sind, für *m*-fache Translokationen in Abhängigkeit von der Wahrscheinlichkeit (a) für das Auftreten „heterozygoter" Bindungen

m	Art der Berechn.[1]	0	0,1	0,2	0,3	0,4	0,5	0,6	0,7	0,8	0,9	1,0
1	R	0	0,086	0,181	0,279	0,374	0,463	0,541	0,605	0,652	0,682	0,691
1	S	0	0,083	0,188	0,282	0,376	0,456	0,535	0,606	0,650	0,678	0,693
2	R	0	0,129	0,271	0,415	0,552	0,672	0,769	0,838	0,882	0,905	0,911
2	S	0	0,130	0,271	0,417	0,548	0,665	0,771	0,842	0,882	0,907	0,918
3	S	0	0,135	0,287	0,451	0,585	0,723	0,833	0,897	0,943	0,958	0,964
4	S	0	0,133	0,292	0,460	0,623	0,782	0,872	0,937	0,968	0,982	0,983
5	S	0	0,155	0,314	0,502	0,674	0,827	0,910	0,963	0,983	0,992	0,994
6	S	0	0,147	0,325	0,527	0,707	0,848	0,934	0,974	0,992	0,997	0,997

[1] S = Simulation mit Rechner
R = exakte Berechnung

III. Material und Methoden

Ausgangsmaterial waren drei diploide Linien der Gerste (*Hordeum vulgare* L. s. l. convar. *distichon* (L.) ALEF. var. *mutans* (RODE) ALEF.) und zwar T 12 (1–2) und T 159 (1–3–6) aus der Sorte 'Frigga' und T 701 (1–2–5–6) aus einem Hadmerslebener Stamm. Die Translokationen entstammen einer Gaterslebener Sammlung röntgenstrahleninduzierter einfacher und multipler Translokationslinien (vergl. KÜNZEL und SCHOLZ 1977). Diese Linien wurden mittels Kolchizin-Behandlung tetraploidisiert und mit tetraploiden Linien ihrer Ausgangsformen gekreuzt.

Durch Bestimmung der Chromosomenzahl in Keimwurzeln wurden für die Meiose-Untersuchungen euploide, für die jeweilige Translokation duplex-heterozygote F_1-Bastardpflanzen mit 28 Chromosomen ausgewählt und im Freiland angebaut. Bei jeder duplex-heterozygoten Linie (DU 12, DU 159, DU 701) wurden die Frequenzen der verschiedenen Chromosomenkonfigurationen in der Metaphase I durch Auswertung von 100 Pollenmutterzellen ermittelt.

Die Wahrscheinlichkeiten für „heterozygote" Bindungen konnten durch Auswertung von je 50 Pollenmutterzellen der entsprechenden diploiden heterozygoten Translokationslinien bestimmt werden.

Die Untersuchungen der Mitose-Chromosomen erfolgte nach 4-stündiger Vorbehandlung mit 0,0125%iger Kolchizinlösung (gesättigt mit α-Monobromnaphthalin) bei 24±1 °C, Fixierung in Alkohol-Eisessig (3 : 1) und Feulgenfärbung. Für die Meioseuntersuchungen wurden nach Fixierung in Alkohol-Eisessig (3 : 1) und Färbung nach SNOW (1963) Dauerpräparate nach CONGER und FAIRCHILD (1954) hergestellt und ausgewertet. Bei der Auswertung der Präparate kamen grundsätzlich nur Kerne mit sämtlichen Chromosomen und einwandfrei identifizierbaren Konfigurationen in Betracht. Für jede gezählte Metaphase-Platte wurde eine grobe Lageskizze der Chromosomen angefertigt. Eine bevorzugte Erfassung bestimmter Konfigurationstypen ist mit der angewendeten Methode unwahrscheinlich.

Zur Beurteilung der Differenzen zwischen den erwarteten und beobachteten Konfigurationsfrequenzen wurde der χ^2-Test angewendet.

IV. Ergebnisse und Diskussion

Die Differenzen zwischen beobachteten und erwarteten Häufigkeiten von Pollenmutterzellen mit Konfigurationen, die größer als quadrivalent sind, weisen darauf hin, daß die Strukturumbauten offensichtlich das Paarungsverhalten der betroffenen Chromosomen beeinflussen (Tab. 3).

Dieser Befund steht in Übereinstimmung mit Ergebnissen ähnlicher Untersuchungen bei tetraploidem Roggen (Elci und Sybenga 1976, Sybenga 1966c, 1973). Die genannten Autoren vermuten, daß durch Translokationen das Muster der Paarungsinitiation bzw. -spezifität in den beteiligten Chromosomen verändert wird, so daß jeweils zwei in dieser Hinsicht identische Chromosomen präferenziell assoziieren können. Sie betonen, daß aber auch eine infolge der Strukturumbauten reduzierte oder gesteigerte Chiasmafrequenz zwischen bestimmten Chromosomensegmenten zu ähnlichen experimentellen Ergebnissen führen kann.

Um den möglichen Einfluß einer Änderung der Chiasmafrequenz zu berücksichtigen, wurde geschätzt, welcher Anteil von gelösten Endbindungen auf den Ausfall von Chiasmata zurückgeht. „Homozygote“ Bindungen der Chromosomenarme dürften in der Regel durch mindestens ein Chiasma garantiert sein. Bei „heterozygoten“ Bindungen ist die Wahrscheinlichkeit der Anlage von Endbindungen um so geringer, je kleiner das translozierte Segment ist (Ausfall von Chiasmata). Diese Wahrscheinlichkeit konnte nur an diploidem translokationsheterozygotem Material bestimmt werden. Die auf diese Weise ermittelten Werte für die Wahrscheinlichkeit von Endbindungen stellen nur eine relativ grobe Annäherung an die tatsächlichen Verhältnisse bei Tetraploiden dar.

Andererseits führen nur erhebliche Abweichungen der Wahrscheinlichkeit für Endbindungen vom Wert 1 zu drastischen Änderungen der kalkulierten Werte (Tab. 2). Bei multiplen Translokationen nimmt außerdem der Einfluß von Bindungsausfällen in den Endsegmenten schnell ab. Beim Zerfall von großen Konfigurationen, z. B. größer als oktovalent, müssen schon mindestens drei Endbindungen ausfallen, damit die entstehenden Konfigurationsbruchstücke Quadrivalentgröße nicht überschreiten. Steigt die Zahl der an den Paarungskomplexen beteiligten Chromosomen weiter, so treten quadrivalente oder kleinere Bruchstücke noch seltener auf. Dies bedeutet, daß der durch den Ausfall von Endbindungen in den multivalenten Paarungskonfigurationen verursachte modifizierende Einfluß mit zunehmender Anzahl von Strukturumbauten in einem Genom abnimmt.

Das hier beschriebene Verfahren bietet die Möglichkeit, bei autotetraploider Gerste durch Translokationen bedingte Paarungspräferenzen der Chromosomen zu erfassen. Mit den mathematischen Ableitungen wurden Voraussetzungen geschaffen, derartige Untersuchungen auch unter Einbeziehung von Genomen mit einer größeren Anzahl von Translokationen durchzuführen.

Tabelle 3

Frequenzen der Pollenmutterzellen mit Konfigurationen, die größer als quadrivalent sind, bei drei autotetraploiden, für Translokationen duplex-heterozygoten Gerstenlinien

Linie	ausge-wert. PMZ	Bindungs-wahrsch. heteroz. Bdg.	PMZ m. Konfig. größer IV erwartet rel.	abs.	beobachtet rel.	abs.	m	χ^2
DU 12	101	0,96	68,75	69	30,69	31	1	69,97
DU 159	100	0,96	90,82	91	77,00	77	2	24,40
DU 701	100	0,96	96,08	96	76,00	76	3	107,06

χ^2-Werte für einen Freiheitsgrad signifikant auf 0,1 %-Niveau in allen Fällen

Anhang

Beweis der Beziehung: $p_1(n) = \frac{1}{3^n} \cdot \sum_{v=o}^{n/2} 2^v \binom{n-v}{v} = \frac{2^{n+1}+1}{3^{n+1}}$

Nach Multiplikation mit 3^n vereinfacht sich die Behauptung zu

$$P_1(n) = \sum_{v=o}^{n/2} 2^v \binom{n-v}{v} = \frac{2^{n+1}+1}{3}\,.$$

Es soll zunächst eine Rekursionsformel für die Berechnung von $P_1(n+2)$ aus $P_1(n)$ hergeleitet werden.

$$P_1(n+2) = \sum_{v=o}^{\frac{n+2}{2}} 2^v \binom{n+2-v}{v} = \sum_{v=o}^{\frac{n+2}{2}} 2^v \left[\binom{n-v}{v} + 2\binom{n-v}{v-1} + \binom{n-v}{v-2}\right]$$

$$= \sum_{v=o}^{\frac{n+2}{2}} 2^v \left[\binom{n-v}{v} + 2\binom{n-v+1}{v-1} - 2\binom{n-v}{v-2} + \binom{n-v}{v-2}\right]$$

$$= \sum_{v=o}^{n/2} 2^v \binom{n-v}{v} - \sum_{v=o}^{\frac{n+2}{2}} 2^v \binom{n-v}{v-2} + 2\sum_{v=o}^{\frac{n+2}{2}} 2^v \binom{n-v+1}{v-1}$$

Mit der Substitution $v' = v-2$ im zweiten bzw. $v' = v-1$ im dritten Glied und unter Berücksichtigung, daß bestimmte Summanden zu 0 werden, führt das zu

$$P_1(n+2) = P_1(n) - 4P_1(n-2) + 4P_1(n) = 5P_1(n) - 4P_1(n-2)\,.$$

Mit der Methode der vollständigen Induktion kann man nun die Gültigkeit der obigen Behauptung zeigen:

Für $n = 2$ und 4 ist die Behauptung richtig.

Angenommen, sie sei für n richtig, so folgt für $n+2$:

$$P_1(n+2) = 5P_1(n) - 4P_1(n-2)$$

$$= \frac{5}{3}(2^{n+1}+1) - \frac{4}{3}(2^{n-1}+1)$$

$$= \frac{2^{n+3}+1}{3} = \frac{2^{(n+2)+1}+1}{3}\,.$$

Damit ist die Gültigkeit der Gleichung für alle geradzahligen n bewiesen.

IV. Zusammenfassung

Ein mathematisches Verfahren wird beschrieben, mit dessen Hilfe auf mögliche, durch Translokationen bedingte Paarungspräferenzen der Chromosomen in der Meiose bei Autotetraploiden geschlossen werden kann. Bei Gerste konnte mit Hilfe von einfachen und multiplen Translokationen im duplex-heterozygoten Zustand gezeigt werden, daß die Strukturumbauten offenbar in gewissen Grenzen zu präferenzieller Paarung der an den Translokationen beteiligten Chromosomen führten.

Summary

Preferential Pairing of the Chromosomes of Autotetraploid Barley – a Mathematical Model

A mathematical method is described which can be used for ascertaining possible effects of translocations on chromosome pairing during meiosis in autotetraploids. Using single and multiple translocations in duplex-heterozygous condition in barley, it has been shown that the structural rearrangements apparently resulted in a certain amount of preferential pairing of the chromosomes involved in the interchanges.

Краткое содержание

Преференциальное спаривание хромосом у автотетраплоидного ячменя. Математическая модель

Описывается математический способ выявления возможных, обусловленных транслокацией, предпочтительных спариваний хромосом в мейозе у автотетраплоидов. Для ячменя удалось показать при помощи простых и множественных транслокаций в дуплекс-гетерозиготном состоянии, что благодаря структурным перестройкам хромосом, в известных границах, может быть индуцировано преференциальное спаривание.

V. Literatur

Avivi, L., 1976: The effect of genes controlling different degress of homoeologous pairing on quadrivalent frequency in induced autotetraploid lines of *Triticum longissimum*. Canad. J. Genet. Cytol. *18*, 357–364.

BENDER, K. und GAUL, H., 1966: Zur Frage der Diploidisierung autotetraploider Gerste. Z. Pflanzenzüchtung *56*, 164–183.

CONGER, A. und FAIRCHILD, L., 1953: A quick-freeze method for making smear slids permanent. Stain Technology *28*, 281–283.

DEVINE, T. D., 1967: Diploidization of induced tetraploid hybrids of *Dactylus glomerata* by means of X-irradiation. Ph. D. Thesis, Iowa State Univ., Ames.

DOYLE, G., 1963: Preferential pairing in structural heterozygotes of *Zea mays*. Genetics *48*, 1011–1027.

ELCI, S. und SYBENGA, J., 1976: Incomplete preferential pairing in a tetraploid *Secale* hybrid carrying translocations: Multivalent configuration frequencies and marker segregation. Genetica *46*, 177–182.

FEDAK, G., 1975: Fertility and meiotic behaviour in tetraploid barley. Can. J. Genet. Cytol. *17*, 121–123.

FELDMAN, M., 1966: The effect of chromosomes 5A, 5D, and 5B on chromosomal pairing in *Triticum aestivum*. Proc. Natl. Acad. Sci. USA *55*, 1447–1453.

FELDMAN, M., 1968: Regulation of somatic association and meiotic pairing in common wheat. In: Proc. 3rd Intern. Wheat Genet. Symp. Canberra 1968, pp. 169–178. Canberra.

FELDMAN, M. and AVIVI, L., 1973: The pattern of chromosomal arrangement in nuclei of common wheat and its genetic control. In: Proc. 4th Intern. Wheat Genet. Symp., Columbia, Missouri, pp. 675–684.

GAUL, H. and FRIEDT, W., 1976: Progress in the diploidisation of autotetraploid barley. In: Barley Genetics III, Proc. Third Intern. Barley Genet. Symp. Garching 1975, pp. 378–396. München.

KAO, K. N., REINBERGS, E., und HARVEY, B. L., 1970: Selection for seed setting in hybrid populations of autotetraploid barley. Crop Sci. *10*, 491–492.

KAO, K. N., HARVEY, B. L., LARTER, E. N., und REINBERGS, E., 1971: Effects of 5-bromodeoxyuridine in autotetraploid barley. Canad. J. Plant Sci. *51*, 21–24.

KASHA, K. J. und BURNHAM, C. R., 1965: The location of interchange breakpoints in barley: II. Chromosome pairing and intercross method. Canad. J. Genet. Cytol. *7*, 620–632.

KASHA, K. J., FINCH, R. A., NODA, K., BERGBUSCH, V., und HO-TSAI, A., 1976: Pairing behaviour in 8-chromosome barley haploids. In: Barley Genetics III, Proc. Third Int. Barley Genet. Symp. Garching 1975, pp. 303. München.

KÜNZEL, G. und SCHOLZ, F., 1977: Development and utilization of multiple translocations in barley. Proc. Intern. Symp. on Experimental Mutagenesis in Plants, Oct. 14–16, 1976, Varna, Bulgaria (In press).

LINNERT, G., 1962: Untersuchungen an hemiploiden Nachkommen Autotetraploider. I. Der Verteilungsmodus einer reziproken Translokation und die daraus folgende Erhöhung der Heterozygotenfrequenz in der Nachkommenschaft von Duplex-Heterozygoten. Z. Vererbungsl. *93*, 389–398.

METTIN, D., SCHLEGEL, R., BLÜTHNER, W.-D., und WEINRICH, M., 1976: Giemsa-Banding von MI-Chromosomen bei Weizen-Roggen-Bastarden. Biol. Zbl. *95*, 35–41.

OKA, H.-I., 1968: Preferential pairing of chromosomes in a tetraploid hybrid between *Oryza glaberrima* and *O. sativa*. Canad. J. Genet. Cytol. *10*, 527–535.

REINBERGS, E. und SHEBESKI, L. H., 1959: Fertility of barley autotetraploids. I. Fertility in successive generation of four autotetraploid varieties and the effect of selection for fertility in the O. A. C. 21 autotetraploid. Cand. J. Pl. Sci. *39*, 98–107.

REINBERGS, E., KAO, B. L., HARVEY, B. L., und SHEBESKI, L. H., 1970: Meiotic behaviour and preferential pairing in autotetraploid barley. Crop Sci. *10*, 569–571.

SHEVTSOV, I. A., 1976: Fertility of autotetraploids of barley. In: Barley Genetics III, Proc. Third. Int. Barley Symp. Garching 1975, pp. 396. München.

SHEVTSOV, I. A., und DAVIDENKO, N. S., 1974: Causes of lower fertility of autotetraploids of barley and the ways of its increasing. Genetica *10* (6), 7–13 (russ. m. engl. Zus.f.).

SHKUTINA, F. M. und KHVOSTOVA, V. V., 1971: Cytological investigation of Triticale. Theor. Appl. Genet. *41*, 109–119.

SMITH, W. E., 1960: Fertility of autotetraploid värieties and hybrids of barley. Canad. J. Pl. Sci. *40*, 434–442.

SNOW, R., 1963: Alcoholic hydrochloric acid-carmine as a stain for chromosomes in squash preparations. Stain Technology *38*, 9–13.

STEBBINS, G. L., 1950: Variation and evolution in plants. New York.

STEBBINS, G. L., 1956: Artificial polyploidy as a tool in plant breeding. Brookhaven Symp. Biol. *9*, 37–52.

STUTZ, H. C., 1962: Asynchronous meiotic chromosome rhythm as a cause of sterility in Triticale. Genetics *47*, 988.

SYBENGA, J., 1966a: The role of meiotic chromosome pairing pattern in induced structural allopolyploidization of autopolyploids. Acta Agric. Scand., Suppl. *16*, 43–45.

SYBENGA, J., 1966b: The zygomere as hypothetical unit of chromosome pairing. Genetica *37*, 186–198.

SYBENGA, J., 1966c: Reciprocal translocations and preferential pairing in autotetraploid rye. In: C. D. DARLINGTON and K. R. LEWIS (Eds.): Chromosomes Today, Vol. 1, 66–70. Edinburgh.

SYBENGA, J., 1966d: The quantitative analysis of chromosome pairing and chiasma formation based on the relative frequencies of MI configurations. IV. Interchange heterozygotes. Genetica *37*, 199–206.

SYBENGA, J., 1969: Allopolyploidization of autopolyploids. I. Possibilities and limitations. Euphytica *18*, 335–371.

SYBENGA, J., 1972a: Localisation of intraspecific variation in meiotic chromosome pairing. In: C. D. DARLINGTON and K. R. LEWIS (Eds.): Chromosomes Today, Vol. 3, 104–109. Edinburgh.

SYBENGA, J., 1972b: Chromosome-associated control of meiotic pairing differentiation. Variation within *Secale cereale*. Chromosoma *39*, 551–560.

SYBENGA, J., 1973a: The allopolyploidization of autopolyploids. II. Manipulation of the chromosome pairing system. Euphytica *22*, 433–477.

SYBENGA, J., 1973b: The effect of reciprocal translocation on segregation and multivalent formation in autotetraploids of rye, *Secale cereale*. Genetica *44*, 270–282.

WAINES, J. G., 1976: A model for the origin of diploidizing mechanisms in polyploid species. Amer. Naturalist *110*, 415–430.

WALTERS, M. S. and GERSTEL, D. U., 1948: A cytological investigation of a tetraploid *Rhoeo discolor*. Amer. J. Botany *35*, 141–150.

WATANABE, K. and SMITH-WHITE, S., 1976: The cytology of Bachycome line ariloba. 6. Asynchronous chromosome condensation and meiotic behaviour in *B. lineariloba* A ($n = 2$) x *B. campylocarpa* A ($n = 4$). Chromosoma (Berl.) *57*, 319–331.

WIEBE, G. A., 1976: Eight-paired barley. In: Barley Genetics III, Proc. Third Intern. Barley Genet. Symp. Garching 1975, pp. 242–246. München.

Kulturpflanze XXV · 1977 · S. 313–321

Über eine amphidiploide *Hyoscyamus*-Hybride (*Hyoscyamus* x *györffyi* HAMMER et MELCHERS, hybr. nov.)[1]

KARL HAMMER und GEORG MELCHERS[2]

(Eingegangen am 2. Februar 1977)

Kreuzungen der beiden Arten *Hyoscyamus niger* L. und *Hyoscyamus albus* L. ergeben nur wenige keimfähige Samen, und die daraus entstehenden Hybriden sind steril. GYÖRFFY und MELCHERS (1938) behandelten die Vegetationsspitzen steriler Hybridkeimpflanzen mit Kolchizin und konnten bei 9 Individuen reichlichen Ansatz voll lebensfähiger Samen nach Selbstbestäubung beobachten. Es war ein amphidiploider Bastard ($2n = 102$)[3] aus *H. niger* ($2n = 34$) und *H. albus* ($2n = 68$) entstanden, und damit erstmals eine synthetische Amphidiploide mit der Kolchizin-Methode hergestellt worden.

Dieses kolchizinierte Material ging auf Primärhybriden zurück, die aus Kreuzungen unterschiedlicher Sippen von *H. albus* (Blütenfarbvarianten mit dunkelviolettem bzw. gelbem Schlund) und *H. niger* (ein- und zweijährige Formen mit bzw. ohne violette Schlundzeichnung) gewonnen worden waren (zur Herkunft des Materials vgl. MELCHERS 1937). Darauf dürfte auch die später beschriebene variable Ausprägung mancher Merkmale des Bastards zurückzuführen sein. Dieser wurde über viele Jahre hinweg unselektiert als Population mit der Möglichkeit zur uneingeschränkten Insektenbestäubung angebaut und vermehrt.

Auslesen wurden unabhängig davon mit spezieller Zielstellung vorgenommen, die hier aber nicht behandelt werden sollen.

Das Kulturpflanzen-Weltsortiment in Gatersleben erhielt aus Tübingen Saatgut dieser Hybride. Sie soll den Namen des 1970 verstorbenen Genetikers B. GYÖRFFY (Budapest) erhalten.

Die Beschreibung erfolgt nach den in Gatersleben kultivierten Pflanzen.

1 Herrn Prof. Dr. Drs. h. c. HANS STUBBE zum 75. Geburtstag gewidmet.
2 Max-Planck-Institut für Biologie, Tübingen, BRD.
3 Die Chromosomenzählungen führte seinerzeit R. GRIESINGER durch.

Diagnosis:

Hyoscyamus x *györffyi* HAMMER et MELCHERS, hybr. nov.-Hybridae inter *Hyoscyamus niger* L. et *Hyoscyamus albus* L.; plantae annuae, characteris parentum, habitu intermedio, viscoso-villosae interdum foetidae; foliis rotundo- vel oblongo-ovatis, sinuato- vel repando-dentatis, floribus subsessilibus, raro sessilibus, corollis flavis fundo violaceo interdum virente; differt a *H. niger* foliis omnibus ± petiolatis et a *H. albus* nervis corollae plerumque ± viridibus raro purpureis; $2n$ = ca. 102 (GYÖRFFY et MELCHERS 1938)

Holotypus: D 1929/76, leg. 28. 6. 1976 (GAT)

Der Anbau von *H.* x *györffyi* erfolgte sowohl im Freiland durch Direktaussaat als auch im kalten Kasten mit Vorkultur. Große Unterschiede in der Reifezeit waren zu beobachten, die sich, gemessen an der Vollreife der jeweils ersten Kapsel, auf über einen Monat erstreckten. Wegen der heißen, trockenen Witterung des Jahres 1976 kamen in beiden Kulturvarianten alle Pflanzen zur Reife. Für durchschnittliche oder kalte Jahre ist aber unter den Bedingungen Gaterslebens wahrscheinlich nur für die frühreifsten Pflanzen im Freiland eine Reproduktion möglich. Anbauversuche der Jahre 1975 und 1976 in botanischen Einrichtungen der verschiedensten Länder, denen Saatgut dieser neuen Bastardsippe zur Verfügung gestellt wurde, zeigten, daß diese unter sehr unterschiedlichen klimatischen Bedingungen zur Reife gelangen kann (Zentral-, West- und Südeuropa, Japan, Südwestchina, Südafrika, Indien, Kalifornien). Die Dauer der Vegetationszeit von der Aussaat bis zur Reife der ersten Kapsel ist dabei sehr verschieden lang; sie reicht von 92 bzw. 98 Tagen (Blanes, Spanien; Tabor, ČSSR) bis zu 180–191 Tagen (Porrentruy, Schweiz; Lisboa, Portugal). In Cambridge (England) im Frühjahr 1975 ausgesäte Pflanzen kamen erst nach Überwinterung in die Blühphase und benötigten bis zur Reife der ersten Frucht 434 Tage! Wegen der im einzelnen unterschiedlichen und schwer zu vergleichenden Aussaattermine ist freilich aus diesen Angaben kein exakter Rückschluß über die klimatisch bedingte Beeinflußbarkeit des Entwicklungsrhythmus unseres Bastards möglich. Eine Kultur unter tropischen Bedingungen scheint nach den wenigen von den entsprechenden Korrespondenten enthaltenen Angaben nicht möglich zu sein.

Die Elterart *H. niger* kommt noch in nördlichen Gebieten Europas vor, während der andere Elter, *H. albus*, vorwiegend mediterran verbreitet ist. Die Hybride steht in ihren klimatischen Ansprüchen offenbar, wie aus den gemachten Angaben hervorgeht, zwischen den beiden Ausgangsarten mit einer Tendenz zu *H. albus*. Dies trifft auch für die Ausbildung ihrer anderen Merkmale zu. Zur Information sollen wichtige Merkmale beider Elternarten denen der Hybride gegenübergestellt werden. Die Auswahl wurde nach lebendem Material in Gatersleben kultivierter Pflanzen vorgenommen, außerdem fanden die Angaben für die Elternarten bei HEGI (1927) und HAWKES (1972) Berücksichtigung (Tab. 1).

Die Merkmalsausprägungen bei *H.* x *györffyi* sind sehr variabel. Die Pflanzen

Tabelle 1

Gegenüberstellung wichtiger Merkmale von *H. niger*, *H. albus* und *H.* x *györffyi*

Merkmal bzw. Organ	*H. niger*	*H.* x *györffyi*	*H. albus*
Pflanzenhöhe	(10)–20–80–(100)cm	(40)–50–(65) cm	15–40(90) cm
Stengel und Kelch	klebrig-zottig, mit charakteristischem (unangenehmem) Geruch	klebrig-zottig, ohne oder mit Geruch	zottig, ohne auffälligen Geruch
Blätter	länglich-eiförmig	rundlich- bis länglich-eiförmig	rundlich-eiförmig
	(5)–10–20 cm lang	(8) – 14 – (22) cm lang	4 – 10 cm lang
	± buchtig gezähnt, mit spitzen Lappen, tief eingeschnitten	± buchtig bis geschweift gezähnt	± geschweift gezähnt oder buchtig geschweift
	± sitzend, stengelumfassend	± gestielt	gestielt
Blüten	fast sitzend	± sitzend bis deutlich kurz gestielt	sitzend, die untersten kurz gestielt
	schmutziggelb, mit violetten Adern[1]	gelb mit schwacher ± grüner oder violetter Aderung	blaßgelb, ohne Adernetz
	(2)–3 cm Durchmesser	(1,6)–2,2–(2,7) cm Durchmesser	2 cm Durchmesser
Schlund	dunkelviolett[1]	dunkelviolett, zuweilen vergrünend	grünviolett
Antheren	violett	gelb oder violett	gelb
Masse von 1000 Korn	ca. 8 g	ca. 10 g	ca. 4 g
Chromosomenzahl	$2n = 34$	$2n = 102$	$2n = 68$

1 Dieses Merkmal trifft für *H. niger* L. var. *pallidus* (W. et Kit.) Rchb. nicht zu

sind klebrig-zottig behaart aber nicht immer mit dem für *H. niger* typischen Geruch[1]. Hohe Pflanzen sind meist reich verzweigt (Abb. 1), während sich mit abnehmender Größe auch die Neigung zum Verzweigen verringert (Abb. 2). Es gibt beträchtliche Unterschiede in der Länge und Dichte der Behaarung (vgl. Abb. 3 und 4).

Die Blätter sind immer gestielt (kürzer als bei *H. albus*), besonders bei den oberen Blättern kann der Stiel sehr kurz sein (Abb. 3), ist aber immer noch deutlich zu unterscheiden. In der Blattform kommen alle Übergänge von rundlich- bis länglich-eiförmig vor. Der Blattrand ist ± buchtig bis geschweift gezähnt, häufig mit ± spitzen Lappen. Die Blätter laufen zuweilen spitz zu. Durch die spitz zulaufenden Blätter bzw. ± spitzen Lappen läßt sich die Hybride oft von *H. albus* unterscheiden. Tief eingeschnittene bis fiederteilige Blätter, wie bei *H. niger*, wurden

1 In Tübingen kultivierte Pflanzen rochen stets unangenehm, vor allem im Spätsommer bei feuchter Witterung; Gaterslebener Pflanzen zeigten dieses Merkmal nicht!

Abb. 1 *Hyoscyamus* x *györffyi*, hochwüchsige, reich verzweigte Pflanze

nicht beobachtet. Die Blattlänge (mit Stiel) und Blattbreite ((6)–10–(14) cm) wurden am größten Blatt verschiedener Pflanzen gemessen. Abbildung 2 zeigt eine Pflanze mit sehr großen Blättern (Merkmal von *H. niger*). Die Lappen sind hier ± rund (Merkmal von *H. albus*). Dagegen ist auf Abbildung 1 eine Pflanze mit ± spitzen Lappen und kleinen Blättern zu sehen.

Die Blüten sind ± sitzend bis deutlich kurz gestielt (besonders die unteren – Abb. 4), gelb mit dunkelviolettem Schlund (wenigstens zu Anfang der Anthese). Im weiteren Blühverlauf kann sich die violette Färbung des Schlundes aufhellen und bei einigen Formen sogar in reines Grün übergehen. Solche Pflanzen sind stets auch durch gelbe Antheren gekennzeichnet. Bei Pflanzen mit violetten

Abb. 2 *Hyoscyamus* x *györffyi*, gedrungene, großblättrige Pflanze mit geringerer Verzweigung

Antheren bleibt das Violett des Schlundes erhalten, schwächt sich aber, besonders im Übergangsbereich zum gelben Abschnitt der Korolle, in grünliche Tönungen ab. Vom Schlund aus erscheint ein nach der Peripherie verblassendes grünes oder selten violettes Adernetz (Abb. 3). Einige Pflanzen haben ein fast so deutliches Adernetz wie *H. niger*.

Als Chromosomenzahl stellte Griesinger in Györffy und Melchers (1938) $2n = \text{ca. } 102$ fest. Nach diesen Angaben muß aber mit Pflanzen etwas abweichender Chromosomenzahl gerechnet werden. Möglicherweise erklärt sich auch daraus u. a. die große morphologische Variabilität der Hybriden.

H. albus und *H. niger* sind in wärmeren Gebieten Europas, besonders im Mittelmeerraum, sympatrisch und treten außerdem meist als ruderale Elemente auf. Zu

Abb. 3 *Hyoscyamus* x *györffyi*, Pflanze mit gelben Antheren, das Adernetz der Korolle ist deutlich sichtbar

gelegentlicher Bastardierung beider Arten kann es deshalb kommen. Die Wahrscheinlichkeit für eine anschließende Diploidisierung dieser Bastarde ist aber nicht hoch. Möglicherweise stellt eine bei HEGI (1927, S. 2578) erwähnte, von F. HERMANN auf Korsika gefundene und zu *H. albus* gestellte Form mit schwarzviolettem Schlund, eine solche Hybride dar. In *H. albus* könnten bei weniger gründlicher Prüfung auch manche Formen von *H.* x *györffyi* einbezogen worden sein, was sich aus der großen Ähnlichkeit beider Sippen erklären läßt.

Falls *H.* x *györffyi* spontan aufgetreten sein sollte, sind geeignete ökologische

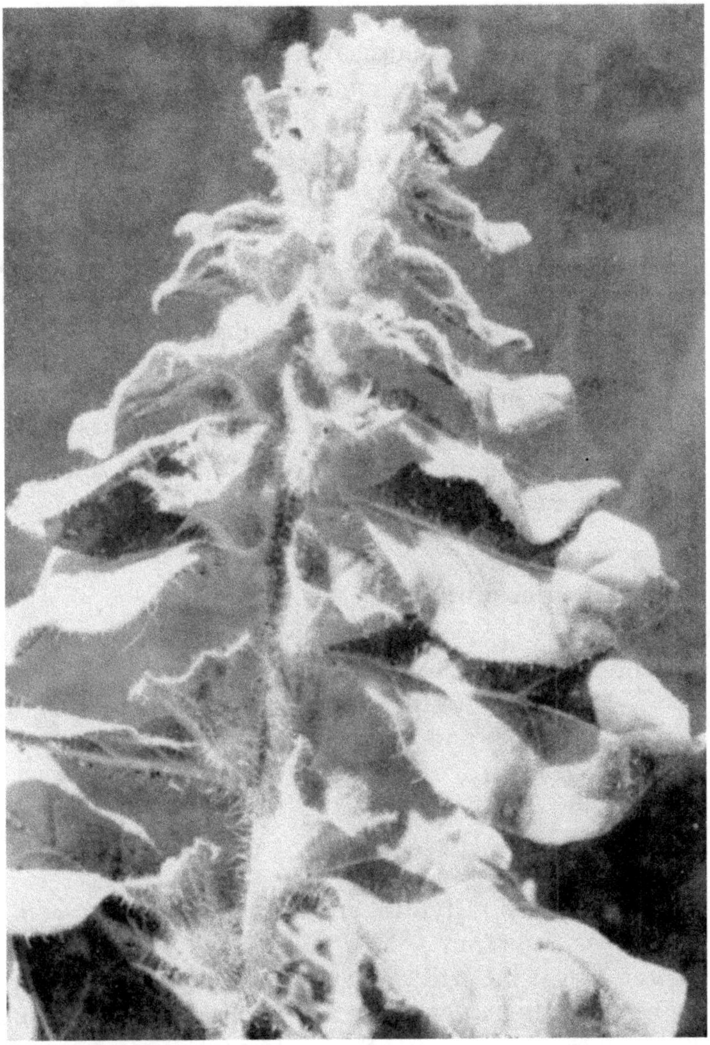

Abb. 4 *Hyoscyamus* x *györffyi*, dicht und lang behaarte Pflanze

Nischen für diese Hybride vorhanden. Die von uns beobachtete große morphologische und ökologische Streubreite (z. B. Unterschiede in der Vegetationsdauer) des *H.* x *györffyi* wären günstige Voraussetzungen zur Erhaltung der Hybride in der Natur. Außerdem verfügt *H.* x *györffyi* über eine hohe Vermehrungsrate – im Durchschnitt 200 Samen je Kapsel mit Maximalwerten von über 260 –, die dem beträchtlichen Samenbildungsvermögen von *H. niger* (ca. 200 je Kapsel) trotz höherer Tausendkornmasse nicht nachsteht.

Aussaaten unter natürlichen Standortbedingungen im Gebiet der Wurmlinger Kapelle bei Tübingen haben gezeigt, daß sich der Bastard unter diesen Verhältnissen durchaus etablieren und zumindest für eine Reihe von Jahren innerhalb der dortigen, wenn auch anthropogen beeinflußten Vegetation behaupten kann.

Hier ist er auch Tübinger Botanikern bei vegetationskundlichen Untersuchungen der Natur- und Landschaftsschutzgebiete Baden-Württembergs aufgefallen (S. GÖRS 1966), aber verständlicherweise irrtümlich mit *H. niger* identifiziert worden, da in unseren Floren die Existenz unseres Artbastards nicht verzeichnet ist. So stellt die mit *H. niger* bezeichnete Pflanze in Abbildung 22 (S. 580) der genannten Arbeit eindeutig *H.* x *györffii* dar, und sehr wahrscheinlich beziehen sich auch die Angaben auf Seite 579 über das Vorkommen von *H. niger* auf dem Wurmlingerberg und an der Wurmlinger Kapelle auf unsere Bastardsippe!

Neben seiner Bedeutung als Modellbeispiel für eine bei höheren Pflanzen verbreitete Form der Speziation (es sei nur an die klassischen Beispiele amphidiploider Arten wie *Galeopsis tetrahit* und entsprechende Sippen der *Triticum-Aegilops*-Verwandtschaft erinnert) und für die Kulturpflanzenzüchtung (vgl. GYÖRFFY und MELCHERS 1938), kann *H.* x *györffyi* auch als Hinweis für Artbildungsprozesse speziell innerhalb der Gattung *Hyoscyamus* dienen, in der wahrscheinlich mehrere amphidiploide Arten vertreten sind.

Zusammenfassung

Beschreibung des künstlich erzeugten amphidiploiden Bastards *Hyoscyamus* x *györffyi* HAMMER et MELCHERS, hybr. nov. ($2n = 102$), aus *H. niger* ($2n = 34$) und *H. albus* ($2n = 68$) und Vergleich mit seinen Elterarten.

Summary

An Amphidiploid Hybrid of *Hyoscyamus* (*Hyoscyamus* x *györffyi* HAMMER et MELCHERS, hybr. nov.)
Description of the artificially induced amphidiploid hybrid *Hyoscyamus* x *györffyi* HAMMER et MELCHERS, hybr. nov. ($2n = 102$), from *H. niger* ($2n = 34$) and *H. albus* ($2n = 68$) in comparison with its parental species.

Краткое содержание

Об амфидиплоидном гибриде в роде *Hyoscyamus* (*Hyoscyamus* x *györffyi* HAMMER et MELCHERS, hybr. nov.)
Описывается искусственный амфидиплоидный гибрид *Hyoscyamus* x *györffyi* HAMMER et MELCHERS, hybr. nov. ($2n = 102$), полученный от скрещивания *H. niger* ($2n = 34$) с *H. albus* ($2n = 68$) и сравнивается с родительскими видами.

Literatur

GÖRS, S., 1966: Die Flora des Spitzbergs. – In: Die Natur- und Landschaftsschutzgebiete Baden-Württembergs, Bd. *3*, 579–580. – Ludwigsburg.

GYÖRFFY, G., und G. MELCHERS, 1938: Die Herstellung eines fertilen, amphidiploiden Artbastardes *Hyoscyamus niger* x *H. albus* durch Behandlung mit Kolchizinlösungen. – Naturwissenschaften *26* (*33*) 547.

HAWKES, J. G., 1972: *Hyoscyamus* L. – In: T. G. TUTIN et al. (eds.), Flora Europaea *3*, 195. – Cambridge.

HEGI, G., 1927: Illustrierte Flora von Mitteleuropa *V* (*4*), 2578. – München.

MELCHERS, G., 1937: Die Wirkung von Genen, tiefen Temperaturen und blühenden Pfropfpartnern auf die Blühreife von *Hyoscyamus niger* L. – Biol. Zbl. *57*, 568–614.

II. Das Institut im Jahre 1976

Das Institut im Jahre 1976

A. Kolloquien; Vortragsabende

03. 02. 1976 Dr. A. MEISTER: Das Kleinrechnersystem ROBOTRON 4200 als zukünftiger leistungsfähiger Digitalrechner des Zentralinstituts.

23. 03. 1976 Dr. R. WOLLGIEHN, Institut für Biochemie der Pflanzen, Halle: Biosynthese und Struktur hochmolekularer RNA in Chloroplasten.

19. 04. 1976 Prof. Dr. J. G. SCANDELIOS, Department of Genetics, North Carolina State University, Raleigh, North Carolina/USA: Isozymes in the Study of Differential Gene Expression in Maize.

20. 04. 1976 Dr. O. MACHOLD: Aufbau und Organisation des Photosyntheseapparates höherer Pflanzen.

04. 05. 1976 Dipl.-Biol. R. BRAUN: Die Bedeutung pharmakokinetischer Untersuchungen für die Mutagenitätstestung unter besonderer Berücksichtigung von Arzneimittelwechselwirkungen.

27. 05. 1976 Dr. B. LOW, Department of Molecular Biophysics and Biochemistry, Yale University, New Haven/USA: Genetic Engineering Involving Segments of the *E. coli* Chromosome.

27. 05. 1976 Prof. Dr. R. ROWND, Laboratory of Molecular Biology, The University of Wisconsin, Madison/USA: Structure and Replication of Drug Resistance Plasmid DNA.

24. 06. 1976 Univ.-Doz. Dr. F. RUZICKA, Histologisch-Embryologisches Institut der Universität Wien, Wien/Österreich: Zur Ultrastruktur der Chromosomen.

29. 06. 1976 Dr. J. SCHULTZE-MOTEL: Stand der numerischen Taxonomie in ihrer Anwendung auf Kulturpflanzen.

08. 07. 1976 Dr. G. H. LORIMER, Research School of Biological Sciences, The Australian National University, Canberra/Australien: Die Biochemie der Photorespiration.

27. 07. 1976 Prof. Dr. J. G. HAWKES, Department of Botany, The University of Birmingham, Birmingham/Großbritannien: Origin and Evolution of the Potato.

05. 10. 1976 Dr. P. HANELT: Veränderungen in der Mannigfaltigkeit der Kulturpflanzen- und Unkrautflora unter den Bedingungen der modernen Landwirtschaft.

13. 10. 1976 Prof. Dr. H. J. BECKER, Zoologisches Institut der Universität München, München/BRD: Mitotische Rekombination und Positionseffekt-Variegation.

02. 11. 1976 Dr. V. MICHELSON, Institut für Cytologie der ANSSR, Leningrad/UdSSR: Biochemical and Cytological Defects in the Cells of a Special Form of *Xeroderma pigmentosum*.

05. 11. 1976 Prof. Dr. B. MÜLLER-HILL, Institut für Genetik, Universität Köln, Köln/BRD: Neuere Untersuchungen zum Lac-Repressor.

16. 11. 1976 Dr. J. D. HAYES, University College of Wales, Welsh Plant Breeding Station, Plas Gogerddan, near Aberystwyth, Wales/Großbritannien: Exploiting Hybrid Vigour in Self Pollinating Crops with Particular Reference to Barley.

17. 11. 1976 Dr. J. D. HAYES, University College of Wales, Welsh Plant Breeding Station, Plas Gogerddan, near Aberystwyth, Wales/Großbritannien: A Discussion of the Problems Involved in Breeding for Improved Disease Resistance in Cereal Crops.

23. 11. 1976 Prof. Dr. P. HOFFMANN, Humboldt-Universität zu Berlin, Sektion Biologie, Bereich Allgemeine Botanik, Berlin: Entwicklung des Photosyntheseappa-

rates in Weizenkeimpflanzen unter besonderer Berücksichtigung des Energie-Stoffwechsels.

30. 11. 1976 Lic. A. TRAVIESO, Akademie der Wissenschaften der Republik Kuba, Institut für Grundlagen der Tropischen Landwirtschaft, Santiago de las Vegas/Kuba: Content, Composition and Yield of Proteins of Rice (*Oriza sativa* L.) under the Climatic Conditions of Cuba. Zugleich Vortrag anläßlich der Verteidigung der Dissertation im Rahmen des Promotionsverfahrens A.

07. 12. 1976 Dipl.-Biol. E.-U. SCHEUNERT: Zell- und Gewebezüchtung von Getreiden unter besonderer Berücksichtigung der Gerste.

21. 12. 1976 Dipl.-Ing. agr. I. GREBENŠČIKOV: Einige Ergebnisse zum Vergleich der Bastardierung innerhalb von Mais-Sortiments-Herkünften und innerhalb von Inzuchtlinien.

Bereichskolloquien

24. 02. 1976 Dipl.-Biol. G. SCHLESIER: Untersuchungen zur Nitratreduktase-Aktivität in Leguminosen unter besonderer Berücksichtigung der Früchte.

30. 03. 1976 Dr. H. RIPPERGER, Institut für Biochemie der Pflanzen, Halle: Bisherige Ergebnisse bei der chemischen und biologischen Untersuchung des „Normalisierenden Faktors".

05. 04. 1976 Dr. J. KRUSE: Tropische Kulturpflanze in der Landwirtschaft Kubas.

05. 04. 1976 Biologe H. BÄUMLEIN: Isolierung und Einsatz niedermolekularer DNA-Fraktionen von *Chironomus thummi* für die Genomcharakterisierung durch Nukleinsäure-Hybridisierung.

28. 04. 1976 Prof. Dr. K. H. KÖHLER, Ernst-Moritz-Arndt-Universität Greifswald, Sektion Biologie: Einige neuere Ergebnisse der Keimungsphysiologie.

17. 05. 1976 Hochschul-Agraringenieur H. BRETSCHNEIDER: Der Einfluß von Translokationen auf das Paarungsverhalten der Chromosomen von autotetraploider Gerste.

26. 05. 1976 Dr. W. HENNIG, Max-Planck-Gesellschaft, FRIEDRICH-MIESCHER-Laboratorium, Tübingen/BRD: Die Funktion des *y*-Chromosoms bei *Drosophila*.

15. 06. 1976 Dipl.-Biol. E. WEBER: Untersuchung der protein bodies aus *Vicia faba*.

21. 06. 1976 Dr. J. HOFEMEISTER: Nachweis und Analyse der postreplikativen DNA-Reparatur bei *Proteus mirabilis* nach UV-Bestrahlung.

22. 07. 1976 Dr. J. L. WRAY, University of Saint Andrews, Saint Andrews/Großbritannien: The Nitrate Assimilation Pathway in Higher Plants – Regulation and Modification.

16. 09. 1976 Prof. Dr. H. YAMAGATA, University of Kyoto, Laboratory of Plant Breedding, Kyoto/Japan: Research Activities on Plant Breeding and Genetics at the University of Kyoto.

20. 09. 1976 Dr. U. WOBUS: Einsatzmöglichkeiten der analytischen Ultrazentrifuge für die Nukleinsäure-Analyse.

27. 09. 1976 Dr. A. MEISTER und Dr. A. RUDOLPH: Molekulargewichtsbestimmung von Proteinen aus Aminosäure-Analysen.

04. 10. 1976 Dr. C. TITTEL: Einrichtung und Nutzung des Samenkühllagerhauses.

12. 10. 1976 Dr. K. D. SCHWENKE, Zentralinstitut für Ernährung, Bergholz-Rehbrücke: Untersuchungen zu Struktur und Eigenschaften des 11S-Globulins aus Sonnenblumensamen – Beitrag zur Chemie der 11S-Globuline.

01. 11. 1976 Dipl.-Biol. R.-R. MENDEL: Nitratreduktion in Wildtyp- und Mutanten-Zellinien von *Nicotiana tabacum*.

15. 11. 1976	Dr. G. EITNER: Einfluß induzierbarer Prophagen auf Sensibilität und Mutabilität von Bakterien nach UV-Bestrahlung.
10. 12. 1976	Dr. M. ANASTASOVA-KRISTEVA und Dr. HR. NICOLOFF, Sofia/VR Bulgarien: Die Nukleolusbildung als Hinweis für Positionseffekte nach Translokationen von Nukleolus-Organisatorregionen.
13. 12. 1976	Dr. F. MATZK: Versuche zur Überwindung der Inkompatibilität bei Artkreuzungen von Futtergräsern.

Ausstellungen

09. bis	Hallesche Kunst X
21. 04. 1976	Kunsthandwerk der Hochschule für industrielle Formgestaltung Halle, Burg Giebichenstein
	Keramik, Metall, Email, Schmuck, Textil
27. 06. bis	Plastik und Keramik, Textil
11. 07. 1976	Zirkel des Zentralinstituts Gatersleben
24. 09. bis	WIELAND FÖRSTER, Berlin
10. 10. 1976	Plastik, Graphik

Vortragsabende

10. 01. 1976	Dr. M. STUBBE, Halle: Zoologische Forschung in Zentralasien.
28. 01. 1976	Klavierabend mit AMADEUS WEBERSINKE.
24. 03. 1976	Konzert mit dem Flötenquartett der Dresdner Philharmonie.
21. 04. 1976	Violinabend mit IGOR POLITKOWSKI, UdSSR. Am Flügel: JEWOGENIJ EPSTEIN, UdSSR.
13. 05. 1976	Dr. P. HANELT: Eine Exkursion nach Adzarien.
26. 05. 1976	Diskussionskonzert mit ROSWITHA TREXLER, Gesang.
22. 09. 1976	Konzert mit dem Berliner Streichquartett.
20. 10. 1976	Klavierabend mit ANNEROSE SCHMIDT.
24. 11. 1976	Solistenkonzert mit CHRISTA HILPISCH, Sopran, ROLF LUDWIG, Horn, HELMUT PFEUFFER, Klavier.

B. Veröffentlichungen aus dem Institut 1976

ADLER, BARBARA, ROLF BRAUN, JÖRG SCHÖNEICH and HELMUT BÖHME: Repair-defective Mutants of *Proteus mirabilis* as a Prescreening System for the Detection of Potential Carcinogens. Biol. Zbl. *95* (1976) S. 463–469.

ADLER, KLAUS: Sequential Synthesis of Membrane Polypeptides in Chloroplast Thylakoids of Synchronized *Chlorella pyrenoidosa* Cells. Plant Sci. Letters *6* (1976) S. 261–266.

APEL, PETER: Untersuchungen über die Beeinflußbarkeit des Einzelährenertrages von Sommerweizen. – Experimente in Pflanzenwachstumskammern. Kulturpflanze *24* (1976) S. 143–157.

– Grain Growth and Carbohydrate Content in Spring Wheat at Different CO_2-Concentrations. Biochemie u. Physiol. Pflanzen *169* (1976) S. 355–362.

– and LOBUMIR NÁTR: Carbohydrate Content and Grain Growth in Wheat and Barley. Biochemie u. Physiol. Pflanzen *169* (1976) S. 437–446.

BÄUMLEIN, HELMUT and ULRICH WOBUS: Chromosomal Localization of Ribosomal 5S RNA Genes in *Chironomus thummi* by in situ Hybridization of Iodinated 5S RNA. Chromosoma *57* (1976) S. 199–204.

BAUDISCH, WALTER: Protein Synthesis and Puff Pattern in the Cell Salivary Glands of *Agricotopus lucidus* (Chironomidae). J. Cell Biol. *70* (1976) S. 406a.

BENEDIX, Erich HEINZ: Bemerkungen zur Riesenlorchel und ihren Verwandten (Discinaceae). Schweizer. Z. Pilzkd. *54* (1976) S. 125–126.

BÖHME, HELMUT: Mutagenicity Testing 1975: Some Personal Viewpoints. Mutat. Res. *41* (1976) S. 175–178.

– und BARBARA ADLER: Reparatur von DNS-Schäden. In: Beiträge zur Genetik und Abstammungslehre. Berlin 1976, S. 48–58.

–, RUDOLF HAGEMANN und ROLF LÖTHER (Hrsg.): Beiträge zur Genetik und Abstammungslehre. Berlin 1976.

BRAUN, ROLF, JÜRGEN SCHUBERT and JÖRG SCHÖNEICH: On the Mutagenicity of Isoniazid. Biol. Zbl. *95* (1976) S. 423–436

DANERT, SIEGFRIED†, PETER HANELT, JOHANNES HELM, JOACHIM KRUSE, CHRISTIAN O. LEHMANN und JÜRGEN SCHULTZE-MOTEL: Urania Pflanzenreich, Höhere Pflanzen 2. (in ung.) Budapest 1976.

–, PETER HANELT, JOHANNES HELM, JOACHIM KRUSE, CHRISTIAN O. LEHMANN und JÜRGEN SCHULTZE-MOTEL: Urania Pflanzenreich, Höhere Pflanzen 2, 2. Aufl. Leipzig, Jena, Berlin 1976.

DEMETER, SANDOR, HERTA SAGROMSKY and ÁGNES FALUDI-DÁNIEL: Orientation of Chlorophyll b in Thylakoids of Barley Chloroplasts. Photosynthetica *10* (1976) S. 193–197.

GREBENŠČIKOV, IGOR: Notulae cucurbitologicae IX. Zur Frage des Verhaltens von phänotypischen Korrelationen in einzelnen Kreuzungsgenerationen und des Zusammenhanges zwischen Heritabilität der Merkmale und ihrer Variabilität innerhalb dieser Generationen. Kulturpflanze *24* (1976) S. 179–190.

GRÖBER, KURT, FRITZ MATZK und MARTIN ZACHARIAS: Untersuchungen zur Entwicklung der apomiktischen Fortpflanzungsweise bei Futtergräsern. II. Hybrideffekt und Fertilität von Art- und Gattungsbastarden. Kulturpflanze *24* (1976) S. 349–364.

HAMMER, KARL: Vorschlag für einen Index der Allogamieneigung bei der Kulturgerste (*Hordeum vulgare* L. s. l.) Kulturpflanze *24* (1976) S. 213–220.

– Die kultivierten Kakteenarten (mit Ausschluß von Zierpflanzen). Kulturpflanze *24* (1976) S. 249–282.

– Zur Allogamieneigung der Kulturgerste (*Hordeum vulgare* L.). Tag.-Ber., Akad. Landwirtsch.-Wiss. DDR, Berlin (1976) Nr. *143*, S. 221–226.

– Die Entwicklung der Kulturpflanzen. In: Früchte der Erde. Leipzig, Jena, Berlin 1976, S. 15–22.

– Stärkepflanzen. In: Früchte der Erde. Leipzig, Jena, Berlin 1976, S. 44–69.

– Öl- und Fettpflanzen. In: Früchte der Erde. Leipzig, Jena, Berlin 1976, S. 112–130.

–, PETER HANELT, CHRISTIAN O. LEHMANN, CLAUS TITTEL und JÜRGEN WEISS: Auf der Suche nach selten gewordenen Sorten. Garten u. Kleintierzucht, Ausg. A, *15* (1976) Nr. 13, S. 11.

HANELT, PETER: *Carthamus* L., *Carduncellus* ADANSON. In: Flora Europaea, Vol. 4. Cambridge, London, New York, Melbourne 1976, S. 302–304.

– Eiweißpflanzen. In: Früchte der Erde. Leipzig, Jena, Berlin 1976, S. 91–111.

– Gemüsepflanzen. In: Früchte der Erde. Leipzig, Jena, Berlin 1976, S. 182–225.

– und DORIS MEYER: Arbeitstagung zu Fragen der numerischen Taxonomie, 2. März 1976, Gatersleben. Mitt. Sekt. Geobot. u. Phytotaxon. biol. Gesellsch. DDR (1976), S. 13–15.

HECKER, MICHAEL, MARTIN WIEDMANN, KARL-HERRMANN KÖHLER und EDGAR SERFLING: Untersuchungen über den Start der RNA- und Proteinbiosynthesen quellender *Agrostemma githago*-Embryonen. Biochemie u. Physiol. Pflanzen *169* (1976) S. 427–436.

IVANYUKOVICH, LJUDMILLA KONSTANTINOVA und KARL HAMMER: Bemerkungen zu einigen kultivierten *Sorghum*-Sippen auf der Grundlage ihrer Korrelationsstruktur. Kulturpflanze *24* (1976) S. 191–204.

JANK, HANS-WOLFGANG und KLAUS ADLER: Programme zur teilautomatisierten Auswertung von Radioaktivitätsverteilungen in Elektrophoresegelen mittels EDV. Z. med. Labor.-Technik *17* (1976) S. 111–115.

KOBLITZ, HELMUT: Isolierung und Kultivierung von Protoplasten aus Calluskulturen der Gerste. Biochemie u. Physiol. Pflanzen *170* (1976) S. 287–293.

– und WOLFGANG F. HIRTE: Einsatz eines Enzympräparats aus *Penicillium citreo-viride* bei der Isolierung von Protoplasten aus pflanzlichen Gewebekulturen. Biochemie u. Physiol. Pflanzen *170* (1976) S. 295–300.

– und GERHARD SAALBACH: Kalluskulturen aus Apikalmeristemen von Gerste (*Hordeum vulgare*). Biochemie u. Physiol. Pflanzen *170* (1976) S. 97–102.

– und URSULA SCHUMANN: Gewebekulturen aus Alkaloidpflanzen. V. Einige morphogenetische Fähigkeiten von Langzeit-Kalluskulturen aus *Macleaya microcarpa*. Biochemie u. Physiol. Pflanzen *169* (1976) S. 289–297.

KÜHN, FRANTIŠEK, KARL HAMMER und PETER HANELT: Botanische Ergebnisse einer Reise in die ČSSR 1974 zur Sammlung autochthoner Landsorten von Kulturpflanzen. Kulturpflanze *24* (1976) S. 283–347.

KÜNZEL, GOTTFRIED: Kern- und Zellteilung. In: Kleine Enzyklopädie Leben. Leipzig 1976, S. 178–188.

– Indications for a Necessary Revision of the Barley Karyogramme by Use of Translocations. In: Barley Genetics III, Proc. Third Internat. Barley Genetics Symposium, Garching 1975. München 1976, S. 275–281.

LANGE, ELSBETH und JÜRGEN SCHULTZE-MOTEL: Paläoethnobotanik und Pollenanalyse. Ausgrab. u. Funde *21* (1976) S. 190–191.

LEHMANN, CHRISTIAN O., ILSE NOVER and FRIEDRICH SCHOLTZ: The Gatersleben Barley Collection and Its Evaluation. In: Barley Genetics III, Proc. Third Internat. Barley Genetics Symposium, Garching 1975. München 1976, S. 64–69.

LERCH, GERHARD: Einfluß einiger Klima- und Anbaufaktoren auf die Ertragsbildung der Reissorte 'IR-8' in Cuba. I. Standweite und Stickstoffdüngung. Kulturpflanze *24* (1976) S. 13–51.

– Einfluß einiger Klima- und Anbaufaktoren auf die Ertragsbildung der Reissorte 'IR-8' in Cuba. II. Standweite und CO_2-Assimilation. Kulturpflanze *24* (1976) S. 53–63.

– Einfluß einiger Klima- und Anbaufaktoren auf die Ertragsbildung der Reissorte 'IR-8' in Cuba. III. Klimaverhältnisse. Kulturpflanze *24* (1976) S. 65–117.

LÖBER, GÜNTER, VLADIMIR KLEINWÄCHTER, JAROMIR KOUDELKA, ZDENKA BALCAROVÁ, JOSEPH FILKUKA, PAVEL KREJCI, PETER DÖBEL, VOLKER BEENSEN and RIGOMAR RIEGER: Molecular and Spectroscopic Aspects of Chromosome Banding. Biol. Zbl. *95* (1976) S. 169–191.

MANTEUFFEL, RENATE, KLAUS MÜNTZ, MANFRED PÜCHEL and GÜNTER SCHOLZ: Phase-dependent Changes of DNA, RNA and Protein Accumulation during the Ontogenesis of Broad Bean Seeds (*Vicia faba* L., var. *minor*). Biochemie u. Physiol. Pflanzen *169* (1976) S. 595–605.

MATZK, FRITZ: Attempts to Overcoming of Incompatibilities in Interspecific and Intergeneric Crosses with Grasses. Incompatibility Newsletter *7* (1976) S. 65–74.

MENDEL, RALF-RAINER and ANDREAS MÜLLER: A Common Genetic Determinant of Xanthine Dehydrogenase and Nitrate Reductase in *Nicotiana tabacum*. Biochemie u. Physiol. Pflanzen *170* (1976) S. 538–541.

MÜLLER, ANDREAS: Pflanzen mit neuen Eigenschaften durch Protoplastenfusion. Wiss. u. Fortschr. *26* (1976) S. 156–160.

MÜNTZ, KLAUS: Pflanzliche Samenproteine, ihre Biosynthese und Reaktivierung. In:

Erzeugung von Saatgut hoher Vitalität, Teil 1. Martin-Luther-Universität Halle-Wittenberg 1976, S. 28–50.

–, ILSABE SCHALLDACH and RENATE MANTEUFFEL: The Function of the Pod at Protein Storage in Seeds of *Vicia faba*. IV. Seed Dependent Reactivation of Stored Starch from the Pods. Biochemie u. Physiol. Pflanzen *170* (1976) S. 465–477.

NICOLOFF, HRISTO and GOTTFRIED KÜNZEL: Reconstructed Barley Karyotypes as a Tool in the Analysis of Intrachromosomal Distribution of Chromatid Aberrations. In: Barley Genetics III, Proc. Third Internat. Barley Genetics Symposium, Garching 1975. München 1976, S. 236–241.

NOVER, ILSE, CHRISTIAN O. LEHMANN und ANNELIESE SEIDENFADEN: Resistenzeigenschaften im Gersten- und Weizensortiment Gatersleben. 20. Prüfung des Verhaltens von Gersten gegen Flugbrand, *Ustilago nuda* (JENS.) ROSTR. Kulturpflanze *24* (1976) S. 237–247.

PEISKER, MARTIN: Ein Modell der Sauerstoffabhängigkeit des photosynthetischen CO_2-Gaswechsels von C_3-Pflanzen. Kulturpflanze *24* (1976) S. 221–235.

– and PETER APEL: Influence of Oxygen on Photosynthesis and Photorespiration in Leaves of *Triticum aestivum* L. 2. Response of CO_2 Gas Exchange to Oxygen at Various Leaf Ages and Its Variability. Photosynthetica *10* (1976) S. 140–146.

RIEGER, RIGOMAR, ARND MICHAELIS and MELVIN M. GREEN: Glossary of Genetics and Cytogenetics. Classical and Molecular. 4th completely revised Edition. Jena 1976.

RIETH, ALFRED: Über eine bemerkenswerte *Botrydium*-Form aus Kuba. Beitr. Biol. Pflanzen *52* (1976) S. 337–354.

– Beobachtungen an Langzeitkulturen von *Vaucheria*, Wachstumsintensität und Wasserspeicherung. Kulturpflanze *24* (1976) S. 365–378.

– Eine Form von *Spirogyra fluviatilis* mit bezahntem Zygotenmesospor. Kulturpflanze *24* (1976) S. 133–142.

SAGROMSKY, HERTA: Induktion einer endogenen Rhythmik bei Mutanten des Pilzes *Penicillium claviforme* BAINIER durch membranwirksame Stoffe. Beitr. Biol. Pflanzen *52* (1976) S. 383–392.

– Zur lichtabhängigen Zonierung bei Pilzen. Arch. Protistenkd. *118* (1976) S. 115–118.

SCHLESIER, GISELA IRENA: Untersuchungen zur Nitratreduktase-Aktivität in Leguminosen unter besonderer Berücksichtigung der Früchte. Diss. Martin-Luther-Univ. Halle-Wittenberg 1976.

SCHÖNEICH, JÖRG: Safety Evaluation Based on Microbial Assay Procedures. Mutat. Res. *41* (1976) S. 89–94.

SCHOLZ, FRIEDRICH: Zur Frage der Kombination von hohem Eiweißgehalt mit hohem Kornertrag bei Gerste. Tag.-Ber., Akad. Landwirtsch.-Wiss. DDR, Berlin (1976) Nr. *143*, S. 173–185.

– Problems of Breeding for High Protein Yield in Barley. In: Barley Genetics III, Proc. Third Internat. Barley Genetics Symposium, Garching 1975. München 1976, S. 548–556.

SCHUBERT, INGO and RIGOMAR RIEGER: Non-randon Intrachromosomal Distribution of Radiation-induced Chromatid Aberrations in *Vicia faba*. Mutat. Res. *35* (1976) S. 79–90.

– and RIGOMAR RIEGER: Effects of Pre- and Simultaneous Treatment with Urea on the Induction of Chromatid Aberrations in *Vicia faba*. Experientia, Basel *32* (1976) S. 854–855.

SCHULTZE-MOTEL, JÜRGEN: Literatur über archäologische Kulturpflanzenreste (1974/75). Kulturpflanze *24* (1976) S. 159–178.

– Auswertung von Pflanzenabdrücken an Keramik. In: Studies in Paleoethnobotany. Part II. Folia Quaternaria *47* (1976) S. 47–55.

– Probleme bei der Zusammenstellung der paläoethnobotanischen Bibliographie. In: Studies in Paleoethnobotany. Part II. Folia Quaternaria *47* (1976) S. 105–110.

SERFLING, EDGAR: Informationsübertragung bei Eukaryoten. In: Beiträge zur Genetik und Abstammungslehre. Berlin 1976, S. 154–161.

SERFLING, EDGAR: Struktur und Realisierung genetischer Information von Eukaryoten. Biol. Rdsch. *14* (1976) S. 142–151.
– Studies on the Lability of Dipteran 28 S Ribosomal RNA: The Formation of the Breakpoint of 28 S rRNA is a Cytoplasmic Event. Biol. Zbl. *95* (1976) S. 713–723.
– The Transcripts of Balbiani Rings from *Chironomus thummi*. Giant RNA Molecules with Messenger Characteristics. Chromosoma *57* (1976) S. 271–283.
– and KLAUS ADLER: Synthesis of Low Molecular Weight (5S and 4S) RNA in Isolated Spinach Chloroplasts. Biochemie u. Physiol. Pflanzen *169* (1976) S. 523–526.
STUBBE, HANS, FRIEDRICH SCHOLZ und MARTIN ZACHARIAS: Induzierte Mutationen und Pflanzenzüchtung. Wiss. u. Fortschr. *26* (1976) S. 13–17.
SÜSS, KARL-HEINZ: Identification of Chloroplast Thylakoid Membrane Polypeptides: Coupling Factor of Photophosphorylation (CF_1) and Cytochrome f. FEBS Letters *70* (1976) S. 191–196.
–, OSKAR SCHMIDT and OTTO MACHOLD: The Action of Proteolytic Enzymes on Chloroplast Thylakoid Membranes. Biochim. et Biophys. Acta *448* (1976) S. 103–113.
TAKEHISA, SHIN, PETER DÖBEL, RIGOMAR RIEGER and ARND MICHAELIS: Differential Response to Cold and HCl-Acetic Acid Treatment of Heterochromatin in Reconstructed *Vicia faba* Karyotypes. Chromosoma *54* (1976) S. 165–173.
TITTEL, CLAUS: Die Eignung des elektrischen Leitfähigkeitstests als Keimprüfungsmethode. Kulturpflanze *24* (1976) S. 205–211.
TRAVIESO, ALFREDO: Untersuchungen über Sorten-, Umwelt- und Entwicklungsabhängigkeit des Gehaltes, der Zusammensetzung und des Ertrages von Proteinen beim Reis (*Oriza sativa* L.) unter den Klimabedingungen in Kuba. Diss. Akad. Wiss. DDR, Berlin 1976.
TSCHÄPE, MARTINA und MARTIN PEISKER: Über die Beziehung zwischen CO_2-Aufnahme und Stomataweite. Kulturpflanze *24* (1976) S. 119–132.
WOBUS, ANNA MAGDALENA: Clastogenic Activity of Cytosine Arabinoside and 3'-Deoxy-3'-Fluorothymidine in Ehrlich Ascites Tumour Cells in Vitro. Mutat. Res. *40* (1976) S. 101–106.
WOBUS, ULRICH: Regulation bei Eukaryoten. In: Beiträge zur Genetik und Abstammungslehre. Berlin 1976, S. 181–188.
– Hybridisierung von Nukleinsäuren in situ. Biol. Zbl. *95* (1976) S. 1–23.

Nachtrag zum Verzeichnis der Veröffentlichungen aus dem Institut 1975

HAMMER, KARL: Zur Blütenökologie der Roten Lichtnelke, *Silene dioica* (L.) CLAIRY. [*Melandrium rubrum* (WEIGEL) GARCKE]. Hercynia N. F. *12* (1975) S. 213–216.
HANELT, PETER: *Cirsium helenioides* (L.) HILL – eine neue Art der Flora des Harzes. Naturkd. Jahresber. Museum Heineanum *10* (1975) S. 5–9.
HOFEMEISTER, JÜRGEN and HELMUT BÖHME: DNA Repair in *Proteus mirabilis*, III. Survival, Dimer Excision, and UV Reactivation in Comparison with *Escherichia coli* K12. Molecular and gen. Genetics *141* (1975) S. 147–161.
ZACHARIAS, MARTIN: Die Bedeutung der Mutationen für die Evolution und Züchtung von Kulturpflanzen. Tag.-Ber., Akad. Landwirtsch.-Wiss. DDR, Berlin (1975) Nr. *145*, S. 17–32.

C. Vorträge von Mitarbeitern bei wissenschaftlichen Veranstaltungen anderer Institutionen

Dr. Apel, Peter: Über den Einsatz von Pflanzenwachstumskammern bei ertragsphysiologischen Untersuchungen. – XI. Koordinierungskonferenz zum RGW-Thema I–18.3, Szeged/VR Ungarn (24. April 1976).

– Carbohydrate Metabolism and Economy. – Meeting of Cereals and Physiology Sections of EUCARPIA, Cambridge/Großbritannien, 13. bis 15. Dezember 1976 (14. Dezember 1976).

Biologe Bäumlein, Helmut: Chromosomale Lokalisation der 5S rRNA Gene an Polytänchromosomen von *Chironomus thummi* durch in situ-Hybridisierung. – 3. Diskussionsveranstaltung „Zelldifferenzierung – molekularbiologische Grundlagen und Perspektiven ihrer Anwendung in Medizin, Tier- und Pflanzenzüchtung", Reinhardsbrunn (17. Mai 1976).

– Chromosomale Lokalisation der 5S rRNA Gene an Polytänchromosomen von *Chironomus thummi* durch in situ-Hybridisierung. – Tag des jungen Wissenschaftlers, Berlin (23. November 1976).

Dr. Baudisch, Walter: The proteins of the salivary gland secretion and the puffing pattern of *Acricotopus lucidus*. – 6. Internationales Chironomiden-Symposium, Praha/ČSSR (18. August 1976).

Dipl.-Biol. Becker, Klaus and Dr. Jörg Schöneich: Frequencies of spontaneous meiotic non-disjunction in mouse oocytes. – Poster presented at the 6th Annual Meeting of the European Environmental Mutagen Society, Gernrode, 27. September bis 1. Oktober 1976.

Dr. Benedix, Erich Heinz: Können sich Pilze im Dunkeln entwickeln? Der Einfluß des Lichtes auf die Fruchtkörperbildung. – Kulturbund der DDR, Fachgruppe Mykologie, Dresden (28. Januar 1976).

– Pilzbilder als wissenschaftliche Naturerkunden. – Kulturbund der DDR, Fachgruppe Mykologie, Dresden (25. Februar 1976).

– „Stockschwämme" und andere Holzbewohner. – Kulturbund der DDR, Fachgruppe Mykologie, Dresden (28. April 1976).

Dipl.-Biol. Braun, Rolf: Pharmakokinetik und Mutagenität von INH. – 5. Arbeitstagung der Arbeitsgemeinschaft Toxikologie in der Gesellschaft für Pharmakologie und Toxikologie der DDR, Graupa (22. Januar 1976).

– and Dr. Jörg Schöneich (vorgetragen von R. Braun): The mutagenicity testing system used in the GDR. – III. Symposium on toxikological testing for safety of new drugs, Praha/ČSSR (7. April 1976).

–, Dipl.-Biol. Monika Zander and Dr. Barbara Adler: Comparison of DNA damaging activity of chemical mutagens and carcinogens in bacteria with different DNA repair capacities. – Poster presented at the 6th Annual Meeting of the European Environmental Mutagen Society, Gernrode, 27. September bis 1. Oktober 1976.

Dipl.-Phys. Damaschun, Hilde, Dipl.-Biol. Karl-Heinz Süss, Dr. Gerhard Damaschun, Chem.-Ing. Marion Papst und Dr. Dieter Zirwer (vorgetragen von H. Damaschun): Vorläufige Resultate zur Struktur des Kopplungsfaktors CF_1 aus Pflanzenmembranen. – VI. Diskussionstagung „Biophysik der Eiweiße", Kühlungsborn, 7. bis 11. November 1976 (9. November 1976).

Dr. Eichholz, Wolfgang: Vorstellungen zum Einsatz von Kleinrechnern in der Information und Dokumentation. – Fachtagung „Möglichkeiten des Einsatzes von Kleinrechnern in der Information und Dokumentation" der Kammer der Technik, Bezirksverband Halle, und des Bibliotheksverbandes der DDR, Bezirksgruppe Halle, Halle (1. Oktober 1976).

Dr. EITNER, GUDRUN: Influence of λ-lysogeny on the sensitivity and mutability of *E. coli* K 12 after UV-irradiation. – Symposium „Zellschädigung und DNS-Reparatur", Neubrandenburg (4. Oktober 1976).

Dipl.-Biol., FRITSCH, REINHARD, Dr. JOACHIM KRUSE, Dr. HARALD OHLE und Dr. HELGA SCHÄFER (vorgetragen von H. OHLE): Anatomisch-histologische Merkmalsbeziehungen zwischen den Gattungen *Triticum* und *Aegilops*. – Vortragstagung der Sektion Geobotanik und Phytotaxonomie der Biologischen Gesellschaft der DDR, Erfurt (29. Oktober 1976).

Dr. GRAFE, REINHARD: Nitrate reductase-deficient mutants obtained from haploid cell cultures of *Nicotiana tabacum*. – Kolloquium an der Universität Uppsala, Institut für Physiologische Botanik, Uppsala/Schweden (27. Oktober 1976).

Dr. GRÖBER, KURT: Das Bastardmaterial bei Futtergräsern in Gatersleben und einige damit begonnene Arbeiten. – Kolloquium an der Saatzuchtstation Hladke Zivotice/ČSSR (10. Juni 1976).

Dr. HANELT, PETER: Veränderungen in der Mannigfaltigkeit der Kulturpflanzen- und Unkrautflora unter den Bedingungen der modernen Landwirtschaft. – 8. Generalversammlung der Biologischen Gesellschaft der DDR, Dresden (12. Dezember 1976).

Dr. HOFEMEISTER, JÜRGEN: „Lag-Reparatur" und induzierbare DNS-Reparaturfunktionen in *P. mirabilis*. – 3. Arbeitstagung der IG Mikrobengenetik der Sektion Mikrobiologie der Biologischen Gesellschaft der DDR, Neubrandenburg (21. März 1976).

– Mutagenese und DNS-Reparatur. – Kolloquium an der Ernst-Moritz-Arndt-Universität Greifswald, Sektion Biologie, Greifswald (3. März 1976) und Vortrag anläßlich der 3. Arbeitstagung der IG Mikrobengenetik der Sektion Mikrobiologie der Biologischen Gesellschaft der DDR, Neubrandenburg (22. März 1976).

– The formation of an inducible DNA breakdown inhibitor and „lag recovery" in *P. mirabilis* folling UV irradiation. – 2nd Symposium on DNA, Libliče Castle/ČSSR (4. Mai 1976).

– Postirradiation replication and repair in UV-irradiated cells of *Proteus mirabilis* depends on protein synthesis and a functioning rec^{+} gene. – Symposium „Zellschädigung und DNS-Reparatur", Neubrandenburg (4. Oktober 1976).

Dipl.-Biol. JÄKEL, HANS-PETER, Dipl.-BIOL. RUTHILD THIEME and Dr. JÖRG SCHÖNEICH: Clastogenic activity of 1,4-dinitrosopiperazine in EHRLICH-Ascites-Tumour and bone marrow cells of mice. – Poster presented at the 6th Annual Meeting of the European Environmental Mutagen Society, Gernrode, 27. September bis 1. Oktober 1976.

Dr. KOBLITZ, HELMUT: Das Überleben pflanzlicher Gewebekulturen bei tiefen Temperaturen. – 2. Symposium über Probleme der Tieftemperaturkonservierung von Zellen, Geweben und Organen, Berlin (8. Mai 1976).

– Isolation and cultivation of protoplasts from callus cultures of barley. – International Symposium on the Use of Plant Tissue Cultures in Breeding. Olomouc/ČSSR (8. September 1976).

– Grundlagen und Anwendungen der pflanzlichen Gewebekulturtechnik. – Institut für Phytopathologie, Aschersleben (27. September 1976).

Dr. KÜNZEL, GOTTFRIED, and Dr. FRIEDRICH SCHOLZ (vorgetragen von G. KÜNZEL): Development and utilization of multiple translocations in barley. – International Symposium on Experimental Mutagenesis in Plants, Varna/VR Bulgarien, 14. bis 16. Oktober 1976 (14. Oktober 1976).

Dr. LEHMANN, CHRISTIAN O.: Techniques of handling, storage and classification of the Gatersleben cereal collection. – Meeting of Cereals and Physiology Sections of EUCARPIA, Cambridge/Großbritannien, 13. bis 15. Dezember 1976 (13. Dezember 1976).

Dr. MACHOLD, OTTO: Molekularer Aufbau und Organisation des Photosyntheseapparates. – Martin-Luther-Universität Halle-Wittenberg, Sektion Biowissenschaften, Halle (7. April 1976).

Dr. MANTEUFFEL, RENATE, Prof. Dr. KLAUS MÜNTZ, Dipl.-Chem. MANFRED PÜCHEL and Dr. GÜNTER SCHOLZ: Phase dependent changes of DNA, RNA, and protein accumulation during the ontogenesis of field bean seeds. – Poster presented at the 10th International Congress of Biochemistry, Hamburg/BRD (30. Juli 1976).

Dr. MEISTER, ARMIN und Dr. INGO SCHUBERT: Untersuchung von Zellteilungszyklen und Phasendiagramme. – Arbeitstagung für Chronobiologie, Halle (15. Juni 1976).

Dr. MICHAELIS, ARND: The use of synthetic karyotypes in chromosome research. – International Symposium on Experimental Mutagenesis in Plants, Varna/VR Bulgarien, 14. bis 16. Oktober 1976 (14. Oktober 1976).

Dr. MÜLLER, ANDREAS J.: Induction and selection of mutants in haploid cell cultures of *Nicotiana tabacum*. – International Symposium on the Use of Plant Tissue Cultures in Breeding, Olomouc/ČSSR (8. September 1976).

– Genetika kletki vysšich rastenij: Kletochnye mutanty tabaka s defektom nitratreduktazy. – III. Allunionskonferenz über Molekularmechanismen genetischer Prozesse, Moskva/UdSSR, 20. bis 22. Oktober 1976 (20. Oktober 1976).

– Anwendung neuester molekular- und zellgenetischer Erkenntnisse zur Züchtung leistungsfähiger Kulturpflanzen. – Referentenberatung der URANIA „Der Beitrag der Pflanzenzüchtung zur Steigerung der Agrarproduktion", Berlin (2. November 1976).

– Untersuchungen zur genetischen Kontrolle der Nitratreduktion in Zellkulturen von *Nicotiana*. – Kolloquium am Institut für Biochemie der Pflanzen, Halle (26. November 1976).

Prof. Dr. MÜNTZ, KLAUS: Synthesis and storage of reserve proteins in plant seeds – a differentiation process. – Institut für Experimentelle Botanik der ČSAV, Praha/ČSSR (12. Mai 1976).

– Regulative interrelation between pericarp and seeds during fruit development of legumes. – Institut für Experimentelle Botanik der ČSAV, Praha/ČSSR (13. Mai 1976).

– Zellspezialisierung bei der Reservestoffspeicherung während der Fruchtentwicklung höherer Pflanzen. – 3. Fortbildungs- und Problemtagung „Zelldifferenzierung", Reinhardsbrunn (17. Mai 1976).

– Samenabhängige Regulation von Stoffwechselvorgängen in den Hülsenschalen von Leguminosen. – Kolloquium an der Pädagogischen Hochschule „WOLFGANG RATKE", Köthen (2. Juni 1976).

– Seed dependent regulation of amylases in the pods of field beans. – Poster presented at the 10th International Congress of Biochemistry, Hamburg/BRD (29. Juli 1976).

– Pflanzliche Samenproteine, ihre Biosynthese und Reaktivierung. – Symposium mit internationaler Beteiligung „Die Erzeugung von Saatgut mit hoher Vitalität – eine wichtige Voraussetzung für die weitere Ertragssteigerung bei der industriemäßigen Pflanzenproduktion", Martin-Luther-Universität Halle-Wittenberg, Sektion Pflanzenproduktion, Halle, 28. September bis 1. Oktober 1976 (28. September 1976).

– Problems of biosynthesis and accumulation of seed proteins. – University Durham, Department of Botany, Durham/Großbritannien (18. Oktober 1976).

– Wirtschaftliche Bedeutung und Nutzung von Pflanzenproteinen. – Kolloquium des Instituts für Phytopathologie, Aschersleben (20. Dezember 1976).

Dr. NICOLOFF, HRISTO, Dr. MARLEN ANASTASOVA-KRISTEVA and Dr. GOTTFRIED KÜNZEL (vorgetragen von H. NICOLOFF): A chromosome structural mutant of barley with six satellite chromosomes. – International Symposium on Experimental Mutagenesis in Plants, Varna/VR Bulgarien, 14. bis 16. Oktober 1976 (14. Oktober 1976).

Dr. PANITZ, REINHARD: Die Rolle der Chromosomen bei der Realisierung der Erbinformationen. – Referentenberatung der URANIA „Anwendung genetischer Erkenntnisse bei Mensch, Tier und Pflanze", Gatersleben (25. Februar 1976).

– Riesenchromosomen. – 3. Diskussionsveranstaltung „Zelldifferenzierung – molekularbiologische Grundlagen und Perspektiven ihrer Anwendung in Medizin, Tier- und Pflanzenzüchtung", Reinhardsbrunn (17. Mai 1976).

Dr. PEISKER, MARTIN: Sauerstoffabhängigkeit des CO_2-Gaswechsels bei unterschiedlichen Temperaturen. – XI. Koordinierungskonferenz zum RGW-Thema I–18. 3, Szeged/VR Ungarn (24. April 1976).

Prof. Dr. RIEGER, RIGOMAR: Mutagenspezifische Wirkungsmuster bei der Induktion von chromosomalen Strukturumbauten. – Bucher Kolloquium, Berlin-Buch (8. September 1976).

– Aberration hot spots as affected by chromosome repatterning. – III. Allunionskonferenz „Molecular mechanisms of genetic processes", Moskva/UdSSR (10. Oktober 1976).

– und Biologe BERND KAINA: Intra- und interspezifische Variabilität des Chromosomenbestandes der Eukaryoten – Prinzipien und Konsequenzen der Karyotypevolution. – Kolloquium „Evolution auf molekularer und zellularer Ebene" der AdW der DDR, Berlin (18. November 1976).

Dipl.-Biol. SAALBACH, GERHARD: Entstehung und Bedeutung haploider Pflanzen und Darlegung der Methode zur Erzeugung haploider Gerste durch Kreuzung von *Hordeum vulgare* x *H. bulbosum*. – Arbeitstagung im Institut für Pflanzenzüchtung, Gülzow (11. März 1976).

Prof. Dr. SAGROMSKY, HERTA: On the physiological importance of chlorophyll *b*. – Symposium „Zustand und Effektivität des Pigment-Eiweiß-Komplexes" im Rahmen der Koordinierungsberatung zum RGW-Thema I–18.2, Varna/VR Bulgarien (26. Oktober 1976).

Dipl.-Biol. SCHLESIER, GISELA: Untersuchungen zur Nitratreduktase-Aktivität in Leguminosen unter besonderer Berücksichtigung der Früchte. – Promotion A, Martin-Luther-Universität Halle-Wittenberg, Sektion Biowissenschaften, Vortrag anläßlich der Verteidigung, Halle (21. Juli 1976).

Dipl.-Biol. SCHMIDT, OSKAR und Dipl.-Biol. KARL-HEINZ SÜSS: Wirkung proteolytischer Enzyme auf die Struktur der Thylakoidmembranen der Chloroplasten. – Tag des jungen Wissenschaftlers, Berlin (23. November 1976).

Dr. SCHÖNEICH, JÖRG: The system for mutagenicity testing in the GDR. – Symposium on Medical Genetics, Debrecen-Hajduszoboszlo/VR Ungarn (27. April 1976).

– Pharmakametabolismus und Mutagenese. – V. Jahresvollversammlung des Forschungsprojektes Humangenetik, Reinhardsbrunn (26. Oktober 1976).

– and Dipl.-Biol. ROLF BRAUN (vorgetragen von J. SCHÖNEICH): Drug interactions and their influence on mutagenic activity. – 6th Annual Meeting of the European Environmental Mutagen Society, Gernrode, 27. September bis 1. Oktober 1976 (29. September 1976).

–, Dr. ANNA-MAGDALENA WOBUS, Dipl.-Biol. ROLF BRAUN, Dipl.-Biol. KLAUS BECKER, Dipl.-Biol. RUTHILD THIEME and Dipl.-Biol. MONIKA ZANDER: The testing procedure used in the GDR mutagenicity testing system as examplified by results obtained for the hemostyptic drug DIVASKAN(R) (Isopropyl-noradrenochromo-monosemicarbazone). – Poster presented at the 6th Annual Meeting of the European Environmental Mutagen Society, Gernrode, 27. September bis 1. Oktober 1976.

Dr. SCHOLZ, FRIEDRICH: Experiences and some problems of utilizing induced mutations for the improvement of cultivated plants. – Universität Helsinki, Fakultät für Landwirtschafts- und Forstwissenschaften, Helsinki/Finnland (14. Juli 1976).

Dr. SERFLING, EDGAR: Synthesis of Balbiani ring RNA in salivary gland cells of *Chironomus thummi*. – Karolinska-Institut, Stockholm/Schweden (14. Juni 1976).

Dr. WOBUS, ANNA-MAGDALENA, Dipl.-Biol. RUTHILD THIEME and Dr. JÖRG SCHÖNEICH: The influence of the mode of administration of mutagens on the aberration frequency of mouse bone marrow and ascites tumour cells. – Poster presented at the 6th Annual Meeting of the European Environmental Mutagen Society, Gernrode, 27. September bis 1. Oktober 1976.

–, Dr. JÖRG SCHÖNEICH und Dipl.-Biol. RUTHILD THIEME (vorgetragen von A.-M. WOBUS):

Vergleichende Untersuchungen über die mutagene Aktivität chemischer Agenzien in Ascitestumorzellen der Maus in vitro und in vivo. – Gemeinschaftstagung der Zell- und Gewebezüchter der DDR und ČSSR, Reinhardsbrunn (13. Oktober 1976).

Dr. WOBUS, ULRICH: Recent studies on DNA and RNA of *Chironomus* at Gatersleben. A progress report. – 13th Meeting of the Subcommittee for Multilateral Cooperation of the Academies of the Socialist Countries on Chemistry and Biochemistry, Sofia/VR Bulgarien (23. April 1976).

– Chromosomal localization of ribosomal 5s RNA genes in *Chironomus thummi* by in situ hybridization of iodinated 5S RNA. – 2nd Symposium on DNA, Liblice Castle/ČSSR (6. Mai 1976).

– Genom-Analyse durch Nukleinsäure-Hybridisierungstechniken. – Martin-Luther-Universität Halle-Wittenberg, Interdisziplinäre Arbeitsgemeinschaft Genetik, Halle (11. Mai 1976).

Dr. ZACHARIAS, MARTIN: Anwendung genetischer Methoden in der Pflanzenzüchtung. – Referentenberatung der URANIA „Anwendung genetischer Erkenntnisse bei Mensch, Tier und Pflanze“, Gatersleben (25. Februar 1976).

– Evolution als vom Menschen gesteuerter Prozeß. – Referentenkonferenz der URANIA „Biologische Evolution“, Berlin (11. Mai 1976).

D. Tagungen im Institut

Die Biologische Gesellschaft der DDR, Sektion Geobotanik und Phytotaxonomie, veranstaltete in Zusammenarbeit mit dem Zentralinstitut für Genetik und Kulturpflanzenforschung der Akademie der Wissenschaften der DDR eine
„Arbeitstagung zu Fragen der numerischen Taxonomie“
am 2. März 1976 in Gatersleben

Dr. P. HANELT, Gatersleben
Eröffnung und Begrüßung.
Prof. Dr. G. KLOTZ, Jena
Numerische Taxonomie – Bedeutung und Probleme.
Dr. J. SCHULTZE-MOTEL, Gatersleben
Numerische Taxonomie auf der infraspezifischen Ebene insbesondere bei Kulturpflanzen.
Dr. G. STÖCKER und Dipl.-Mathem. A. BERGMANN, Halle
Anwendungsmöglichkeiten der Diskriminanzanalyse in der numerischen Taxonomie.
Dr. T. SZULGA, Wrocław/VR Polen
Numerical Taxonomy of Bacteria.
Dipl.-Mathem. E. TABBERT, Schwerin
Die Realisierung der Clusteranalyse für umfangreiche Datenmengen.
Prof. Dr. G. KLOTZ, Jena
Schlußwort.

Tag des jungen Wissenschaftlers (31. 05. 1976)

Prof. Dr. H. BÖHME, Gatersleben
Eröffnung.
Biol. H. BÄUMLEIN, Gatersleben
In situ-Hybridisierung mit jodierter 5S RNS an Polytänchromosomen.

Dipl.-Biol. K. BECKER, Gatersleben
Der dominante Letal-Test in der Mutagenitätstestung.
Dipl.-Biol. M. FLEISCHHACKER, Gatersleben
Transduktion von *Proteus mirabilis* mittels kompletter und defekter Phagen.
Dipl.-Biol. A. HEIDL und Dipl.-Biol. P. FRANK, Gatersleben
Versuch der Fraktionierung einer UV-bestrahlten Bakterienpopulation auf Grund morphologischer Unterschiede mittels Sucrosegradiententechnik.
Dipl.-Biol. G. SAALBACH, Gatersleben
Gewebekultur bei Gerste unter besonderer Berücksichtigung der Probleme haploider Kulturen.
Dipl.-Biol. I. SAALBACH, Gatersleben
In-vivo-Testung der Nitratreduktase-Aktivität in Zellkulturen von *Nicotiana tabacum.*
Dipl.-Biol. O. SCHMIDT und Dipl.-Biol. K.-H. SÜSS, Gatersleben
Wirkung proteolytischer Enzyme auf die Struktur der Thylakoidmembranen der Chloroplasten.
Dipl.-Biol. K.-H. SÜSS, Gatersleben
Isolierung und Charakterisierung assoziierter Proteine der Thylakoidmembranen der Chloroplasten.

Arbeitstagung „Langzeitlagerung des Saatgutes der Kulturpflanzenressourcen" vom 23. bis 25. Juni 1976, aus Anlaß der Fertigstellung des Samenkühllagerhauses veranstaltet

Prof. Dr. H. BÖHME, Gatersleben
Begrüßung und Einführung in die Arbeitstagung.
Ing. CSc. I. BAREŠ, Praha/ČSSR
Projektvorbereitung der tschechoslowakischen Genbank.
Prof. Dr. K. Z. BUDIN, Leningrad/UdSSR
Sammlung, Untersuchung und Nutzung der pflanzlichen Weltressourcen in der UdSSR.
Dr. P. HANELT, Gatersleben
Ökologische und systematische Aspekte der Lebensdauer von Samen.
Dr. H. KOBLITZ, Gatersleben
Zur Gefrierkonservierung in vitro kultivierter Pflanzenzellen – eine Möglichkeit zur Erhaltung von Kulturpflanzenressourcen.
Dr. CHR. LEHMANN, Gatersleben
Die Erhaltung des Materials des Kulturpflanzenweltsortiments und das Samenkühllagerhaus im Zentralinstitut für Genetik und Kulturpflanzenforschung.
Dr. H. LUDWIG, Dresden-Pillnitz
Die Keimruhe in Abhängigkeit von der Wasserversorgung und die Wasserempfindlichkeit der Samen.
Ing. J. MESCH, Tápiószele/VR Ungarn
Die Einrichtungen zur Lagerung von Samenkollektionen der Agrobotanischen Station des Staatlichen Landwirtschaftlichen Instituts für Sortenprüfung.
Dr. B. MOLSKI, Warszawa/VR Polen (vorgetragen von Dr. L. PIETRZAK) Methods of preservation of cereal seeds for long term storage.
Dr. C. TITTEL, Gatersleben
Die Einrichtung des Samenkühllagerhauses.
Dr. C. TITTEL, Gatersleben
Vorbereitung der Samen für die Langzeitlagerung.
Dr. C. TITTEL, Gatersleben
Die Qualitätskontrolle mit Hilfe des elektrischen Leitfähigkeitstests.

Dipl.-Landw. E. Toepel, Petkus
Ergebnisse und technische Probleme der Langzeitlagerung von Saatgut landwirtschaftlicher und gärtnerischer Kulturpflanzen.
Doz. CSc. E. Troničková, Praha/ČSSR
Langfristige Saatgutlagerung bei Gemüsearten in der ČSSR.
Dr. A. Wiłkojć, Wrocław/VR Polen und Dr. Zb. Urbaniak, Wrocław (vorgetragen von Dr. St. Tałałaj)
Langzeitlagerung des Saatgutes der Kulturpflanzen.
Dr. V. A. Zajcev, Leningrad/UdSSR
Das Nationale Samenlager für pflanzliche Weltressourcen des Allunions-Instituts für Pflanzenbau „N. I. Vavilov".

III. General-Register der ersten fünfundzwanzig Jahrgänge der Schriftenreihe „Die Kulturpflanze“

Zusammengestellt von
VERA LIEBERT und ALFRED RIETH

Vorbemerkung

Das Register enthält alle Originalbeiträge der Jahresbände und der 6 Beihefte. Arbeiten in den Beiheften sind durch ein vor die Beiheftnummer gesetztes „B" gekennzeichnet. Von mehreren Autoren verfaßte Artikel erscheinen nur einmal, unter dem Namen des erstgenannten Verfassers.

HAMMFR, KARL: Die Variabilität einiger Komponenten der Allogamieneigung bei der Kulturgerste (*Hordeum vulgare* L. s. l.). *23* (1975): 167–180.

–, –: Vorschlag für einen Index der Allogamieneigung bei der Kulturgerste (*Hordeum vulgare* L. s. l.). *24* (1976): 213–220. 1 Abb.

–, – und FRITSCH, REINHARD: Zur Frage nach der Ursprungsart des Kulturmohns (*Papaver somniferum* L.). *25* (1977): 113–124. 8 Abb.

–, –, HANELT, PETER und TITTEL, KLAUS: Sammlung autochthoner Kulturpflanzen auf dem Gebiet der DDR. *25* (1977): 89–99. 2 Abb.

HANELT, PETER: Beiträge zur Kulturpflanzen-Flora I: Bemerkungen zur Systematik und Anbaugeschichte einiger *Amaranthus*-Arten. *16* (1968): 127–149. 2 Abb.

–, –: Die intraspecifische morphologische Variabilität von *Ornithopus sativus* BROT. B *3* (1962): 134–143.

–, –: Die infraspezifische Variabilität von *Vicia faba* L. und ihre Gliederung. *20* (1972): 75–128. 11 Abb.

–, –: Die Typisierung von *Papaver nudicaule* L. und die Einordnung von *P. nudicaule* hort. non L. *18* (1970): 73–88. 7 Abb.

–, –: Merkmalsvariabilität bei *Vicia faba* L. I. Künstliche morphologische Systeme bei Kulturpflanzen-Arten. *21* (1973): 55–57.

–, –: Vegetationskundliche Beobachtungen in Nordost-Kuangsi (Südchina). *11* (1963): 211–239. 10 Abb.

–, –: Zur Geschichte des Anbaues von *Vicia faba* L. und ihrer verschiedenen Formen. *20* (1972): 209–223.

–, –: Zur Kenntnis von *Carthamus tinctorius* L. *9* (1961): 114–145. 12 Abb.

–, – und HAMMER, KARL: Bericht über eine Reise nach der VR Polen 1976 zur Sammlung autochthoner Sippen von Kulturpflanzen. *25* (1977): 33–44. 9 Abb.

–, – – –, –: Bericht über eine Reise nach Ostmähren und der Slowakei 1974 zur Sammlung autochthoner Sippen von Kulturpflanzen. *23* (1975): 207–215. 3 Abb.

–, – und METTIN, DIETER: Cytosystematische Untersuchungen in der Artengruppe um *Vicia sativa* L. II. *14* (1966): 137–161. 8 Abb.

–, – – –, –: Die Typisierung von *Vicia biennis* L. sowie systematische und cytologische Beobachtungen an *Vicia neglecta* spec. nov. *10* (1962): 46–62. 6 Abb.

–, – – –, –: Zur systematischen Stellung von *Vicia oroboides* WULF. *18* (1970): 179–188. 4 Abb.

–, –, SCHÄFER, HELGA und SCHULTZE-MOTEL, JÜRGEN: Die Stellung von *Vicia faba* L. in der Gattung *Vicia* L. und Betrachtungen zur Entstehung dieser Kulturart. *20* (1972): 263–275. 1 Abb.

–, – und SCHULTZE-MOTEL, JÜRGEN: Beobachtungen an einer blaublühenden Sippe von *Lithospermum arvense* L. *10* (1962): 122–131. 5 Abb.

–, – und TSCHIERSCH, BRUNO: Blausäureglykosid-Untersuchungen am Gaterslebener Wickensortiment. *15* (1967): 85–96. 2 Abb.

HANSON, H.: Vorkommen und mögliche Bedeutung der Gewebspeptidasen. B *1* (1956): 146–163. 2 Abb., 3 Tafeln.

HAWKES, J. G.: Problems and results of evolutionary and taxonomic studies on cultivated plants, with special reference to New World taxa. B *6* (1970): 141–156.

HELM, JOHANNES: *Apium graveolens* L. Geschichte der Kultur und Taxonomie. *19* (1972): 73–100. 8 Abb.

–, –: Bemerkungen zu Handzeichnungen von Mangoldsippen aus dem Jahre 1689. *7* (1959): 161–167. 2 Abb.

–, –: Das erste 1591 im Druck erschienene Bestandsverzeichnis des Botanischen Gartens zu Padua. Ein Beitrag zur Geschichte der heutigen Indices Seminum. *16* (1968): 75–90. 5 Abb.

HELM, JOHANNES: Die „Chinakohle" im Sortiment Gatersleben I. 1. *Brassica pekinensis* (LOUR.) RUPR. *9* (1961): 88–113. 7 Abb.
–, –: Die „Chinakohle" im Sortiment Gatersleben. II. 2. *Brassica chinensis* JUSLEN. *11* (1963): 333–355. 10 Abb., Taf. I–II.
–, –: Die „Chinakohle" im Sortiment Gatersleben III. 3. *Brassica narinosa* L. H. BAILEY. *11* (1963): 416–421. 3 Abb.
–, –: Die laciniaten Sippen von *Brassica oleracea* L. *10* (1962): 111–121. 7 Abb.
–, –: Die zu Würz- und Speisezwecken kultivierten Arten der Gattung *Allium* L. *4* (1956): 130–180. 6 Abb.
–, –: Dr. GEORG AUGUST PRITZEL 1815–1874. Ein Gedenken zum 150. Geburtstag. (Eine Biobibliographie). *14* (1966): 311–357. 5 Abb.
–, –: Ein aufschlußreicher Brief FRIEDRICH ALEFELD's an GEORGE BENTHAM aus dem Jahre 1866. *14* (1966): 441–445.
–, –: 100 Jahre Kulturpflanzen-Taxonomie. Dr. FRIEDRICH ALEFELD zum Gedächtnis. (Eine Biobibliographie). *12* (1964): 75–92.
–, –: *Lactuca sativa* L. in morphologisch-systematischer Sicht. *2* (1954): 72–129. 12 Abb.
–, –: Morphologisch-taxonomische Gliederung der Kultursippen von *Brassica oleracea* L. *11* (1963): 92–210. 26 Abb.
–, –: Über den Typus der Art *Lactuca sativa* L. und deren wichtigste morphologische Gruppen. *3* (1955): 39–49. 4 Abb.
–, –: Über den Typus der Art *Raphanus sativus* L., deren Gliederung und Synonymie. *5* (1957): 41–54 3 Abb.
–, –: Über die historische Entwicklung der Gliederung von *Beta vulgaris* L. in Untersippen und deren Nomenklatur. *5* (1957): 55–74. 2 Abb.
HILBERT, F.: Begrüßungsansprache zur Festveranstaltung aus Anlaß des 20. Jahrestages der Übernahme des Instituts für Kulturpflanzenforschung in die Deutsche Akademie der Wissenschaften zu Berlin und des 25. Jahrestages seiner Gründung vom 25. bis 27. Juni 1968 in Gatersleben. B *6* (1970): 23–25.
HORSTMANN, CHRISTIAN: Die quantitative Bestimmung von Khellin und Visnagin aus *Ammi visnaga* L. *10* (1962): 132–139. 4 Abb.

JANK, HANS-WOLFGANG und HOFEMEISTER, JOACHIM: Mathematische Auswertung von Dichtegradienten zur Molekulargewichtsbestimmung von DNS mit Hilfe der EDV. *25* (1977): 267–277. 1 Abb.
IVANYUKOVICH, LJUDMILLA, KONSTANTINOVNA und HAMMER, KARL: Bemerkungen zu einigen kultivierten *Sorghum*-Sippen auf der Grundlage ihrer Korrelationsstruktur. *24* (1976): 191–204. 5 Abb.
JÁNOSSY, A.: Über die Entstehung der ungarischen Maissorten und die Bedeutung der Landsorten des Karpatenbeckens als züchterisches Ausgangsmaterial. B *3* (1962): 144–166. 1 Abb., 3 Farbtafeln.

KANDLER, O. und FRANK, H.: Über die Abhängigkeit des Ammoniumeinbaues durch *Chlorella* von der Substratversorgung. B *1* (1956): 205–212. 4 Abb.
KARSTEN, UWE: Über die Abhängigkeit der Tumor-Entwicklung vom Wirtsorganismus beim bakteriellen Pflanzenkrebs. *13* (1965): 737–761. 10 Abb.
–, – und MÜLLER-STOLL, WOLFGANG: Über einige Inhaltsstoffe der bakteriellen Tumoren von *Bryophyllum daigremontianum* (HAMET et PERR.) BERG. *21* (1973): 313–329. 8 Abb.
KETTLER, L.-H.: Begrüßungsansprache zur Festveranstaltung aus Anlaß des 20. Jahrestages der Übernahme des Instituts für Kulturpflanzenforschung in die Deutsche Akademie der Wissenschaften zu Berlin und des 25. Jahrestages seiner Gründung vom 25. bis 27. Juni 1968 in Gatersleben. B *6* (1970): 27–28.

KOBLITZ, HELMUT: Methodische Aspekte der Zell- und Gewebezüchtung bei Gramineen unter besonderer Berücksichtigung der Getreide. *22* (1974): 95–158.
KOCH, HANS-DIETER und LEHMANN, CHRISTIAN, OTTO: Resistenzeigenschaften im Gersten- und Weizensortiment Gatersleben. 7. Prüfung der Frostresistenz von Wintergersten im künstlichen Gefrierversuch. *14* (1966): 263–282. 4 Abb.
–, – – – –, –, –: Resistenzeigenschaften im Gersten- und Weizensortiment Gatersleben. 10. Prüfung von Wintergersten im künstlichen Gefrierversuch (2). *16* (1968): 243–254. 1 Abb.
KORTE, F.: Zur Frage der chemischen Klassifizierung höherer Pflanzen. B *1* (1956): 224–225.
KRETOWITSCH, W. L.: Enzymatische Umwandlung der Aminodicarbonsäuren und Amide in den Pflanzen. B *1* (1956): 69–85. 6 Abb.
KRUSE, JOACHIM, Beitrag zur Morphologie der Infloreszenzen von *Setaria italica* (L.) BEAUV. *19* (1972): 53–70. 13 Abb., Tafel 1–2.
–, –: Homologiebeziehungen bei den Grannenbildungen der Gattungen *Triticum* L. und *Aegilops* L. *21* (1973): 195–209. 7 Abb.
–, –: Merkmalsanalyse und Gruppenbildung bei Mutanten von *Lycopersicon esculentum* MILLER. B *5* (1968): 227 S., 92 Abb. 13 Tafeln.
–, –, DANERT, SIEGFRIED, HANELT, PETER, HELM, JOHANNES, LEHMANN, CHRISTIAN, OTTO, RUDOLPH, ARMIN, SCHOLZ, FRIEDRICH, SCHULTZE-MOTEL, JÜRGEN und SIEGEL, MANFRED: Aleuronschichten und Aminosäurengehalt bei der Gerste. *19* (1972): 427–438. 8 Abb.
–, –, RUDOLPH, ARMIN, SCHLESIER, BERNHARD und DANERT, SIEGFRIED: Verteilung einiger Aminosäuren in der Gerstenkaryopse. *23* (1975): 181–188. 2 Abb.
KUCKUCK, H.: Probleme der Erhaltung der natürlichen Formenmannigfaltigkeit und ihrer Nutzung in der Züchtung. B *6* (1970): 157–158.
KÜHN, FRANTIŠEK, HAMMER, KARL und HANELT, PETER: Botanische Ergebnisse einer Reise in die ČSSR 1974 zur Sammlung autochthoner Landsorten von Kulturpflanzen. *24* (1976): 283–347. 16 Abb. und 1 Farbtafel.
KÜNZEL, GOTTFRIED: Differenziertes Bindungsverhalten der Meiose-Chromosomen innerhalb der Ähre einer röntgeninduzierten Gerstenmutante mit reziproker Translokation in heterozygotem Zustand. *11* (1963): 517–534.
–, –: Über die Beeinflußbarkeit der aberrationsauslösenden Wirkung von N-Nitroso-N-Methylharnstoff auf die Chromosomen bei Gerste. *16* (1968): 151–171. 6 Abb.
–, –: Vergleich der mutagenen Wirkung von N-Nitroso-N-Methylharnstoff, Äthylmethansulfonat und Röntgenstrahlen bei Gerste. *19* (1972): 101–150. 33 Abb.
–, – und MAŁUSZYNSKI, MIROSŁAW: Über die unterschiedliche Reaktion der Chromosomen des Sproß- und Wurzelmeristems von Gerste gegenüber mutagener Behandlung. *14* (1966): 83–96. 6 Abb.
–, – und SCHOLZ, FRIEDRICH: Über Nutzungsmöglichkeiten von induzierten Chromosomenmutationen bei Kulturpflanzen. *20* (1972): 225–262. 10 Abb.
KULPA, WŁADISŁAW und DANERT, SIEGFRIED: Zur Systematik von *Linum usitatissimum* L. B *3* (1962): 341–388. 3 Abb.
KURSANOW, A. L.: Die Gerbstoffe der Teepflanze. B *1* (1956): 29–48.

LEHMANN, CHRISTIAN, OTTO: Zwanzig Jahre Sortiment des Institutes für Kulturpflanzenforschung. *11* (1963): 281–294.
–, –, – und MANSFELD, RUDOLF: Zur Technik der Sortimentserhaltung. *5* (1957): 108–138. 13 Abb.
–, –, – und SCHWANITZ, FRANZ: Ein Beitrag zur Kenntnis der Formenmannigfaltigkeit der Kulturtomaten (*L. esculentum* MILL.) Mittelamerikas. *13* (1965): 545–585. 41 Abb.
LEICK, ERICH: Grundsätzliches zur Taumessungsfrage. *1* (1953): 53–78.
LERCH, GERHARD: Einfluß einiger Klima- und Anbaufaktoren auf die Ertragsbildung der

Reissorte „IR-8" in Cuba. I. Standweite und Stickstoffdüngung. *24* (1976): 13–51. 17 Abb.

LERCH, GERHARD: Einfluß einiger Klima- und Anbaufaktoren auf die Ertragsbildung der Reissorte „IR-8" in Cuba. II. Standweite und CO_2-Assimilation. *24* (1976): 53–63. 2 Abb.

–, –: Einfluß einiger Klima- und Anbaufaktoren auf die Ertragsbildung der Reissorte „IR-8" in Cuba. III. Klimaverhältnisse. *24* (1976): 65–117. 27 Abb.

–, –: Möglichkeiten ökophysiologischer Forschung zur Produktivitätssteigerung in der tropischen Landwirtschaft. *25* (1977): 125–139.

–, – und MÜLLER-STOLL, WOLFGANG: Einfluß einer abgestuften Wasserversorgung auf CO_2-Assimilation, Transpiration, Substanzproduktion und Wasserverbrauch von *Avena sativa*. *14* (1966): 381–418. 9 Abb.

–, –, MÜNTZ, KLAUS, BERGMANN, HARRY und RAMON CUEVAS, JORGE: Über die physiologische Wirkung von Licht und Schatten auf *Coffea arabica* L., 'Caturra' unter Freilandbedingungen in Kuba. I. Samenkeimung und Wachstum der Jungpflanzen. *18* (1970): 109–132. 9 Abb.

LIPS, E.: Ethnologie und Kulturpflanzenforschung. B *3* (1962): 191–233. 12 Abb.

LÖVE, Á.: Biosystematische Analyse der *Elytrigia Junceae* GRUPPE. B *3* (1962): 74–85. 1 Abb.

MAATSCH, R.: Gliederung der Sortimente von *Tagetes erecta* L. und *Tagetes patula* L. B *3* (1962): 309–331. 10 Abb.

MACHOLD, OTTO: Über die Wirkung kleiner Strahlendosen auf den Ertrag landwirtschaftlicher Kulturpflanzen. *10* (1962): 35–45.

–, –: Untersuchungen an Maiswurzeln über den Einfluß von ^{32}P auf Stickstoffaufnahme und Eiweißbildung. *13* (1965): 131–136.

–, –: Untersuchungen an stoffwechseldefekten Mutanten der Kulturtomate. IV. Einfluß des Redoxpotentials der Nährlösung auf den Chlorophyllgehalt verschiedener Mutanten. *15* (1967): 75–83. 2 Abb.

MANSFELD, RUDOLF: Über „alte" und „neue" Systematik der Pflanzen. B *3* (1962): 26–46.

–, –: Vorläufiges Verzeichnis landwirtschaftlich oder gärtnerisch kultivierter Pflanzenarten (mit Ausschluß von Zierpflanzen). B *2* (1959): 659 S.

–, –: Zur allgemeinen Systematik der Kulturpflanzen I. *1* (1953): 138–155.

–, –: Zur allgemeinen Systematik der Kulturpflanzen II. *2* (1954): 130–142.

–, –: Zur Nomenklatur einiger Nutz- und Kulturpflanzen. *3* (1955): 60–68.

–, –: Zur Nomenklatur einiger Nutz- und Kulturpflanzen II. *6* (1958): 237–242.

MARKGRAF, F.: Der morpholpgische Bau einer *Merendera*-Art der türkischen Steppe. B *3* (1962): 332–340. 17 Abb.

MARSCHNER, HORST: Über die Nachwirkung von ^{32}P in der 2. Generation von Sommergerste. *8* (1960): 90–92.

MECHELKE, FRIEDRICH: Durch Überdosierung von „Germisan" verursachte Polyploidie. *6* (1958): 167–177. 17 Abb.

–, –: Temperaturbedingte Chromosomensegmentierung bei Sommer- und Wintergersten. *3* (1955): 127–135. 16 Abb.

–, –: Die Chromosomenzahlen von Thymian und Bohnenkraut. *2* (1954): 143–144. 3 Abb.

MEISTER, ARMIN: Messung von Absorptionsspektren in vivo. *25* (1977): 141–154. 8 Abb.

–, –: Untersuchungen zur Zusammensetzung der Blattpigmente an Mutanten von *Lycopersicon esculentum*, *Lycopersicon pimpinellifolium* und *Antirrhinum majus*. *21* (1973): 295–311. 2 Abb.

–, –: Zur Chlorophyllbildung in kurzzeitig beleuchteten etiolierten Blättern von *Phaseolus vulgaris*. *16* (1968): 91–96. 2 Abb.

–, –: Zur Untersuchung der verschiedenen Formen von Chlorophyll in der lebenden Pflanze durch Anwendung der Derivativ-Spektrophotometrie. *14* (1966): 235–255. 10 Abb.

MEISTER, ARMIN und BRETSCHNEIDER, HERMANN: Präferenzielle Paarung der Chromosomen autotetraploider Gerste – Mathematisches Modell. *25* (1977): 297–311. 3 Abb.

MELCHERS, G. und HAMMER, KARL: Über eine amphidiploide *Hyoscyamus*-Hybride (*Hyoscyamus* x *györffyi* MELCHERS et HAMMER hybr. nov.). *25* (1977): 313–321. 4 Abb.

METTIN, DIETER: Die Chromosomenzahlen einiger bisher nicht untersuchter *Vicia*-Arten. *9* (1961): 37–44. 12 Abb.

–, –: Zur Morphologie der Chromosomen von *Vicia sativa* L. *6* (1958): 116–122. 3 Abb.

–, – und HANELT, PETER: Cytosystematische Untersuchungen in der Artengruppe um *Vicia sativa* L. I. *12* (1964): 163–225. 16 Abb.

–, – – –, –: Über Speziationsvorgänge in der Gattung *Vicia* L. *21* (1973): 25–54. 8 Abb.

METZNER, H.: Biochemische Untersuchungen zum Problem des Photoperiodismus. B *1* (1956): 185–192. 4 Abb., 1 Tafel.

METZNER, PAUL: Über die Verwendung der Röntgenlupe für die Saatgutprüfung und ähnliche biologische Aufgaben. B *3* (1962): 296–308. 10 Abb.

–, –: Über die Wirkung von oberflächenaktiven Stoffen auf Chloroplasten. *9* (1961): 222–229. 9 Abb.

–, –: Untersuchungen zur Kenntnis des Hypericins. *6* (1958): 178–197. 7 Abb.

–, –: Zur Kenntnis der Chromoplasten von *Cyphomandra betacea* SENDTN. *7* (1959): 198–206. 12 Abb.

–, –: Zur Optik der Blattoberflächen. *5* (1957): 221–239. 16 Abb.

MEUSEL, H. und JÄGER, E.: Über die Verbreitung einiger Papilionaceen-Gattungen. B *3* (1962): 249–262. 9 Abb.

MICHAELIS, ARND: Über das genetische Verhalten der Schmalblattform *Angusta* und über die Häufigkeit und Art spontaner Genom- und Chromosomenmutationen bei *Antirrhinum majus* L. *7* (1959): 113–130. 1 Abb.

–, – und RIEGER, RIGOMAR: Über den Einfluß von Acridinfarbstoffen auf die Induktion von Chromatidenaberrationen durch Radiomimetica. *11* (1963): 403–415. 4 Abb.

MIERSCH, ILSE und MACHOLD, OTTO: Untersuchungen über den Stickstoffhaushalt der Blätter stoffwechseldefekter Mutanten von *Lycopersicon esculentum* MILL. *20* (1972): 63–70.

MOTHES, KURT: Ammoniak-Entgiftung und Aminogruppen-Vorrat. B *1* (1956): 103–115. 1 Abb., 3 Tafeln.

–, –: Über Wurzel-Sproß-Beziehungen. *1* (1953): 157–169.

–, –: Bakterien, Pilze und Algen: ein neuer Typ von Kulturpflanzen. *2* (1954): 237–255.

–, – und ENGELBRECHT, LISABETH: Bemerkungen zur Alkaloidsynthese in Lupinen (Vorläufige Mitteilung). B *1* (1956): 258–259.

MOŢOC, D., MOŢOC, M. und STANCU, E.: Untersuchungen über Bildung von Methylalkohol durch Autolyse von Pflanzenprodukten. B *1* (1956): 193–204.

MOYSE, A. et JOLCHINE, G.: Les Acides Organiques des Feuilles de *Bryophyllum daigremontianum*. B *1* (1956): 213.

MÜLLER, ANDREAS: Durch Röntgenbestrahlung des Pollens von *Arabidopsis* induzierte diplophasische und haplophasische Letalmutationen. *13* (1965): 163–171. 1 Abb.

–, –: Keimwurzeltest zur Bewertung des somatischen Strahlenschadens bei *Arabidopsis*. *12* (1964): 237–255. 8 Abb.

–, –: Zur Charakterisierung der Blüten und Infloreszenzen von *Arabidopsis thaliana* (L.) HEYNH. *9* (1961): 364–393. 18 Abb.

MÜLLER, HANNS-HERMANN: Ausgrabungen vorgeschichtlicher Funde im Gelände des Institutes für Kulturpflanzenforschung der Deutschen Akademie der Wissenschaften zu Berlin in Gatersleben. *7* (1959): 55–72. 22 Abb.

MÜLLER-STOLL, WOLFGANG: Über intrazelluläre Stabbildungen (Trabeculae) im Holz als anatomische Eigenart bei Gehölzen exponierter Gebirgslagen. *13* (1965): 763–799. 14 Abb.

MÜLLER-STOLL, WOLFGANG, und GRABERT, DIETRICH: Der Einfluß von Wind und Windschutz auf den CO_2-Gehalt der bodennahen Luftschicht über Feldkulturen. *18* (1970): 221–239. 11 Abb.

– –, – und RAMMELT, ROLF: Über den Einfluß von Vorquellung und Rücktrocknung der Karyopsen vor der Aussaat auf die Entwicklung und einige Stoffwechselprozesse von Getreidepflanzen. *18* (1970): 133–167. 7 Abb.

– –, – und SÜSS, HERBERT: Der Gehölzbestand der Auenwälder nach subfossilen Holzresten aus holozänen Sedimenten mitteldeutscher Flußauen. *14* (1966): 201–233. Taf. I–IV.

MÜNTZ, KLAUS: Die Massenkultur von Kleinalgen, bisherige Ergebnisse und Probleme. *15* (1967): 311–350. 12 Abb.

–, –: Pflanzenproteine: Ihre wirtschaftliche Bedeutung und Nutzung. *23* (1975): 223–239. 1 Abb.

–, –: Über die bei Algenmassenkulturen bisher erzielten Produktionsergebnisse. *16* (1968): 277–281.

–, –, BERGMANN, HARRY und RAMON CUEVAS, JORGE: Die Anwendung von Triphenyltetrazoliumchlorid zur Schnellprüfung der Keimfähigkeit bei Samen von *Coffea arabica* L. *18* (1970): 11–16. 2 Abb.

–, –, HORSTMANN, CHRISTIAN und SCHOLZ, GÜNTHER: Proteine und Proteinbiosynthese in Samen von *Vicia faba* L. *20* (1972): 277–326. 6 Abb.

MÜNTZING, A.: Die Bedeutung der induzierten Mannigfaltigkeit für die Kulturpflanzenforschung. B *6* (1970): 53–72. 4 Abb.

NHÃ, NGÔ TRỤ'C und DANERT, SIEGFRIED: Über die Fruchtentwicklung und über zentrische Leitbündel in der Gattung *Datura* (Solanaceae). *21* (1973): 119–193. 37 Abb.

NIČIPOROVIČ, A. A.: Biological Basis of Plant Productivity. B *6* (1970): 73–109. 17 Abb.

NOVER, ILSE: Resistenzeigenschaften im Gersten- und Weizensortiment Gatersleben. 4. Prüfung von Winterweizen auf ihr Verhalten gegen *Erysiphe graminis* DC. f. sp. *tritici* MARCHAL. B *3* (1962): 86–92.

NOVER, ILSE und LEHMANN, CHRISTIAN OTTO: Resistenzeigenschaften im Gersten- und Weizensortiment Gatersleben. 5. Prüfung von Sommerweizen auf ihr Verhalten gegen *Erysiphe graminis* DC. f. sp. *tritici* MARCHAL. *12* (1964): 265–275.

–, – – –, –, –: Resistenzeigenschaften im Gersten- und Weizensortiment Gatersleben. 6. Prüfung von Gersten auf ihr Verhalten gegen Gelbrost (*Puccinia striiformis* WEST. syn. P. *glumarum* (SCHM.) ERIKSS. et HENN.). *14* (1966): 257–262.

–, – – –, –, –: Resistenzeigenschaften im Gersten- und Weizensortiment Gatersleben. 8. Prüfung von Weizen auf ihr Verhalten gegen *Puccinia triticina* ERIKSS. (*P. recondita* ROB. ex DESM.). *15* (1967): 181–198.

–, – – –, –, –: Resistenzeigenschaften im Gersten- und Weizensortiment Gatersleben. 9. Prüfung von Wintergersten-Neuzugängen auf ihr Verhalten gegen Mehltau (*Erysiphe graminis* DC. f. sp. *hordei* MARCHAL) und Zwergrost (*Puccinia hordei* OTTH.) *16* (1968): 231–241.

–, – – –, –, –: Resistenzeigenschaften im Gersten- und Weizensortiment Gatersleben. 11. Prüfung von Wintergersten auf ihr Verhalten gegen Flugbrand (*Ustilago nuda* (JENS.) ROSTR.). *17* (1969): 233–240.

–, – – –, –, –: Resistenzeigenschaften im Gersten- und Weizensortiment Gatersleben. 12. Prüfung von Weizen-Neuzugängen auf ihr Verhalten gegen Mehltau (*Erysiphe graminis* DC. f. sp. *tritici* MARCHAL). *17* (1969): 241–251.

–, – – –, –, –: Resistenzeigenschaften im Gersten- und Weizensortiment Gatersleben. 13. Prüfung von Wintergersten-Neuzugängen auf ihr Verhalten gegen Gelbrost, *Puccinia striiformis* WEST. *18* (1970): 107–108.

–, – – –, –, –: Resistenzeigenschaften im Gersten- und Weizensortiment Gatersleben.

14. Prüfung von Sommergersten auf ihr Verhalten gegen Mehltau (*Erysiphe graminis* DC. f. sp. *hordei* MARCHAL). *19* (1972): 283–298.

—, — — —, —, —: Resistenzeigenschaften im Gersten- und Weizensortiment Gatersleben. 15. Prüfung des Verhaltens von Sommergerste gegen Flugbrand (*Ustilago nuda* (JENS.) ROSTR.). *19* (1972): 299–394.

—, — — —, —, —: Resistenzeigenschaften im Gersten- und Weizensortiment Gatersleben. 17. Prüfung von Sommergersten auf ihr Verhalten gegen Mehltau (*Erysiphe graminis* DC. f. sp. *hordei* MARCHAL). *21* (1973): 275–294.

—, — — —, —, —: Resistenzeigenschaften im Gersten- und Weizensortiment Gatersleben. 18. Prüfung von Sommergersten auf ihr Verhalten gegen Zwergrost (*Puccinia hordei* OTTH.). *22* (1974): 25–43.

—, — — —, —, —: Resistenzeigenschaften im Gersten- und Weizensortiment Gatersleben. 19. Prüfung von Sommergersten auf ihr Verhalten gegen Gelbrost, *Puccinia striiformis* WEST., Rasse 24. *23* (1975): 75–81.

—, — — —, —, — und SEIDENFADEN, ANNELIESE: Resistenzeigenschaften im Gersten- und Weizensortiment Gatersleben. 20. Prüfung des Verhaltens von Gersten gegen Flugbrand, *Ustilago nuda* (JENS.) ROSTR. *24* (1976): 237–247.

—, — — —, —, — und SIMON, IRMGARD: Resistenzeigenschaften im Gersten-und Weizensortiment Gatersleben. 16. Prüfung von Weizen-Neuzugängen auf ihr Verhalten gegen Braunrost (*Puccinia recondita* ROB. ex DESM., syn. *P. triticina* ERIKSS.). *20* (1972): 173–190.

—, — und MANSFELD, RUDOLF: Resistenzeigenschaften im Gersten- und Weizensortiment Gatersleben. I. Prüfung von Sommergersten auf ihr Verhalten gegen *Erysiphe graminis* DC. f. sp. *hordei* MARCHAL. *3* (1955): 105–113.

—, — — —, —: Resistenzeigenschaften im Gersten- und Weizensortiment Gatersleben. 2. Prüfung von Wintergersten auf ihr Verhalten gegen *Erysiphe graminis* DC. f. sp. *hordei* MARCHAL. *4* (1956): 341–349.

—, — — —, —: Resistenzeigenschaften im Gersten- und Weizensortiment Gatersleben. 3. Prüfung der Gersten auf ihr Verhalten gegen Zwergrost (*Puccinia hordei* OTTH.). *7* (1959): 29–36.

OERIU, S.: Studium eines Antibioticums aus dem Pilz *Coniophora cerebella*. B *1* (1956): 214–223.

OHLE, HARALD: Beiträge zur Kenntnis der als Obstpflanzen kultivierten *Passiflora*-Arten. *23* (1975): 107–129.

PANITZ, REINHARD: Eine objektschonende Methode zur Herstellung mikroskopischer Dauerquetschpräparate. *12* (1964): 107–110. 2 Abb.

PEISKER, MARTIN: Änderungen der Strahlenempfindlichkeit ruhender Gerstensamen während der Lagerung zwischen Trocknung und Bestrahlung und ihr Zusammenhang mit dem Sauerstoffeffekt. *17* (1969): 225–231. 1 Abb.

—, —: CO_2-Aufnahme, Transpiration und Blattemperatur unter dem Einfluß von Änderungen der Stomataweite. *21* (1973): 97–109. 2 Abb.

—, —: Ein Modell der Sauerstoffabhängigkeit des photosynthetischen CO_2-Gaswechsels von C_3-Pflanzen. *24* (1976): 221–235. 2 Abb.

—, —: Zur Erhöhung der Strahlenempfindlichkeit durch Sauerstoff bei ruhenden Samen. *15* (1967): 97–104. 2 Abb.

PETERS, L., SCHWANITZ, F. und SENGBUSCH, R. v.: Über die Entstehung, den Entstehungsort und die Leitung der Alkaloide bei einigen Lupinenarten. B *1* (1956): 247–257.

POLTER, CONRAD: Änderungen des Entwicklungsverlaufes der Zellen von Erbsenwurzeln bei Kultur in vitro nach Erstisolierung. *17* (1969): 205–224. 13 Abb.

—, —: Aufnahme und Umwandlung von 1-^{14}C-Glycin und ^{35}S-Methionin sowie ihr Einbau in das Protein durch isolierte Erbsenwurzeln bei Kultur in vitro. *18* (1970): 23–50. 7 Abb.

POLTER, CONRAD: Aufnahme und Umwandlung von 1-^{14}C-Glycin und ^{35}S-Methionin sowie ihr Einbau in das Protein durch Wurzeln intakter, etiolierter Erbsenkeimlinge und durch bestimmte isolierte Entwicklungsabschnitte der Wurzeln solcher Keimlinge. *19* (1972): 439–480. 13 Abb.

–, –: Einfluß verschiedener Kulturbedingungen auf Wachstum, Entwicklung, Sauerstoffverbrauch und andere Eigenschaften der Wurzeln von *Pisum sativum* L. *14* (1966): 97–127. 8 Abb.

–, –: Einfluß von Aminosäuren auf das Wachstum in vitro kultivierter Wurzeln von *Pisum sativum* L. *17* (1969): 163–178. 5 Abb.

–, –: Einfluß von Penicillin in hoher Konzentration auf Wachstum und Sauerstoff-Aufnahme von Erbsenwurzeln bei Kultur in vitro. *15* (1967): 293–309. 3 Abb.

–, – und MÜLLER-STOLL, WOLFGANG: Die Aminosäuren-Zusammensetzung der sedimentierbaren Plasma-Proteins verschiedener Segmente der Keimlingswurzel von *Pisum sativum*, *16* (1968): 97–110. 1 Abb.

–, – – – –, –: Einfluß von Penicillin in hoher Konzentration auf Aufnahme und Einbau von ^{35}S-Methionin in isolierte Wurzeln von *Pisum sativum*. *16* (1968): 111–125. 4 Abb.

RAMSHORN, KONRAD: Die Beteiligung sekundärer Pflanzenstoffe am Wuchsstoffkomplex. B *1* (1956): 264–273. 6 Abb., 1 Tafel.

–, –: Über den Einfluß von Hochfrequenzfeldern auf den pflanzlichen Organismus. I. Die Wirkung auf die Entwicklung von Tomatenpflanzen bei Frequenzen von 75 und 150 Mhz. *1* (1953): 79–110. 16 Abb.

–, –: Über Wirkungen von 2,4-Dichlorphenoxyessigsäure auf Gestalt und Ertrag von *Lycopersicon esculentum* MILL. 'Lukullus'. *4* (1956): 296–314. 3 Abb., Taf. 17–24.

–, –: Zur Atmung kurzfristig isolierter Keimlingswurzelspitzen von *Vicia faba*, *Pisum sativum* und *Zea mays*. *8* (1960): 185–221. 21 Abb.

RECHINGER, K. H.: Zur Kenntnis orientalischer Labiaten. B *3* (1962): 47–73. 4 Abb.

REHM, HANS-JÜRGEN: Untersuchungen über die Bodenmikroflora von Gatersleben und Umgebung. (Mitteldeutsches Lößgebiet). 3. Mitteilung: Untersuchungen über *Azotobakter chroococcum* BEIJERINCK. *4* (1956): 208–221. 3 Abb.

–, – –: Untersuchungen über die Bodenmikroflora von Gatersleben und Umgebung. (Mitteldeutsches Lößgebiet). 4. Mitteilung: Untersuchungen über *Alternaria tenuis* NEES. *4* (1956): 222–227.

–, – – und REHM, URSEL: Untersuchungen über die Bodenmikroflora von Gatersleben und Umgebung (Mitteldeutsches Lößgebiet). 1. Mitteilung: Untersuchungen über die Verbreitung von einigen Bodenpilzen und Bodenbakterien unter antibiotischen und phytopathologischen Gesichtspunkten. *1* (1953): 111–121.

REUTER, GERHARD: Über neue Untersuchungen an Blutungssäften. B *1* (1956): 260–263.

–, –: Zustandsbedingte Produktionsänderungen spezifischer Stickstoff-Verbindungen in der Tabakpflanze. *5* (1957): 139–185. 12 Abb.

REZNIK, H.: Über die mikroautoradiographische Analyse in der Holzforschung. B *1* (1956): 61–68. 4 Abb.

RIEGER, RIGOMAR und MICHAELIS, ARND: Chromatidenaberrationen nach Einwirkung von Äthylmethansulfonat (Methansulfonsäureäthylester) auf Primärwurzeln von *Vicia faba* L. *8* (1960): 230–243. 3 Abb.

–, – – –, –: Die Auslösung von Chromosomenaberrationen bei *Vicia faba* durch chemische Agenzien. – Eine Übersicht – . *10* (1962): 212–292.

RIETH, ALFRED: Beitrag zur Kenntnis der Phycomyceten III. *4* (1956): 181–186. 2 Abb., Taf. 6.

–, –: Beiträge zur Kenntnis der Phycomyceten. IV. *Pleotrachelus wildemani* PETERSEN neu für Deutschland. *10* (1962): 93–105. 5 Abb., Taf. I–II.

RIETH, ALFRED: Beiträge zur Kenntnis der Vaucheriaceen. XI. Vaucherien aus Tadshikistan. *13* (1965): 495–507. 7 Abb.
–, –: Beiträge zur Kenntnis der Vaucheriaceen. XIII. Über „undulierte" und „pseudoundulierte" Thalli bei *Vaucheria*. *16* (1968): 69–74. 4 Abb.
–, –: Beiträge zur Kenntnis der Vaucheriaceen. XIV. Über das Auftreten von Sexualorganen an Vernarbungsmembranen im Thallusinneren. *17* (1969): 103–107. 3 Abb.
–, –: Beiträge zur Kenntnis der Vaucheriaceen. XVII. Über *Vaucheria prolifera* DANGEARD 1939 aus dem Harz. *22* (1974): 45–60. 8 Abb., Taf. 1.
–, –: Bemerkungen über *Ricciocarpus natans* (L.) CORDA. *7* (1959): 207–217. 7 Abb.
–, –: Beobachtungen an Langzeitkulturen von *Vaucheria*. Wachstumsintensität und Wasserspeicherung. *24* (1976): 365–378.
–, –: Beobachtungen über Polarität und Regeneration an Vaucherien. *17* (1969): 141–161. 14 Abb.
–, –: Eine Form von *Spirogya fluviatilis* mit bezahntem Zygotenmesospor. *24* (1976): 133–142. 4 Abb., Taf. 1–2.
–, –: Eine revidierte Liste der bisher beschriebenen Arten der Gattung *Ochromonas*. *18* (1970): 199–208.
–, –: Eine zweiblütige Pflanze bei *Eranthis hyemalis* (L.) SALISB. *25* (1977): 101–111. 19 Abb.
–, –: Ein weiterer Beitrag zur Kenntnis algenparasitärer Phycomyceten. *2* (1954): 164–184. 11 Abb.
–, –: *Helianthus tuberosus* L. als Pilznährsubstrat. *11* (1963): 376–402. 20 Abb.
–, –: Kleine Beobachtungen an Pflanzen aus dem Schaugarten des Instituts. I. Ein eindrucksvoller Fall von Chorismus bei *Lysimachia punctata* L. *9* (1961): 192–221. 13 Abb., Taf. I–II.
–, –: Kleine Beobachtungen an Pflanzen aus dem Schaugarten des Instituts. II. Typhastengel mit mehreren weiblichen Kolben. *12* (1964): 227–236. 7 Abb.
–, –: *Micromyces furcata* n. sp. nebst einigen Bemerkungen über seinen Wirt. B *3* (1962): 286–295. 5 Abb., 2 Tafeln.
–, –: *Micromyces laevis* CANTER in Deutschland nebst einigen Bemerkungen über die wasserlebende, algenparasitäre Gruppe der *Synchytriaceae*. *4* (1956): 27–45. 25 Abb., Taf. 1.
–, –: *Ochromonas ornamentata* nov. spec. *15* (1967): 139–149. 4 Abb., Taf. 1.
–, –: Süßwasser-Algenarten in Einzeldarstellung. I. Über „*Plagiospermum tenue* CLEVE 1868". *19* (1972): 11–35. 5 Abb., Taf. 1–3.
–, –: Süßwasser-Algenarten in Einzeldarstellung. II. *Oocardium stratum* nach Material aus Kuba. *18* (1970): 51–71. 5 Abb. Taf. 1–4.
–, –: Süßwasser-Algenarten in Einzeldarstellung. VI. *Spirogyra gaterslebensis*, eine neue Art der Sektion Salamacis. *21* (1973): 77–87. 5 Abb., Taf. 1.
–, –: Süßwasser-Algenarten in Einzeldarstellung. VII. Über *Spirogyra mirabilis* (HASS.) KÜTZ. 1849 und ihre Zygosporenbildung. *20* (1972): 13–42. 11 Abb., Taf. 1.
–, –: Vorkommen von *Plicaria fulva* SCHNEIDER. *5* (1957): 186–189. 6 Abb.
–, –: Weitere Beobachtungen an Kulturen von *Porphyridium cruentum* (AG.) NAEG. mariner Herkunft. *10* (1962): 168–194. 2 Abb.
–, –: Zur Kenntnis der Lebensbedingungen von *Porphyridium cruentum* (AG.) NAEG. V. Faktoren, die die Kälteresistenz modifizieren. *14* (1966): 61–82. 2. Abb.
–, –: Zygnemataceen aus Kuba. *23* (1975): 83–106. 14 Abb.
ROMEIKE, ANNELIESE: Die Scopolaminbildung in der Artkreuzung *Datura ferox* L. × *Datura stramonium* L. *9* (1961): 171–180. 4 Abb.
–, –: Ein Modell für die Entstehungsweise chemischer Rassen. *14* (1966): 129–135. 7 Abb.
–, –: Weitere Versuche zur Züchtung einer scopolaminreichen *Datura*-Hybride. *10* (1962): 140–148. 7 Abb.

Romeike, Anneliese und Koblitz, Helmut: Gewebekulturen aus Alkaloidpflanzen. II. Versuche an *Datura*-Arten. *18* (1970): 169–177.

–, – – –, –: Gewebekulturen aus Alkaloidpflanzen. III. Versuche zur Veresterung von Tropin. *20* (1972): 165–171.

Rothmaler, W. und Schneider, U.: Die Gattung *Polypodium* in Europa. B *3* (1962): 234–248. 11 Abb.

Rudolph, Armin und Machold, Otto: Vergleichende Untersuchungen über die quantitative Aminosäurebestimmung. *12* (1964): 111–119.

Sacristán, M. D. und Melchers, G.: *Agrobacterium*-induzierte Pflanzentumoren und durch sie entstehende entwicklungsphysiologische und cytogenetische Probleme. B *6* (1970): 111–126. 8 Abb.

Sagromsky, Herta: Bedeutung der Nährstoffversorgung für die Ausprägung der Mutationsmerkmale einer Chlorophyllmutante von *Lycopersicon esculentum*. *9* (1961): 273–286. 6 Abb.

–, –: Beziehungen zwischen Pigmentgehalt und Ertrag bei der Tomatenmutante $fulgens_1{}^2$ der Sorte 'Rheinlands Ruhm'. *11* (1963): 563–568. 1 Abb.

–, –: Chlorophyllbestimmungen mittels eines Aceton-Diäthyläther-Methanol-Petroläther-Gemisches. *23* (1975): 217–221.

–, –: Chlorophyllumwandlungen im lebenden Blatt unter dem Einfluß von KCN. *22* (1974): 87–94. *3* Abb.

–, –: Die Bedeutung des Lichtes für die Ausprägung eines Mutationsmerkmales der Mutante *bipartita* von *Antirrhinum majus*. *10* (1962): 158–167. 5 Abb.

–, –: Einfluß der Lichtintensität auf die Pigmentzusammensetzung in den Plastiden von *Antirrhinum majus*, Sippe 50, und zwei Mutanten davon. *21* (1973): 111–118. 1 Abb.

–, –: Einfluß von Licht auf die Keimung von Kürbissamen. *13* (1965): 509–515. 2 Abb.

–, –: Einfluß von Lichtintensität und Tageslänge auf Wachstum und Pigmentbildung verschiedener Tomatenmutanten. *2* (1954): 155–163. 8 Abb.

–, –: Kultur von *Hordeum vulgare* in Erde und in Hydroponik – ein Vergleich. *19* (1972): 315–319. 1 Abb.

–, –: Pigmentgehalt und Substanzproduktion bei der Tomatenmutante $dwarf_1^{crispata}$ der Sorte 'Condine Red'. *15* (1967): 267–274. 5 Abb.

–, –: Untersuchungen zur physiologischen Bedeutung von Chlorophyll b, eine Literaturübersicht. *25* (1977): 279–296. 11 Abb.

–, –: Stoffproduktion, Sproß-Wurzelverhältnis, Pigmentgehalt und Lichtfeld bei Mutanten der Kulturtomate *Lycopersicon esculentum* Miller. *17* (1969): 285–297. 5 Abb.

–, –: Zur Musterbildung bei der Blattpigmentierung von *Miscanthus sinensis* Anders. var. *zebrinus* hort. *14* (1966): 283–292. 4 Abb.

–, –: Zur Pigmentbildung bei einigen Gerstenmutanten. *4* (1956): 187–194.

–, –: Zur Wirkung niederer Strahlendosen auf Pflanzen. *20* (1972): 71–74. 3 Abb.

–, – und Saakov, Vladimir: Ein Vergleich verschiedener Extraktionsmittel für Plastidenpigmente. *18* (1970): 241–251. 6 Abb.

Schäfer, Helga: Der Bau der Gynoeceums bei *Nicandra physaloides* (L.) Gaertner (Solanaceae). *17* (1969): 187–189. 1 Abb.

–, –: Zur Taxonomie der *Vicia narbonensis*-Gruppe. *21* (1973): 211–273. 21 Abb.

Schlesier, Bernhard und Scholz, Günter: Untersuchungen an Samenglobulinen von Leguminosen. IV. Diskelektrophoretischer Vergleich der Globulinfraktionen einiger *Vicia*-Arten. *23* (1975): 157–166. 3 Abb.

Schlubach, H. H.: Über die löslichen Kohlenhydrate der Getreide- und Grasarten. B *1* (1956): 9–16. 8 Abb.

Schlüter, Heinz: Buntlaubhölzer in kollinen Waldgesellschaften Mittelthüringens. *15* (1967): 115–138.

SCHLÜTER, HEINZ: Untersuchungen über die Auswirkung von Bestandskalkungen auf die Bodenvegetation in Fichtenforsten. *14* (1966): 47–60.

–, –: Vegetationskundliche Untersuchungen an Fichtenforsten im Mittleren Thüringer Wald. *13* (1965): 55–99. 4 Abb.

SCHMELZER, KLAUS: Untersuchungen über die vom Luzernemosaik-Virus verursachte Nekrotische Spitzenkräuselung der Tomate (*Lycopersicon esculentum* MILL.) *17* (1969): 313–332. 10 Abb.

SCHMIDT, HORST, GOSDA, WOLFGANG und WALLWITZ, ULRICH: Über die Proteinbiosynthese und den Genetischen Code. *12* (1964): 277–323. 5 Abb.

SCHNEIDER, A.: Über den Kohlenhydratstoffwechsel reifender und lagernder Gemüseerbsen. B *1* (1956): 17–28. 9 Abb.

SCHNEIDER, GERNOT, SEMBDNER, GÜNTHER und SCHREIBER, KLAUS: Gibberelline, ihre Derivate und Abbauprodukte. Eine tabellarische Übersicht. *13* (1965): 267–493.

SCHÖNEICH, JÖRG: Chromosomenuntersuchungen am Ehrlichschen Mäuse-Ascites-Carcinom. *10* (1962): 149–157. 8 Abb.

SCHOLZ, FRIEDRICH: Mutationsversuche an Kulturpflanzen. IV. Über den züchterischen Wert zweier röntgeninduzierter nacktkörniger Gerstenmutanten. *3* (1955): 69–89.

–, –: Mutationsversuche an Kulturpflanzen. V. Die Vererbung zweier sich variabel manifestierender Übergangsmerkmale von bespelzter zu nackter Gerste bei röntgeninduzierten Mutanten. *4* (1956): 228–246. 11 Abb.

–, – und LEHMANN, CHRISTIAN, OTTO: Die Gaterslebener Mutanten der Saatgerste in Beziehung zur Formenmannigfaltigkeit der Art *Hordeum vulgare* L. s. l. I. *6* (1958): 123–166. 23 Abb.

–, – – –, –, –: Die Gaterslebener Mutanten der Saatgerste in Beziehung zur Formenmannigfaltigkeit der Art *Hordeum vulgare* L. s. l. II. *7* (1959): 218–255. 16 Abb.

–, – – –, –, –: Die Gaterslebener Mutanten der Saatgerste in Beziehung zur Formenmannigfaltigkeit der Art *Hordeum vulgare* L. s. l. III. *9* (1961): 230–272. 27 Abb.

–, – – –, –, –: Die Gaterslebener Mutanten der Saatgerste in Beziehung zur Formenmannigfaltigkeit der Art *Hordeum vulgare* L. s. l. IV. *10* (1962): 312–334.

–, – und NOVER, ILSE: Genetische Untersuchungen mit einer vollständig mehltauresistenten Gerstenlinie. *15* (1967): 243–254. 1 Abb.

SCHOLZ, GÜNTER: Physiologische Untersuchungen an der Mutante *chloronerva* von *Lycopersicon esculentum* MILL. 2. Mitteilung. Quantitative Aspekte der Eisenaufnahme und -verteilung und deren Beziehung zur „phänotypischen Normalisierung". *15* (1967): 255–266. 2 Abb.

–, –: Über Aufnahme, Verteilung und Wirkung von Eisenchelat bei einer chlorotischen Tomatenmutante. *13* (1965): 239–245. 2 Abb.

–, –: Versuche mit Bor an Lemnaceen. Die Wirkung des Bors auf den Kohlenhydratgehalt von *Lemna minor* L. *10* (1962): 63–71. 1 Abb.

–, – und BÖHME, HELMUT: Versuche zur Normalisierung des Phänotyps der Mutante *chloronerva* von *Lycopersicon esculentum* MILL. II. Über die Wirkung artfremder Pfropfpartner und verschiedener Pflanzenextrakte auf den Normalisierungsvorgang. *9* (1961): 181–191. 3 Abb.

SCHREIBER, KLAUS: Die Bedeutung der *Solanum*-Alkaloidglykoside für die Kartoffelkäferresistenz. B *1* (1956): 239–246. 1 Tafel.

–, –: Identifizierung von β_1-Tomatin als Hauptalkaloid in einigen experimentell erzeugten Mutanten von *Lycopersicon esculentum* MILL. *Solanum*-Alkaloide. XXIX. Mitteilung. *11* (1963): 502–506.

–, –: Isolierung von Solasodin-glykosiden aus Pflanzen der Gattung *Solanum* L. *Solanum*-Alkaloide. XXVIII. Mitteilung. *11* (1963): 451–501.

–, –: Toxische Inhaltsstoffe von Nahrungspflanzen. *16* (1968): 255–276. 1 Abb.

www.ingramcontent.com/pod-product-compliance
Lightning Source LLC
LaVergne TN
LVHW060628300926
849162LV00008B/1735